普通高等教育“十四五”规划教材

矿物分选与提取实验教程

徐承焱　王培龙　马巧焕　孙体昌　编著

本书数字资源

北　京
冶　金　工　业　出　版　社
2024

内 容 提 要

本书是为了适应新工科教学改革的需求和新版矿物加工工程专业教学方案而编写的。全书共9章，从矿物分选与提取物料的基本特性测定出发，逐一详细介绍了矿物分选与提取各个阶段的主要实验技术和手段；从高校矿物加工工程专业实验教学体系出发，详细阐述了矿石粉碎与分级、矿物物理分选、矿物界面分选、矿物化学处理与生物工程、矿石可选性研究、大型分析测试仪器在矿物加工领域的应用等；同时增加了实验数据的处理、实验报告的撰写、矿石可选性研究报告具体实例等内容。

本书可用作高等学校矿物加工专业学生的实验教材，也可作为冶金、化工等专业的实验教学参考书，对相关研究院所的科研人员和厂矿工程技术人员也有参考价值。

图书在版编目(CIP)数据

矿物分选与提取实验教程/徐承焱等编著.—北京：冶金工业出版社，2024.6

普通高等教育“十四五”规划教材

ISBN 978-7-5024-9804-7

Ⅰ.①矿…　Ⅱ.①徐…　Ⅲ.①矿物—分选工艺—高等学校—教材②矿物—提取—高等学校—教材　Ⅳ.①TD92

中国国家版本馆CIP数据核字（2024）第061179号

矿物分选与提取实验教程

出版发行　冶金工业出版社　　**电　话**　(010)64027926

地　址　北京市东城区嵩祝院北巷39号　　**邮　编**　100009

网　址　www.mip1953.com　　**电子信箱**　service@mip1953.com

责任编辑　于昕蕾　美术编辑　彭子赫　版式设计　郑小利

责任校对　范天娇　责任印制　禹　蕊

三河市双峰印刷装订有限公司印刷

2024年6月第1版，2024年6月第1次印刷

787mm×1092mm　1/16；20印张；485千字；311页

定价58.00元

投稿电话　**(010)64027932**　**投稿信箱**　**tougao@cnmip.com.cn**

营销中心电话　**(010)64044283**

冶金工业出版社天猫旗舰店　**yjgycbs.tmall.com**

（本书如有印装质量问题，本社营销中心负责退换）

前　言

本书是为适应新工科背景下的新版教学大纲中矿物加工工程专业实验教学改革而编写的。理论与实践紧密结合，理论指导实践，实践反哺理论是新工科迅速崛起的有效途径。对于矿物加工工程专业而言更是如此，实验教学是对学生进行理论与实践相结合、培养学生实践创新能力的重要教学环节之一。

本书是为矿物加工工程专业实验实践类课程“矿石粉碎工程实验”“矿物加工工艺实验”“矿物加工现代测试技术”“研究方法训练”等编写的教材，是在矿物加工工程专业学生学习专业必修课程矿石粉碎工程、矿物物理分选、矿物界面分选、矿物化学处理、矿物生物工程、矿物加工研究方法基础之上开设的，是与以上专业必修理论课程相配套的实践性课程。通过对本书的学习，同时配合理论教材的理解，可以强化学生对于传统矿物分选与提取的基础理论、基本原理、基本矿物分选与提取工艺方法的理解；通过对该书中的专业基础实验、验证性实验和设计性综合性实验内容的了解—深入学习—操作及掌握，可以充分培养学生的实践动手能力以及对科学实验数据的处理及综合分析能力，培养学生的专业学习兴趣；通过介绍本学科前沿智能仪器在矿物分选与提取领域的应用，拓宽学生的专业视野；基于上述的学习和训练，提升学生从事专业科学研究的能力和新时代下的专业实践创新能力，同时为以后进一步学习提高专业技能夯实专业实验基础。

本书共有9章：第1章是绪论，包括矿物分选与提取实验的目的与要求、安全准入及常用实验技术等内容；第2章是物料的基本特性测定实验，包括物理粒度、密度、比磁化系数、润湿性、黏度、白度等的测定实验等内容；第3~6章是矿石粉碎与分级、矿物物理分选、矿物界面分选、矿物化学处理与生物工程实验，包括传统的重选实验、磁选实验、浮选实验、焙烧实验、浸出实验、生物浸出实验等内容；第7章是矿石可选性研究实验，包括浮选可选性实验、重选可选性实验、磁选可选性实验、焙烧可选性实验及浸出和生物浸出可选性实验等内容；第8章是大型分析仪器在矿物加工领域的应用，包括矿石元素分析、粒度分析、矿物组成分析、表面特性、工艺矿物学参数等方面的内容；第9章是实验结果处理与报告编写，包括实验数据的处理、实验报告的编写及实验报告实例。

本书由北京科技大学土木与资源工程学院徐承焱负责拟定教材大纲、方向内容和编写框架。其中第1、2、4、7、9章由北京科技大学徐承焱编写，第3、5、8章由北京科技大学王培龙、徐承焱编写，第6章由北京科技大学马巧焕、徐承焱编写。北京科技大学徐承焱对全书进行了统一整理和修改，北京科技大学王培龙、孟健寅负责了本书的部分校稿工作，北京科技大学孙体昌对全书进行了审定和校稿。

本书在编写过程中，参阅了大量的专著及近年来国内外同行发表的相关技术资料、研究成果及多个仪器设备厂家提供的使用说明，北京科技大学土木与资源工程学院研究生邓宗义、徐宏达、连宵宵、韩文丽、刘伟、李金林、江诗薇等，本科生朱万、李育民等也参与了书稿的编写及校对工作，在此表示衷心感谢。

本书得到了北京科技大学教材建设经费资助和北京科技大学教务处的全程支持，在此表示由衷的感谢。

由于时间和编者水平有限，书中难免存在不当之处，敬请广大读者批评指正。

徐承焱

2023年6月

目　　录

1 绪　论

1.1 矿物分选与提取实验的目的与要求

矿物分选与提取是传统意义上的选矿学以及发展到后来的矿物加工学的延伸与拓展，其涵盖了传统的重选、磁选和浮选，以及矿物分选前期的破碎、磨矿与筛分工序、后期的固液分离和烘干工序等，同时还涉及部分难处理矿石资源的选冶联合工艺，如非高炉炼铁、部分火法冶金工艺、部分湿法冶金工艺、绿色环保的生物冶金工艺，此外，本实验教程还阐述了近年来矿冶领域新兴前沿的大型智能分析检测设备在矿物加工与提取工艺中的应用等。常规的矿物加工基础实验技能、矿物加工工艺实验、矿石可选性研究实验、矿物加工现代测试技术是矿物加工工程专业学生必修的实验（实践）性教学课程。矿物分选与提取实验教程不仅系统阐述了矿物加工工程、矿石选冶过程中涉及的系统理论知识，而且介绍了矿物加工生产过程、矿石选冶过程中涉及的许多设备的结构、特点、性能和功能。本实验课程的基本任务是对学生进行矿物加工常见方法、工艺、预处理及后期处理工序、非常规矿石资源火法冶金、湿法冶金、选冶联合等工艺涉及的实验技能的基本训练，加深学生对所学理论知识的认识，提高学生综合运用理论及实验知识解决实际问题的能力，培养学生的创新精神。

1.1.1 矿物分选与提取实验的目的

矿物分选与提取是当前定义为矿物加工工程的延续和拓展，是传统的选矿工程、矿物加工工程融合了冶金中的部分方法和工艺，而矿物加工工程是在传统浮选、重选、磁选发展过程中形成的一门新的学科体系。它是利用矿物的物理或物理化学性质的差异，借助各种选矿设备将矿石中的有用矿物与脉石矿物分离，并达到使有用矿物相对富集的过程。矿物分选与提取是研究矿物分选、有价元素提取、矿物化学处理的学问，是一门分离、富集、提取、综合利用矿产资源的技术科学。

矿物分选与提取实验教学的主要目的是使学生初步了解矿物加工、选冶联合、矿物化学处理、生物冶金中的研究方法，掌握矿物粉碎工程、矿物物理分选、矿物界面分选、矿物化学处理、矿物生物工程、矿石可选性研究、矿物加工现代测试的基本实验技术和技能，熟悉矿物分选与提取涉及的实验现象的观察和记录，实验条件的判断和选择，实验数据的测量与处理，实验结果的分析和归纳等一整套严谨的实验方法，从而加深对矿物加工学基本理论的理解，增强解决矿物加工实际生产中问题的能力。

矿物加工工程专业实验课程的教学体系遵循逐层深入、循序渐进的原则，针对低年级学生强调夯实基础，对常规实验矿物碎磨、重选、磁选、浮选、化学浸出、生物浸出等实验设备进行基本的认知学习，包含基础实验过程的熟悉、实验操作及技巧的训练，使基础实验规范化。针对高年级学生强化学生对专业理论知识的深入理解，并让学生掌握不同类型选矿实验的过程及方法，开展启发式专题实验。高年级学生经过上述的实验训练，已具备基本的实验技能，在毕业阶段进行设计性、综合性实验训练，进行简单的科学研究训练和现代测试技术训练，培养学生的科研创新能力，由浅入深的、多维度的实验形成一个有机的整体，即：以矿物综合处理与利用为主线，以矿石粉碎工程、矿物物理分选、矿物界面分选、矿物化学处理、矿物生物工程、矿石可选性研究、矿物加工现代测试的基本操作、研究方法、现代分析手段为基本内容，开展“认识—探索—实践”层次递进的实验教学过程。

1.1.2 矿物分选与提取实验的要求

通过该实验的培训，让学生理解和掌握矿物分选、加工及其后续的有价元素的提取的基本原理和方法。通过实习、实践，结合理论分析，对设计方案进行优化，并体现创新意识。能够基于专业理论，根据研究对象的特征，制定技术路线，设计可行的实验方案。能根据实验方案，选用或构建实验装置，采用科学的实验方法，安全地开展实验。能正确采集、整理实验数据，对实验结果进行分析、解释和建模，获取合理有效的结论，并以研究报告的形式予以呈现。

运用数学、自然科学和工程科学的基础知识，结合矿物加工的基本原理，对复杂工程问题进行准确表达。能够针对复杂工程问题提出有效的解决方法。通过实习、实践，结合理论分析，对设计方案进行优化，并体现创新意识。借助工具书及有关文献，结合国内外的先进技术和设备，进行工艺流程和设备选型的计算。能够采用合理的现代技术手段分析矿产资源中矿物的特性，结合专业知识，提出矿产资源高效加工与清洁利用的可能途径，并体现创新意识。能够理解团队合作的意义，能与团队成员有效沟通，能够在团队中根据角色要求发挥应有的作用。

矿物分选与提取实验的要求首先是培养学生对待科学研究须坚持实事求是的科学态度，在实验操作中养成严谨细致的实验作风，掌握熟练正确的实验技能，学会分析问题和解决问题的能力。实验课程指导教师应根据学生的不同情况，通过系统、全面、多维度、由浅入深的实验教学体系，系统培养学生具备良好的实验素质，与理论课程无缝衔接、融会贯通，培养及提升学生的研究与开发并综合利用矿产资源的能力，提高学生针对不同类型矿产资源能够开展矿物分选与提取实验研究的能力和水平。

在矿物分选与提取实验过程中，学生首先须做到“实事求是”，即如实记录实验中观察到的现象、数据、规律，保存第一手资料。以实验观察为基础的科学推理才能最真实地反映实验本质，经过实验观察检验的科学理论才更有说服力。通常，我们在实验中直接观察到的现象和图形可能不够准确，也可能存在误差，但实验是否可靠只能通过重复实验来验证。因此，在实验课程中培养学生养成认真对待实验结果，数据绝不能随意改动的好习惯。唯有学生具备了这种基本的态度，通过实验工作得出的材料才有科学意义，才能理解为什么实验工作须满足那么多要求，积极按照这些要求工作，使自身受到严格正确的训练，不断提高自身的科学实验能力。

(1) 实验前的准备。开展实验课程时，学生不仅需要动手操作，学习各种实验方法，熟练掌握实验过程，同时还需要开动脑筋思考问题，因此每次进行不同实验项目前须提前认真预习，必要时提交预习报告。学生应通过预习做到对实验的各个过程了如指掌，正式实验时才能顺利开展，达到预期的实验教学效果。

1）在进行实验前，学生有针对性地对实验教材、参考教材及参考资料中的相关内容进行认真阅读并理解；真正做到明确每个实验的目的，理解各个实验的基本原理，对实验教材中的每个实验项目后面的思考题进行认真思考查阅文献并做出答复。

2）了解各个实验项目的基本操作和仪器的使用技巧，熟悉实验内容，掌握实验关键步骤及应注意的安全知识；写出简明扼要的预习报告，内容包括简要的原理、仪器和物料、步骤，做好实验的关键及应注意的安全事项等。

（2）实验中应测哪些数据。

1）直接测量的数据：各个实验中影响实验结果的因素、数据处理过程中需要的数据都必须进行测量。它包括环境条件、设备尺寸、材料性能和操作条件。

2）间接得到的数据：并非所有数据都需要直接测量。可以从某一数据导出或在设备（仪器）手册中找到的任何其他数据都不需要直接确定。

（3）读取数据、做好记录。

1）必须事先准备好记录表，保证数据的完整和清晰。每个学生都应有 1 本实验记录本。

2）在实验过程中，必须待实验现象正常后再读取数据。当实验条件或影响因素发生变化后，我们需要稳定一段时间才能读取数据，因为设备（仪器）通常会有滞后现象；至少要在相同条件下读取两组数据，只有两组数据比较接近时才能改变条件。

3）记录必须真实反映设备（仪器）的准确性。一般应记录到设备（仪器）上最低分度以下一位，并标明每个数据的单位；记录数据以当时读取的实际数据为准。如果数据是稳定的，也应照常记录。如果数据丢失，应该留下相应的空格。

4）针对实验中发现异常情况和明显错误，应在备注栏详细记录并说明造成错误可能的原因。

（4）实验中的注意事项。实验过程中除了读取数据外，还应该注意以下事项。

1）实验人员必须密切注意设备（仪表）的工作或运行状态，关注数值的变化如有异常随时调整，确保整个实验过程是在指定条件下进行的，尽量减少实际操作条件和指定条件之间的差距，并且在实验过程中全程值守。

2）每次实验获得数据后，应养成与之前的数据进行比较的习惯，并与其他相关数据进行比较分析，判断前后数据之间的关系是否合理。如果发现不合理的情况，应立即与团队成员、实验指导教师一起研究分析，寻找数据不合理的原因并及时发现造成数据不合理的外在和内在原因并通过调整设备（仪器）参数或及时维修解决问题。

3）在实验过程中，要培养学生认真观察实验过程及特殊实验现象的习惯，特别是针对一些异常实验现象要训练学生形成抓住机会研究异常现象产生原因的素养。

（5）数据整理。在相同实验条件下，如果实验数据有几次相对稳定但略有波动，应先取平均值再进行整理，而不需要逐一排序后取平均值，如此操作可以节省时间；在数据处理过程中应遵循有效数的运算规则，舍弃一些无意义的数。数据的准确性取决于测量仪器本身的精度，不会因为计算时数的增加而得到改进，但不允许任意减少位数，因为这会降低应有的精度；如果数据处理过程复杂，实验数据较多，一般宜将数据排列成列表。同时，将同样的项目排列在一起，这样不仅使流程清晰，而且节省了时间。

(6) 实验报告。撰写实验报告是实验课程中一项重要的基本技能训练，是总结实验进行的情况、分析实验中出现的问题和整理归纳实验结果必不可少的基本环节，是将直接和感性认识上升至理性思维阶段的完美收官。系统、全面、翔实的实验报告不仅是对每次实验的总结，更重要的是它可以反映出每个学生的学习态度、实验水平和综合能力。通过实验报告的撰写，可以初步地培养和训练学生的逻辑归纳能力、综合分析问题和解决问题的能力、文字组织表达能力，也是实验课程评分的重要依据。因此，在实验课程开展过程中，务必告诫学生必须严肃、认真、如实地撰写实验报告，且撰写实验报告务必做到实验内容实事求是、数据分析全面具体、实验过程及步骤条理清晰、文字简练、叙述清楚整洁、结论明确、讨论透彻。实验报告的格式与要求，在不同的学习阶段略有不同，但基本包括以下几部分内容：实验目的和要求、简明的实验原理、实验仪器（设备）和实验条件、具体操作方法、操作步骤及技巧、注意事项、数据处理、结果讨论和参考资料等内容。

1.2 矿物分选与提取实验的安全准入

随着高校办学规模的不断扩大和招生数量的激增，对高校实验室资源的开放性、共享性要求也越来越高。高校实验室具有出入实验室人员多、流动性大、仪器（设备）种类多杂等特点，实验室安全工作面临的问题多且复杂，实验室安全事故时有发生，如火灾事故、中毒事故、伤人事故和环境污染事故等。因此，加强矿物分选与提取实验涉及的实验室安全防护教育显得尤为重要。

1.2.1 实验室安全工作的重要性

高校实验室不仅是师生开展实验教学提供社会服务的重要场所，也是培养学生实践能力、创新能力、综合素质、提高学生实验技能，培养学生分析问题、解决问题能力，养成良好实验习惯的重要基地，更是进行科学研究的殿堂，其人、财、物在实验室高度密集。由于高校实验室内储存了各种化学药品、存放的仪器设备种类繁多，水、电、燃气及极端实验环境为安全事故的发生埋下隐患，若缺乏必要的安全管理和防护知识，会危及生命，给国家财产造成巨大损失。近年来，随着高校办学规模的不断扩大、教学科研的快速发展和国家对实验室投入的增加，高校实验室安全工作的重要性日益凸显，实验室的安全管理是实验工作正常进行的基本保证。在双一流本科建设和地方本科院校向应用型转型发展的导向下，实验教学和科研工作得到了极大的重视，实验室的需求与日俱增，实验室的利用率和学生实验开出率也随之增加，同时实验室的安全事故也频繁发生，因此实验室的安全问题越来越受到各方面的广泛关注和高度重视。实验室安全管理关系到正常实验教学和科学研究秩序能否得到保障，国家财产能否免受损失，师生员工的人身安全能否得到保障，对高校乃至整个社会的安全和稳定都至关重要。

1.2.2 实验室安全事故的成因

在实验室安全事故的发生和预防中，人为因素占主要地位。安全意识淡薄是实验室安全事故发生的主要原因。一般来说，由人的不安全行为和错误引起的事故占很大比例。相关数据显示，由火灾引起的事故仅为2%，而人为因素引起的事故却高达98%。因此，人在事故的发生和预防中起着决定性的作用。一般来说，大部分的实验室安全事故也是由如下3个原因所引发的。

(1) 人的不安全因素。人的不安全因素主要是指实验室人员安全意识淡薄，缺乏安全知识或技能，不遵守操作规程，不当的个人防护，不良实验习惯、粗心大意等因素。据英国健康保护机构报道，安全事故中90%是人为因素导致的，从根本上讲在于实验室相关人员的安全观念不强、安全意识淡薄。

(2) 物的不安全因素。实验室物的不安全因素包括实验室规划设计不合理，设备密集，危险化学生物试剂较多，部分实验室还存在设施陈旧，设备、线路老化，实验室安全应急设施缺乏等因素。

(3) 管理缺陷。实验室管理问题大都存在两方面问题，一是管理制度不完善，二是管理人员不足、不专业，管理手段落后。近些年，高校实验室建设步伐在不断加快，开发力度不断增加，但相应的实验室安全管理制度以及管理手段却没有及时地调整完善，使实验室安全出现了管理盲区。

1.2.3 实验室安全事故的类型

实验室安全事故的类型主要有火灾、爆炸、毒害、感染、放射源辐射及设备损坏等。

(1) 火灾性事故。火灾事故的发生具有普遍性，几乎所有的实验室都可能发生。酿成这类事故的直接原因是：1）忘记关电源，或在实验中，人离开实验室的时间较长，致使设备或用电器具通电时间过长，温度过高，引起着火。2）操作不慎或使用不当，使火源接触易燃物质，引起着火。3）供电线路老化、超负荷运行，导致线路发热，引起着火。4）乱扔烟头、接触易燃物质，引起着火。

(2) 爆炸性事故。爆炸性事故多发生在具有易燃、易爆物品和压力容器的实验室。酿成这类事故的直接原因是：1）违反操作规程，引燃易燃物品，进而导致爆炸。2）设备老化，存在故障或缺陷，造成易燃、易爆物品泄漏，遇火花而引起爆炸。

(3) 毒害性事故。毒害性事故多发生在具有化学药品和剧毒物质的化学化工实验室和具有毒气排放的实验室。酿成这类事故的直接原因是：1）违反操作规程，将食物带进有毒物品的实验室，造成误食中毒。2）设备、设施老化，存在故障或缺陷，造成有毒物质泄漏或有毒气体排放不当，酿成中毒。3）管理不善，造成有毒物品散落流失，引起环境污染。4）废水排放管路受阻或失修，造成有毒废水未经处理而排放，引起环境污染。

(4) 机械和电伤害。机械伤害事故多数发生在高速旋转或冲击运动的机械实验室，针对矿物分选与提取实验涉及的实验室，由于需要使用不同的机械设备，因此，最主要的机械伤害是设备尖锐边角划伤、破碎玻璃仪器划伤、部分设备配件划伤等。电伤害多发生在带电工作的电气实验室和一些温度较高的实验室。造成这类事故的直接原因如下：

1）操作不当或缺乏必备的安全保护，如厚手套、防护眼镜等，导致挤压、摔落、碰撞受伤。

2）违反操作规程或设备设施老化失效、缺陷，造成漏电、触电或电弧损伤的。

3）使用不当可能造成高温气体和液体的伤害。

（5）放射源辐射类事故。这类事故主要表现在：1）短时间大剂量的射线照射导致人员机体的病变。2）长时间小剂量的射线照射可能引起机体的病变。3）大量吸入放射性物质，可能导致人体中毒。

（6）仪器设备事故。仪器设备事故分为仪器设备伤人事故和设备损坏事故。仪器设备伤人事故多半是由于操作不当，违反防护措施，缺乏保护装置所致；设备损坏性事故多发生在用电加热的实验室。酿成设备损坏事故的直接原因是：由于线路故障或雷击造成突然停电，致使被加热的介质不能按要求恢复原来的状态而造成设备损坏。

1.2.4 实验室安全事故的危害类型

按事故危害的对象分类，可以分为以下 4 类。

（1）对个人的危害。实验室是实验人员的工作场所，事故一旦发生首先会给实验操作人员和身边的其他人员造成人身伤害，严重时可能危及生命。如果由于自身的原因造成了重大安全事故，事故责任人会受到行政和经济处罚，严重时还会受到刑事和法律的制裁，并记录在档。这不仅对事故责任人将来的工作和事业发展产生重大不利影响，更严重的是如果自身受到伤害，致伤致残，还会给个人的生活、家庭造成影响。

（2）对学校的危害。校长是学校法定代表人，也是安全责任第一责任人，当发生恶性安全管理事故时，情节严重的可追究法人的刑事责任。此外，恶性安全事故会在社会上造成巨大负面影响，直接影响学校生源的质量和第三方评价质量，影响学校的长远发展。

（3）对国家财产的危害。实验室通常都放置有贵重仪器设备。随着科技的发展以及国家对科技投入的增多，实验室的仪器设备不断更新，各种贵重先进的仪器逐渐增多。有些仪器少则几十万元，多则几百万甚至上千万元，发生安全事故会给国家财产造成重大损失。

（4）对实验工作的危害。实验室通常都承担着繁重的科研和教学任务，其中涉及国家重点工程、国防军工的科研任务都有严格的实验计划。一旦实验室发生事故，就会严重影响实验进程，进而影响整个工程和科研任务的进程。许多重要的实验室都存放着贵重的样品以及科学家和实验技术人员多年积累的实验资料，若一旦发生火灾和爆炸事故造成损坏，就会给科研工作造成长期的不利影响。

具体来说，实验室安全事故的危害类型表现为以下几种形式：

（1）机械危险和电气危害。机械造成的伤害（灾害），如滚、刺、压、焊强光造成的伤害、噪声和振动、误操作导致尖锐部位造成的伤害、接地不良造成的触电伤害等。电气危害不仅包括触电事故，还包括雷电、静电、电磁场危害，各种电气火灾、电气爆炸，以及一些危及人身安全的电路、设备故障等。

（2）化学危害和生物危害。许多化学品都是易燃、易爆、有毒、有腐蚀性的，容易引起火灾、爆炸，对人体造成危害。在对动物、植物、微生物和其他有机体的研究中，病原体或毒素的损失、广泛使用和转移对人类健康和自然环境造成不安全事故。例如：外来物种的迁移导致当地生态系统的不利变化或破坏；人类造成的环境剧烈变化危及生物多样性；在科学研究和开发、生产和应用中，转基因生物和危险病原体可能对人类健康和生活环境造成危害。

（3）辐射危害。辐射包括电磁辐射和放射性辐射，由于其能量密度高，在实验室研究工作中有很多用途，但其高能辐射容易对人体造成伤害。

(4) 其他危险。一般工厂的伤害（灾害），如跌倒、摔跤、碰撞、火灾、灰尘、噪声等，在实验室也会发生。一般来说，小的伤害多属于此类。

1.2.5 实验室人身安全防护要点

实验室人身安全防护需要从眼部、面部、手部、躯体等4个方面进行防护，具体为：

(1) 眼部的防护。保护眼部至关重要。为避免眼部受伤或尽可能减少眼部受伤的风险，部分涉及潜在危险的矿物分选与提取实验过程中所有实验者必须佩戴防护眼镜，以防液体飞溅、颗粒物及碎屑等对眼部的冲击或刺激以及有毒有害气体对眼睛的伤害。实验过程中应佩戴防护眼镜，最好不要佩戴隐形眼镜。对于某些易溅、易爆等极易伤害眼部的高危险性实验操作，一般的防护眼镜防护能力不够，最好设法在实验装置与操作者之间安装透明的防护板或采取其他更安全的防护措施。

(2) 面部的保护。面罩能够保护面部、脖子和耳朵，避免受到溅出物质或悬浮微粒的伤害，尤其是和工作台面黏在一起，硬度高的立式面罩能够很好地保护面部、脖子和整个上身。实验过程中从事与高真空、高压系统相关工作时，最好使用面罩。

(3) 手部的防护。在实验过程中，手部是较易受到伤害的部位。手部保护的重要措施是佩戴防护手套。佩戴防护手套前应仔细检查所用手套，确保质量完好，未老化、无破损；实验操作过程中若需接触日常物品（如电话机、门把手、笔等），则应脱下防护手套，以防有毒有害物质污染扩散。防护手套种类很多，化学实验室常用的有以下几种类型：

1) 防热手套。此类手套用于高温环境中以防手部烫伤。从烘箱、马弗炉中取出热的药品或从电炉、加热套等仪器采集热的溶液时，最好佩戴隔热效果良好的手套。防热手套材质一般使用厚皮革、特殊合成涂层、绒布、石棉等。

2) 低温防护手套。用于低温工作环境以防手部冻伤，如接触液氮、干冰等制冷剂或冷冻药品时应使用此类手套。

3) 化学防护手套。主要防止化学品渗透、喷射到手部，对皮肤造成腐蚀、灼伤、感染等各种伤害。化学防护手套常见材质有天然橡胶、丁腈橡胶、氯丁橡胶、聚氯乙烯（PVC）、聚乙烯醇（PVA）等，需根据化学品危险特性选择合适的材质。

4) 防割手套。主要用于接触、使用锋利物品或组装、拆卸玻璃仪器装置时，防止手部被割伤。

5) 一次性手套。有些化学实验操作对手部伤害风险较低、而对手指触感要求高时可佩戴一次性手套。

(4) 躯体的防护。躯体最佳防护措施为穿着防护服，以防止皮肤受到各种药品的直接伤害，同时保护日常着装不受污染（若着装污染化学试剂则会产生扩散）。普通的防护服（俗称实验服）一般都是长袖、过膝，其制作材料多为棉或麻。进行一些对身体伤害较大的危险性实验操作时，必须穿着专门的防护服。如，进行易燃易爆的有机合成实验时宜穿着防火实验服；进行X射线相关操作时宜穿着铅质的X射线防护服。不可穿着已有污染的实验服进入办公室、会议室、食堂等公共场所，实验服应经常清洗，但不应带到普通洗衣店或家中洗涤。此外，化学实验过程中身体其他部位防护也很重要，应根据实验危险性佩戴头部或脚部防护器具，实验过程中穿不露脚面的鞋子和长裤，长发应扎好。

在矿物分选与提取实验中，关于人身安全防护的具体实施形式涵盖以下几个方面：

(1) 在进入实验室开展实验前，实验人员应该首先熟悉仪器、设备的使用及各种急救设备，了解实验室所在楼宇的楼梯和出口，以及实验室里的主要电气开关、消防设备和急救药物，以便采取相应的防护措施，防止事故发生。

(2) 大多数化学试剂或药品都有不同程度的毒性。因此，实验室人身安全防护第一要务就是采取一切方式阻止任何化学物质进入人体。由于许多化学试剂或药品的毒性具有一定的潜藏期，在很长一段时间后才显现出来，因此不要随意将使用少量化学品的经验应用到使用大量化学品中；请勿将常温、常压下的实验经验应用于高温、高压、低温、低压下的实验中；请勿将在低温条件下反应时的实验经验应用于危险或严重的条件下，必须使用防护装置，佩戴防护口罩和眼镜。部分化学试剂或药品具有一定的致癌性，应尽量减少与其接触，确需使用时应佩戴防护手套，实验操作务必在通风柜内进行。其中要特别注意苯、四氯化碳、氯仿等常见溶剂，通常用甲苯代替苯，用二氯甲烷代替四氯化碳和氯仿。

(3) 当混合物的成分处于爆炸的上下限之间时，只要有适当的火源（如火花、铁丝），所有的气体混合物都会立即爆炸。表 1-1 列出了一些与空气混合的气体的高、低爆炸极限，用体积分数表示。

表 1-1 与空气混合的某些气体的爆炸极限（20℃，101.3kPa）

气体	爆炸高限（体积分数）/%	爆炸低限（体积分数）/%	气体	爆炸高限（体积分数）/%	爆炸低限（体积分数）%
氢	74.2	4.0	乙醇	19.0	3.2
一氧化碳	74.2	12.5	丙酮	12.8	2.6
氨	27.0	15.5	乙醚	36.5	1.9
硫化氢	45.5	4.3	乙炔	80.0	2.5
甲醇	36.5	6.7	苯	6.8	1.4

实验时应尽量避免能与空气形成爆鸣的混合气体散失到室内空气中，同时在实验室工作时应保持室内通风良好，不要使某些气体在室内积聚而形成爆鸣混合气体。

在矿物分选与提取实验中，实验人员要接触和使用各种电气设备，所以必须了解使用电气设备的安全防护知识。

(1) 通过人体的电流强度由人体的电阻和施加的电压决定。一般来说，人体的阻力包括内部组织和皮肤的阻力。人体内部组织的电阻约为 1kΩ，皮肤的电阻约为 1kΩ（湿、出汗皮肤）至几万欧（干皮肤）。因此，36V(50Hz) 交流电在我国是安全电压，超过 45V 就是危险电压。

(2) 实验室常用电源为 50Hz 交流电。当通过人体的电流强度为 1mA 时，人体会感受到电击作用，有麻木和刺痛感；当电流强度达到 6~9mA 时，手会一次缩回。高电流会导致肌肉强烈收缩，手无法张开。当电流强度达到 50mA 时，人的生命处于危险之中。因此，使用电气设备进行安全保护的原则是不让电流通过人体。

(3) 触电损伤程度与通过人体的电流、通电时间、通电方式有关。如果电流通过人的心脏或大脑，极有可能造成电击死亡。因此，在实验期间，请勿使用湿、出汗的手操作电器，不要用手紧握可能荷电的电器，双手不要同时碰电器，以及电气设备的外壳应接地。如遇触电事故，应立即切断电源开关，并采取急救措施。

1.3 矿物分选与提取常用实验技术

1.3.1 实验室常用的玻璃器皿及其清洗

1.3.1.1 常见的玻璃器皿

矿物分选与提取实验离不开各种玻璃器皿，正确认识和选择、使用仪器，可以更加轻松有效地进行实验工作。以下是一些常见的玻璃器皿。

A 度量仪器

矿物分选与提取实验中涉及常用的玻璃量器涵盖量入容器（如容量瓶、量筒、量杯等）、量出容器（如滴定管、吸量管、移液管等）。量入容器液面的对应刻度为量器内的溶液容积，量出容器液面的对应刻度为放出的溶液体积。

（1）量筒、容量瓶。量筒的精确度不高，在量取体积要求不太精确的液体或配置浓度要求不太精确的溶液时，可以使用。有 5mL、10mL、25mL、50mL、100mL 等各种规格。容量瓶是主要用于配制准确浓度的量入式量器，常见的有 10mL、25mL、50mL、100mL、250mL、500mL 和 1000mL 等各种规格。容量瓶与塞子要配套使用，除标准磨口或塑料瓶塞不能调换，为避免塞子打碎、遗失或调换，应用橡皮筋把塞子系在瓶颈上。

（2）移液管、吸量管。移液管是用于准确移取一定体积液体的量出式玻璃量器。移液管中间有一膨大部分且管颈上刻有一条标线，又称“单标线吸量管”，管中流出的溶液体积与管上所表明的体积相同。常用的移液管有 2mL、5mL、10mL、25mL、50mL 等各种规格。吸量管内径均匀，管上刻有分刻度，吸量管一般只用于取小体积的溶液。因管上带有分度，可用来吸取不同体积的溶液，但准确度不如移液管，在同一实验中应使用同一支吸量管的同一部位量取，以减少吸量管带来的误差。常见的规格有 1mL、2mL、5mL、10mL。

（3）滴定管。滴定管是刻有精确刻度、内径均匀的细长玻璃管，是滴定时用来准确测量流出的操作溶液体积的量出式量器。常量分析的滴定管规格有 50mL 和 25mL，最小刻度为 0.1mL，读数可估计到 0.01mL。还有 10mL、5mL、2mL、1mL 的半微量和微量滴定管。

滴定管分酸式滴定管（图 1-1e）和碱式滴定管（图 1-1f）两种。酸式滴定管下端设有一个玻璃活塞开关用来控制溶液的滴出速度。酸式滴定管用来盛酸性或具有氧化性的溶液，不宜盛碱性溶液，因为碱性溶液能腐蚀玻璃使活塞黏合。碱式滴定管下端连接有一段乳胶管，管内装有玻璃珠，以控制溶液的流出，乳胶管的另一端接一尖嘴管。碱式滴定管用来盛碱性溶液，但凡是能与乳胶管发生反应的氧化性溶液，如 $KMnO_4$、I_2等，均不能装在碱式滴定管中。此外，还有以聚四氟乙烯为原料的旋塞滴定管，它可以抗酸、抗碱、抗氧化剂。滴定时，最好每次都从 0.00mL 开始，或从接近“0”的任一刻度开始，这样固定在某一段体积范围内滴定，可减少体积误差。

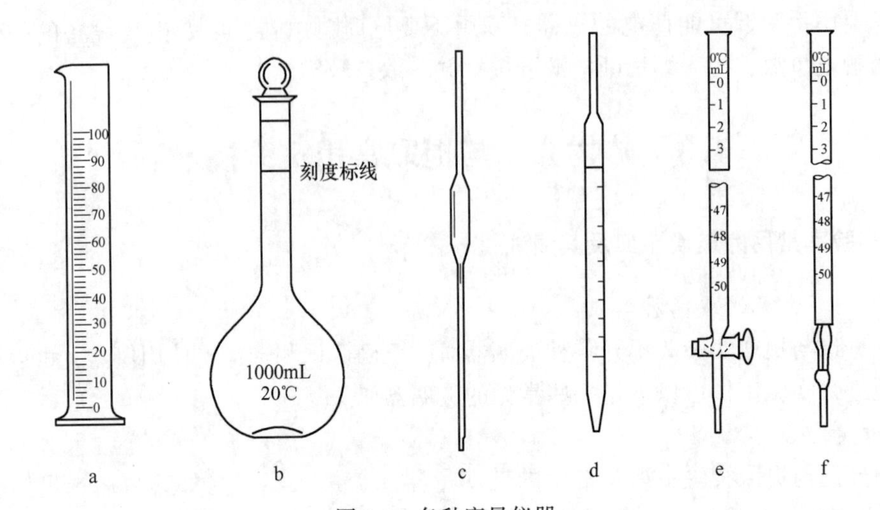

图 1-1 各种度量仪器

a—量筒；b—容量瓶；c—移液管；d—吸量管；e—酸式滴定管；f—碱式滴定管

1）酸式滴定管的使用。

使用前的准备：首先检查外观和密合性，先关闭活塞，装水至“0”线以上，直立约 2min，仔细观察有无水滴滴下然后将活塞转 180°，再直立 2min，观察有无水滴滴下。如果发现漏水或酸管活塞转动不灵活，则需将活塞拆下重新涂抹凡士林。

酸式滴定管的具体操作步骤：将酸式滴定管夹（固定）在滴定管架上，用左手控制滴定管的旋塞，无名指和小指向手心弯曲，大拇指在前，食指和中指在后，手指略微弯曲轻轻向内捏住旋塞，手心空，以免顶着塞末端而使其松动，甚至可能顶出旋塞，如图 1-2 所示。注意不要向外用力，而应使旋塞稍有向手心的回力，以免推出旋塞造成漏液。通用型滴定管的操作与此类似。

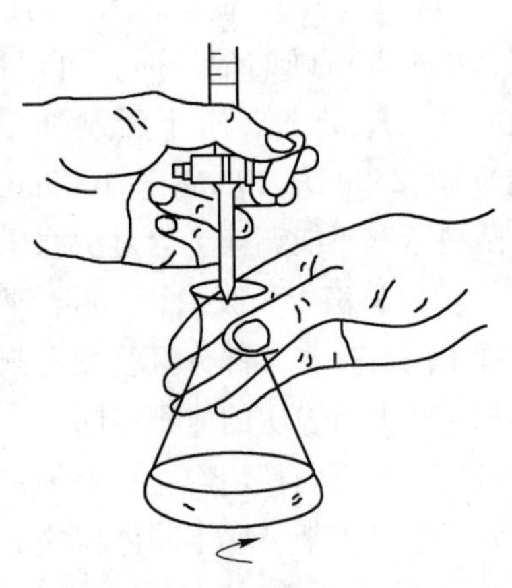

图 1-2 酸式滴定管的操作

2）碱式滴定管的使用。

使用前的准备：先对滴定管进行洗涤，将玻璃珠向上推至与滴定管管身下端相接触，然后加满铬酸洗液，放置几分钟，把洗液倒回原瓶，再依次用自来水和纯水洗净。如发现乳胶管已经老化，应及时更换，并配上合适的玻璃珠。更换乳胶管或玻璃珠后，应再用纯水洗两次，然后倒挂在滴定台上备用。

碱式滴定管的操作：使用碱式滴定管滴定时，应该用左手的无名指及小指夹住下端的玻璃尖管，然后拇指在前，食指在后，捏住玻璃珠的所在位置，向右边挤橡胶管，使操作玻璃珠移向手心一侧，这样玻璃珠和橡胶管之间形成缝隙，溶液即可流出，如图 1-3a 所示。注意不要用力捏玻璃珠，不要使玻璃珠上下移动，也不能捏挤玻璃珠下方的橡胶管，否则空气进入而形成气泡，影响准确读取滴定液的体积。

使用度量仪器时，必须掌握液体体积的正确读数方法，如图 1-3b 所示。测量时必须保持视线同度量仪器内液体的凹液面最低处水平，才能准确地读取体积的数值，否则读出的数值将偏高或偏低。

B 其他常见玻璃器皿

（1）烧杯（图 1-3c）。烧杯的种类较多，有硬质和软质、低型和高型、有刻度和无刻度等几种，常用的是硬质低型有刻度烧杯。刻度烧杯的分度并不精确，允许误差在±5%，所以烧杯不能做量器。烧杯的规格用容积大小来表示，一般有 50mL、100mL、150mL、200mL、400mL、500mL、1000mL、1200mL 等规格。

烧杯的用途及注意事项：用于配制溶液和较大量试剂的反应器，在常温和加热温度不太高时使用。加热时烧杯应置于石棉网上，使其受热均匀；所盛溶液不宜过多，一般不超过容积的 2/3；如需加热，则不应超过容积的 1/3。

（2）锥形瓶也称三角瓶（图 1-3d）。分为硬质和软质、有塞和无塞、广口和细口等几种。常见的规格有 50mL、100mL、150mL、200mL、400mL、500mL、1000mL、2000mL 等。

锥形瓶的用途及注意事项：滴定分析中最常用的反应容器，有时也用它装配成气体发生器或洗气瓶使用。避免摇动时溅出液体；加热时应置于石棉网上，使其受热均匀；不能骤冷骤热。

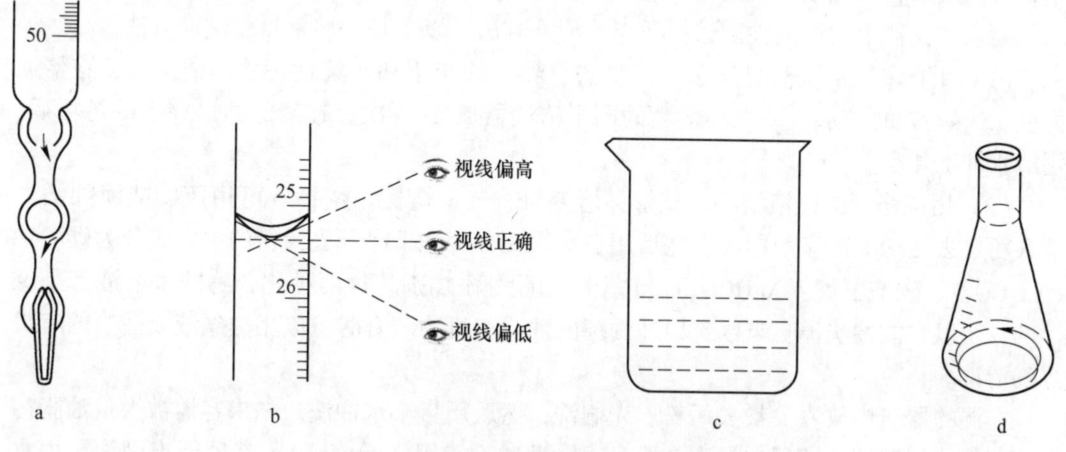

图 1-3 碱式滴定管及其他常见玻璃器皿

a—碱式滴定管；b—度量仪器的正确读法；c—烧杯；d—锥形瓶

（3）蒸馏烧瓶、漏斗（图 1-4a 和 b）。蒸馏烧瓶的规格有圆底和平底、长颈和短颈、有支和无支之分。以容积（单位：mL）表示，一般有 50mL、100mL、150mL、250mL、1000mL 等规格。用途及注意事项：用作反应容器，特别适用于较长时间加热回流、液体的蒸馏等。反应试剂量一般在容积的 1/3~2/3；加热时烧瓶底要垫石棉网。

漏斗大多是玻璃材质，普通漏斗有长颈和短颈之分。以口径（单位：mm）表示，一般有 30mm、40mm、60mm、100mm、120mm 等规格。此外还有分液漏斗和布氏漏斗。

用途及注意事项：普通漏斗用于向小口径容器内加液体或进行过滤操作，不能加热，过滤时要选配适当的滤纸，滤纸折叠要得当。分液漏斗多用于萃取操作；布氏漏斗通常与抽滤瓶搭配使用，并借助抽气机或水泵进行减压过滤，以加快过滤速率，抽干液体。

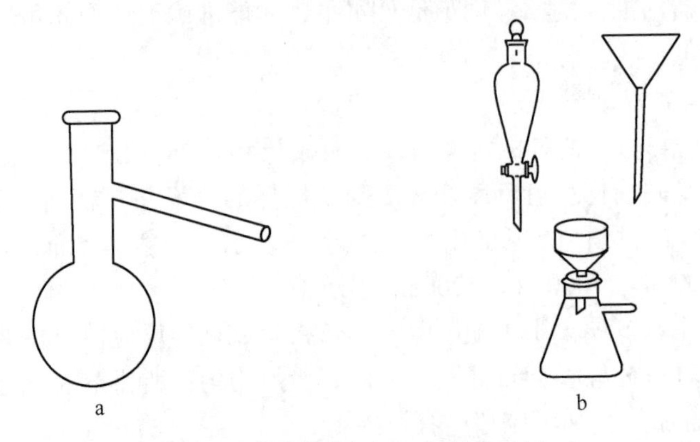

图 1-4 蒸馏烧瓶（a）和漏斗（b）

1.3.1.2 一般玻璃器皿的洗涤方法

玻璃器皿是实验室常用的设备之一，其中包括试管、烧杯、容量瓶、量筒等，种类繁多，大小不一。在日常使用过后，都要对它们进行彻底的清洗，以免影响下次的使用。在矿物分选与提取实验中更是如此，由于玻璃仪器内残留有污垢和杂质会影响后续实验得到不正确的结果，因此经常使用的玻璃仪器在使用前必须清洗。清洗仪器时，应根据实验性质、要求和仪器上污垢的性质选择适当的清洗方法。以下是一些常见的洗涤方法。

（1）用自来水清洗。自来水可以洗去仪器上的灰尘和水溶性污物。清洗时，在器皿内盛 1/3～1/2 的清水，用大小适当的刷子清洗器皿 2～3 次。在清除器皿壁上的污垢后，用清水冲洗几次。

（2）用洗涤剂或碱液清洗。试管、培养皿、三角烧瓶、烧杯等可用瓶刷或海绵沾上洗衣粉或去污粉等洗涤剂刷洗，然后用自来水充分冲洗干净。去污粉的主要成分为碳酸钠（Na_2CO_3）、碳酸氢钠（$NaHCO_3$）、黏土、细砂等添加剂。这两种化合物的水溶液都是碱性的，所以它能冲洗掉自来水难以冲洗掉的油或有机物。有时可以用热碱液或适当的有机溶剂清洗。

在湿的器皿中放入少量去污粉，先刷洗，然后用自来水冲洗。如果容器被大量油脂污染，可将热碱液倒入容器中浸泡一段时间（此时不能用刷子清洗）。然后倒出碱液，用水冲洗，直到把器皿中剩下的碱液全部洗掉。

洗衣粉和去污粉较难冲洗干净而常在器壁上附有一层微小粒子，故要用水多次甚至 10 次以上充分冲洗，或可用稀盐酸摇洗 1 次，再用水冲洗，然后倒置于铁丝框内或有空心格子的木架上，在室内晾干。急用时可盛于框内或搪瓷盘上，放烘箱烘干。

玻璃器皿经洗涤后，若内壁的水是均匀分布成一薄层，表示油垢完全洗净，若挂有水珠，则还需用洗涤液浸泡数小时，然后再用自来水充分冲洗。

（3）用铬酸洗液洗涤。

1）铬酸洗液的配制：称取 30g 重铬酸钾（$K_2Cr_2O_7$），用研钵研细后的加入 100mL 水中，加热使之溶解，冷却后在不断搅拌下缓慢注入 800mL 工业浓硫酸中，配制好的溶液称为铬酸洗液，呈深褐色。由于它具有很强的酸性和氧化性，去污能力很强。

2）使用铬酸洗液的操作要求：用铬酸洗液洗仪器时，最好先用水或去污粉把仪器洗一遍，再用水冲洗几遍，并尽量把器皿内的水倒去，然后将洗液小心地倒入器皿，洗液用量约为器皿容量的1/3，慢慢地转动器皿使器皿的内壁皆为洗液所润湿，片刻后把洗液倒回洗液瓶，并盖好瓶盖（用过的洗液可重复使用，不得倒掉，更不能倒入水槽，以防腐蚀水管、水泥槽）。最后用水把残留器皿内的洗液洗去。如器皿很不清洁，可让洗液放在器皿内浸泡一段时间或用热的洗液洗，效果更好。

（4）用浓盐酸洗涤。新购置的玻璃器皿含游离碱较多，应在酸溶液内先浸泡数小时。酸溶液一般用2%的盐酸或洗涤液。浸泡后用自来水冲洗干净。用铬酸洗液洗过之后，如仪器还有污物（多半是一些具有氧化性的物质），可用浓盐酸洗涤，洗涤方法与用碱液洗涤相同。

玻璃仪器经上述方法洗涤后，其内壁不应沾有任何污物或油脂，若加少量水于仪器中，然后把仪器倒转，使口朝下，让水沿壁流出，此器壁应能均匀地被水润湿，没有水珠附着，这表明仪器已洗净。按上述方法洗净的仪器，其内壁总附着一层自来水，一般情况下，还必须再用蒸馏水润洗。

注意事项：

（1）用碱液、浓盐酸或铬酸洗涤仪器时，由于这些洗涤液具有很强的腐蚀性，切勿使洗涤液溅到衣服、皮肤或桌子上，不能使用刷子刷洗；盛装铬酸洗液的瓶子应随时盖紧，防止洗液吸水，降低去污能力。

（2）仪器避免用肥皂洗，更不能把肥皂与酸性洗涤液混合使用，否则生成的硬脂酸将沾在器壁上，很难洗净；洗净的仪器内壁不应再用布或滤纸擦拭，因为擦拭以后器壁上必然会黏附纤维或油垢，反而把仪器弄脏。

1.3.2 pH值测定

1.3.2.1 pH计的测定原理

pH计测量pH值的方法是电位测定法，也是矿物分选与提取实验中测定pH值的主要方法。它是以pH计玻璃电极作为测量电极（也称指示电极），以甘汞电极作为参比电极，一起浸入被测溶液中，组成一个原电池。由于甘汞电极的电极电势不随溶液的pH值变化，故在一定温度条件下为定值。而玻璃电极的电极电势随溶液pH值的变化而改变，所以它们组成的原电池的电动势也只随溶液的pH值变化。

设原电池电动势为U，则25℃时

$$U=\varphi_{甘汞}-\varphi_{玻璃}=\varphi^{\ominus}_{甘汞}-\varphi^{\ominus}_{玻璃}+0.0591\mathrm{pH}=K-0.0591\mathrm{pH} \tag{1-1}$$

由式（1-1）可知，K为常数，所以U与pH值呈线性关系。在25℃时，每相差1pH就产生59.1mV的电位差，也就是说在25℃时59.1mV的电位差等于1pH，因此测定pH值就是测定溶液的电位。pH计的主体是1个精密的电位计，用来测量上述原电池的电动势，直接读出溶液的pH值。各种类型实验室用的国产pH计，如雷磁25型，pHS-2和pHS-3型等，都是以玻璃电极作测量电极，甘汞电极作参比电极。由于玻璃电极不会中毒，当被测溶液中含有氧化剂、还原剂和有机物质时，pH值的测定不会受到影响，同时测量的pH值范围宽，精度高，因此应用范围广。

1.3.2.2 常用电极

A 甘汞电极

甘汞电极由金属汞、甘汞（Hg_2Cl_2）和KCl溶液组成，电极反应为

$$Hg_2Cl_2 + 2e^- \longrightarrow 2Hg + 2Cl^- \quad (1\text{-}2)$$

电极电位（V）与KCl溶液中Cl^-的活度有关，25℃时为

$$\varphi = \varphi^{\ominus}_{Hg_2Cl_2} - 0.0591lga_{Cl^-} \quad (1\text{-}3)$$

电极中KCl的浓度通常有0.1mol/L、1.0mol/L和饱和溶液3种，而以饱和溶液最为常用，称为饱和甘汞电极。甘汞电极的电位（V）随温度不同而略有变化，其关系如下：

0.1mol/L甘汞电极：

$$\varphi = 0.338 - 7 \times 10^{-5}(t - 25) \quad (1\text{-}4)$$

1.0mol/L甘汞电极：

$$\varphi = 0.2820 - 2.4 \times 10^{-4}(t - 25) \quad (1\text{-}5)$$

饱和甘汞电极：

$$\varphi = 0.2415 - 2.4 \times 10^{-4}(t - 25) \quad (1\text{-}6)$$

式中，t为温度，℃。当使用pH计为甘汞电极时，温度不高于70℃，否则Hg_2Cl_2会分解；电极腔内的液体不能有气泡存在，否则将可能引起测量断路或读数不稳定；电极腔内的液面高度应高于测量液面约2cm，以防止测量溶液向电极内渗透，如果液面过低，可从加液口添加相应的K溶液；饱和甘汞电极腔内的溶液中应保持有少量的KCl晶体，以确保其饱和。图1-5为饱和甘汞电极的结构图。

B pH玻璃电极

pH玻璃电极能响应溶液中的H^+，用于测量溶液的pH值或作为酸碱电位滴定的指示电极。pH玻璃电极的结构如图1-6所示。电极的下端是用特殊玻璃吹制成的直径为0.5~1cm、厚度约为0.1mm的薄膜小球，内装pH值一定且含有Cl^-的缓冲溶液（称为内参比溶液），插入一根Ag-AgCl电极（称为内参比电极）。pH玻璃电极浸入待测溶液时，由于H^+在玻璃膜内外表面的交换、迁移作用而产生电极电位，电位大小与待测溶液的H^+活度关系（25℃）为

$$\varphi_b = \varphi_b^{\ominus} - 0.0591lga_{H^+} = \varphi_b^{\ominus} - 0.0591pH \quad (1\text{-}7)$$

使用pH玻璃电极时应注意如下事项：

（1）电极使用前应在蒸馏水或0.1mol/L的盐酸溶液中浸泡24h以上，电极暂不使用时也应浸泡在蒸馏水中；需注意电极的使用pH值范围，超出范围时会产生较大的测量误差。

（2）电极应在所规定的温度范围内使用，温度较高时，电极内阻降低，有利于测定，但将使电极寿命缩短；要注意电极内参比溶液中有无气泡，如有应小心除去。

（3）电极球泡的玻璃膜很薄，极易因碰撞或挤压而破碎，应特别注意保护。

C pH复合电极

为了操作及保管更为方便，且使用时不易损坏，目前的pH计大多配备了pH复合电极，即把pH玻璃电极和外参比电极（一般用Ag-AgC电极）以及外参比溶液（部分还配有温度测量探头）一起装在一根电极塑管中，使其合为一体，底部露出的玻璃球泡有护

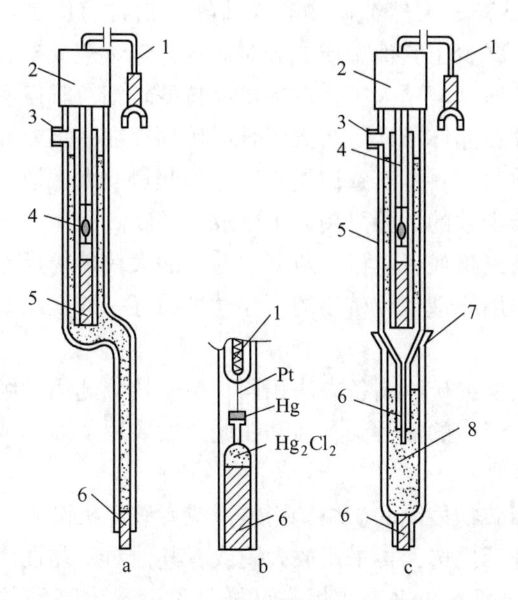

图 1-5 饱和甘汞电极的结构图

a—单盐桥型；b—电极内部结构；c—双盐桥型

1—导线；2—绝缘帽；3—加液口；4—内电极；5—饱和 KCl 溶液；6—多孔性物质；7—可卸盐桥套管；8—可卸盐桥溶液

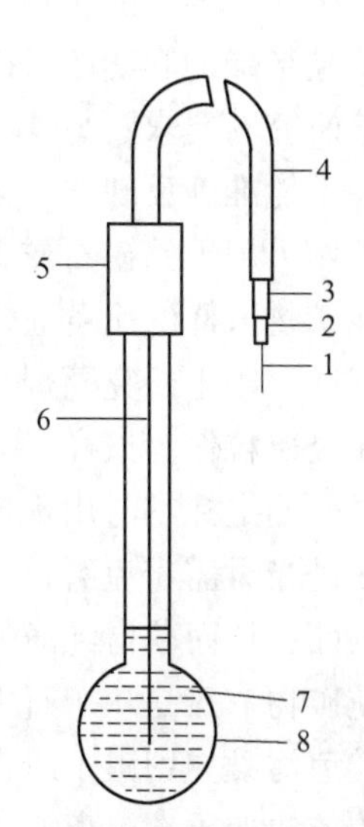

图 1-6 pH 玻璃电极的结构图

1—导线；2—绝缘体；3—网状金属环；4—外套管；5—电极帽；6—Ag-AgCl 电极；7—内参比溶液；8—玻璃薄膜

罩加以保护，电极头还套上一个带有保护液（一般为饱和 KCl 溶液）的外套。pH 玻璃电极和外参比电极的引线用缆线及复合插头与测量仪器连接。其结构如图 1-7所示。

使用 pH 复合电极时应注意如下事项：

（1）新电极必须在 pH = 4 或 pH = 7 的缓冲溶液中调节并浸泡过夜。

（2）使用复合电极时，一般不允许用电极搅拌溶液，但当溶液较少时，可以用电极轻轻搅拌溶液，但要特别注意防止电极损伤；更换测量溶液前，应仔细清洗电极；用吸水纸吸干电极时，应仔细吸干灯泡罩内的水，防止损伤灯泡。

（3）电极不使用时，应将电极清洗干净，然后将涂有保护液的电极套套上；复合电极的电极头不能向上放置，使用时电极不能上下翻动或剧烈摇晃。

（4）不同类型的复合电极有不同的使用和保护要求。请仔细阅读说明书。

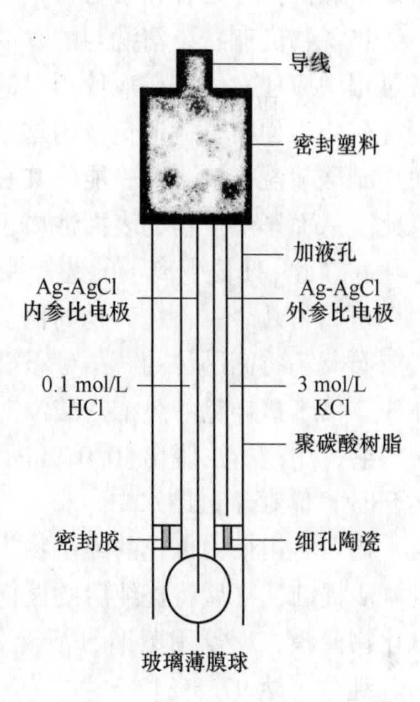

图 1-7 复合电极的结构图

1.3.3 纯矿物制备

浮选是矿物分选中常见且应用较广的方法，天然纯矿物或者由化学纯试剂合成的人工矿石在浮选的基础理论研究中通常作为试样。天然纯矿物和人造纯矿物各有优劣：一方面，由于人工合成的矿物完全没有杂质，减少了其他杂质成分对矿物分选试验或矿物表征测试试验结果的影响，可以揭示浮选的本质，但是人工合成的矿物粒度较细，难以满足浮选试验研究的要求；另一方面，天然矿物在晶体结构上与人工合成矿物存在一定差异，试验结果不能准确反映实际矿物的浮选性质，与浮选实践迥然不同。因此目前大多数纯矿物试验仍然采用天然矿石作为原料，除了极少数的试验采用人工合成的矿物。

纯矿物试样的制备通常为用于接触角测量或者电极一般采用抛光的大块矿物标本表面作为试样；用于研究药剂与矿石之间的作用原理、纯矿物的可浮性试验等一般是用磨好的特定粒级矿粒作为试样。

岩矿鉴定标本与用于接触角测量的大块纯矿物制备方法相同，但矿物分选用的纯矿物样品在抛光时需避免磨料与其他杂质对其产生的油污染，通常在抛光后要用蒸馏水或者酸清洗表面，从而获得纯净的矿物表面。

纯矿物一般是从矿石中人为挑拣目标矿物最纯的矿块，用铁锤或者破碎机破碎，然后为了避免污染先用镊子或带上橡胶手套进行挑选，再采用放大镜或者其他对矿物性质没有影响的方法如重选、离心选矿、磁选等物理方法进一步提高试样品位。选出高纯的试样后，为了避免钢球对试样产生污染，采用研钵或者瓷质球磨机对矿样进行磨碎，通常将试样粒度控制在 0. 2mm 以下，采用淘析法或者湿式筛分分级脱泥，烘干后，进行筛分分级。当采用两种矿物组成的混合矿进行分离实验时，则可以选取不同粒度的两种矿物组成混合矿。干燥的试样贮存在带盖的塑料瓶中。

纯矿物的制备、清洗与贮存的方法对纯矿物的表面性质影响较大。因此在纯矿物的制备过程中应注意，磨矿应使用对试样无污染的设备；由于盐酸与氢氟酸作用太强，因此在清洗矿物表面时，应避免使用这二者作为清洗剂，而硝酸根离子不吸附于矿物表面，因此使用硝酸清洗矿物表面，能使其表面的污染物减小到最低程度。纯矿物在水介质中会逐渐老化，从而影响矿物的表面性质，因此试样必须在接近零电点的 pH 值条件下进行搅拌和老化，在此 pH 值下离子的选择性溶解最小。

下面举几个制备纯矿物的例子。

石英：将高品位的石英矿石破碎，筛出 0. 85～0. 60mm 粒级，用强磁选机除铁，再用体积 2 倍于试样量的热浓盐酸浸洗之后反复用蒸馏水清洗。洗净后的石英砂在瓷质砂磨机中湿磨，用淘析法脱出-0. 019mm 的粒级，再用盐酸和蒸馏水清洗，最终产品 SiO_2纯度可达 98%，储存于蒸馏水中。

锡石：由矿山拣选的纯矿物，用重选和磁选去除杂质，选出的精矿再通过湿磨和脱泥进一步提纯，之后将提纯后的试样用体积 2 倍于试样量的热盐酸浸洗，除去铁离子或铁的氧化物薄膜，反复用蒸馏水清洗。除用盐酸浸洗外，还可用强碱和 HF 处理。最终产品 SnO_2纯度可达 97. 5%。

白钨矿：采用重选和磁选对白钨矿精矿进一步提纯，之后用稀盐酸浸洗提纯后的试样，除去可能存在的方解石，最后反复用蒸馏水清洗至无 Cl^-。

1. 3. 4 矿石分选样品制备

矿石分选样品不仅要在数量上和粒度上满足各项具体检测和实验工作的要求，而且必须在物质组成特性方面仍能代表整个原始试样。

1.3.4.1 试样制备需要考虑的因素

反映研究前试样破碎和缩分等整个程序的流程，地质部分一般叫做样品加工程序图，选矿试验单位目前一般简称为试样缩分流程。编制试样缩分流程，即试样制备须考虑的因素主要有：

（1）试样的种类和粒度。试验一共需要哪些单份检测样？哪些实验样？各种试样粒度和质量应为多大？数量多少？以便所制备的试样能满足全部检测和实验项目的需要，而不至于遗漏和弄错。试样的种类和制定的试验方案有关。

（2）确定最小质量公式中的 k 值。根据试样最小质量公式 $M_s = kd^2$，计算在不同粒度下为保证试样的代表性所必需的最小质量，并据此确定在什么情况下可以直接缩分，以及在什么情况下需破碎到较小粒度后才能缩分。

（3）备用试样的种类和数量。尽可能在较粗粒度下分出储备试样，以便在需要的情况下尚有可能再次制备出各种粒度的试样，并避免试样在储存过程中氧化变质。

研究矿石中的矿物嵌布特性用的岩矿鉴定标本，一般直接取自矿床，若因故未取，则只能从送来的原始试样中拣取。供显微镜定量以及光谱分析、化学分析、试金分析和物相分析等用的试样，则从破碎到小于1mm或3mm的实验样品中缩取。

实验室浮选试样和湿式磁选试样，一般破碎到实验室磨矿机的给矿粒度，即一般小于1mm或3mm。对于易氧化的硫化矿浮选试样，不能在一开始时就将所需的试样全部破碎到小于1mm或3mm，而只能是随着实验的进行，一次准备一批短时间内用的试样，其余则应在较粗粒度下保存。必要时还需定期检查其氧化率的变化情况。研究过程中实验人员根据确定的实验方案和实验室的设备确定具体粒度。

1.3.4.2 试样制备常用设备的特点和选择

试样加工操作包括4个作业，即筛分、破碎、混匀、缩分。为了保证试样的代表性，必须严格而准确地进行每一项操作，决不允许粗心大意。

破碎前，往往要先进行预先筛分，以减少破碎工作量，破碎后还要检查筛分，将不合格的粗粒返回。对于粗碎作业，若试样中细粒不多，而破碎设备生产能力较大，就不必预先筛分。粗粒筛分可用手筛，细粒筛分则常用机械振动筛。

实验室内破碎一般用颚式破碎机、辊式破碎机。通常第1、2段破碎采用颚式破碎机，第3段破碎（有时还有第4段破碎）采用辊式破碎机。大于破碎机给矿口的大块可用手拣出或用筛子预先隔除，放在铁板上用手工锤碎。一般只要设备工作情况允许，应利用颚式破碎机将试样尽可能破碎得小一些，从而减轻下一段辊式破碎机的负荷，因为辊式破碎机生产能力通常较低，往往是整个加工操作中最费时间的一道工序。采用辊式破碎机破碎试样时，需经反复闭路操作，才能将最终粒度控制到小于1mm或3mm。为制备分析试样，可利用盘磨机或制样机将试样磨至更细；也可用普通的实验室型球磨机或棒磨机。必须避免铁质污染时，应改用瓷球磨或玛瑙研钵等非铁器械。实验前根据试样的性质和实验室所有的设备确定具体的破碎和筛分流程。

1.3.4.3 试样最小必须量的确定

通常，传统的选矿及矿物加工工程专业技术人员习惯上采用下列经验公式，计算试样的代表性所需的最小试样质量：

$$m = kd^2 \tag{1-8}$$

式中，m 为矿样的质量，kg；d 为矿样中最大矿石颗粒的粒度，mm；k 为矿石性质系数，一般取 0.1~0.2。

1.3.4.4 试样缩分流程的编制

试样缩分流程是指实验研究前试样破碎和缩分等整个程序的流程，地质部门一般叫做样品加工程序图。

A 编制试样缩分流程的注意事项

(1) 首先要编制详细的试样制备方案，需要确定本次实验一共需要单份检测样和实验样的粒度、质量和数量，以便所制备的试样能满足全部检测和实验项目的需要，避免遗漏和出现差错。其次，根据试样最小质量公式，算出不同粒度下保证试样的代表性所需要的最小质量，并据此确定在什么情况下可以直接缩分，以及在什么情况下要破碎到较小粒度后才能缩分。

(2) 尽可能在较粗粒度下分出储备试样，以便在需要的情况下尚有可能再次制备出各种粒度的试样，并应避免试样在贮存过程中氧化变质。

B 不同用途的矿石试样缩分

(1) 针对矿石中矿物嵌布特性研究用的岩矿鉴定标本，一般直接取自矿床，若因故未取，只能从送来的原始试样中拣取。用于显微镜定量、光谱分析、化学分析和物相分析等的试样，一般从破碎到 1~3mm 的矿石样品中缩分选取。

(2) 用于洗矿和预选（手选或重介质选矿）实验的试样，一般直接从原始矿石样品中缩分选取。重选试样的粒度，取决于预定的入选粒度。若无法确定入选粒度，则可根据矿石中有用矿物的嵌布粒度，估计入选粒度的大概范围，制备几种具有不同粒度上限的试样，供矿物分选实验作方案对比用。

(3) 实验室浮选实验和湿式磁选试样，均破碎到实验室磨矿机的给矿粒度，即一般为 1~3mm。针对易氧化的硫化矿浮选试样，通常不建议在试样制备阶段就将所有试样全部破碎到 1~3mm，而应随着实验的进行，每次准备可在短时间内进行实验的试样，其余则应在较粗粒度下保存。必要时还须定期检查其氧化率的变化情况。

1.3.4.5 矿样制备的操作

破碎、筛分、混匀、缩分构成了试样加工操作主要工序。为保证试样的代表性，务必保证每一项操作严格而准确，切记不可粗心大意。

A 筛分

矿石样品进行破碎前通常需要进行预先筛分，以减少破碎工作量，破碎后还需进行检查筛分，将不合格的粗粒返回。对于粗碎作业，若试样中细粒不多且所用破碎设备生产能力较大，可不进行预先筛分。一般采用手动筛分进行粗粒筛分，采用机械式振动筛进行细粒筛分。筛孔尺寸应尽可能与该类矿石选矿生产习惯一致。一般筛分实验中应准备筛孔尺寸为 150mm、100mm、70m、50mm、35mm、25mm、18mm、12mm、6mm、3mm、2mm、1mm 的一整套筛子，以备具体实验时选用。

B 破碎

实验室内一般采用颚式破碎机进行第 1、2 段破碎。第 1 段破碎机的常用规格为 150mm×100mm（125mm）或 200mm×150mm，相应的最大给矿粒度分别为 100mm 和

140mm。大于破碎机最大给矿粒度的大块矿石可人为手捡出或用筛子预先筛除，之后放在铁板上人工将其锤碎。第2段颚式破碎机的常用规格为100mm×60mm，排矿粒度可控制到6~10mm。一般在设备工作条件允许的前提下，应遵循“多碎少磨”的原则，即利用颚式破碎机将试样尽可能破碎得小一些，以减轻下一段对辊破碎机的负荷，因为对辊破碎机的生产能力通常较低，往往是整个试样加工操作中最费时间的一道工序。第3段破碎（如有必要还需进行第4段破碎）通常均用对辊破碎机，其规格一般为ϕ200mm×75mm或ϕ200mm×125mm。采用对辊破碎机对试样进行细碎时，针对部分粒度较粗的试样需要反复循环操作，才能将最终粒度控制到小于1mm或3mm。采用盘磨机或制样机对细碎试样进行进一步碎磨，可制备分析试样，盘磨机常用的规格有ϕ150mm、ϕ175mm、ϕ250mm等；也可用普通的实验室型球磨机。如果为了防止铁质污染，可采用瓷球磨或玛瑙研钵等非铁器械。

C　混匀

混匀操作是试样缩分工序之前较为关键的步骤，只有充分混匀了，才能使样品缩分得均匀。常用的混匀方法有以下3种：

（1）移锥法。采用特制铁铲或平底铁锹将试样反复堆锥。堆成料锥时，试样必须从料锥中心缓慢给入，从而使试样从料锥顶部大致等量地流向四周。从一个料锥移到另一个时，应沿料锥底四周逐渐转移铲样的位置。如此反复堆锥3~5次，即可将试样混匀。

（2）环锥法。与第1种方法类似，但第1个圆锥形料锥堆成后，不是直接将其移向第2个料锥，而是将其由中心向四周耙（或铲取）成一个环形料堆，然后再沿着环周边铲起试样，堆成第2个圆锥性料锥，一般至少反复堆锥3次，才能将试样混匀。

（3）翻滚法。此法仅适用于处理少量细粒物料，如磨细的分析试样。具体做法是，将试样置于橡胶皮或光面胶纸上，依次提起胶皮或胶纸的每个角或相对的两角，使试样翻滚而达到混匀的目的。此种混匀方法中需要注意的是：务必保证翻滚的次数相当多否则不易混匀。若矿石中有用成分颗粒比重很大而含量很低（如黄金），则有用成分在翻滚过程中将富集到试样的底层，这种情形在下一步缩分样品时必须注意。

D　缩分

试样的缩分，必须在充分混匀后再进行，常用的方法有下列几种：

（1）四分法对分。将充分混匀后的试样堆成圆锥形料锥后，用平底铁锹或铁铲将料锥压平成饼状，然后用专用的十字不锈钢板或普通木板、轻质铁板等将饼状试样沿中心十字线分割为4份，取其中互为对角的2份并作1份，因而虽称为“四分法”，实际上却是将试样一分为二，而不是一分为四。

（2）多槽分样器（二分器）分样。二分器通常用白铁皮制成，其主体部分是由多个向外成对称倾斜的料槽交叉排列组成，料槽倾角一般为50°左右，斜槽的总数不定，但一般为10~20，这是由于料槽太少不易缩分均匀。二分器主要用于缩分中等粒度的试样，缩分精度相对于堆锥四分法好，也可用于缩分矿浆试样。

（3）方格法。将试样混匀后用不锈钢铁板将其平铺成一薄层，划分为许多小方格，然后用平底铲或取样勺逐格取样。为了保证取样的精确度，必须做到划分的方格要均匀，每个方格的取样量要大致相等，具体操作时需要每铲都要铲到底。此法主要用于细粒物料、选矿产品的缩分，可一批连续分出多份小份试样，适宜浮选、湿式磁选的选矿产品和分析试样的缩分取样操作。

（4）割环法。浮选和湿式磁选等入选粒度较小的小份试样，除了用方格法以外，还可采用割环法缩分取样。其具体做法是：采用移锥法或环锥法混匀的试样，将其用平底铁锹或铁铲压平成饼状，再沿着中心点向四周扒拉成圆环，然后沿环周依次连续割取小份试样。割取时应注意每一个单份试样均应取自环周上相对称（即相距180°角）的两处；其次是每铲均应从上到下、从外到里铲到底，实验人员不能只铲料锥的顶层而不铲底层，或只铲外缘而不铲内缘的操作。因此，料锥的环周应尽可能大，环带应尽可能窄一些，样铲的尺寸也应选择恰当，争取做到恰好每两铲即可组成一份试样。

（5）矿浆缩分。矿浆的缩分除了采用多槽分样器外，还可以利用各种专门制造的矿浆缩分机，如湿式分样机。

2 物料的基本特性测定实验

矿石物料的基本特性测定实验是指导矿物分选研究和工业生产的一项基础性工作，是开发矿物选别工艺、工艺故障分析和资源综合利用的理论依据。矿石物料的基本特性测定包括很多内容，所用方法多种多样，本章主要介绍固体物料粒度分布测定、固体物料密度测定、矿物比磁化系数测定、矿物润湿性测定、矿物 Zeta 电位测定、矿浆黏度测定、物料白度测定、矿石摩擦角测定、矿石堆积角测定。

2.1 固体物料粒度分布测定

2.1.1 筛分分析法

一、实验目的与要求

（1）学习使用振筛机和标准套筛对松散细粒物料进行筛分分析。

（2）学会筛分实验数据的处理及物料粒度特性曲线的绘制方法。

（3）掌握不同筛分方法的操作流程。

二、实验基本原理

物料的粒度是指物料颗粒或粒子的大小，它表明物料的松散程度，单位一般用 mm 或 μm 表示。用某种分级方法将粒度范围较宽的松散物料粒群分成粒度范围较窄的若干个级别，这些级别称为粒级。记录松散物料粒群中各个粒级的质量分数或累计质量分数的文字资料就称为物料的粒度组成，它表明物料的粒度构成情况，是对松散物料粒度分布特征的一种数字描述。选矿过程中，各个作业的给料和产物的粒度组成情况是评价这些作业工作情况的一项重要指标。选矿生产和研究中，常用的固体物料粒度分布测定方法有筛分分析法、水利沉降分析法、显微镜分析法和粒度仪分析法 4 种。

筛分分析法简称为筛析法，是最简单和实用的粒度分析方法，也是粒度分级的标准方法之一。它是利用一套筛孔尺寸大小不同的筛子对物料进行粒度分析的方法。采用 n 层筛子可以把物料分为 $n+1$ 个粒级，各粒级的上、下限粒度取相邻两个筛子相应的筛孔尺寸。筛分分析适用的物料粒度范围很宽，当物料粒度较粗（大于 0.1mm）时多采用干式筛分，当物料粒度较细（小于 0.1mm）时常采用湿式筛分，当物料中细颗粒较多（如-0.074mm 占比大于 20%）时则可以采用干、湿联合筛分方法。

要实现筛分分析，物料在筛面上应具有适当的相对运动，一方面使筛面上的物料层处于松散状态，物料层将按粒度分层，大颗粒位于上层，小颗粒位于下层且易于到达筛面，并透过筛孔；另一方面，物料和筛子的运动都促使堵在筛孔上的颗粒脱离筛面，有利于其他颗粒透过筛孔。

松散物料中粒度比筛孔尺寸小得多的颗粒在筛分开始后，很快透过筛孔成为筛下产物；粒度与筛孔尺寸越接近的颗粒（难筛粒），透过筛孔所需的时间越长。对于-0.5mm的细粒物料筛分，需要借助振筛机进行。一般情况下，筛孔尺寸与筛下产物最大粒度具有如下关系：

$$d_m = KD \tag{2-1}$$

式中，d_m为筛下产物最大粒度，mm；D为筛孔尺寸，mm；K为形状系数（表2-1）。

表2-1　*K*值

孔形	圆形	方形	长方形
K值	0.7	0.9	1.2~1.7

通常用筛分效率E来衡量筛分效果，其表达式如下：

$$E = \frac{\beta(\alpha - \theta)}{\alpha(\beta - \theta)} \tag{2-2}$$

式中，E为筛分效率,%；α为入料中小于规定粒度的细粒含量,%；β为筛下产物中小于规定粒度的细粒含量,%；θ为筛上产物中小于规定粒度的细粒含量,%。

三、实验仪器设备与材料

（1）顶击式振筛机1台（图2-1），摇动频率221Hz/min，振动频率147Hz/min；湿式振筛机1台（图2-2）。

（2）标准套筛，直径200mm，孔径0.45mm、0.30mm、0.15mm，0.074mm（200目）、0.043mm（325目）的筛子各1个，筛底、筛盖1套/组。

（3）天平1台（精确到0.01g）。

（4）中号接样盘6个，中号盛样盆6个，大号盛样盆2个。

（5）-0.5mm散体矿样若干（煤泥、石英砂、磁铁粉均可，300g/组）。

（6）制样铲、毛刷、试样袋若干。

图2-1　顶击式振筛机的实体图

四、实验步骤

（一）干式筛析实验步骤

（1）学习设备操作规程，熟悉实验系统。

（2）接通电源，打开振筛机电源开关，检查设备运行是否正常，确保实验过程的顺利进行及人机安全。

（3）将烘干散体试样缩分并称取200g。

（4）将标准筛筛面清理干净后按顺序（从上到下筛孔依次减小）组装好，并记下筛序，将试样倒入套筛。

（5）将振筛机上的压盖手轮放松，提升到顶端，然后装入套筛，用压盖压紧并锁住。

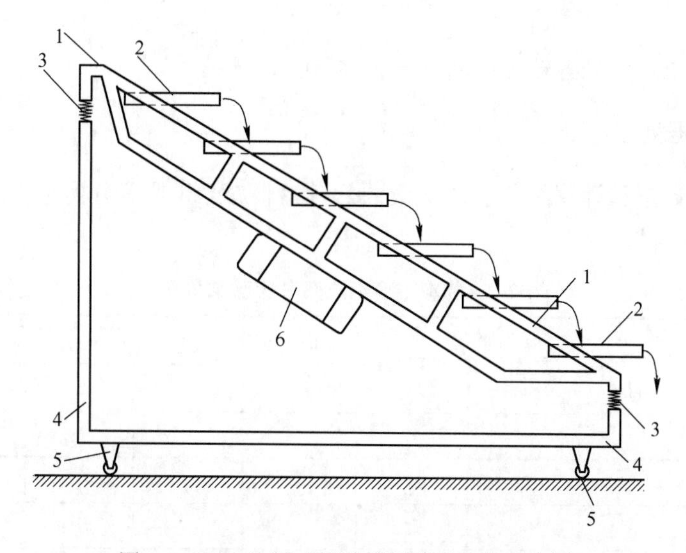

图 2-2　WH-Ⅱ湿式标准筛振筛机结构示意图

1—机架；2—承筛盘；3—弹簧；4—支承机架；5—行走脚轮；6—振动电机

（6）启动振筛机，筛分 10~15min 后停止，并将套筛取下。

（7）进行筛分质量检查：检查时，依次由上至下取下筛子放在盛样盆上用手筛，手筛 1min，筛下物的质量不超过筛上物质量的 1%，即为筛净。筛下物倒入下一粒级中，各粒级都依次进行检查。为节省时间，可只对最下一层进行检查筛分即可。

（8）筛完后，逐级称重、记录，将各粒级产物缩分制成化验分析样品，装入试样袋进行化验分析。

（9）关闭总电源，整理仪器及实验场所。

（二）湿式筛析实验步骤

（1）称量待筛析试样 200g，先将各级标准筛按筛孔从大到小的顺序从上往下水平安放在各筛盘上，并用压紧弹簧压紧。

（2）开动振筛机，调至较合适的振动频率上（建议调节频率到 20Hz），待振筛机频率稳定后，将磨好的矿样即待筛分的矿浆从最上层（即最粗筛）给入。

（3）筛上物滞留于筛子上，系最粗粒级，筛下物则随水流流入第二级筛子继续筛分，依此直至最后一级筛子。

（4）经最后一级筛子筛下流出筛分机的矿样即是最细粒级，在整个筛分过程中，各级筛子的筛上物的筛分状态清晰可见，也很容易冲洗。

（5）当各级筛子均不再有筛下物流出时即达筛分终点。

（6）将各粒级物料收集起来，过滤、烘干、称重。

（三）干、湿式联合筛析实验步骤（选做）

（1）将烘干散体试样混匀缩分并称取 100g。

（2）利用 0. 5mm、0. 25mm、0. 125mm 筛子按干式筛析实验步骤将待筛物料进行干式筛分。

（3）利用 0. 074mm、0. 045mm 筛子对干式筛分-0. 125mm 粒级物料按湿式筛析实验步骤进行筛分。

（4）将干、湿式筛分各粒级产品烘干、称重，记录结果。

五、实验数据处理

（1）将实验数据和计算结果按规定记录于物料粒度组成筛分实验结果表（表2-2）中。常见的标准筛制见表2-3。

表2-2 物料粒度组成筛分实验结果表

粒度		质量/g	产率/%	有用元素含量/%	正累计/%		负累计/%	
mm	目							
+0.500								
0.500~0.250								
0.250~0.125								
0.125~0.074								
0.074~0.045								
-0.045								
合计								
误差分析								

表2-3 常见的标准筛制表

目数	20	60	80	100	120	150	160	200	270	325	400
筛孔尺寸/mm	0.833	0.246	0.175	0.147	0.125	0.104	0.095	0.074	0.053	0.043	0.038

（2）进行误差分析：筛分前试样质量与筛分后各粒级产物质量之和的差值，不得超过筛分前试样质量的2.5%，否则实验应重新进行。

（3）计算各粒级产物的产率。

（4）以直角坐标法（累计产率为纵坐标，粒度为横坐标）、半对数坐标法（累计产率为纵坐标，粒度的对数为横坐标）、全对数坐标法（累计产率的对数为纵坐标，粒度的对数为横坐标）绘制3种粒度特性曲线。

（5）分析试样的粒度分布特性。

（6）撰写实验报告。

六、思考题

（1）干式、湿式和干、湿式联合筛析方法各适合什么样的物料？

（2）如何根据累计粒度特性曲线的几何形状对粒度组成特性进行大致的判断？从3种累计粒度特性曲线上查出累计产率为75%时对应的粒度。

（3）举出几种其他的微细物料粒度分析方法，并说明其基本原理和优缺点。

2.1.2 水力分析法

一、实验目的与要求

（1）学习水力分析实验的基本原理及操作方法。

（2）掌握旋流水析仪的操作方法。

（3）学习根据水析实验结果绘制粒度特性曲线并分析物料粒度特性。

二、实验基本原理

水力分析（简称水析）是通过测定微细颗粒在水中的沉降速度间接测量颗粒粒度组成的方法。常被用来代替筛分法测定微细矿物粒度组成及颗粒粒度。

旋流水析仪是测定-74μm各种物料粒度的分析仪器，在矿物分选实验和生产生活中均有广泛应用。旋流水析仪利用离心沉降的原理进行微细物料分级，其离心沉降过程是利用旋流器来完成的，相比于普通分级管水析仪，具有分级速度快、准确度高的优点。含有物料的液流以一定压力沿切向给入旋流器后，围绕溢流管高速旋转，在强大的离心力作用下，液流沿圆锥体向上进入顶部容器，在顶部液流高速运动并趋向于返回下部锥体，在返回时继续受离心力作用，分离限度以上的粗颗粒从液流中脱离并进入旋流器底部，分离限度以下的细颗粒在中心轴回流作用下，进入溢流管排走。

旋流水析仪主要由连续给料器和若干组旋流器组成，给料器与旋流器串联排列。仪器工作时，水被泵送至转子流量计和给料器后进入旋流器。工作时，打开给料控制阀，物料即被吸入水流中。工作过程中，排料阀保持关闭，以保证液流在旋流器组中连续循环，水析结束后，打开排料阀，收集容器内的分级物料。

三、实验仪器设备与材料

（1）旋流水析仪1套。

（2）样品收集塑料桶或不锈钢桶与样品收集塑料盆或不锈钢盆若干。

（3）取样工具1套。

（4）分析天平（精度0.001g，称量范围200~500g）。

（5）500mL烧杯2个。

（6）-0.074mm矿样200g左右。

四、实验步骤

（1）组装并检查设备，熟悉仪器的操作规程。

（2）将水箱注满水，关闭转子流量计进口阀门，打开水泵直管阀门，关闭旋流器排料阀门。

（3）接通水泵电源，启动系统，水箱中的水被泵送至工作管路并经给料器进入旋流器。

（4）打开转子流量计进口阀门，关闭水泵直管阀门，调整流量计至最大流量。

（5）随着水流注入，从第1个旋流器开始，逐个打开排料阀门，排出旋流器内的空气和杂物。

(6) 关闭给料阀，将混合成浆料的试样全部倒入试料容器，用清水冲洗干净，并注满容器。打开给料阀，调节流量控制阀至合适流量，同时调节计时器至所需水析时间，物料被吸入旋流器，开始水力分级。

(7) 水析过程中用样品收集桶接取最后一个旋流器的溢流。水析结束后，从最后一个旋流器开始，通过排料阀用样品收集盆逐个收集旋流器底流（注意不要使水析的物料洒出）。

(8) 将收集到的所有物料过滤、干燥、称重。

(9) 实验结束后关闭电源，打开最后一个旋流器的排料阀，使旋流器内的水自动返回水箱。清理实验现场，整理仪器。

五、实验数据处理

(1) 将实验数据填入表2-4中，并计算相关产率。

(2) 以粒度为横坐标、粒级产率为纵坐标绘制粒度特性曲线并对物料性质进行分析。

(3) 撰写实验报告。

表2-4 连续水析实验结果记录表

粒度/μm	质量/g	产率/%	
		本级	累计
74～54			
54～41			
41～30			
30～20			
20～10			
10～8			
-8			
合计			

六、思考题

(1) 为了保证水析实验的精确性，在操作过程中应注意哪些方面？

(2) 在连续水析实验中，颗粒的密度和形状对结果有什么影响？

(3) 简述旋流水析仪的工作原理和过程。

2.2 固体物料密度测定

一、实验目的与要求

(1) 理解密度的概念及其在矿物分选研究、工业生产中的应用。

（2）学会用密度瓶法测定粉状物料密度的方法。

二、实验基本原理

密度是表征矿物固有质量特征的重要指标，是表征矿物性质的最基本物理量。矿物加工过程中表征密度的指标包括真密度、视密度、堆密度（散密度）和浮沉密度。本节主要介绍粉状物料真密度的测定。

粉状物料的真密度测定，可根据实验精确度和试样质量选用量筒法、密度瓶法和显微密度法等。量筒法测定简单、省时，但误差较大；密度瓶法测量耗时，但精确度高；显微密度法简单明了，测量样品量很少，因此取样的代表性尤其重要。选矿实验中常采用密度瓶法。

密度瓶（图 2-3）是一个能精确测定液体和固体粉末密度的设备。它通过简单的称重可测得液体的密度和体积。密度瓶法称量粉状物料密度根据除去气泡的方法不同分为煮沸法、抽真空法以及抽真空和煮沸相结合的方法。

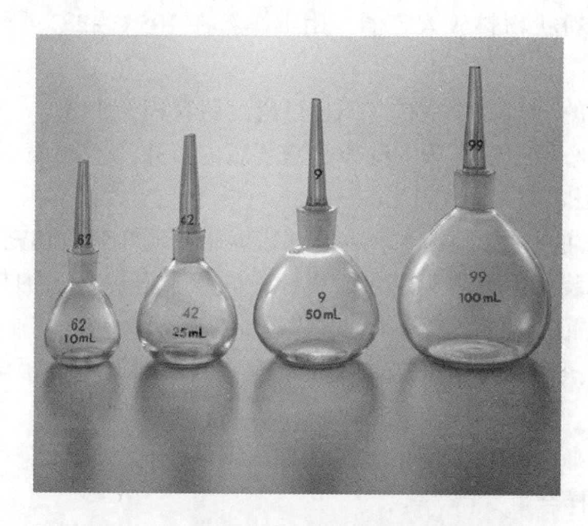

图 2-3 几种不同规格的密度瓶实体图

液体、粉末、分散剂等流动物质的密度测量，简单的测定方法是将样品放入已知容积的容器内称质量，试样密度可以根据 $\rho = m/V$ 求得。密度瓶使用于不同的应用领域有不同的形状和标准。在测量期间，所有称量操作在恒温下进行是最适合的。应用密度瓶测定最重要的条件是在液体或微粒样品之间不允许存在任何空气。

根据阿基米德原理，将待测粉状物料浸入对其润湿而不溶解的浸液中，抽真空排除气泡，求出粉状试样从已知容量的容器中排出已知密度的液体量，就可以计算粉末的密度，计算公式如下：

$$\delta = \frac{m\rho_{水}}{m_1 + m - m_2} \tag{2-3}$$

式中，m 为试样干重，g；m_1 为密度瓶和装满水的合重，g；m_2 为密度瓶、水、试样的合重，g；$\rho_{水}$ 为水的密度，g/cm^3；δ 为试样密度，g/cm^3。

三、实验仪器设备与材料

（1）容量为50mL或100mL的密度瓶1个。

（2）电热干燥箱1台。

（3）干燥器1个。

（4）分析天平（精度0.001g，称量范围200g）。

（5）电磁微波炉1台。

（6）250mL烧杯2个。

（7）漏斗1个。

（8）待测试样100g左右。

四、实验步骤

（1）将密度瓶进行冲洗，先用自来水冲洗，再用蒸馏水洗净。

（2）将准备好的粉状物料放入容器，用干燥箱在105℃±2℃进行干燥，然后冷却至室温。

（3）称取经干燥的试样20g左右（不超过密度瓶容积的1/3）。

（4）使用漏斗小心地把试样倾入洗净的密度瓶内，并将附在漏斗上的试样扫入瓶内，切勿使试样扬起或洒出。

（5）向密度瓶中注入1/2蒸馏水，并摇动密度瓶使试样分散和充分润湿。

（6）将密度瓶和装有实验用蒸馏水的烧杯一同置于电炉板上加热沸腾，赶走瓶内空气，加温时间要保证瓶内蒸馏水沸腾10min以上。

（7）用经煮沸的蒸馏水将密度瓶注入至近满，然后断开电炉板电源，待瓶内蒸馏水慢慢冷却至室温。

（8）将密度瓶的瓶塞塞好，使多余的水自瓶塞毛细管中溢出，用滤纸擦干瓶外的水分后，称瓶、水、试样合重，得m_2。

（9）将试样倒出，洗净密度瓶，注入经加热赶走空气的蒸馏水至密度瓶近满，塞好瓶塞，擦干瓶外溢出的水分，称瓶、水合重得m_1。

（10）重复步骤（1）~（9）3次。将3次得到的m、m_1、m_2和蒸馏水的密度$\rho_{水} \approx 1$，按公式（2-3）计算δ，最后取3次的δ的平均值，即被测物料的密度值。

五、实验数据处理

按表2-5记录实验数据并计算δ值。

表2-5 试样密度测定记录表

次数	试样重 m/g	瓶+水重 m_1/g	瓶+水重+样重 m_2/g	试样密度 δ/g · cm^{-3}
1				
2				
3				
平均				

六、思考题

（1）密度瓶测定粉状物料密度的原理是什么？
（2）查阅资料，查找还有哪些用于测定粉状物料真密度的方法。

2.3 矿物比磁化系数测定

2.3.1 比较法

一、实验目的与要求

（1）了解比磁化系数测定的原理及意义。
（2）学习磁力天平测定弱磁性矿物比磁化系数的原理和方法。
（3）通过测量几种常见弱磁性矿物的比磁化系数从而了解弱磁性物质的磁性特点。

二、实验基本原理

比较法一般用来测定弱磁性矿物的比磁化系数，常采用磁力天平进行测定。它和古埃法的区别是样品体积小，因此可认为样品所占空间内，磁场力是恒量。

分先后将已知比磁化系数的标准样品和待测样品装入同一个小玻璃瓶中，并置于磁场的同一位置，使两次测量的磁力即 $H\mathrm{grad}H$ 相等，则两试样在磁场中所受的比磁力分别为

$$F_1 = \mu_0 X H \mathrm{grad} H \tag{2-4}$$

$$F_2 = \mu_0 X_0 H \mathrm{grad} H \tag{2-5}$$

式中，F_1为标准样品所受的比磁力；F_2为待测样品所受的比磁力；X 为标准样品的比磁化系数，m^3/kg；X_0为待测样品的比磁化系数，m^3/kg；H 为磁场强度，A/m；$\mathrm{grad}H$ 为磁场梯度，$\mathrm{grad}H=\mathrm{d}H/\mathrm{d}x$；$\mu_0$为真空磁导率，$\mu_0=4\pi\times10^{-7}\mathrm{H/m}$。

由式（2-4）和式（2-5）得

$$X_0 = X\frac{F_2}{F_1} \tag{2-6}$$

若试样的质量分别为 $m_{标}$和 $m_{测}$，它们在磁场中的增量分别为 $\Delta m_{标}$和 $\Delta m_{测}$，则 X_0为

$$X_0 = X\frac{F_2}{F_1} = X\frac{m_{标}}{m_{测}} \times \frac{\Delta m_{测}}{\Delta m_{标}} \tag{2-7}$$

三、实验仪器设备与材料

（1）测量弱磁性矿物的比磁化系数的磁力天平，如图 2-4 所示。
（2）分析天平 1 个（精度 0.001g）。
（3）黑钨矿粉，细度为 -0.15mm；标准氧化钇白色粉末：比磁化系数为 $1.64\times10^{-6}\mathrm{m^3/kg}$。

四、实验步骤

（1）熟悉分析天平的使用，校准天平，确定试样瓶在磁场中的适当位置，并检查整

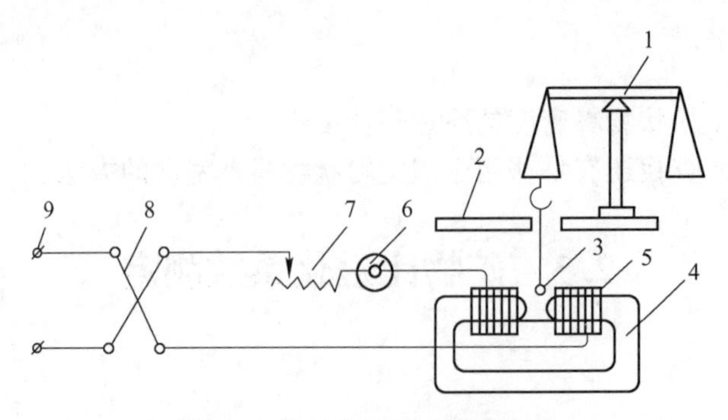

图 2-4　普通磁力天平测量装置

1—分析天平；2—非磁性材料板；3—装样品的球形玻璃瓶（直径约 10mm）；
4—电磁铁芯；5—线圈；6—直流安培表；7—变阻器；8—转换开关；9—直流电源

流器是否能正常工作。

（2）将试样瓶洗净并称重。

（3）将标准样品（氧化钇白色粉末）和待测样品（黑钨矿粉）分别装入小瓶内至瓶颈处，并稍用力捣实，称量。

（4）用非磁性细线把小瓶吊在天平的秤盘上，使之平衡。

（5）接通整流器电源，调节激磁电流至一定值（如 1A、2A、2. 5A 和 3A），测量各个电流对标准样品的质量增量。

（6）电流与步骤（5）相同，测定待测样品在磁场中的质量增量。

（7）重复 4~5 次，取平均值。并按式（2-6）和式（2-7）计算。

五、实验数据处理

（1）将实验数据记录在表 2-6 中。

（2）计算各自比磁化系数。

表 2-6　弱磁性矿物比磁化系数测定结果记录表

序号	电流/A	试样名称	瓶重/mg	瓶+样重/mg	样重/mg	在磁场中瓶+样总重/mg	增重 Δm/mg	计算 X_0 的值/$m^3 \cdot kg^{-1}$	X_0 的算术平均值/$m^3 \cdot kg^{-1}$
1	1	标准样品							
		待测样品							
⋮	⋮	标准样品							
		待测样品							

六、思考题

(1) 简述测定矿物比磁化系数的目的和用途。
(2) 用比较法测量弱磁性矿物比磁化系数的原理是什么?
(3) 为什么弱磁性矿物比磁化系数测定时，激磁电流不同，测得数据基本相近?

2.3.2 古埃法

一、实验目的与要求

(1) 学习使用磁力天平测定强磁性矿物比磁化系数的原理和方法。
(2) 通过测量几种常见强磁性矿物的比磁化系数从而了解强磁性物质的磁性特点。

二、实验基本原理

古埃磁天平的工作原理，如图 2-5 所示。将圆柱形样品管（内装粉末状或液体样品），悬挂在分析天平的底盘上，使样品管底部处于电磁铁两极的中心（即处于均匀磁场区域），此处磁场强度最大。样品的顶端离磁场中心较远，磁场强度很弱，而整个样品处于一个非均匀的磁场中。但由于沿样品的轴心方向，即图示 z 方向，存在一个磁场强度 $\partial H/\partial z$，故样品沿 z 方向受到磁力的作用，它的大小为

$$f_z = \int_H^{H_0} (x - x_{空})\mu_0 SH \frac{\partial H}{\partial z}\mathrm{d}z \tag{2-8}$$

式中，H 为磁场中心磁场强度；H_0 为样品顶端处的磁场强度；x 为样品体积磁化率；$x_{空}$ 为空气的体积磁化率；S 为样品的截面积（位于 x、y 平面）；μ_0 为真空磁导率。

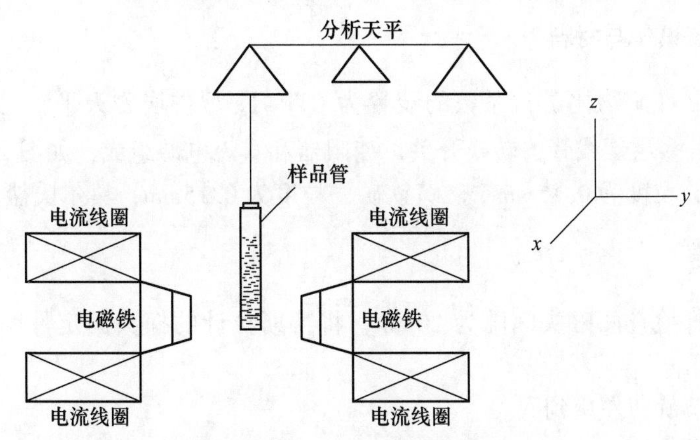

图 2-5 古埃磁天平工作原理示意图

通常 H_0 即为当地的地磁场强度，约为 40A/m，一般可略去不计，则作用于样品的力为：

$$f_z = \frac{1}{2}(x - x_{空})\mu_0 SH^2 \tag{2-9}$$

由于天平分别称装有被测样品的样品管和不装样品的空样品管在有外加磁场和无外加磁场时的质量变化，则有

$$\Delta m = m_{磁场} - m_{无磁场} \tag{2-10}$$

显然，某一不均匀磁场作用于样品的力可由下式计算：

$$f_z = (\Delta m_{样品+空管} - \Delta m_{空管})g \tag{2-11}$$

于是有

$$\frac{1}{2}(x - x_{空})\mu_0 H^2 S = (\Delta m_{样品+空管} - \Delta m_{空管})g \tag{2-12}$$

整理后得

$$x = \frac{2(\Delta m_{样品+空管} - \Delta m_{空管})g}{\mu_0 H^2 S} + x_{空} \tag{2-13}$$

物质的摩尔磁化率为 $x_M = \frac{Mx}{\rho}$，而 $\rho = \frac{m}{hs}$，故

$$x_M = \frac{M}{\rho}x = \frac{2(\Delta m_{样品+空管} - \Delta m_{空管})ghM}{\mu_0 m H^2} + \frac{M}{\rho}x \tag{2-14}$$

式中，h 为样品的实际高度；m 为无外加磁场时样品的质量；M 为样品的摩尔质量；ρ 为样品密度（固体样品指装填密度）。

式（2-14）中真空磁导率 $\mu_0 = 4\pi \times 10^{-7} N/A^2$；空气的体积磁化率 $= 3.64 \times 10^{-7}$（SI 单位），但因样品管体积很小，故常予忽略。该式右边的其他各项都可通过实验测得，因此样品的摩尔磁化率可由式（2-14）算得。

式（2-14）中磁场两极中心处的磁场强度 H，可使用面板上的特斯拉计测量，或用已知磁化率的标准物质进行间接测量。

常用的标准物质有莫尔氏盐 $(NH_4)_2SO_4$ $FeSO_4$ $6H_2O$、$CuSO_4$ $5H_2O$ 等。

三、实验仪器设备与材料

（1）测量强磁性矿物比磁化系数的装置为 CTP-I_A 型古埃磁天平，它主要由分析天平、薄壁玻璃管、多层螺线管、转换开关、变阻器和直流电源组成，如图 2-6 所示。

（2）磁铁矿，粒度为 0.15mm；磁黄铁矿，粒度为 0.15mm；莫尔氏盐。

四、实验步骤

（1）用测试杆检查两磁头间隙为 20mm，将特斯拉计的探头固定件固定在两电磁铁中间。

（2）电流调节旋钮左旋到底。

（3）接通电源。

（4）将特斯拉计的探头放入磁铁的中心架上，套上保护套，按“清零”键使特斯拉计的数字显示为“000.0”。

（5）取下保护套，把探头平面垂直置于磁场两极中心，先按两下“励磁电流粗调”按键再调节“励磁电流细调”旋钮，使电流增大至特斯拉计上显示约“300”mT，调节探头上下、左右位置，观察数字显示值，把探头位置调节至显示值为最大的位置，此乃探头最佳位置，用探头沿此位置的垂直线，测定离磁铁中心多高处 $H_0 = 0$，这也就是样品管内应装样品的高度。调节励磁电流，使特斯拉计数字显示为零。

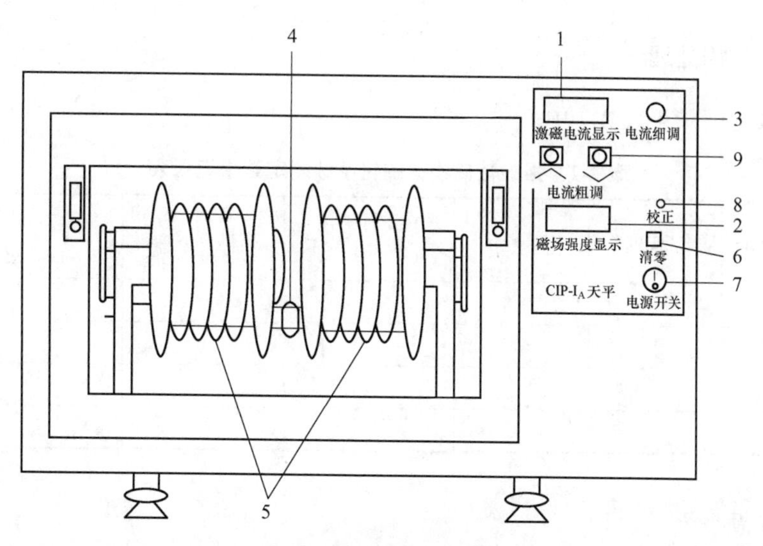

图 2-6 磁天平结构

1—电流表；2—特斯拉计；3—励磁电流细调调节旋钮；4—样品管；5—电磁铁；6—清零；7—电源开关；8—磁场强度校正；9—励磁电流上、下粗调

（6）用莫尔氏盐标定磁场强度，取一支清洁的干燥的空样品管悬挂在磁天平的挂钩上，使样品管正好与磁极中心线平齐，样品管不可与磁极接触，并与探头有合适的距离。准确称取空样品管质量（$H=0$）时，得 $m_1(H_0)$；调节“励磁电流”，使特斯拉计数显为“300” mT（H_1）迅速称量，得 $m_1(H_1)$，逐渐增大电流，使特斯拉计数显为“350” mT（H_2）称量得 $m_1(H_2)$，然后略微增大电流，接着退至“350” mT（H_2），称量得 $m_2(H_2)$，将电流降至数显为“300” mT（H_1）时，再称量得 $m_2(H_1)$，再缓慢降至数显为“000.0” mT（H_0），又称取空管质量得 $m_2(H_0)$。这样调节电流由小到大，再由大到小的测定方法是为了抵消实验时磁场剩磁现象的影响。

$$\Delta m_{空管}(H_1) = \frac{1}{2}[\Delta m_1(H_1) + \Delta m_2(H_1)] \tag{2-15}$$

$$\Delta m_{空管}(H_2) = \frac{1}{2}[\Delta m_1(H_2) + \Delta m_2(H_2)] \tag{2-16}$$

式（2-15）中，$\Delta m_1(H_1) = m_1(H_1) - m_1(H_0)$；$\Delta m_2(H_1) = m_2(H_1) - m_2(H_0)$。式(2-16)中，$\Delta m_1(H_2) = m_1(H_2) - m_1(H_0)$；$\Delta m_2(H_2) = m_2(H_2) - m_2(H_0)$。

（7）取下样品管用小漏斗装入事先研细并干燥过的莫尔氏盐，并不断将样品管底部在软垫上轻轻碰击，使样品均匀填实，直至所要求的高度，用尺准确测量，按前述方法将装有莫尔氏盐的样品管置于磁天平上称量，重复称空管时的路程，得 $m_{1空管+样品}(H_0)$，$m_{1空管+样品}(H_1)$，$m_{1空管+样品}(H_2)$，$m_{2空管+样品}(H_2)$，$m_{2空管+样品}(H_1)$，$m_{2空管+样品}(H_0)$。求出 $\Delta m_{空管+样品}(H_1)$ 和 $\Delta m_{空管+样品}(H_2)$。

（8）同一样品管中，同法分别测定 $FeSO_4 \cdot 7H_2O$ 和 $K_4(Fe)(CN)_6 \cdot 3H_2O$ 的 $\Delta m_{空管+样品}(H_1)$ 和 $\Delta m_{空管+样品}(H_2)$。

（9）测定后的样品均要倒回试剂瓶，可重复使用。将测得的数据填入相应记录表。

五、实验数据处理

将实验数据记录于表 2-7 中。

表 2-7 强磁性矿物比磁化系数测定结果记录表

次序	电流/A	管重+样重/mg	样重/mg	在磁管中管+样总重/mg	增重 Δm/mg	计算 X_0 的值 /$m^3 \cdot kg^{-1}$	备注
1	0.5						
2	1						
3	1.5						
4	2.0						

六、思考题

(1) 用古埃法测量强磁性矿物比磁化系数的原理是什么?

(2) 为什么强磁性矿物比磁化系数会随着场强增高而增大?

2.3.3 磁化率仪法

一、实验目的与要求

(1) 了解 MS2 磁化率仪测定矿物磁化率的原理及意义。

(2) 通过测量几种常见磁性矿物样品的磁化率值从而了解磁性物质的磁性特点。

二、实验基本原理

MS2 磁化率系统由 MS2 读数表和各种探头组成。每种探头有特定的用途，适于特定的样品类型（实验室一般采用 MS2 读数表+MS2B 双频探头组合），可以通过简单的同轴电缆与 MS2 读数表相连，当被测材料放在探头的感应区内时，读数表显示该材料的磁化率值。借助于 RS232 串行接口，仪器可以在便携式数据记录器或计算机软件控制下运行。MS2 读数表由内部可充电电池供电。MS2 内的电路系统向探头供电，并处理探头产生的测量信息。利用时间相关方法，实现测量的数字化，从而提高了测量的精度和可重复性。各探头独立校正。

样品内的磁场由下式给出：

$$B = \mu_0(H + M) \tag{2-17}$$

式中，B 为样品的磁通密度，T；μ_0 为自由空间的磁导率，是一个常数（$4\pi \times 10^{-7}$）；H 为外加磁场强度，AT/m；M 为样品的磁化强度，T。

式（2-17）除以 H 后，可以得到

$$\mu_r = \mu_0 + \mu_0 K \tag{2-18}$$

式中，μ_r 为样品的相对磁导率（无量纲）；K 为样品的磁化率（无量纲）。改写后可以得到式（2-19）：

$$\mu_0 K = \mu_r - \mu_0 \tag{2-19}$$

探头由热稳定性很高的振荡器构成，其中的线圈感应器是确定主频率的元件。当感应器内为空时，μ_0 决定了振荡器的频率。当感应器内放置样品时，μ_r 决定了振荡器的频率。与探头连接的磁化率读数表将 μ_0 和 μ_r 确定的频率值数字化（其精度高于百万分之几）后，计算磁化率值。

μ_0 是一个常数，其变化相对较小。因而，需要经常获得新的背景，或通过 MS2 读数表上的“zero”按钮获得新的 μ_0 值来消除探头的热漂移。μ_r 值通过按“measure”按钮获得。磁化率值以数字形式显示，并经串行接口输出。

三、实验仪器设备与材料

（1）MS2 磁化率系统如图 2-7 所示。

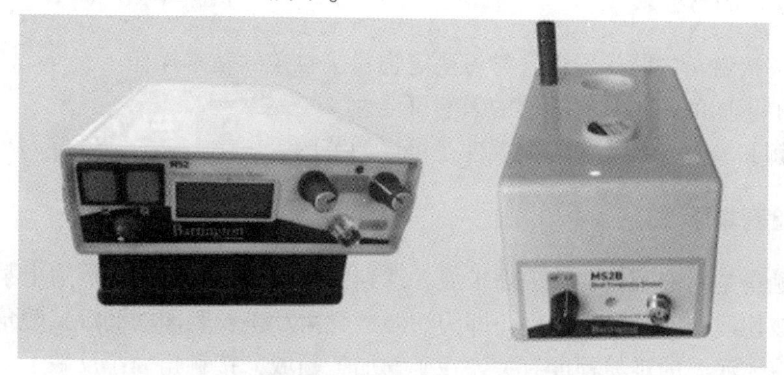

图 2-7　MS2 磁化率系统

（2）磁铁矿、磁黄铁矿、黑钨矿样品若干。

四、实验步骤

（1）详细阅读磁化率系统操作说明，熟悉操作流程。

（2）连接仪器，用同轴线缆将 MS2B 探头与 MS2 读数表进行连接。

（3）将开关旋钮拨到“SI”，仪器正常开机。

（4）将右上角的量程旋钮拨到“Balt”，观察指示灯颜色，若显示绿色则可以开始测量，若显示红色，则电源电量不足，需联系实验老师更换电池或仪器。

（5）将量程旋钮拨到“1.0”挡，MS2B 的高低频旋钮拨到“LF”挡，肘节开关拨到左侧，观察显示屏上的数值变化，变化范围在 ±5 内为正常。若超出该范围，表明周围环境磁场干扰较大，应该更换实验环境测量。

（6）使样品远离探头，按下“zero”按钮，进行空值测量。显示屏上将为空白，然后出现一个冒号，表明仪器正在使用。“哔”声后表明归零过程完成，显示屏上所有显示数字为 0。

（7）取下标样，检查标样磁化率值。将标样放入样品架，保证样品放置在中心位置，按“measure”按钮，等待“哔”声后，显示数值，检查测量结果与标样的标出值是否一致。

（8）开始测量，首先根据矿物磁性大小选择量程挡位（系统默认选择 1.0 挡，测量弱磁性矿物时选择 0.1 挡），将样品放入样品架，按“measure”按钮，发出“哔”声后显示测量值，记录数据（磁化率值 = 显示值 × 10^{-5}）。

(9) 取出样品，归零后放入下一个样品重复上述操作。

(10) 测量完成后，关闭电源，整理好仪器。

五、思考题

(1) 简述测定矿物磁化率的目的和用途。

(2) 为什么弱磁性矿物比磁化系数测定时，需要选择 0.1 挡?

2.4　矿物润湿性测定——接触角法

一、实验目的与要求

(1) 了解接触角的测定原理，学习测定物料接触角的基本操作。

(2) 了解不同的矿物具有不同的天然可浮性。

(3) 了解和掌握矿物表面的润湿性是可以调节的。

二、实验基本原理

润湿接触角是指液滴在物体表面扩展并达到平衡状态后，在三相周边上某点引气液界面的切线，该切线与固液界面的夹角即为润湿接触角。矿粒表面的润湿接触角的大小与物体表面被该液体润湿的难易程度有关。在矿物加工领域，接触角大小反映了矿物可浮性差异。矿物的可浮性 $=1-\cos\theta$，θ 为润湿接触角，其测量方法很多，有观察侧量法、斜板法等，可以用润湿角测定仪进行测量。本实验采用图 2-8 所示的润湿角测定仪进行测量。基本原理是在液滴与被测矿物表面接触瞬间，立刻拍照，然后测量图像。

分别在洁净的矿物磨光片表面和经过选矿药剂处理的矿物磨光片表面上滴上一水滴，在固-液-气三相界面上，由于表面张力的作用，矿物被水润湿情况不一样，当水在矿物表面扩展达到平衡时，采用接触角仪，用聚光灯通过显微镜在屏幕上放大成像，用量角器可直接测得接触角的大小。

三、实验仪器设备与材料

(1) 润湿角测定仪如图 2-8 所示。

(2) 丁基黄药、油酸钠、NaOH 等。

(3) 烧杯、量筒、注射器、镊子。

(4) 方铅矿、黄铜矿和萤石等其他矿物磨光片。

四、实验步骤

(1) 提前学习所用仪器设备的操作说明书和操作规程。

(2) 检查设备，使之处于待测状态。

(3) 净化物料磨片。将萤石、方铅矿（或黄铜矿）磨光片在 2000 号金相砂纸上擦干净（抛光、去氧化膜），然后放入 2%~5%的 NaOH 溶液中煮沸 2~5min，取出用蒸馏水冲洗干净，置入存有蒸馏水的烧杯中待用。

（4）配药。取丁基黄药和油酸钠分别配成浓度为3g/L水溶液备用。

（5）矿物在纯水中接触角的测定。将清洗干净后的光片用滤纸吸干其表面水分，放在图2-8所示润湿角测定仪的样品盒子上，接通电源，调焦距，找出矿物表面成像图。用注射器将水滴滴在矿物光片表面上，形成一个水滴后再调整焦距，找出水滴的成像图，调节接触角仪升降手轮和横向移动手轮，将水滴调到量角器的可测角度位置。然后用测微鼓轮调节接触角仪目镜内的斜线，使该斜线过固液气三相接触点，并与水滴所形成的圆相切，切线与固体表面夹液体所形成的角，即为接触角。读出接触角值。但要注意，测量时间不能超过1min。

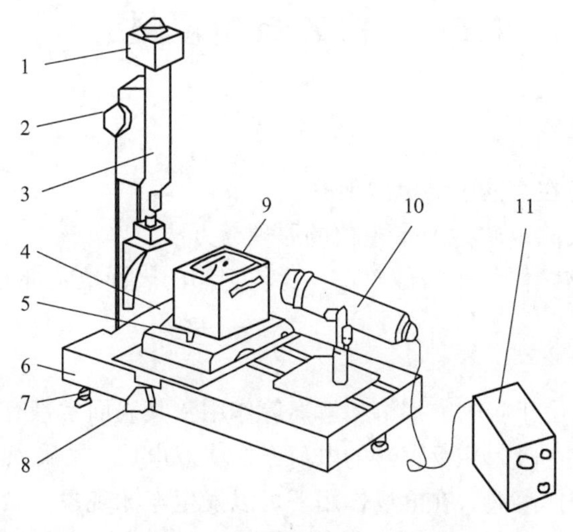

图2-8　润湿角测定仪结构图

1—测微鼓轮；2—调焦手轮；3—测量显微镜；4—升降手轮；5—固定手轮；6—底座；7—调平手轮；8—横向移动手轮；9—样品盒；10—照明光源；11—电源

（6）矿物经药剂作用后接触角的测定。将待测矿物磨片分别浸在提前配好的丁基黄药和油酸钠水溶液中，1min后取出，用滤纸吸干矿片表面药剂溶液，再用注射器滴一滴水在光片表面上，按步骤（5）测定其接触角。

（7）将润湿接触角值记入表2-8中。

注：方铅矿在纯水中的接触角为47°，萤石在纯水中的接触角为41°。

五、实验数据处理

（1）将实验测量结果记录于表2-8中。

表2-8　润湿接触角θ测定记录

测定次数	方铅矿（黄铜矿）		萤石	
	与药剂作用前	与药剂作用后	与药剂作用前	与药剂作用后
1				
2				
3				
平均				

(2) 分析药剂作用前后接触角发生变化的原因。
(3) 编写实验报告。

六、思考题

(1) 通过实验简述矿物的可浮性是如何实现调节的?
(2) 测试时间过长，液滴直径过大等对测量结果有何影响?
(3) 查阅资料，找出其他测量润湿接触角的方法。

2.5　矿物 Zeta 电位测定

一、实验目的与要求

(1) 了解矿物颗粒在溶液中的电泳现象。
(2) 掌握微电泳仪测定矿物 Zeta 电位的原理与方法。
(3) 测定几种矿物颗粒表面 Zeta 电位，比较它们的表面电负性差异。

二、实验基本原理

矿物在水溶液中，由于吸附、水解、解离等作用，其表面常带有电荷。若胶粒表面带有某种电荷，其表面就会吸附相反符号的电荷，构成双电层。由微细矿粒组成的粗分散体系，某些性质接近于胶体溶液，在电场作用下可以发生电泳现象。微细固体粒子产生电泳时粒子与水发生相对移动。根据粒子移动速度和给入的端电压，就可以计算出粒子滑动界面上带电荷的正负与电位大小。

电动电位的值可用下式计算:

$$\xi = \frac{4\pi\mu\eta}{DH} \tag{2-20}$$

式中，ξ 为电动电位，V；μ 为电泳速度，μm/s；H 为电位梯度，V/cm；D 为水的介电常数；η 为水的黏性系数。

因 D、η 随温度而变，可以查手册得到。

矿粒所带电的正负根据离子运动方向来确定，当粒子向正极移动 ξ 为负，反之则为正。式中 μ/H 称为电泳迁移率或淌度。实验中，测 μ 及 H 两项值，代入公式便可以计算出电动电位值。

三、实验仪器设备与材料

(1) 显微电泳仪 1 套，装置图如图 2-9 所示。
(2) 电泳毛细管几支。
(3) pH 计 1 台。
(4) 乳钵 2 个。
(5) 烧杯 2 个。
(6) 石英、赤铁矿纯矿物颗粒。

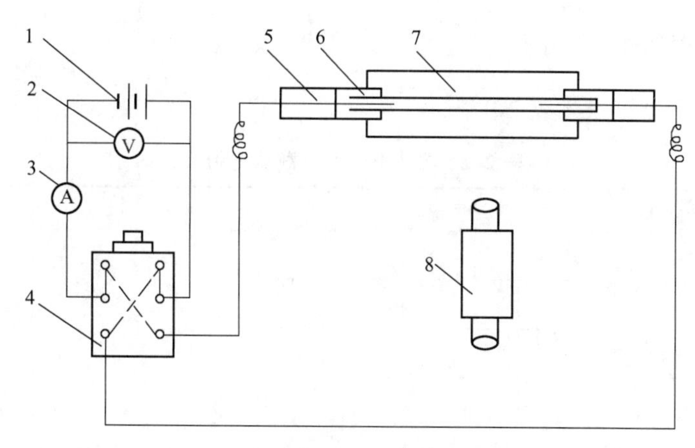

图 2-9 电泳仪装置图

1—直流电源；2—直流电压表；3—微安表；4—转向开关；
5—银电极；6—盐桥；7—电泳管；8—显微镜

（7）盐酸、氢氧化钠、去离子水。

四、实验步骤

（1）测定电泳毛细管的内壁距离。将空的（不带水的）毛细管置于电泳槽中，将镜头的焦点对准毛细管的内壁，镜下仔细观察，在内壁有一条细细的划痕，将千分表0点对准划痕，再找第二个内壁的划痕，两内壁的距离即为两个划痕的间距，可在千分表上读出。

（2）确定毛细管内静止层位置。对于截面为长方形的毛细管，它的静止层在距离管壁10%距离处。

（3）制备纯物料的悬浮液。称取0.1g粒度为-10μm纯物料，置于乳钵中研磨3~5min，用蒸馏水洗至烧杯中，配置成300mL悬浮液。需要测定不同pH值溶液中电动电位时，用HCl或NaOH滴定至指定的pH值。

（4）将一制备好的悬浮液置于毛细管中，因为表面张力的作用，毛细管会被吸满。注意毛细管内不应有小气泡，否则应重吸。

（5）毛细管两端接上盐桥和电极。盐桥由3%琼胶和0.1%HCl配制而成，实验前已制成小塑料管盐桥，电极为银电极。先将盐桥套在毛细管上，再接上电源（40~45V直流）后可以进行测定。

（6）测定电泳速度。电极接上电源后，带电粒子便产生位移，先注意移动方向，判断粒子带电正负，再测定移动距离，并记下时间。记下粒子移动10格的时间，重复进行几次，计算平均值（目镜测微尺放大100倍时10格距离相当于720μm）。

（7）测定电位梯度。测定毛细管两端盐桥的距离，读出两端的电位差，计算出电位梯度。

（8）按公式计算电动电位，记录数据。

（9）再变化其他条件，重复以上步骤进行测定。

五、实验数据处理

（1）将实验数据记录于表 2-9 中。

表 2-9 电动电位测定数据记录表

<table>
<tr><th>试剂名称</th><th>测定 pH 值</th><th colspan="2">电动电位测定值</th><th>平均值</th><th>电动电位符号</th></tr>
<tr><td rowspan="3"></td><td rowspan="3"></td><td>1</td><td></td><td rowspan="3"></td><td rowspan="3"></td></tr>
<tr><td>2</td><td></td></tr>
<tr><td>3</td><td></td></tr>
<tr><td rowspan="3"></td><td rowspan="3"></td><td>1</td><td></td><td rowspan="3"></td><td rowspan="3"></td></tr>
<tr><td>2</td><td></td></tr>
<tr><td>3</td><td></td></tr>
<tr><td rowspan="3"></td><td rowspan="3"></td><td>1</td><td></td><td rowspan="3"></td><td rowspan="3"></td></tr>
<tr><td>2</td><td></td></tr>
<tr><td>3</td><td></td></tr>
</table>

（2）分析矿物 Zeta 电位差异。
（3）编写实验报告。

六、思考题

（1）测定物料电动电位的方法有哪几种？其原理是什么？
（2）测定电动电位值对浮选的指导意义是什么？
（3）结合所学知识，分析矿物表面电动电位受 pH 值影响的原因。

2.6 矿浆黏度测定

一、实验目的与要求

（1）了解矿浆黏度对选矿过程的影响。
（2）学会矿浆黏度的测定原理和方法。

二、实验基本原理

矿浆黏度检测是利用矿浆在受外力而运动时产生的剪切应变的速度来度量矿浆内摩擦力大小的选矿测试技术。黏性表征流体抗拒流层间相对运动和变形的能力。在某些场合又称为流体的流变性。

将流动着的液体看作许多相互平行移动的液层，各层速度不同，形成速度梯度。由于速度梯度存在，流动较慢的液层对流动较快的液层产生阻滞，液体因此产生运动阻力，即内摩擦力。为使液层维持一定速度梯度，必须对液层施加一个与阻力相反的反向力，即切应力。对于矿浆，其内摩擦力还起因于矿粒在流场内的旋转、团聚、表面水化以及颗粒间的相互碰撞等。对于牛顿流体，其切应力与速度梯度呈线性关系，即在一定的温度和压力下，牛顿流体的黏度为一常数，不随速度梯度变化。根据牛顿定律有

$$\tau = \kappa D \tag{2-21}$$

式中，τ 为切应力，N；κ 为黏滞系数，即黏度，Pa · s；D 为切变速率，m/s。

流体流动特性示意图如图 2-10 所示。

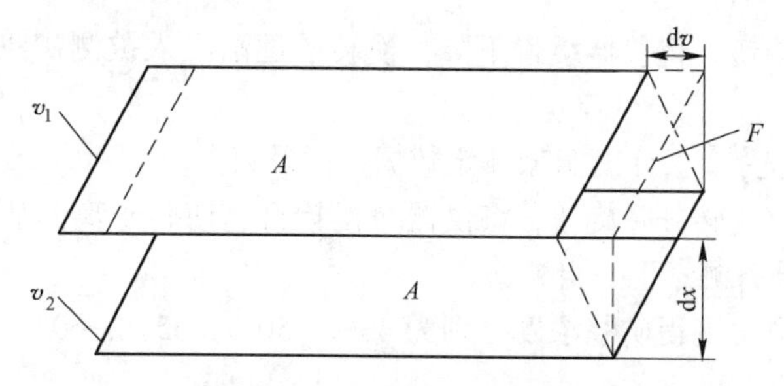

图 2-10　流体流动特性示意图

黏度的意义是将两块面积为 1m² 的板浸入液体中，两板距离为 1m，若加 1N 的切应力，使两板之间的相对速率为 1m/s 时，则此液体的黏度为 1Pa · s。

实际工作中，测定选矿厂矿浆黏度的主要有：高压毛细管黏度计、旋转黏度计和超声波黏度计等 3 种形式。通常根据黏度范围、剪切应力、剪切速率、准确度、试样量和实验室装备条件选择黏度计形式。测试时需保持矿浆的均匀性，防止矿浆沉降分层，且应在恒温下进行或对温度进行标定。

国外某品牌 RST-CC 触摸屏流变仪示意图如图 2-11 所示。RST 流变仪是旋转的，控制应力的流变仪。仪器使用一个带光编码器的高精密动态驱动系统确定转子绝对位置的测量。RST 流变仪的基本原理是对样品进行预剪切（剪切率）旋转测试，测量施加在测量元件上的扭矩或预先设定的剪切应力，测量测量元件的角偏转，测量被测物的剪切形变。RST 流变仪可用于剪切应力测试，允许精确测量不剪切被测物时的屈服点，以及剪切后蠕变行为和恢复行为。仪器测量可以手动操作（无需电脑支持）或使用 Rheo3000 应用软件以电脑控制。

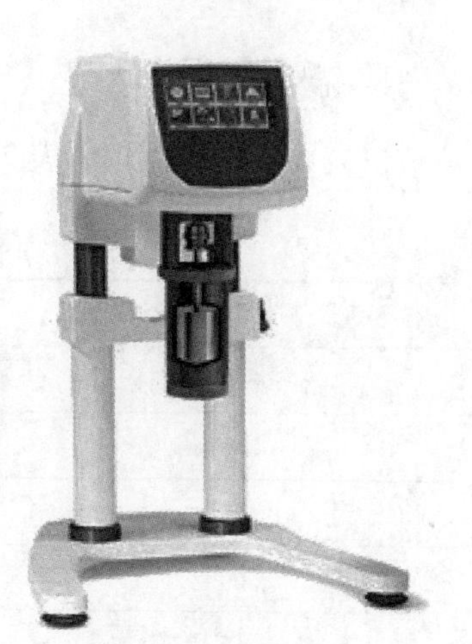

图 2-11　RST-CC 型流变仪示意图

三、实验仪器设备与原料

（1）RST-CC 型流变仪 1 台。

（2）500mL 烧杯 1 个，温度计 1 支。

（3）托盘天平 1 台。

（4）钒钛磁铁矿矿样。

四、实验步骤

（一）测定步骤

（1）测定前应认真阅读流变仪使用说明书。

（2）接通电源，检查流变仪是否能正常运行。打开电机开关，提前调试好仪器，设置好剪切速率范围值。

（3）将钒钛磁铁矿干矿样用电子天平称量500g，倒入300mL烧杯中，再根据需要矿浆浓度计算出需水量，用量筒量取水，加入烧杯，用玻璃棒搅拌均匀；将烧杯置于载物台。

（4）旋转升降旋钮，将仪器缓慢下降，使转子逐渐浸入被测矿浆中，直至转子完全浸入矿浆。

（5）开启测量程序，显示器显示测定数据，记录数据。

（6）测量结束，旋转升降旋钮，将仪器缓慢抬升，使转子离开矿浆液面，取下转子用清水冲洗干净，准备测量下一组数据。

（7）用同样的方法测得矿浆浓度分别为40%、50%、55%、60%、65%时的矿浆黏度和矿浆屈服应力，记录数据。

（8）全部实验结束后，清洗干净转子，退出程序，关闭电脑电源。

（二）注意事项

（1）测量时，要先估计所测矿浆的黏度范围，然后根据说明书给定的参数，选择适当的转子和转速。

（2）当估计不出被测矿浆的黏度时，应假定较高的黏度；可试用由小到大的转子和由低到高的转速；选用原则是高黏度矿浆选用小转子、低转速，低黏度的矿浆选择大转子和高转速。

五、实验数据处理

（1）将实验数据填入表2-10中。

表2-10　矿浆黏度测定记录表

矿浆浓度/%	矿浆屈服应力/Pa	矿浆黏度/Pa·s
40		
50		
55		
60		
65		

（2）以矿浆质量浓度为横坐标、矿浆屈服应力和黏度为纵坐标绘制曲线并对物料性质进行分析。

（3）撰写实验报告。

六、思考题

（1）矿浆黏度对矿物加工过程有何影响？

（2）常用黏度计主要有哪几种？

2.7 物料白度测定

一、实验目的与要求

(1) 理解粉体白度的概念及含义。

(2) 掌握粉体白度的测定方法。

二、实验基本原理

白度是表征物体色白的程度，用符号 W 或 W_{10} 表示。白度值越大，表示白的程度越高 GB/T 17749—2008 规定光谱反射比均为 1 的理想完全反射漫射体的白度是 100。粉体的白度可由专门测量白度的白度仪测得。

白度测定仪用于测量物体表面的蓝光白度，它利用测光积分球实现绝对光谱漫反射率的测量。其光电原理为：由白度仪的半导体发出的蓝色光线直接进入积分球，光线在积分球内壁漫反射后，照射在测试口的试样上，试样反射的光线由硅光电池接收，并转换成电信号。另一路硅光电池接收球体内的基底信号，两路电信号分别放大，经由单片机处理后得到测定结果。

白度仪的种类很多，适用的场合各不相同。测量粉体的白度时，要符合两个要求：一要适合粉体白度的测量，二是测量精度和测量程序符合国家的相关标准。图 2-12 是适用于粉体测量的 WSB-Ⅵ型智能白度测试仪。

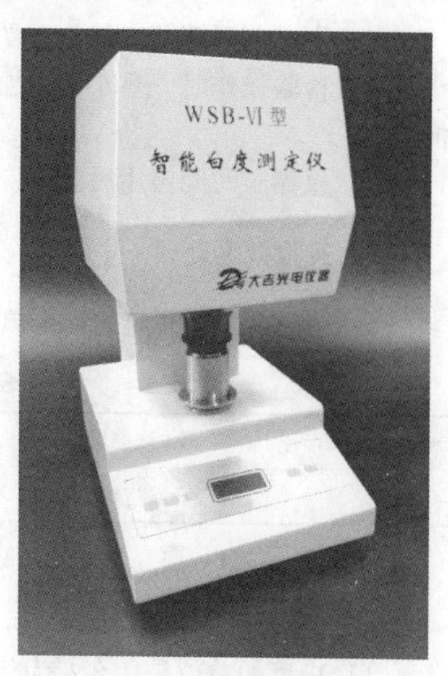

图 2-12　WSB-Ⅵ型智能白度测试仪外形图

三、实验仪器设备与材料

(1) 白度仪 1 台。

(2) 制样器（粉末成型器）1 个。

(3) 白色粉末状物料 100g 左右。

四、实验步骤

(一) 操作准备

(1) 连接仪器电源，检查仪器是否能正常工作。

(2) 用酒精棉球将仪器的试样座与测量口擦拭干净，以免玷污白板及测试样品。

(二) 操作步骤

(1) 预热。接通电源，开启仪器的电源开关，使白度仪预热 15~30min。

(2) 安置滤光插件。

(3) 校零。用左手按下“滑筒”，用右手接“黑筒”放在试样座上，将滑筒升至测量口，按键盘上的“校零”键，显示屏即显示 00.0，再按“回车”键，显示 00.0 校正调零完毕。

(4) 将工作标准白板的标称值输入仪器。

(5) 校准。按下仪器的“滑筒”，取出“黑筒”，换上工作标准白板，把工作标准白板升至测量口，按“校准”键，显示 J××. ×，再按“回车”键，显示屏显示 J××. ×值，校准完毕。

(6) 将待测粉末用粉末成型器制成要求的测试样后放入样品盒。

(7) 测试样品。按下“滑筒”，取出工作标准白板，将样品放在试样座上，把滑筒升至测量口，按工作键，显示屏上即显示该试样的白度值。

(8) 每一样品重复测量 3 次，然后取其平均值作为最终结果（表 2-11）。

(9) 样品测试完毕后，切断仪器电源，将仪器套上防尘罩。

(三) 注意事项

(1) 白度仪应放置在干燥、无振动、无强电磁场干扰、无强电流干扰、无灰尘的室内环境中。

(2) 白度仪存放处不得有酸、碱等腐蚀气体。

(3) 仪器接地良好，电源电压必须符合工作条件。

(4) 仪器四周应留有足够的散热空间（工作温度保持在 0～40℃，相对湿度<80% RH）。

(5) 不可使黑筒及工作白板受到污染，以免影响检验结果准确度。

(6) 检验操作时，要小心缓慢升降滑筒，避免样品进入测量口内影响检验结果的准确。

(7) 仪器长时间停用后应相应延长预热时间，以提高稳定性。

五、实验数据处理

实验结束后，将测定的结果填入表 2-11 中。

表 2-11 物料白度测定结果

项目	第 1 次测量	第 2 次测量	第 3 次测量	测量平均值
白度/%				

六、思考题

(1) 白度的单位是什么？为什么？

(2) 测定粉末的白度时粉末的粒度对测量结果有何影响？

2.8 矿石摩擦角测定

一、实验目的与要求

(1) 掌握摩擦角的概念和在矿物加工中的应用。

(2) 学会摩擦角的测定方法。

二、实验基本原理

摩擦角是指物料恰好能从粗糙斜面开始下滑时的斜面倾角，即物料在粗糙斜面处于滑落临界状态时斜面的倾角。

摩擦角的测定可在摩擦角测定器（图 2-13）上进行。摩擦角测定器的构造是将平板一端铰接固定，而另一端则可借细绳牵引自由升降。

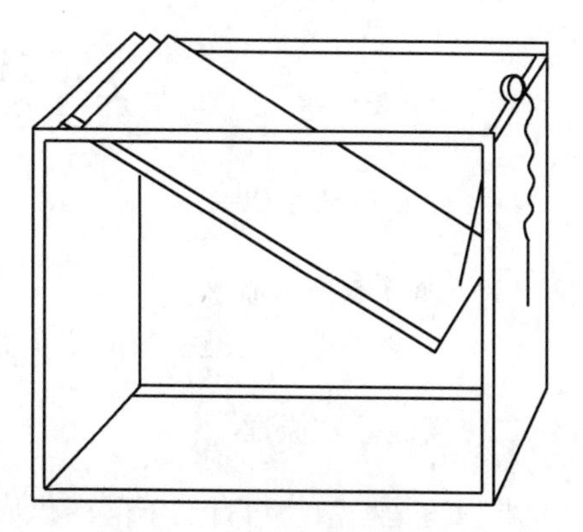

图 2-13 摩擦角测定器示意图

测定时将被测物料置于板固定端的中心部分，并将板缓慢地下降，直至物料开始滑动时为止（不准滚动），此时测出的倾角即为摩擦角。测定时应重复 3~5 次，取其平均值。

摩擦角测定器的倾斜平板（有木板、钢板或其他材质的板）形状以长方形为适宜，其宽度不小于被测物料最大粒度的 5~10 倍，板的长：宽=2：1 或 3：1 均可，由于倾斜平板的材质不同，因而测得的摩擦角也不同，故选择倾斜平板的材质时，应力求接近生产实际。一般选择自制摩擦角测定器进行测定。

三、实验仪器设备与材料

（1）自制摩擦角测定器 1 台；

（2）量角器、直尺 1 套；

（3）待测物料 5~10kg。

四、实验步骤

（1）将摩擦角测定仪的平板调整至水平。

（2）将适量的待测物料放到平板上。

（3）用细绳牵引平板缓缓下降，注意观察板上物料，当物料开始滑动时，立即停止平板的下降，并将平板的位置固定。

（4）用量角器测量此时平板的倾角，该倾角即为物料的摩擦角。

（5）重复上述测量步骤进行多次测定，然后取其平均值作为最终测定值（表 2-12）。

五、实验数据处理

（1）将测量数据记录于表 2-12 中。

表 2-12 物料摩擦角测定结果

项目	第 1 次测量	第 2 次测量	第 3 次测量	测量平均值
摩擦角/(°)				

（2）编写实验报告。

六、思考题

(1) 粉体物料摩擦角的含义是什么?
(2) 测定物料摩擦角在工业生产、设计和研究中有什么用途?

2.9 矿石堆积角测定

一、实验目的与要求

(1) 理解堆积角概念。
(2) 学会松散物料堆积角的测定方法。

二、实验基本原理

堆积角是松散物料自然下落堆积成料锥时，堆积层的自由表面在平衡状态下与水平面形成的最大角度，也称为安息角或休止角。堆积角大小是物料流动性的衡量指标之一，堆积角越小，物料流动性越好，如图 2-14 所示。

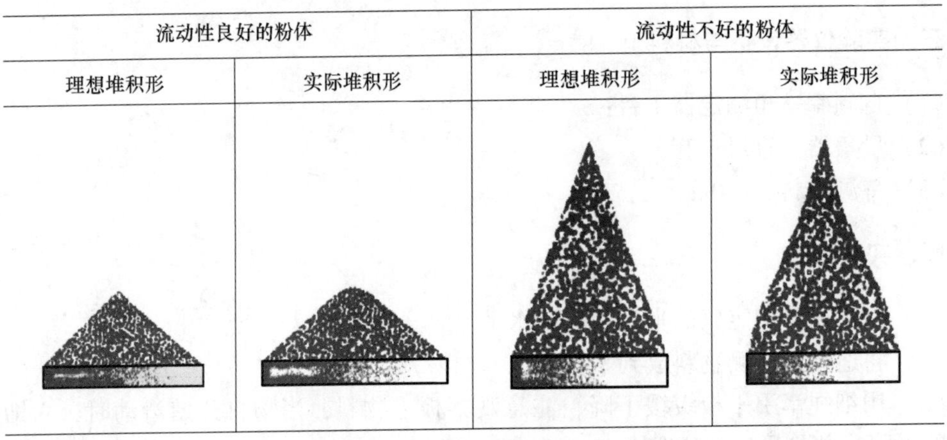

流动性良好的粉体		流动性不好的粉体	
理想堆积形	实际堆积形	理想堆积形	实际堆积形

图 2-14 堆积角的理想状态与实际状态示意图

堆积角的测定有自然堆积法和朗氏法。运用自然堆积法可在比较平坦的地面或地板上进行测定，将欲测物料通过漏斗落到地面或地板上自然堆积成锥体，直至实验物料沿料堆的各边都同等地下滑为止。然后将一长木板轻放在锥体的斜面上（注意不要对料锥施加压力），再将倾斜仪置于木板上，此时测出的角度即为被测试料的堆积角。如各种粒度铁矿石的堆积角一般为 38°~40°。为使测得数据准确需重复测 3~5 次，取其平均值。

朗氏法测定堆积角的装置如图 2-15 所示，将待测定的物料由漏斗落至圆台上，形成料堆，直至物料从料锥周围以相等速度滑下为止。转动一根活动的直尺使其一边与锥面重合，即可测出堆积角。

三、实验仪器设备与材料

（1）料铲 1 把和堆积角测定装置台；
（2）量角器、直尺各 1 个；
（3）待测物料 5~10kg。

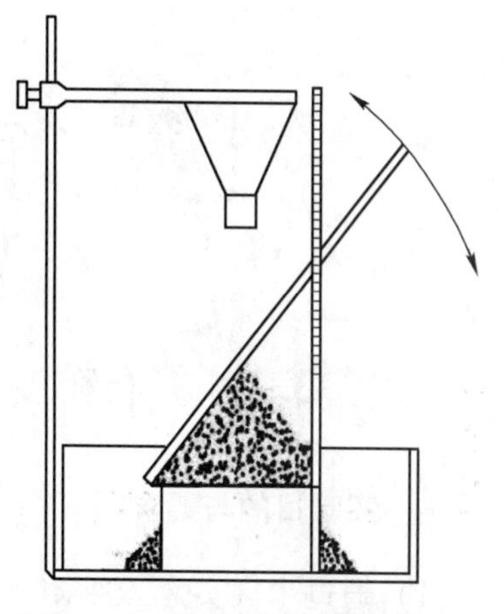
图 2-15 堆积角测定仪示意图

四、实验步骤

（一）自然堆积法的测定步骤

（1）选定一块大小合适的较平整地面或台面。

（2）用料铲将物料铲到地面上，按照自然堆锥的方式进行堆锥（要使物料自锥顶缓慢下落）。

（3）用直尺和量角器测出料堆与地面的夹角，即为测定的堆积角。

（4）重复 3~5 次，测出的结果列于表 2-13 中，计算并取平均值作为最终测定值。

（二）朗氏法测定步骤

（1）调整堆积角测定装置的漏斗高度，使其与堆积台有合适的距离。

（2）调整堆积角测定装置的漏斗位置，使其与高架圆台同心。

（3）用料铲将物料铲到漏斗中，使物料经漏斗缓慢地落下，在堆积台上自然形成锥体，当物料沿锥体的各边下滑速度一致时，停止加料。

（4）转动活动直尺，直到直尺的边缘与物料锥体面重合，用量角器测出角度。

（5）重复 3~5 次，测出的结果列于表 2-13 中，计算并取平均值作为最终测量值。

五、实验数据处理

实验结束后，将测定的结果填入表 2-13 中。

表 2-13 堆积角测定实验结果记录表

项目	第 1 次测量	第 2 次测量	第 3 次测量	测量平均值
堆积角/(°)				

六、思考题

（1）堆积角大小的含义是什么？
（2）物料堆积角受哪些因素影响？
（3）堆积角对物料的堆放场地、堆放方式的选择、设计有什么作用？

3 矿石粉碎与分级实验

3.1 矿石粒度的表征及破碎机破碎比测定实验

一、实验目的与要求

（1）通过本次实验，要求能够学会矿石颗粒的不同表征方法。

（2）掌握不同类型破碎机以及振筛机的结构构造、性能、工作原理和操作方法。

（3）学会不同破碎产品的筛分分析方法，学会实验数据的处理方法，并利用所得实验数据对所用不同类型破碎机分别进行破碎比的计算。

（4）掌握不同类型破碎机排矿口的调整方法，学会测量给矿口、排矿口的大小。

（5）掌握颗粒三轴平均径、体积当量直径、筛分直径测算方法，通过对不同类型破碎产品的筛分分析，理解质量分数、筛上累计质量分数和筛下累计质量分数的概念，学会绘制“粒级-质量分数”柱状图和“粒级-累计质量分数”图（或同时绘制在一张图中，双纵坐标），掌握各类型破碎机不同破碎比的计算方法。

二、实验基本原理

在外力作用下使大块物料变为小块物料的过程称为破碎。它是通过外力施加到被破碎的物料上，克服物料分子间的内聚力，从而使大块物料分裂成若干小块的过程，破碎比通常用来衡量物料的破碎程度。按照破碎产物的粒度不同破碎作业可分为：粗碎（>50mm）、中碎（6~25mm）、细碎（1~6mm）、粉碎（<1mm）。在实验室中，常采用小型颚式破碎机、辊式破碎机等来完成物料的破碎过程，破碎效率、细粒增量是破碎效果的主要评价指标。

颚式破碎机（图 3-1）在工作过程中皮带轮会带动偏心轴转动，转动时连杆被偏心顶点牵动而上下运动，随即牵动前后推力板做舒张及收缩运动，使动颚时而靠近定颚，时而又离开定颚。当动颚靠近固定颚时，破碎腔内的物料即会被压碎、劈碎及折断。在动颚后退时破碎后的物料靠自重从破碎腔内落下。

不规则的非球形颗粒常用“导出直径”来表示颗粒大小，常用的导出直径有轴径、当量径和统计径 3 类。

（1）三轴平均径。该方法常用来测定大矿块，如选厂用来测定破碎机给矿和排矿中的最大块的粒度。设一个颗粒以最大稳定度（重心最低）置于一个水平面上，得到颗粒的最大投影尺寸（即其外接长方体的三维尺寸）长、宽、高分别为 l、b、h，三轴平均径即为立体图形三维尺寸的算术平均值：$d_c=(l+b+h)/3$。

（2）体积当量直径。指与矿石颗粒具有相同体积的圆球直径，$d_V=\sqrt[3]{6V/\pi}$。

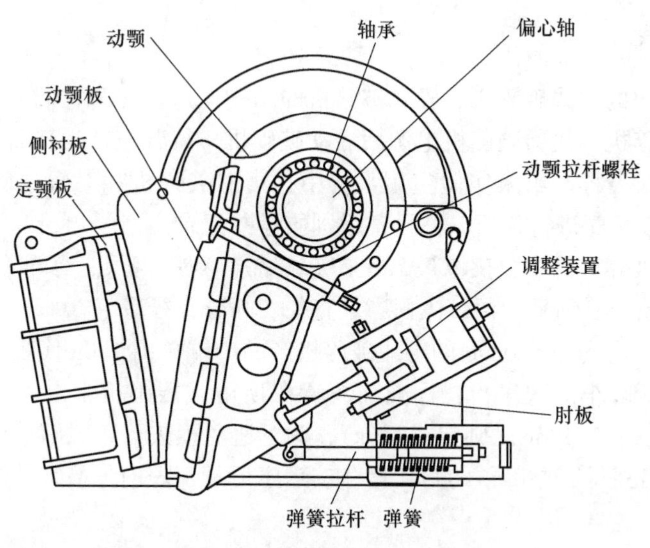

图 3-1　颚式破碎机结构示意图

（3）筛分直径。颗粒可以通过的最小方筛孔的宽度，d_A。

在破碎过程中，用破碎比来衡量破碎机的破碎效果。

（1）最大破碎比 $i_{最大}$。用物料破碎前后的最大粒度 $D_{最大}$和 $d_{最大}$计算出来的破碎比称为最大破碎比，亦即：$i_{最大}=D_{最大}/d_{最大}$；$d_{最大}$在中国以筛下累计产率等于95%的点所对应的粒度表示，而在欧美各国及地区则以80%的筛下累计产率所对应的粒度表示。

（2）名义破碎比 $i_{名义}$。用破碎机给料口的有效宽度（0.85b）和排料口宽度 $b_{排}$计算出来的破碎比称为名义破碎比，亦即：$i_{名义}=0.85b/b_{排}$。

（3）真实破碎比 $i_{真实}$。用给料平均粒度（直径）$D_{平均}$和产物平均粒度（直径）$d_{平均}$计算出来的破碎比称为真实破碎比，亦即：$i_{真实}=D_{平均}/d_{平均}$。

颗粒群的平均直径又分为加权算术平均直径、加权几何平均直径、加权调和平均直径。在实践中，当每个粒级的上限粒度与下限粒度之比不大于 $\sqrt{2}$ 时，常采用加权算术平均粒度表示碎散物料粒群的平均粒度。若粒群中某一微分区间的粒径为 d_i，其相应的产率为 γ_i，则加权算术平均直径：

$$d_{算} = \sum_{i=1}^{n} \gamma_i d_i \tag{3-1}$$

三、实验仪器设备与材料

（1）实验室用大型、中型颚式破碎机，实验室用辊式破碎机。

（2）振筛机（干式和湿式）。

（3）砂石筛、标准套筛（ϕ200mm）。

（4）台秤、电子天平。

（5）钢尺、不同规格烧杯。

（6）烘箱、过滤机。

（7）试样为铁矿石。

四、实验步骤

(1) 观察所用的颚式破碎机、辊式破碎机的结构构造，理解它们的工作原理与应用。

(2) 检查破碎机，接通破碎机电源后启动破碎机，待其正常运转后开始均匀给矿。

(3) 依次将矿石样品给入实验室用大、中、小型破碎机和对辊式破碎机，将每次破碎产品按先粗后细顺序进行筛析，称量各级别质量并记录。

(4) 在各次破碎产品中，挑取最大块矿石样品，利用钢尺、标准砂石筛、电子天平等测量出矿石颗粒的三轴平均径、体积当量直径、筛分直径。

(5) 在最大粒度约为 1.0mm 的辊式破碎机产品中缩分出 100g 代表性矿样。按照从上到下筛孔尺寸逐渐减小的次序，将标准筛放置在顶击式振筛机上（大于 0.106mm（含）进行干式筛分，小于 0.106mm 则湿式筛分），为了避免损失，干式筛分中的标准套筛要加底盘和筛盖。将各式筛分中筛子的筛孔尺寸按筛序记录于表内。最细粒级干式筛分产品进行各级湿式筛分。

(6) 操作时要注意安全，不要靠近破碎机传动部件，不要探头看破碎腔，防止矿石飞溅伤人。

(7) 在碎矿过程中，若矿块太硬而卡住颚板不能破碎时，必须立即切断电源，待将破碎腔内的物料消除完后，方能继续进行碎矿，以免损坏电机和机器零部件。

(8) 筛分分析中，为了便于筛分和保护筛网，筛面上的矿料不应当太重，对于细筛网尤应注意。通常在筛孔为 0.5mm 以下的筛子进行筛分时，称样不许超过 100g，矿料如果太多，可分几次筛。筛分时要规定终点，通常规定筛 1min 后，筛下产物不超过筛上产物的 1%（或试样量的 0.1%）为终点，如果未到终点，应当继续筛分。

(9) 将每次筛得的筛上物称重，并且记录在表中，湿式筛分样品应进行过滤烘干后称取干重。各级别物料的质量相加的总和，与原试样质量相比较，误差不应超过 1%或 2%。如果没有其他原因造成显著的损失，可以认为损失是由于操作时微粒飞扬引起的。允许把损失加到最细级别中，以便和试样原质量相平衡。

(10) 实验结束，必须清理好实验设备及用具，做好实验记录，经指导老师检查无误，清理完实验用具和实验室卫生后方能离开。

五、实验数据处理

(1) 把矿石破碎及筛分实验数据记录在表 3-1~表 3-4 中。

颚式破碎机（1）型号：________ 给料口宽度：________ 排矿口宽度：________

颚式破碎机（2）型号：________ 给料口宽度：________ 排矿口宽度：________

表 3-1 最大矿块尺寸表征测量结果

样品名称	l/mm	b/mm	h/mm	质量/g	密度/g·cm^{-3}	三轴平均径	体积当量直径
原矿							
粗碎产品							
中碎产品							

表 3-2 颚式破碎机（1）产品筛分分析结果

粒级/mm	目数	质量/g	质量分数/%	筛上累计质量分数/%	筛下累计质量分数/%

表 3-3 颚式破碎机（2）产品筛分分析结果

粒级/mm	目数	质量/g	质量分数/%	筛上累计质量分数/%	筛下累计质量分数/%

表 3-4 辊式破碎机产品筛分分析结果

粒级/mm	目数	质量/g	质量分数/%	筛上累计质量分数/%	筛下累计质量分数/%

（2）对不同类型破碎机产物绘制粒度特性曲线。

（3）计算不同类型的破碎机破碎比。

（4）编写实验报告。

六、思考题

（1）通过查阅相关资料，简述常见破碎机种类及用途。

（2）简述颚式破碎机和辊式破碎机的工作原理。

（3）根据辊式破碎机产品粒度特性曲线查出 -0.18mm 粒级的质量分数是多少？+0.45mm粒级的质量分数是多少？

3.2 测定矿石的可磨性并验证磨矿动力学

一、实验目的与要求

(1) 通过实际操作学会使用间断给料的实验室小型球磨机磨矿。

(2) 根据实验室小型球磨机的规格特性，计算该磨机的转速和充填率。

(3) 找出磨矿产品细度随磨矿时间增加而增加的规律并对磨矿动力学作初步验证和体会。

二、实验基本原理

磨机内钢球的运动状态受许多因素的影响，但影响最大的因素是磨机筒体的转速及磨机内钢球的充填率。

临界转速就是使钢球发生离心的最小转速或使钢球不产生离心的最大转速，计算公式如下：

$$n_c = \frac{30}{\sqrt{r}} = \frac{42.4}{\sqrt{d}} \tag{3-2}$$

式中，$d=2r$，单位为 m。对贴着衬板的最外一层球来说，因为球径比球磨机内径小得多，可忽略不计。r 可以算是磨机的内半径，d 就是它的内直径。

实际转速 n 与临界转速 n_c 的百分比，称为转速率 ψ，计算公式如下：

$$\psi = \frac{n}{n_c} \times 100\% \tag{3-3}$$

转速率 ψ 通常表示磨机转速的相对高低。

当装入的钢球是有效工作的时候，装球越多，生产率越高，功率消耗也越大，但装球过多，由于转速的限制，靠近磨机中心的那部分球只是蠕动，不能有效工作。通常充填率不超过 50%。

充填率计算公式如下：

$$\phi = \frac{V_{球}}{V_{磨}} \times 100\% \tag{3-4}$$

式中，ϕ 为充填率,%；$V_{球}$ 为钢球体积，m^3，$V_{球} = m/\delta$（m 为钢球质量，t；δ 为钢球堆密度，t/m^3）；$V_{磨}$ 为磨机体积，m^3。

用间断给料磨矿机做可磨性实验时，可以看到一种现象：开始磨矿的初期，粗粒的含量减少很快，随着磨矿时间的延长，粗粒含量的减少变慢。因此，在最简单的情况下，可以假定磨矿速度（即粗级别质量减少的速度）与该瞬间磨机中未磨好的粗级别质量成正比。根据这个假设可以列出下列关系：

$$\frac{d\gamma}{dt} = -\kappa m \tag{3-5}$$

式中，γ 为经过时间 t 后粗级别残留物的产率；t 为磨矿时间；κ 为比例系数，决定于磨矿条件；负号“-”表示粗级别减少。

用分离变量法求解式（3-5）微分方程式，得到

$$\int \frac{d\gamma}{\gamma} = -\kappa \int dt + C \tag{3-6}$$

$$\ln\gamma = -\kappa t + C \tag{3-7-1}$$

设 γ_0 为被磨物料中粗级别的原始产率，在磨矿开始时，$t=0$，$\gamma=\gamma_0$，从而 $C=\ln\gamma_0$。将 C 值代入上式得到

$$\ln\gamma = -\kappa t + \ln\gamma_0 \tag{3-7-2}$$

或

$$\gamma = \gamma_0 e^{-\kappa t} \tag{3-7-3}$$

这就是磨矿动力学方程式。

实验验证的结果指出，更符合实际的方程式是

$$\gamma = \gamma_0 e^{-\kappa t^m} \quad 或 \quad \frac{\gamma_0}{\gamma} = e^{-\kappa t^m} \tag{3-8}$$

此方程式不能满足一个边界条件，因为在方程式中，只有 $t=\infty$ 时，粗级别残留物才会等于零。虽然如此，在粗级别残留物为5%到100%的范围内，这个方程式还是适用的。

三、实验仪器设备与材料

（1）小型不连续球磨机及钢球若干。

（2）盛矿浆用的盆若干，检验筛（0.15mm 即 100 目），浓度壶，秒表，电子台秤，洗球用的钢板筛，1000mL 量筒。

（3）粒度为-3mm 的矿石。

四、实验步骤

（1）将-3mm 的矿石混匀缩分为 4 份，称取每份为 500g。

（2）启动球磨机检查磨机转动是否灵活，将球磨机清洗干净。

（3）打开磨机端盖，若磨机内装有蓄水，必须将蓄水倒净，加料时必须先加钢球后加入称量好的矿样，再加入适宜磨矿浓度的水。

（4）盖好并拧紧磨机端盖，旋紧磨机卸矿端螺丝，按设定好的时间，3min、6min、9min、12min 分别磨矿，在启动磨机的同时，按秒表或用磨机上的计时器计时。

（5）磨到设定好的时间后磨矿自动停止或人为按停止按钮，将磨好的矿浆冲洗干净并倒入接矿盆中，再次启动磨机，用水冲洗磨机内腔体、磨机端盖及钢球，注意节约用水而又冲洗干净。

（6）用 0.15mm 筛子，湿法筛出大于 0.15mm 物料。

（7）将大于 0.15mm 物料过滤烘干并称重，将质量记录于表格中。小于 0.15mm 物料不做处理。

五、实验数据处理

（1）本实验采用 200mm×160mm 筒型球磨机，磨机转速为 108r/min，磨机有效容积为 0.32L，磨机电机功率为 0.6kW。

(2) 磨机用大小不同的钢球作为磨矿介质，磨机钢球装球率为45%，计算钢球总质量：$m_{球} = V_{球} \times \delta_{球} = 1579.5 \times 4.85 = 8\text{kg}$。8kg 钢球大小质量配比见表 3-5。

表 3-5 8kg 钢球大小质量配比

钢球直径/mm	−50～+45	−45～+35	−35～+25	−25～+15	−15～+10
钢球质量/kg	1.4	1.8	2.2	1.8	0.8

(3) 根据实验数据计算，绘制如下曲线：

1) 以磨矿时间为横坐标，以磨矿产品−0.15mm 的筛下物百分含量为纵坐标作曲线。

2) 以 $\lg t$ 为横坐标，$\lg\left(\lg \dfrac{\gamma_0}{\gamma}\right)$ 为纵坐标，作曲线。

(4) 所作曲线若近似为直线，求此直线方程式及参数。

即求 $\gamma = \gamma_0 e^{-\kappa t^m}$ 或 $\dfrac{\gamma_0}{\gamma} = e^{-\kappa t^m}$ 并求式中的 m、κ：

$$e = 2.718,\ 斜率\ m = \frac{\lg\left(\lg \dfrac{\gamma_0}{\gamma_2}\right) - \lg\left(\lg \dfrac{\gamma_0}{\gamma_1}\right)}{\lg t_2 - \lg t_1} \tag{3-9}$$

$$\lg \frac{\gamma_0}{\gamma} = -\kappa t^m \lg e,\ \kappa = \frac{\lg \dfrac{\gamma_0}{\gamma}}{t^m \lg e} = \frac{\ln \dfrac{\gamma_0}{\gamma}}{t^m} \tag{3-10}$$

将测定数据及计算的实验数据填入表 3-6 中。

表 3-6 测定数据记录表

实验次序	磨矿时间		大于 0.15mm 质量/g	大于 0.15mm 产率 γ/%	小于 0.15mm 产率（100−γ）/%	$\dfrac{\gamma_0}{\gamma}$	$\lg\left(\lg \dfrac{\gamma_0}{\gamma}\right)$
	t	$\lg t$					
1	3						
2	6						
3	9						
4	12						

γ_0 是被磨物料中粗级别产率，γ_0 大于 0.15mm 占−87%。

γ 是经过 t 时间磨矿以后，粗粒级残留物的质量分数，+0.15mm 物料为粗级别物料。

六、思考题

(1) 8kg 钢球大小质量配比是如何给出的？

(2) 参数 m 与 κ 与哪些因素有关？

3.3 矿石可磨度的测定

一、实验目的与要求

(1) 掌握矿石可磨度的测定方法。

（2）了解实验室磨碎设备的基本结构和原理。

（3）掌握通过物料可磨度评定矿石物料被磨的难易程度。

二、实验基本原理

衡量某种矿石在常规磨矿条件下抵抗外力作用被磨碎能力的特定指标就是矿石可磨度。它主要用来计算当球磨机规格不同时磨碎不同矿石时的处理能力。根据实验计算方法的不同，可磨度可分为两大类：（1）绝对可磨度-功指数法，实验测出的是单位电耗的绝对值；（2）相对可磨度-容积法或新生计算级别法，测出的是标准矿石和待磨矿石的单位容积产生能力或单位电耗量的比值。

本次实验中测定矿石的相对可磨度将采用开路磨矿测定法，具体方法为取-3.2mm+0.15mm 的矿样数份（每份 500g 或 1000g），在固定的磨矿条件下，依次分别进行不同时间的磨矿，然后将每份磨矿产品分别用套筛（或仅用 200 目的标准筛）进行筛析，并绘制出磨矿时间与产品中各筛下（或筛上）级别累积产率的关系曲线，从而找出将试样磨到所要求的细度（按-0.074mm 含量计或 90%小于某种指定粒度计）所需要的磨矿时间 t。测定相对可磨度时，需要用一个标准矿石作对照，在相同条件下，若将标准矿石磨到要求细度所需的时间为 t_0，则相对可磨度为 $K=t_0/t$。

三、实验仪器设备与材料

仪器设备：实验室用小型磨矿机，烘干机，标准套筛，天平，取样用具，实验瓷盆 5~8 个，试样袋 10 个。

实验物料：2~0.1mm 无烟煤（磁铁矿、铜矿、石灰石、蒙脱石）2kg，标准矿石为石英，粒度为 2~0.1mm。

四、实验步骤

（1）检查所用磨矿设备是否运转正常，确保实验过程的顺利进行和人机安全。

（2）缩制 4 份平行样（烘干样），每份 400g 装入试样袋，并做好标记，待用。

（3）将少量待测样品倒入磨机中，磨 2min，清除磨机上的锈污，并清洗干净。

（4）依次将每份试样按照水→试样→水的顺序（即预先倒入少量水，再装入试样，最后将剩余的水倒入，并注意将磨机入口处的矿石冲洗干净），装入磨机进行磨碎，磨矿浓度为 50%，磨碎时间分别为 t_1、t_2、t_3、t_4（磨矿时间的选取与所选矿样性质有关）。

（5）将磨矿产品全部清理收集，并用湿式分样器进行分样，取一部分进行筛分，用标准套筛筛分。

（6）对每一层筛上物进行称重，记录相关数据。

（7）清理实验设备，整理实验场所。

注意事项：实验过程中应保证每次磨矿入料的性质及磨矿条件的平行；每次磨矿结束后应将磨矿机清理干净，磨矿产品全部进行筛分。

五、实验数据处理

（1）将实验数据记录于表 3-7 中。

表 3-7 磨碎实验数据记录表

序号	1		2		3	
磨矿时间/min						
粒度/min	质量/g	产率/%	质量/g	产率/%	质量/g	产率/%
合计						
入料质量/g						
误差						

(2) 绘制-74μm 的产率与磨矿时间的关系曲线。

(3) 计算产品产率，分析物料粒度组成与磨矿时间的变化关系。

(4) 计算可磨度值。

(5) 撰写实验报告。

六、思考题

(1) 本实验过程中，如何保证各次磨矿结果的可比性?

(2) 参考相关文献，试列举几种其他的物料可磨度评价与测定方法。

(3) 解释开路磨矿和闭路磨矿的概念及两种磨矿方式各自的特点。

3.4 磨矿影响因素实验

一、实验目的与要求

(1) 了解使用实验室小型球磨机，掌握磨矿实验的操作方法。

(2) 了解操作条件、矿石性质、矿样浓度、磨机结构等对磨矿效果的影响。

(3) 了解磨矿实验数据的处理方法。

二、实验基本原理

磨矿机粉碎矿石的原理可简述如下，当磨机以一定转速旋转，处在筒体内的磨矿介质由于旋转时产生离心力，致使它与筒体之间产生一定摩擦力，摩擦力使磨矿介质随筒体旋转，并到达一定高度。当其自身重力大于离心力时，就脱离筒体抛射下落，从而击碎矿石，同时，在磨机运转过程中，磨矿介质与筒体、介质间还有相对滑动现象，对矿石产生研磨作用。所以，矿石在磨矿介质产生的冲击力和研磨力联合作用下得到粉碎。

磨矿过程中影响因素可归纳为 3 个方面：(1) 矿石及产品性质；(2) 磨矿机结构；(3) 磨矿操作条件。属于矿石及产品性质方面的有：给料粒度、矿石的可磨度、产品粒度等；属于磨矿机结构方面的有：磨矿机型式、磨矿机规格、衬板型式等；属于磨矿操作方面的有：介质尺寸、介质形状、介质材质、介质配比、磨机转速、介质充填率、返砂比、磨矿浓度、分级效率和料浆黏度等。因此，选择合适结构的磨机，优化磨矿工艺参数，对提高磨矿效率起着重要的作用。

磨矿影响因素实验是通过磨矿浓度和磨机转速这两个影响因素分别对磨矿效果的影响实验，加深操作者对磨矿作业和磨矿作业各影响因素的认识和理解的。

三、实验仪器设备与材料

（1）球磨机或棒磨机，实验室锥形球磨机如图 3-2 所示。

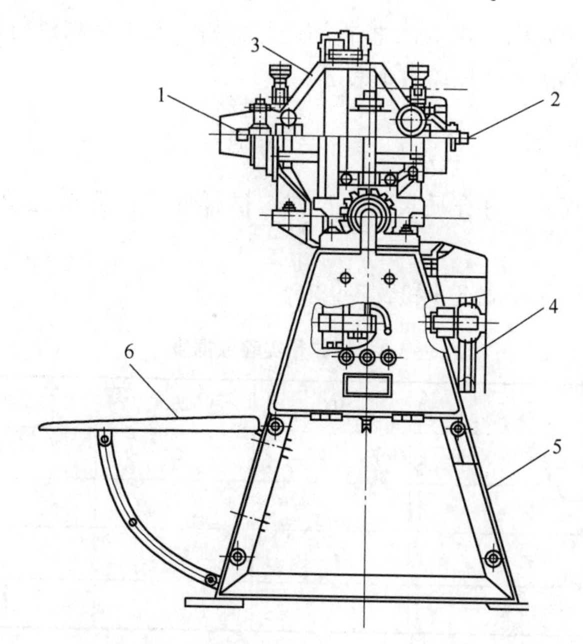

图 3-2　XMQ 锥形球磨机结构图

1—排矿端塞子；2—给矿端塞子；3—筒体；4—电机皮带；5—支架；6—盛矿浆托架

（2）天平、秒表、取样用具。

（3）洗瓶、量筒。

（4）标准筛（0.074mm）、滤纸等。

（5）大、小铝盆各 6 个。

（6）经闭路破碎的矿样 5kg 左右，粒度范围 2~0mm。

四、实验步骤

（一）装矿量实验

（1）学习设备的操作规程，检查所用磨矿设备是否运转正常，确保实验过程的顺利进行和人机安全。

（2）取矿样 0.8kg，用四分法混匀缩分成 4 等份，每份 200g，另将其中 1 份 200g 矿样再用四分法分成 100g 2 份，从而配成 100g、200g、300g、400g 4 份试验样。

（3）按液固比 1：1 即磨矿浓度为 50%，分别将上面矿样按先加水后加矿石的次序装入磨机，启动磨机，磨矿 10min 后，将磨机中物料倒出，清洗磨机干净为止。

（4）将4个磨机产品用0.074mm检查筛进行筛析，筛上物料进行烘干、称重。

（5）将数据填入表3-8中。

（二）*磨矿浓度实验*

（1）取试样0.8kg，用四分法混匀缩分成4等份，每份200g。

（2）按液固比0.5∶1、1∶1、1.5∶1、2∶1的条件分别将200g矿样，按先加水后加矿石的顺序装入磨机，启动磨机，磨矿10min后，将磨机中物料倒出，清洗磨机干净为止。

（3）将4个磨机产品用0.074mm检查筛进行筛析，筛上物料进行烘干、称重。

（4）将数据填入磨矿浓度试验数据表3-9。

五、实验数据分析

（1）记录磨机的规格、球介质尺寸、型式、试样质量、介质充填率、试样粒度、加水量和磨矿浓度等。

（2）将实验数据记录于表3-8和表3-9中。

表3-8　装矿量实验数据表

装矿量/g		100	200	300	400
筛上量	质量/g				
	产率/%				
筛下量	质量/g				
	产率/%				

表3-9　磨矿浓度实验数据表

浓度（液固比）		0.5∶1	1∶1	1.5∶1	2∶1
筛上量	质量/g				
	产率/%				
筛下量	质量/g				
	产率/%				

（3）分别绘制-0.074mm的产率与装矿量和磨矿浓度的关系曲线。

（4）编写实验报告。

六、思考题

（1）影响磨矿作业的因素有几类？分别是什么？

（2）影响磨矿作业的操作因素有哪些？它们对磨矿效果各有何影响？

（3）根据以上影响因素的实验过程，安排其他影响因素的具体实验过程，写出具体实验步骤。

3.5 邦德球磨功指数的测定

一、实验目的与要求

（1）了解邦德（Bond）球磨功指数和邦德球磨可磨度的概念。

（2）学会邦德球磨功指数和邦德球磨可磨度的测定方法。

二、实验基本原理

物料在球磨机内磨至一定细度所耗能量的指标，称为邦德球磨功指数。物料球磨的难易程度可以通过邦德球磨功指数的大小来反映，其也是物料球磨可磨性判据之一。球磨机的选择和计算可以根据物料球磨功指数的大小来进行。

邦德球磨机闭路可磨度实验是用来确定物料在球磨机中磨至指定细度的功指数，是一个重要的磨矿工艺参数。它表示物料在球磨机中抵抗磨碎的阻力。邦德球磨功指数可用下式计算：

$$W_{ib} = 49.04 \bigg/ \left[P_1^{0.23} \cdot G_{bp}^{0.82} \left(\frac{10}{\sqrt{d_{80}}} - \frac{10}{\sqrt{F_{80}}} \right) \right] \tag{3-11}$$

式中，W_{ib}为邦德球磨功指数，kW·h/t；P_1为实验筛孔尺寸，μm；G_{bp}为球磨机每运转一转新产生的实验筛孔以下粒级物料的质量（可磨度），g/r；d_{80}为筛下产品中80%物料通过的粒度尺寸，μm；F_{80}为给矿中80%物料通过的粒度尺寸，μm。

内径为2.44m的溢流型球磨机湿式闭路磨矿的球磨功指数与按式（3-11）计算的球磨功指数值与相一致。如果工作条件不同，应对按公式计算的功指数值加以修正。

球磨可磨度、球磨功指数实验适用于磨矿细度为28目（0.600mm）到400目（0.038mm）的磨矿产品，其中常用实验筛孔为100目（0.15mm）、150目（0.10mm）、200目（0.074mm）和270目（0.053mm）。

三、实验仪器设备与材料

（1）ϕ305mm×305mm邦德球磨功指数实验机。该球磨机是专门制造和设计的专用设备，该磨矿机具有光滑的筒体（无衬板），筒体与端盖连接处有光滑的圆角。磨矿机装有转数计数器，而且能够在完成指定的转数运转后自动停车。磨机以70r/min速度运转，相当于临界转速的91.3%。球磨机内装有285个钢球，总质量为20.125kg，计算表面积为0.32m^2。球径尺寸配比组成如下：ϕ36.5m 43个、ϕ30.2mm 67个、ϕ25.4mm 10个、ϕ19.1mm 71个、ϕ15.9mm 94个。

（2）测量容积密度和密度的仪器1台，各种破碎设备及筛分设备1套，泰勒标准筛1套，振筛机1台。

（3）约8kg粒度为-3.4mm的试样，需可供12个循环周期的磨矿使用。

（4）1台旋转式试料缩分器、1套取样工具、1台天平、若干大小盆。

如果试样过粗，则必须经过破碎，使其全部达到-3.4mm的粒度。破碎可采用阶段破碎，但为了不影响实验的准确性，应避免将其破碎得过细。可采用手锤或颚式破碎机来破碎大于 50mm 的物料。可以使用小型颚式破碎机或实验室旋回破碎机将小于 50mm 的物料破碎到-12mm，然后使用实验室对辊式破碎机把试料从-12mm 破碎到-3.4mm。破碎过程中，为了防止破碎得过细，注意不要将物料填满破碎机的破碎腔。如果实验物料潮湿，需先将其烘干。

四、实验步骤

实验采用干式闭路操作，循环负荷为 250%。原则上要在 10~12 个周期内完成实验。实验结束时要求球磨机达到稳定，也就是说实验时每转所产生的实验筛孔以下的产量 G_{bp} 在最后 2~3 个周期达到平衡或者 G_{bp} 出现最大值或最小值，而循环负荷为 250%±5%，只有满足这两个条件后，才能结束实验。

（1）根据需要确定实验筛，通常实验筛采用 100 目（0.15mm）或 150 目（0.10mm）、200 目（0.074mm）、270 目（0.053mm），其中用得最多的筛子是 200 目（0.074mm）。

（2）在 120℃烘干实验物料。

（3）取足够的-6 目试料，测定容积密度 S_v。

（4）取约 $50cm^3$ 物料研磨至-200 目，测定物料的密度 S_g。

（5）将物料用四分法分成 16 等份，从其中取出 1~2 份作球磨给矿粒度筛分分析，并求出 F_{80}(μm)。

（6）按式（3-12）取 $700cm^3$ 物料作为球磨机负荷装入球磨机中：

$$q_0 = 700S_v \tag{3-12}$$

式中，q_0 为球磨机起始负荷。

（7）估计磨机第 1 次磨矿的转数（考虑到矿石的性质，这里一般估计为 100 转），将估计的磨机转数值输入磨机控制器，并启动球磨机。

（8）结束磨矿后，将物料从球磨机中倒出，用实验筛进行筛分。筛出筛上物料，计算筛下量，保留筛下物料。

（9）补加一部分新矿到筛上物料中，重新加到球磨机中当作第 2 次磨矿的给矿，补加新料的质量应等于筛下量，使球磨机负荷总量不变（粒度组成发生了变化）。

（10）确定第 2 次磨矿转数。从第 2 周期开始球磨机的转数可根据前一周期 G_{bp} 计算而预测，其目的在于确定使其循环负荷达到 250%的可能转数。其计算方法如下：

由图 3-3 可知，当磨机运转达到稳定状态（稳态）时

$$q_0 = q_N + q_C = 3.5q_N \tag{3-13}$$

$$q_N = \frac{q_0}{3.5} = \frac{700S_v}{3.5} \tag{3-14}$$

$$q_N = q_u \tag{3-15}$$

下一周期球磨机适宜的转数 n_i 为

$$n_i = \frac{\text{预期的 } q_N - q_u \text{ 中所含通过实验筛孔的质量}}{G_{bp}\text{(上一周期测得的)}} \tag{3-16}$$

（11）第 2 次磨矿结束后，同样对磨机内倒出的物料进行筛分，计算出筛下产品质量，然后补加与该质量相同的新给矿和筛上产品一起作为第 3 次磨矿的给矿，进行第 3 次

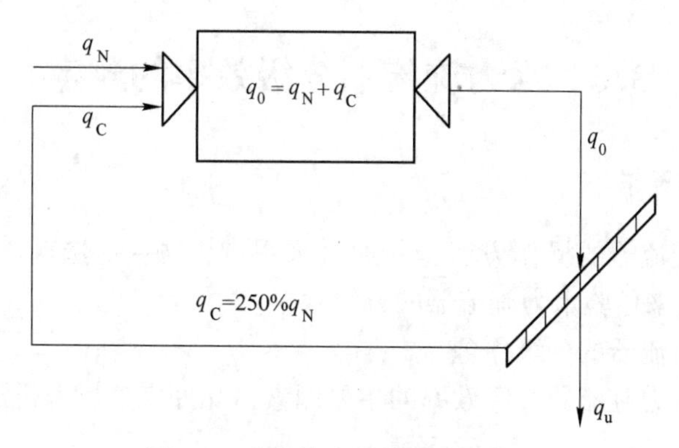

图 3-3　功指数球磨机磨矿示意图

磨矿实验。

（12）依次反复进行上述磨矿操作，直至磨机的循环负荷稳定在 250%为止。注意从 3 次实验开始应计算循环负荷，一般来说，10 次左右即可达到稳态，计算循环负荷的误差应在±5%范围内，即 250%±5%。

（13）磨矿达到稳态后，求出最后 3 次 G_{bp} 的平均值，但最后 3 次 G_{bp} 的最大值和最小值之差不能大于平均值的 3%。G_{bp} 即为矿石的球磨可磨度。

（14）取平衡后最后 2~3 个周期的筛下产品缩分取样进行筛析，求出 d_{80}。

（15）取循环负荷样品进行筛析（将最后周期的筛上产品缩分取样）。

五、实验数据处理

将实验结果填入表 3-10 中，按式（3-11）计算球磨功指数，并计算每一转所生成的实验筛孔以下粒级物料的质量。

表 3-10　球磨功指数实验记录表

磨矿次序	球磨机转数/r	磨矿产品中 -0.15mm 质量/g	给矿中 -0.15mm 质量/g	磨矿净生成 -0.15mm 质量/g	每一转所生成 -0.15mm G_{bp}/g·r^{-1}
1					
2					
3					
4					
⋮					
12					

按式（3-11）计算球磨机功指数 W_{ib}。

六、思考题

（1）什么叫邦德球磨可磨度和邦德球磨功指数？这两个参数各说明了什么问题？

（2）简述邦德球磨可磨度和邦德球磨功指数的测定方法及其用途。

3.6 水力旋流器分级效率的测定

一、实验目的与要求

(1) 熟悉水力旋流器的操作方法，并通过采用淘析法——选矿工艺中测定微细物料粒度组成的常用方法来检验水力旋流器的分级效果。

(2) 掌握水力旋流器的分级原理。

(3) 了解影响水力旋流器分级效率的主要因素，此外应掌握淘析法。

二、实验基本原理

利用回转流使颗粒在离心力的作用下，进行分级、分选、浓缩的一种设备即为水力旋流器。水力旋流器是由一个圆筒和一个圆锥连接而成的，在圆筒的中心插入一个溢流管，沿切线方向接有给料管，在圆锥的下部留有沉砂口。

矿浆在压力作用下，沿给矿管方向给入旋流器内部，随即在圆筒形器壁限制下作回转运动，在重力和离心力作用下，粗颗粒因较大的惯性离心力而被抛向器壁，并逐新向下流动，由底部排出成为沉砂产品；细颗粒由于向器壁移动的速度较小，会被中心流动的液体带动由中心溢流管排出，成为溢流产品，从而使物料达到粗细粒分级，其机构及工作原理如图 3-4 所示。

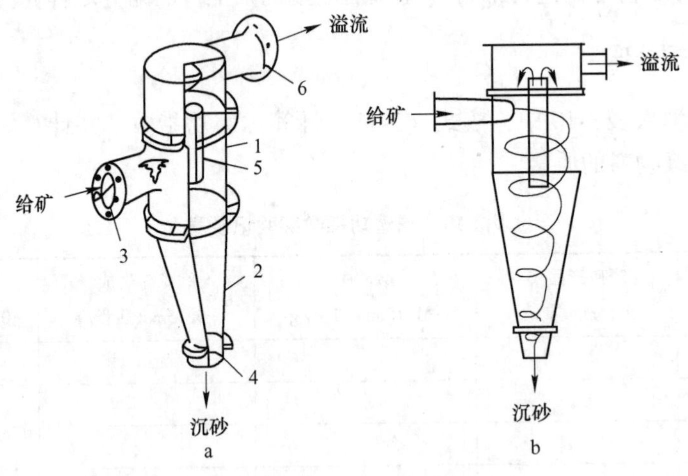

图 3-4 水力旋流器结构图

a—水力旋流器构造；b—水力旋流器的工作情形

1—圆柱体；2—圆锥体；3—给矿管；4—沉砂口；5—中心溢流管；6—溢流引出口

三、实验仪器设备与材料

(1) 1 台 ϕ50mm 水力旋流器。

(2) 1 台立式砂泵，设备联系如图 3-5 所示。

(3) 淘析用具：桶、盆、秒表、天平、毛刷等。

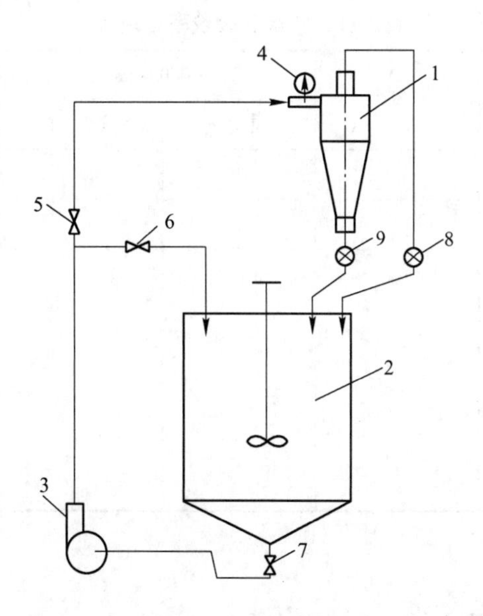

图 3-5 设备联系图

1—水力旋流器；2—搅拌槽；3—料浆泵；4—压力表；5~7—阀门；8—溢流取样点；9—沉砂取样点

（4）试样：1.2kg 小于 0.074mm 石英砂（供旋流器分级用）。

四、实验步骤

（1）测量沉砂口直径中心溢流管的插入深度和内直径。

（2）将搅拌槽中放入 1.2kg 试样，并加入 12L 水。

（3）开动砂泵，待矿浆循环压力稳定后，同时分别接取溢流和沉砂两份样（每份样接取时间为 5s）。

（4）停泵，清洗砂泵的循环系统；将接取的溢流和沉砂样分别进行淘析。

（5）将淘析产品分别沉淀、烘干、称重，将数据记入表 3-11 中。

五、实验数据处理

按下式计算物料的分级效率：

$$E = \frac{(\alpha - \theta)(\beta - \alpha)}{\alpha(\beta - \theta)(100 - \alpha)} \times 10^4\% \qquad (3\text{-}17)$$

$$\alpha = \frac{\gamma\beta + (100 - \gamma)\theta}{100} \times 100\% \qquad (3\text{-}18)$$

式（3-17）和式（3-18）中，E 为分级效率，%；α 为给料中小于分离粒度（−0.038mm）的含量，%；β 为溢流中小于分离粒度（−0.038mm）的含量，%；θ 为沉砂中小于分离粒度（−0.038mm）的含量，%；γ 为溢流产率，%。

实验结束后，将实验测定及计算数据记录于表 3-11 中。

表 3-11 检验分级效率记录表

<table>
<tr><th rowspan="2">产品名称</th><th rowspan="2">质量/g</th><th rowspan="2">产率/%</th><th colspan="2">-0.038mm</th><th rowspan="2">实验条件</th></tr>
<tr><th>质量/g</th><th>含量/%</th></tr>
<tr><td>溢流</td><td></td><td></td><td></td><td></td><td rowspan="3">试料：
旋流器直径/mm：
圆柱高度/mm：
锥角度：
溢流管内径/mm：
旋流口插入深度/mm：
沉砂口直径/mm：
矿浆浓度/%：
工作压力/MPa：</td></tr>
<tr><td>沉砂</td><td></td><td></td><td></td><td></td></tr>
<tr><td>原矿</td><td></td><td></td><td></td><td></td></tr>
</table>

六、思考题

影响水力旋流器分级效率的主要因素有哪些？

4 矿物物理分选实验

4.1 重选实验

4.1.1 跳汰分选实验

一、实验目的与要求

（1）掌握颗粒在跳汰分选过程中的分层原理。
（2）了解实验室用跳汰机的基本结构和工作原理。
（3）掌握跳汰机工作参数对分选效果的影响。

二、实验基本原理

跳汰选矿是指物料主要在垂直上升的变速介质流中，按密度差异进行分选的过程。跳汰选别时，被选物料给到跳汰机的筛板上，形成一个致密的物料层，这个密集的物料层称作为床层。在给料的同时，从下面透过筛板周期地给入上下交变水流（有的是间断上升或间断下降水流）。在上升水流期间，床层被推动松散，重矿物颗粒趋向底层转移。在下降水流期间，床层逐渐紧密，粗颗粒的运动开始变得困难，随着床层越来越紧密，只有细小的矿物颗粒可以穿过间隙向下运动，称作钻隙运动。当下降水流停止时，分层作用暂告终止，床层恢复紧密状态，至此完成了一个跳汰周期的分层过程。直到第二个周期开始，又继续进行这样的分层运动。经过床层的反复松散和紧密，就实现了跳汰室内物料的按密度分层，密度大的矿粒集中到了底层，密度小的矿粒进入上层。这一过程如图 4-1 所示。

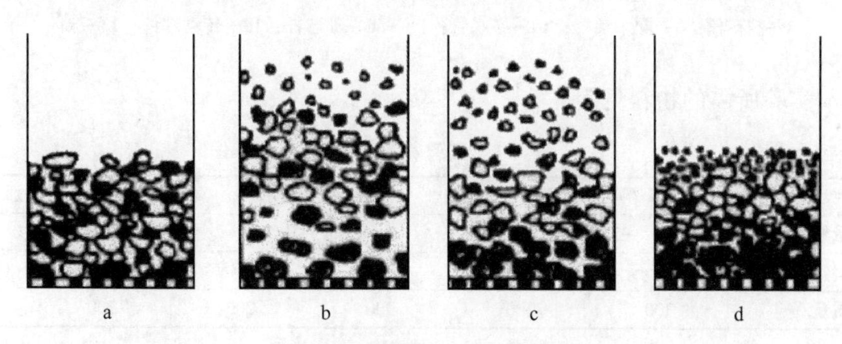

图 4-1 跳汰分层过程示意图

a—分层前颗粒混杂堆积；b—上升水流将床层抬起；c—颗粒在水流中沉降分层；d—水流下降，床层密集，重矿物进入底层

三、实验仪器设备与材料

(1) XCT-45×60 隔膜跳汰机 1 台，如图 4-2 所示。
(2) 接样塑料桶若干个。
(3) 天平 1 台。
(4) 秒表 1 只。

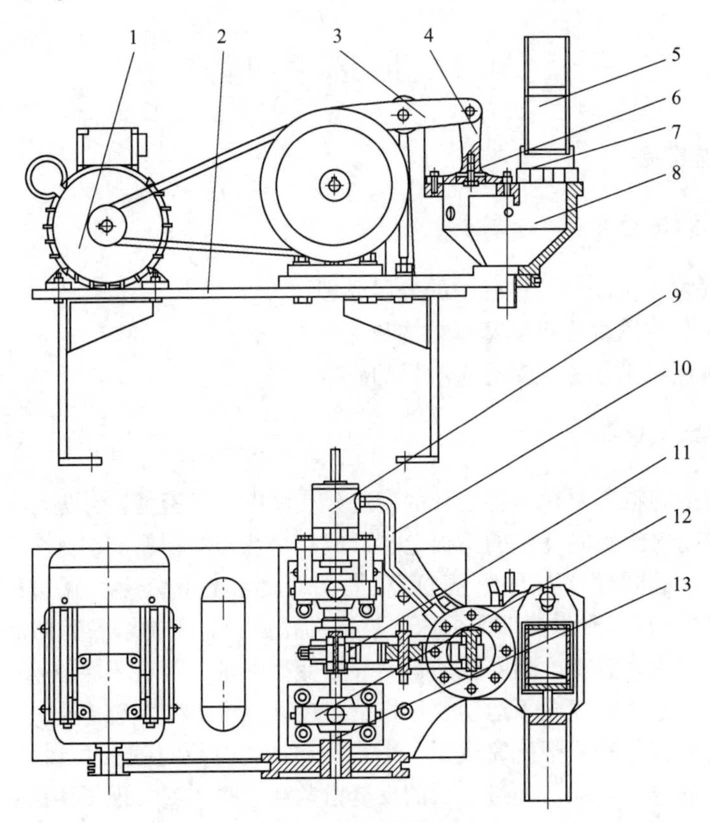

图 4-2 XCT-45×60 隔膜跳汰机

1—电动机；2—台架；3—杠杆；4—连杆；5—跳汰区；6—隔膜；7—隔膜压板；8—洗矿槽；9—配水活瓣；10—导水管；11—偏心轴连杆；12—传动部件；13—轴

(5) 本实验所需的物料见表 4-1。

表 4-1 实验物料详细表

粒度级别	粗粒窄级别		细粒窄级别		宽级别	
粒度数量级/mm	-5.0+2.0		-1.5+0.5		-5.0+0.5	
物料名称	白云石	黑钨矿	白云石	黑钨矿	白云石	黑钨矿
物料质量/g	300	200	300	200	300	200

四、实验步骤

(一) 熟悉实验装置，了解 XCT-45×60 隔膜跳汰机构造各因素的调节

(1) 冲程的调节：调节偏心套，当指针指向零点时，冲程为零（偏心距为零）；当指

针指向180°时，冲程最大（偏心距最大）；0°~180°对应的冲程范围为0~10mm。

（2）冲水频率的调节：调节电机转速。

（二）观察粒度对跳汰法选矿的影响

（1）固定冲程为4mm，冲水频率为350r/min；筛下补加水为零。

（2）取粗粒窄级别物料（-5mm+0.5mm）1份，其中白云石150g、黑钨矿100g。

（3）将试样放入烧杯中，搅拌均匀，用水润湿后给入跳汰机的跳汰筒。

（4）轻轻打开筛下给水管，使水面高出物料40mm左右，关闭水阀门。

（5）开动机器，观察物料分层情况，记下跳汰时间（跳汰开始至物料基本分层结束的时间）。

（6）跳汰结束后，关闭机器。取出跳汰槽，冲洗干净。

（7）再称取细粒窄级别物料（-1.5mm+0.5mm）1份，其中白云石150g、黑钨矿100g。

（8）按粗粒窄级别物料同样的实验步骤，重复（3）~（6）实验步骤，注意观察与粗粒级分层特点相比较。

（三）观察筛下补加水对跳汰的影响

（1）固定冲程为6mm，冲次为350r/min。

（2）称取宽级别物料（-5mm+0.5mm）1份，其中白云石150g、黑钨矿100g。

（3）将试样放入烧杯中，搅拌均匀，用水润湿后给入跳汰机的跳汰筒。

（4）轻轻打开筛下给水管，使水面高出物料40mm左右，关闭水阀门。

（5）开动机器，观察不加筛下补加水时的分选过程。

（6）调节筛下补加水至适宜值（流量在1000~800mL/30s），跳汰30s，观察加入适量补加水对分选过程的影响。

（7）调节补加水量，使其超过适宜值，再跳汰30s，观察加入过量补加水对分选过程的影响。

（四）观察冲程、冲次对跳汰分选的影响

（1）将冲程固定在6mm。

（2）称取宽级别物料（-5mm+0.5mm）1份，其中白云石150g、黑钨矿100g。

（3）将试样放入烧杯中，搅拌均匀，用水润湿后给入跳汰机的跳汰筒。

（4）轻轻打开筛下给水管，使水面高出物料40mm左右，关闭水阀门。

（5）调节电机转速（即改变冲次），每一冲次条件下跳汰80s，观察不同冲次对分选过程的影响。

（6）将物料重新混合均匀，固定冲次在350r/min。

（7）改变冲程，每一冲程条件下跳汰80s，观察不同冲程对分选过程的影响。

五、思考题

（1）冲程、冲次在跳汰选别中的作用是什么？

（2）影响跳汰分选指标有哪些因素？

（3）何谓吸入作用？在实验中如何考察它的作用？

（4）试给出实验室型跳汰周期曲线，并比较机械冲程和水介质冲程的大小，为什么？

4.1.2 摇床分选实验

一、实验目的与要求

（1）熟悉实验室型摇床的基本结构和工作原理。
（2）观察分选过程中物料在床面上的松散分层和搬运分带。
（3）掌握摇床选矿各种工艺条件对选别指标的影响规律。

二、实验基本原理

摇床主要由床面、机架和传动机构三大部分组成。典型摇床结构如图 4-3 所示。平面摇床的床面近似呈矩形或菱形。在床面纵长的一端设置传动装置。在床面的横向有较明显的倾斜。在倾斜的上方布置给矿槽和给水槽。床面上沿纵向布置有床条（俗称来复条）。床条的高度自传动端向对侧逐渐降低，并沿一条或两条斜线尖灭。整个床面由带有调坡装置机架支撑或吊起。

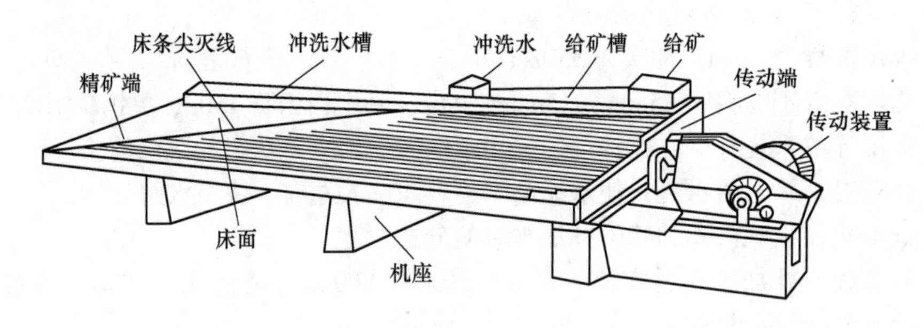

图 4-3　典型摇床结构

摇床分选过程主要包括以下几个环节：

（1）物料在床面上的松散分层。在床面上，促使物料松散的因素有两种：其一是横向水流的流体动力松散；其二是创面往复运动的剪切分散。在分选过程中，横向水流不断跨越床面隔条，水流大小呈交替变化。当水流流过横条时，会产生水跃，形成旋涡。水跃产生的涡流在靠近下游隔条的边沿形成上升流而在沟槽中间形成下降流，推动上层颗粒的松散，而松散、悬浮又是发生颗粒分层使得重颗粒向转入底层的前提。分选时床面做往复差动运动，由于贴近床面的床层接近于随床面同步运动，而上层床层则因为自身的惯性使其运动滞后于下层，床面物料得以进一步分散。由于底层颗粒密集且相对密度较大，水跃对底层的影响很小，因此在底层形成稳定的重产物层。而较轻的颗粒由于局部静压强较小，不能再进入底层，于是在横向水流的推动下越过隔条向下运动。沉降速度很小的颗粒始终保持悬浮，随横向水流排出。

（2）物料在床面上的分带。1）横向水流包括入料悬浮液中的水和冲洗水两部分。由于横向水流的作用，位于同一高度层的颗粒，粒度大的要比粒度小的运动快，密度小的又比密度大的运动快。这种运动差异又由于分层后不同密度和颗粒占据了不同的床层高度而愈加明显：水流对于分层后位于上层的低密度粗颗粒冲洗力最强，使其首先被冲下，即横向运动速度最大；随着向精矿端推进，隔条的高度逐渐降低，因而是低密度细颗粒和高密度粗颗粒依次暴露到上层，于是细粒轻产物和粗粒重产物相继被冲洗下来，沿床面的纵向产生分布梯度。2）由于床面向前和向后的加速度及作用时间不同，导致的床面差动运动，使物料颗粒在床面上沿纵向移动。颗粒群分层以后，不同密度和粒度的颗粒沿床面的差向运动差异加剧。位于底层的密度较高的颗粒与床面间的摩擦力最大，在床面的带动下，向前移动的距离也最大。从床面向上，颗粒层间的摩擦力逐渐减小，受到的推动作用也减小，因而向前移动的距离也依次减小。因此，低密度颗粒尽管与床面间具有较大的横向运动速度，但综合的结果是低密度颗粒沿床面的纵向距离较短；而高密度颗粒不但沿床面的横向运动速度较小，且由于每次负加速度的作用，可以获得有效的前进距离，从而导致轻、重颗粒的运动差异，形成了颗粒在摇床床面上的扇形分带。床面上的物料形成的扇形分布如图 4-4 所示。

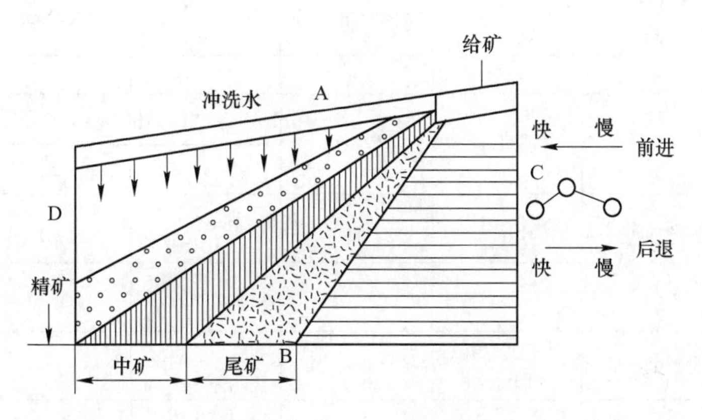

图 4-4　摇床上矿粒分带情况

三、实验仪器设备与材料

（1）实验室用摇床 1 台。

（2）20L 接样桶 5 个，瓷盆若干，量筒 1 个（1000mL）。

（3）毛刷 1 把，秒表 1 块，钢尺 1 把，天平 1 台。

（4）3~0. 5mm 细粒煤粉与石英砂的混合试料。

四、实验步骤

（1）熟悉设备结构和操作流程，了解设备参数调节方法。

（2）称取试样 2 份，每份质量 1kg，用水润湿。

（3）选定工作参数，清扫床面，调节好冲洗水流量；将润湿后的试样在 2min 内从给矿槽均匀地给入（可用洗耳球均匀冲刷至矿样均匀地给入给矿槽），调节水量及床面倾角，使物料在床面精矿端呈明显的扇形分带。

（4）待分选物料呈扇形分布后，水量及给矿条件保持不变，直到物料被选完，停止机器运转，给水管、冲水管固定在调好的位置不要关闭，继续保持冲水，清洗床面，将床面剩余颗粒归入重产物。记录下冲水量和给水量的大小，观察物料的分带情况。

（5）按照上述参数，将另一份试样按以上步骤正式进行分选实验，接取精矿、次精矿、中矿、尾矿4个产品（根据情况也可获得3个产品：精矿、中矿和尾矿）。

(6) 测定并记录摇床的适宜操作条件。

(7) 将上述4个产物分别过滤、烘干、称重、制样，化验各产品品位。

五、实验数据处理

将实验结果填入表4-2，并进行讨论。

表4-2 摇床分选实验结果表

实验样品＿＿＿＿＿ 试样粒度＿＿＿＿＿mm 试样质量＿＿＿＿＿g 试样来源＿＿＿＿＿

实验日期＿＿＿＿＿

<table>
<tr><td rowspan="2">单元实验条件</td><td>入料粒度/mm</td><td>处理量/$kg \cdot h^{-1}$</td><td>横向倾角/(°)</td><td>冲水量/$L \cdot min^{-1}$</td><td>冲次/min</td><td>冲程/mm</td></tr>
<tr><td></td><td></td><td></td><td></td><td></td><td></td></tr>
<tr><td rowspan="5">单元实验结果</td><td rowspan="2">产品</td><td rowspan="2">质量/g</td><td rowspan="2">产率/%</td><td colspan="2">品位/%</td><td rowspan="2">接料板距床位距离/mm</td></tr>
<tr><td>1</td><td>2</td></tr>
<tr><td>产品1</td><td></td><td></td><td></td><td></td><td></td></tr>
<tr><td>产品2</td><td></td><td></td><td></td><td></td><td></td></tr>
<tr><td>产品3</td><td></td><td></td><td></td><td></td><td></td></tr>
<tr><td>合计</td><td></td><td></td><td></td><td></td><td></td><td></td></tr>
</table>

六、思考题

(1) 设想隔条的高度沿纵向不变会发生什么现象，为什么？

(2) 摇床分选过程中哪些颗粒容易发生错配？

(3) 影响摇床分选的主要因素有哪些？如何影响？

4.1.3 悬振锥面选矿机分选实验

一、实验目的与要求

(1) 掌握悬振锥面选矿机的结构。

(2) 理解并掌握悬振锥面选矿机的分选机理。

(3) 了解悬振锥面选矿机分选时的影响因素。

二、基本原理

(一) 悬振锥面选矿机结构

基于流膜分选的原理，研制的一种新型微细粒流膜悬锥重选设备（图4-5）。设备呈立式框架式结构，主要由主机、分选锥面、给矿装置、给水装置、接矿装置和电控系统六大部分组成。

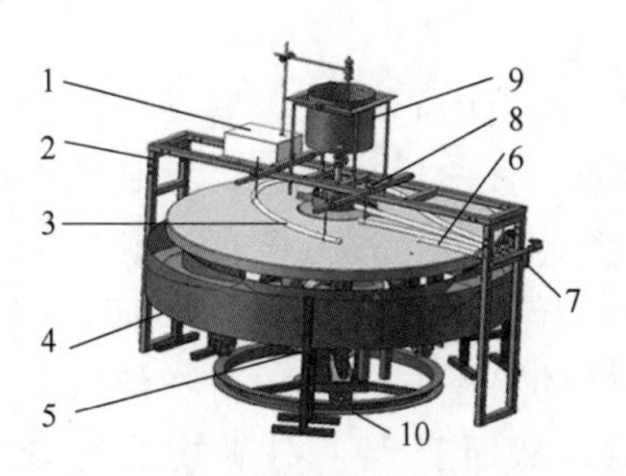

图 4-5 悬振锥面选矿机的结构

1—搅拌器；2—支架；3—渐开线洗涤水管；4—接矿槽；5--主机；6—精矿冲洗水管；7—进水管；8—给矿器；9—搅拌桶；10—轨道

分选面上方装有渐开线洗涤水管 3，管上均匀布满滴水孔，对沉降在分选面上的矿粒群进行反复淘洗，使精矿堆积并边缘化，提高了精矿分选面对精矿的富集作用。分选面的边缘端还安装有精矿冲洗水管 6，管上均匀分布有与分选面运动方向相反的喷孔，两者的联合作用实现了矿物的连续排矿和精矿的完全回收。分选面外缘设有一层粗糙的环形捕集区，提高了细粒矿物在分离面上的富集。辅助设备矿浆补水管 8 可根据不同矿种的特性，适当调节入选矿浆的浓度。

悬振锥面选矿机的主视结构示意如图 4-6 所示。设备的机架与机身采用柔性连接，运行平稳，床身带有振动结构和旋转机构。分选盘面安装在上层支架上，呈坡度为 3°~15° 的圆锥形，其直径与坡度的设计使矿浆流形成锥面铺展流膜，使不同锥度的分选面，以适应不同矿种、不同粒度的矿物分选。

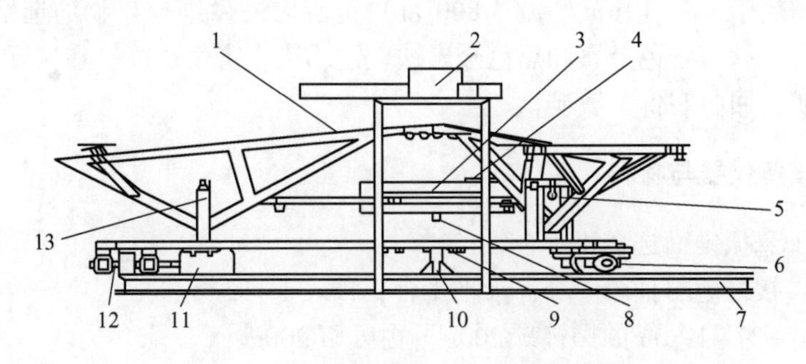

图 4-6 悬振锥面选矿机的主视结构示意

1—上层支架；2—下料装置；3—摆轮装置；4—摆轮电动机；5—悬挂钩；6，12—滚轮轴；7—轨道；8—摆轮轴；9—下层支架；10—下支架中心轴；11—滚轮电动机；13—悬挂立柱

设备的上层支架通过悬挂钩和挂绳与固定在下层支架上的悬挂立柱相连接，支架中心装有与独立电动机连接的偏心摆轮机构（图 4-7）。摆轮通过螺纹与水平状的调节轴连接，调节轴与垂直设置的摆轮轴固接，摆轮电动机与摆轮轴传动连接。振动系统增强了设备对矿粒群的松散、分层作用，它是经由摆轮旋转运动时上层支架产生振动并将振动传递到分选面。下层支架用固定的悬挂钩和挂绳悬挂于上层支架上，下支架上装有滚轮和驱动电动机。装在圆环形轨道上的滚轮受到电动机驱动，在轨道上做圆周运动，带动整个分选面旋转，对矿物颗粒起到搬运作用。

（二）分选原理

当搅拌均匀的矿浆从分选锥面中心的给矿器进入盘面初选区时，矿浆流即成扇形铺展开向周边流动，在其流动过程中流膜由厚逐渐变薄，流速也随之逐渐降低。矿粒群在自重和旋回振动产生的剪切斥力的作用下，在盘面上适度地松散、分层。圆锥盘的转动将不同密度的矿物依次带进尾矿槽、中矿槽和精矿槽，从而实现了对矿物的有效分离。

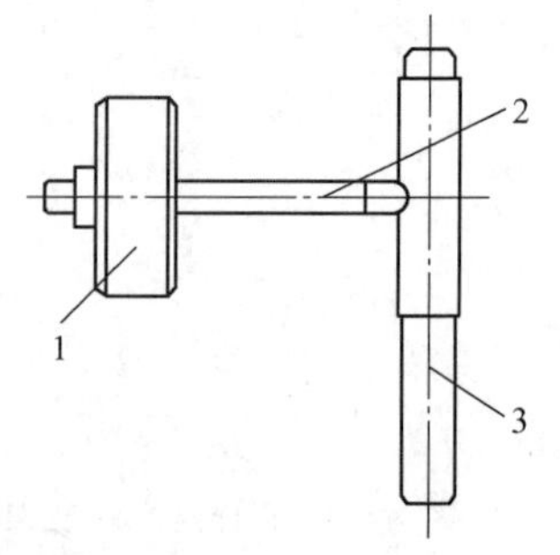

图 4-7 偏心摆轮机构的结构示意
1—摆轮；2—调节轴；3—摆轮轴

分选锥面上矿层的分布符合层流矿浆流膜的结构，最上面的表流层主要是粒度小且密度小的轻矿物，该层的脉动速度不大，其值大致决定了粒度回收的下限，大部分悬浮矿粒在粗选区即被排入尾矿槽。中间的流变层主要由粒度小而密度大的重矿物和粒度大而密度小的轻矿物组成，该层的厚度最大，拜格诺力也最强。由于该层粒群的密集程度较高，又没有大的垂直介质流干扰，故分层能够接近按静态条件进行，所以流变层是按密度分层的较有效区域。随着设备的转动，部分矿物在中矿区洗涤水的分选作用下被排入中矿槽。最下面的沉积层主要是密度大的重矿物，颗粒粒度的分布规律靠近圆锥顶上方粒度细，越靠近排矿端的粒度越粗。该层的细粒、微细粒重矿物容易与分选面附着较紧，不易被矿浆流带走，所以设备运转到精矿区时，经冲洗水的作用即可得到精矿。

悬振锥面选矿机是依据拜格诺剪切松散理论和流膜选矿原理研制而成的新型微细粒重选设备，特别适用于-37~19μm（400~800 目）范围内的微细粒矿物的选别，如钨、锡、钽、铌、铅、锌、钛等有色金属和黑色金属铁、锰、铬，富集比高，在实际生产中可用于各种新、老尾矿，回收有价金属矿物。

三、实验设备仪器与材料

（1）设备：悬振锥面选矿机 1 台。
（2）仪器：接样塑料桶若干个；天平 1 台；秒表 1 只。
（3）材料：-37~19μm 的黑钨矿 200g 与白云石 200g。

四、实验步骤

（1）试样制备：将黑钨矿与白云石混匀后，缩分，分出 4 份相同的试样，称重后，配置成给矿浓度为 15%、20%、25%、30%的矿浆准备后续实验。

（2）调节分选面转数为 40s/r、盘面振动频率为 390 次/min、冲洗水流速为 0.90m^3/h、给矿量为 0.3t/h 的条件，调节好参数后进行给矿浓度的试验。

（3）按以上步骤正式进行 4 次不同给矿浓度的分选实验，接取精矿中矿、尾矿 3 个产品。

（4）测定并记录悬振锥面选矿机的适宜操作条件。

（5）将上述 3 个产物分别过滤、烘干、称重、制样，化验各产品品位。

五、实验数据处理

(1) 将实验结果填入表4-3，进行讨论，并绘制给矿浓度与精矿品位和回收率关系曲线图。

表4-3 不同给矿浓度下悬振锥面选矿机的实验结果

给矿浓度/%	产品名称	质量/g	产率γ/%	品位β/%	$\gamma \cdot \beta$	回收率ε/%
	原矿					
15	精矿					
	中矿					
	尾矿					
20	精矿					
	中矿					
	尾矿					
25	精矿					
	中矿					
	尾矿					
30	精矿					
	中矿					
	尾矿					

(2) 可以固定给矿浓度，对其他可改变的操作条件进行实验，例如改变分选面转数盘面振动频率、冲洗水流速、给矿量等探索悬振锥面选矿机的最佳分选条件。

六、思考题

(1) 简要阐述悬振锥面选矿机的分选原理。
(2) 影响悬振锥面选矿机的因素有哪些?

4.1.4 螺旋溜槽分选实验

一、实验目的与要求

(1) 了解螺旋溜槽的结构和工作原理。
(2) 学习螺旋溜槽分选实验操作过程。
(3) 观察物料在槽内的运动状态和分选过程。
(4) 了解影响分选过程的主要因素。

二、实验基本原理

溜槽分选是利用轻、重矿粒沿螺旋斜面向下水流中所受的重力、惯性离心力、水流作用力和槽面摩擦力等不同而进行分选的。螺旋溜槽是由一条狭长的槽围绕垂直轴线形成螺旋形，它有一个较宽、较平缓的立方抛物线槽底，槽底在纵向（沿水流方向）和横向（径向）有相当大的倾角。螺旋旋槽结构示意如图4-8所示。当矿浆给入溜槽后，料浆中不同密度的颗粒在螺旋槽面除了受到惯性离心力、重力和摩擦力的作用外，还有横向环水中上层液流向外侧的动压力和下层液流向内侧的动压力以及环流的法向分速度与亲流脉动速度所形成的动压力。矿粒在纵向主流和横向环流的作用下，由于密度、粒度等的不同，沿螺旋纵向和横向运动速度有所差异，沉降的快慢也不相同，因而产生了分层现象。分层以后，重颗粒物料进入底层，受纵向主流的作用力较小，在重力和离心力向内缘的横向环流作用下，逐渐流向槽的内边缘；轻颗粒物料在上层，受到速度较大的纵向主流和离心方向外缘的作用，逐步流向槽的外边缘。这样就使已分层颗粒就在槽中展开了分带，从内边缘到外边缘颗粒的密度依次减小。在螺旋溜槽的下部用截取器沿径向依次截取不同部位（根据分带情况）的产物，便可以得到不同密度的产品，实现物料的按密度分选。

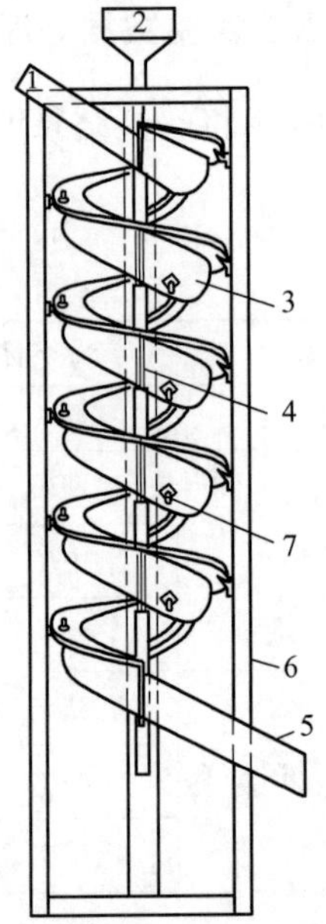

图4-8 螺旋溜槽结构示意图
1—给料槽；2—冲洗水导管；3—螺旋槽；4—连接法兰盘；5—低密度产物；6—机架；7—高密度产物导出管

三、实验仪器设备与材料

（1）ϕ600mm单头螺旋溜槽1台，其主要参数见表4-4。

表4-4 ϕ600mm旋溜槽主要参数

槽外径 D/mm	槽内径 d/mm	螺距 P/mm	矩径比 (P/D)	系数 A 值	槽宽 B/mm	槽高 C/mm	下倾角 γ/(°)
600	120	360	0.6	6.1	240	38	9

（2）30L搅拌桶1台（给料用）。
（3）出口25mm立式砂泵2台。
（4）取样工具1套。
（5）秒表1块。
（6）盛样盆若干个（铝盆、不锈钢盆或搪瓷盆）。
（7）天平1台。
（8）物料：10kg鲕状赤铁矿（粒度为−2mm）。

四、实验步骤

（1）连接实验设备，设备联系图如图4-9所示，启动泵和搅拌槽，并注入清水，清洗所用设备。
（2）向搅拌桶加水，启动搅拌桶和泵。
（3）调节搅拌槽阀门，使水流在溜槽表面形成薄膜形状。注意：调整完给矿量后，搅拌槽阀门不得再移动，待清水放完后，卡住下面的胶管。

(4) 系统稳定后，将物料缓慢均匀地给入搅拌桶后，观察给矿浓度对分选效果的影响。螺旋溜槽下部的接矿器与砂泵连接成闭路（图4-9）。注意：砂泵给矿时，不要外溢。

(5) 物料进入螺旋溜槽后，注意观察分选分离现象。待循环正常后，根据物料的分带情况调整截取器的位置，分别接取精矿、中矿、尾矿。

(6) 分别测量精矿、中矿和尾矿的流量。

(7) 分选结束后，称量精矿、中矿和尾矿的湿重，烘干后再称量干重。

(8) 用清水将泵和螺旋溜槽及搅拌槽冲洗干净，关闭砂泵及搅拌槽。

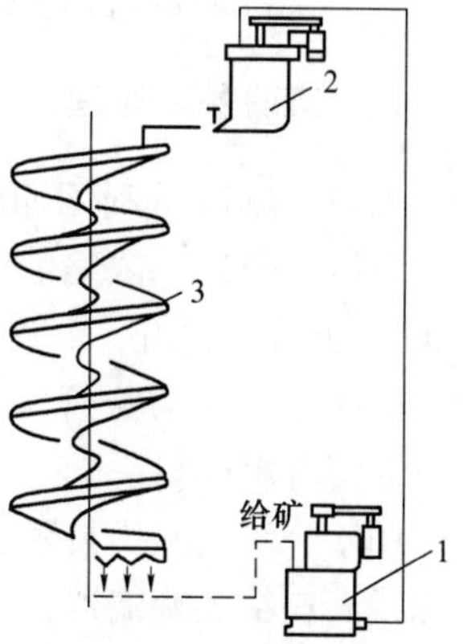

图4-9 螺旋溜槽实验设备联系图
1—砂泵；2—搅拌槽；3—螺旋溜槽

五、实验数据处理

(1) 将实验结果填入表4-5。

(2) 按表4-5进行数据计算，并对实验结果进行分析。

表4-5 螺旋溜槽实验结果

产品	流量/$m^3 \cdot h^{-1}$	浓度/%	干矿量/g	处理量/$kg \cdot h^{-1}$	产率/%	品位/%	金属回收率/%
精矿							
中矿1							
中矿2							
尾矿							
-0.074mm							
原矿							

六、思考题

(1) 螺旋溜槽和螺旋选矿机的主要区别是什么？

(2) 螺旋溜槽的特点是什么？

(3) 螺旋溜槽上的两种螺旋转流是什么？各自流动特点是什么？

(4) 描述水流在螺旋溜槽中的运动状态和物料在分选过程中的运动情况。

(5) 绘制螺旋溜槽闭路联系图。

4.1.5 水力旋流器分级实验

一、实验目的与要求

(1) 验证旋流分级理论。

(2) 了解旋流器分级的影响因素。

(3) 加深对旋流器类设备的结构和工作原理的理解和掌握。

二、实验基本原理

水力旋流器是利用回转流使颗粒在离心力的作用下，进行分级、分选、浓缩的一种设备。水力旋流器的结构如图 4-10 所示。它由一个圆筒和一个圆锥连接而成，在圆筒的中心插入一个溢流管，沿切线方向接有给料管，在圆锥的下部留有沉砂口。

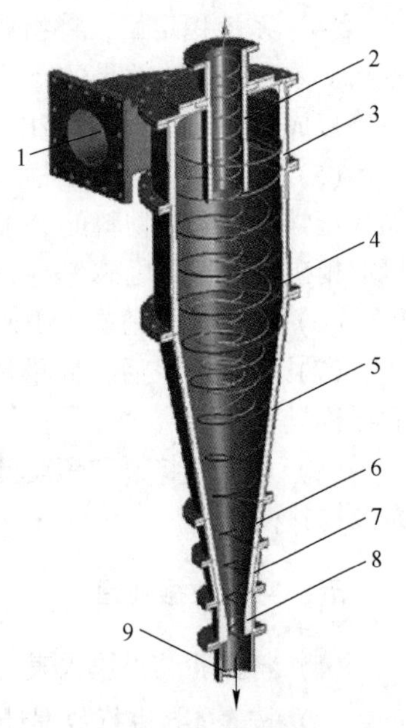

图 4-10　水力旋流器结构示意图
1—进料口；2—溢流管；3—涡旋体；4—直筒体；5—上椎体；6—中椎体；7—下椎体；8—沉砂嘴；9—防溅罩

用于分级的水力旋流器为稀相运行，待分级的悬浮液沿切线高速给入旋流器，沿旋流器器壁旋转形成离心力场。由于复合力场的作用，悬浮液中不同性质的颗粒产生不同的运动轨迹，在离心力、重力、介质黏性阻力、浮力等综合作用下，粗颗粒（分级）、高密度（分选）向外围运动，进入外旋流，从底流口排出，细颗粒（分级）、低密度（分选）向中心运动，进入内旋流，从溢流口排出。

根据在矿物加工中的作用不同，旋流器可分为 3 类：分选旋流器（如重介质旋流器、煤泥重介质旋流器）分级旋流器（用于粗煤泥分级的分级旋流器）、浓缩旋流器（如进入煤泥离心机前的旋流器）、脱泥旋流器（如部分选煤厂进入浮选前采用旋流器将-45μm 高灰细泥脱除）。旋流器的工作原理决定了其在分选过程中具有一定的分级作用，在分级过程中具有一定的分选作用。

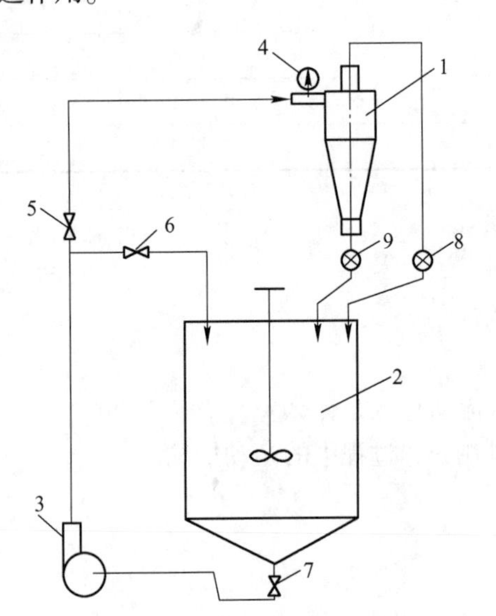

图 4-11　水力旋流器实验系统设备联系图
1—水力旋流器；2—搅拌槽；3—料浆泵；4—压力表；5~7—阀门；8—溢流取样点；9—沉砂取样点

水力旋流器分级分选实验系统如图 4-11 所示，该实验系统由搅拌桶、旋流器给料泵、旋流器（ϕ40mm 或 ϕ25mm）、旋流器底流和溢流收集箱、给料泵变频器和相关控制阀组成。整个系统组成一个闭路循环系统，通过调节给料压力和更换底流口直径等参数进行不同条件实验，将实验条件调节到合适参数时分别在底流口和溢流口取样即可。

介质密度、入料浓度、给料压力、颗粒组成、旋流器结构等都对其分级效果有一定的影响。

三、实验仪器设备与材料

(1) ϕ50mm 水力旋流器分级实验系统 1 套，系统各设备如图 4-11 所示连接。

(2) 秒表 1 块。

(3) 取样盆数个。

(4) 天平、台秤各 1 台。

（5）取样工具1套。

（6）-200μm石英粉（粉状物料即可）20kg左右。

四、实验步骤

（1）向搅拌槽加入清水，启动实验系统，清洗并检查系统的运转情况。

（2）确认系统正常运转后，放入清洗水。

（3）根据实验需要确定旋流器给料浓度，并计算出加水量和加料量。

（4）按计算的加水量先将水加入搅拌槽（一定要先加水后加矿）。

（5）启动搅拌槽，按计算的加料量将实验物料慢慢加入搅拌槽。

（6）启动料浆泵，将压力调到0.08~0.10MPa，运转5~10min，使料浆充分混合达到均匀状态。

（7）分选结束后，称量精矿、中矿和尾矿的湿重，烘干后再称量干重。

（8）根据物料特性和实验要求，确定给料压力（一般可选取4个给料压力，如0.08MPa、0.10MPa、0.12MPa、0.14MPa等）。

（9）调节回流阀门，使旋流器给料压力达到要求值，并运转5min左右。

（10）分别在回流管、溢流管、沉砂口接取给料、溢流和沉砂样，并将各样称重以便计算浓度。

（11）测量溢流和沉砂流量。

（12）重复实验步骤（8）~（10），逐个完成其余各个给料压力实验。

（13）将所取的样品烘干称重，并取出粒度分析试样。

（14）将各产品进行分析，粒度分析结果填入表4-6。

五、实验数据处理

（1）将实验结果填入表4-6。

表4-6 水力旋流器分级实验原始记录

给料压力/MPa	给矿		溢流			沉砂		
	浓度/%	流量/$m^3 \cdot h^{-1}$	浓度/%	流量/$m^3 \cdot h^{-1}$	产率/%	浓度/%	流量/$m^3 \cdot h^{-1}$	产率/%
p_1								
p_2								
p_3								
p_4								

（2）计算分级量效率、分级质效率和分级粒度。

分级量效率计算式如下：

$$\varepsilon_{c-x} = \frac{\alpha_{c-x}(\alpha_{f-x} - \alpha_{h-x})}{\alpha_{f-x}(\alpha_{c-x} - \alpha_{h-x})} \times 100\% \qquad (4\text{-}1)$$

式中，ε_{c-x}为旋流器分级量效率，%；α_{f-x}为旋流器给料中小于x粒级的含量，%；α_{c-x}为旋流器溢流中小于x粒级的含量，%；α_{h-x}为旋流器沉砂中小于x粒级的含量，%。

分级效率计算式如下：

$$E_{质} = \frac{(\alpha_{f-x} - \alpha_{h-x})(\alpha_{c-x} - \alpha_{f-x})}{\alpha_{f-x}(\alpha_{c-x} - \alpha_{h-x})(1 - \alpha_{f-x})} \times 100\% \tag{4-2}$$

式中，$E_{质}$ 为旋流器分级质效率，%；其他同式（4-1）。

分级粒度是指分级给料中某一粒级在分级过程中进入溢流和底流概率相同的粒度，即效率曲线上的 d_{50}。

（3）将计算结果列入表4-7，分析给料压力对旋流器分级指标的影响，列入表4-8。

表4-7　水力旋流器分级实验粒度分析结果　（mm）

粒度	给料		p_1		p_2		p_3		p_4	
	个别	累计	溢流	沉砂	溢流	沉砂	溢流	沉砂	溢流	沉砂
			个别	累计	个别	累计	个别	累计	个别	累计
$+d_1$										
$-d_1+d_2$										
$-d_2+d_3$										
⋮										
$-d_n$										

表4-8　水力旋流器分级实验计算指标

给料压力/MPa	分级量效率/%		分级质效率/%		分级粒度 d_{50}/μm
	ε_{-20}	ε_{-40}	E_{-20}	E_{-40}	
p_1					
p_2					
p_3					
p_4					

六、思考题

（1）评价水力旋流器的指标有哪些？

（2）旋流器分级效果的影响因素有哪些？各有什么影响？

（3）简要分析分级旋流器在矿物加工中的应用范畴。

4.2　磁选和电选实验

4.2.1　磁场强度的测定

一、实验目的与要求

（1）了解和掌握磁场强度的测定方法。

（2）掌握高斯计的测量原理和操作方法。

（3）学会绘制筒式磁选机磁场特性图。

二、实验基本原理

（一）磁选机的磁场特性

磁选机的磁场特性是指磁系所产生的磁场强度及其分布规律，磁场特性对选别指标有很大影响。对于筒式磁选机，其主要的组成部分是圆筒、磁系和箱底（槽体）。磁极的极性沿圆筒旋转方向交替排列，工作时磁极保持固定不动。在分选区域内，随着距磁极表面的距离不断增加，磁场强度不断减小；在圆筒表面，磁极边缘处的磁场强度高于磁极面中心和磁极间隙中心处的磁场强度；距离圆筒表面50mm以后，除最外边两点外，其余各点磁场强度相近。在磁选机的分选区内，磁场特性由磁选机的磁系机构和磁性材料的材质共同决定由于各生产厂家所生产的磁选机的磁系结构和磁性材料的材质不相同，加之在磁选机使用过程中磁系会发生退磁现象，因此需要适时测量磁选机的磁场分布特性。

（二）高斯计的测量原理

高斯计是利用霍尔效应来进行磁场强度测量的（图4-12），所谓霍尔效应就是导体中的运动电荷（电流）在磁场力的作用下所产生的一种现象，当半导体溶片的纵向两端通以电流 I_H，并在垂直薄片方向加磁场 B，则电子会受到洛伦兹力 F_B 的作用而发生偏移，这样在薄片的一个横断面4上产生了电子积累，建立了3和4端面的电场产生电场 E_E（其方向与 E_E 相反），阻止电子偏移，当 $F_E = F_B$ 时，电子的积累达到动态平衡，就产生了一个稳定的霍尔电势 V_H，其基本关系为

$$V_H = (R_H/d) I \times b f_H(L/b) = K_H I_H B \tag{4-3}$$

式中，K_H 为元件灵敏度，与元件的形状系数 $f_H(L/b)$、厚度 d 和霍尔常数 R_H 有关。由此可知，当半导体的几何尺寸选定，I_H 给定，此时 $V_H = K_H I_H B$，在3和4两端接一毫伏计，而以高斯标定，即能直接读取 B 值。

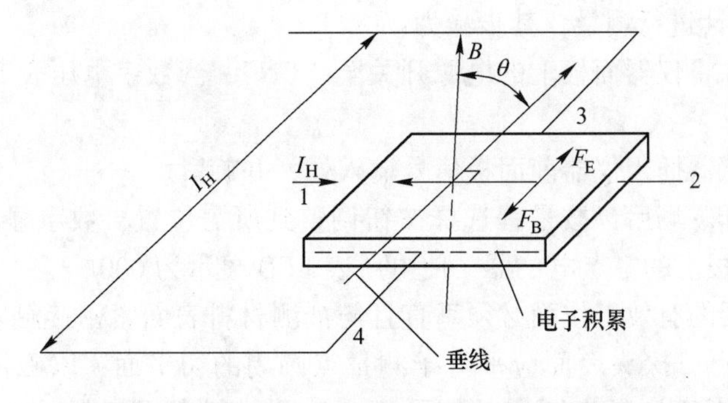

图4-12 特斯拉计（高斯计）的霍尔效应原理图

三、实验仪器设备与材料

（1）高斯计1台，铁钉数个，测试架。

（2）永磁筒式磁选机1台。

（3）各种量具1套。

四、实验步骤

（1）在磁选机圆筒表面某一截面（靠近筒体中间且平行于端面）圆周上画一曲线，其内部即为磁系所在。

（2）用一小铁钉沿所画曲线的一端向另一端移动，如果在某一点小铁钉能够垂直立于筒体表面，则该点就是磁极极心的位置；如果小铁钉正切于筒体表面，则该点就是磁极间隙中间的位置。

（3）在断面上要测出圆筒表面若干关键点的磁场强度，一般每个磁极的边缘和中间共3点（磁系边缘2点不测），极隙中间1个点。为当极数为n时，则测点数$N=3n-2+(n-1)=4n-3$。如3极磁系为9个点，4极磁系为13个点，如图4-13所示；同时要对各关键点上方距筒10cm、20cm、30cm、40cm、50cm处的磁场强度进行测量。

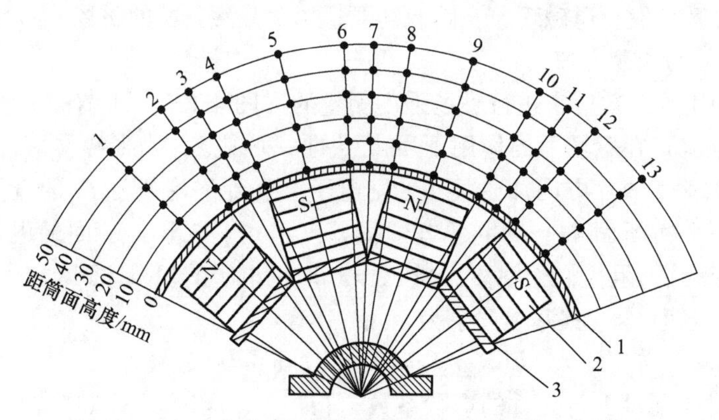

图4-13　永磁式磁选机磁场强度测量的测点位置示意图

1—鼓筒；2—磁极磁导板；3—磁导板

（4）调试高斯计进行测量，其步骤为：

1）打开电源并将仪器面板上的电源开关至“ON”，当数字电压表LED显示测量的数据时为开启。

2）将霍尔传感器插入仪器前面板信号输入处，并旋紧。

3）传感器离开磁场后，按量程选择按钮调整到所需位置，数字显示值应为000，如果不为零，调整面板上的零点电位器，使电压表LED显示为000。

4）霍尔传感器的有效工作面必须垂直且与被测材料表面紧密接触才可进行测量。即以磁极的极心为测点，探头表面应平行于测量点圆周的切平面；以磁极间隙的中间为测点，探头表面应垂直于测量点圆周的切平面。被测材料表面磁场的大小会在LED数字显示。

（5）圆筒表面所测各点的磁场强度平均值代表圆筒表面的磁场强度，同理，距筒面一定高度各点的磁场强度平均值代表该弧面的磁场强度。

注意事项：

（1）霍尔变送器是易损元件，必须防止变送器受压、挤、扭、弯和碰撞等，以免损坏元件而无法使用。

（2）变送器不宜在局部强光照射下或大于60℃的高温和腐蚀性气体场合使用。

（3）仪器不宜在强磁场处存放，放置时至少应距离强磁场 1m 以上。

五、实验数据处理

实验结束后，将测定结果记录于表 4-9 中。

表 4-9 永磁式磁选机磁场强度分布测定结果

测量点与筒体表面距离/mm	测量点的磁场强度/kA · m^{-1}													平均磁场强度/kA · m^{-1}
	1	2	3	4	5	6	7	8	9	10	11	12	13	
0														
10														
20														
30														
40														
50														

六、思考题

（1）根据实验结果，简述筒式磁选机的磁系、磁场分布规律。
（2）磁系结构及磁场特性是如何影响磁选机性能的？

4.2.2 湿式磁选管分选实验

一、实验目的与要求

（1）了解磁选管的结构、工作原理和操作方法。
（2）了解和掌握磁选管分选的原理以及操作流程。
（3）学会利用磁选管测定物料磁性物含量的方法。

二、实验基本原理

磁选管又名戴维斯管。适用于选煤、矿山、冶金、地质等实验室。用来测定强磁性矿石的磁性成分含量，为矿石的分选提供参考数据。本实验使用的是 CXG-08SD(A)磁选管，构造如图 4-14 所示。在“C”字形铁芯上饶有线圈，分选时线圈通以直流电，电流强度可通过变阻器进行调节。玻璃管（直径稍大于磁极的间隙，一般为 ϕ40～100mm）被嵌在铜套中，通过支架架在两磁极之间，并与水平成一定角度。为使物料得到充分的选别，玻璃管在适当传动装置的带动下，可以做上下往复移动和转动。

分选过程中，由于磁选管配置的电磁磁场强度是不均匀的，当混合物料进入磁选管后，物料在磁力和重力、水介质曳力的作用下，磁性较强的矿粒所受的磁力大于与磁力方向相反的机械力的合力，因而富集在两磁极中间，由于磁选管与磁极间的相对往复运动，磁极间的物料产生“漂洗作用”，将夹杂在磁性颗粒间的非磁性矿粒漂洗出来，非磁性矿粒不受磁力的作用，随磁选管转动和水介质一并流入非磁性产品中，成为尾矿，待矿物分选完毕后，切断电源，磁场消失。将管壁内侧的磁性矿物用水冲干净，即为精矿。

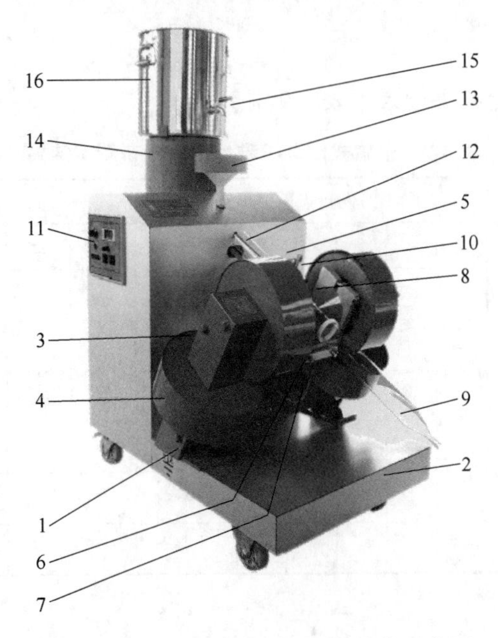

图 4-14 CXG-08SD(A) 磁选管结构示意图

1—支架；2—底座；3—铁芯；4—激磁绕组；5—连接环箍；6—传动支架；7—传感器；8—铜套；9—玻璃管；10—调节螺栓；11—控制器高斯计；12—导流管；13—漏斗；14—支撑架；15—水嘴；16—水箱

三、实验仪器设备与材料

（1）设备：CXG-08SD（A）磁选管（图 4-14），天平，烘箱，过滤机。

（2）用具：加料杯，洗瓶，盛样盆。

（3）试样：-2mm 或-1mm 磁铁矿矿石。

四、实验步骤

（1）称样：称取矿样 20g 为 1 份矿样，共称 4 份矿样；将 4 份矿样分别进行磨矿，磨矿浓度为 67%（即加水 10mL），磨矿时间为 5min。

（2）将水龙头打开向恒压水箱中注水，必须保持恒压水箱内的水压恒定。

（3）打开恒压水箱开关，向磁选管内注水至磁极位置以上 30mm 处，同时保证磁选管内进水量和出水量平衡。

（4）接通电源并进行空转实验，检查机械运转情况及磁路有无问题。

（5）启动激磁电源开关，调节激磁电流至一定值，并在排矿端放好接矿容器。

（6）将磨好的矿浆转移到小盆或大烧杯中，再缓慢将矿浆从给料漏斗中给入磁选玻璃管。向磁选管中给矿时要用玻璃棒边搅拌边均匀地给矿，避免矿浆从磁选管上部溢出。

（7）给矿完毕后，用洗瓶将烧杯及玻璃棒上的矿粒冲洗入磁选管。继续给水一段时间，直至磁选管内的水清晰、不浑浊为止。然后先切断磁选管转动机构的电源，然后切断进水，使管内水流尽，排出物即为非磁性产品。

(8) 将排矿端容器移开，换上另一个容器，然后切断激磁电源，并用水冲洗干净管壁内磁性产品。

(9) 按以上步骤，分别调节场强为 100mT、150mT、200mT、250mT，做 4 次分选实验。

(10) 将得到的两种选别产物分别进行过滤、烘干、称重的处理，最终得出两种产品，称重，将结果填入表 4-10 中。

五、实验数据处理

(1) 使用手持 X 射线荧光分析仪（XRF）分别测试精矿和尾矿的铁品位，按下列各式分别计算各产品的产率和回收率：

$$\gamma_{精} = \frac{m_{精}}{m_{精} + m_{尾}} \times 100\% \tag{4-4}$$

$$\gamma_{尾} = \frac{m_{尾}}{m_{精} + m_{尾}} \times 100\% \tag{4-5}$$

$$\varepsilon_{精} = \frac{\gamma_{精} \cdot \beta_{精}}{\gamma_{精} \cdot \beta_{精} + \gamma_{尾} \cdot \beta_{尾}} \times 100\% \tag{4-6}$$

$$\varepsilon_{尾} = \frac{\gamma_{尾} \cdot \beta_{尾}}{\gamma_{精} \cdot \beta_{精} + \gamma_{尾} \cdot \beta_{尾}} \times 100\% \tag{4-7}$$

式中，γ 为产品产率，%；β 为产品品位，%；ε 为产品回收率，%。

(2) 将实验结果填入表 4-10 中，并绘制场强对品位和回收率的关系曲线，并分析曲线的准确性。

表 4-10　实验结果记录表

实验场强/mT	产品名称	产品中纯磁铁矿质量/g	产率 γ/%	品位 β/%	相对金属量 $\gamma \cdot \beta$	回收率 ε/%
100	原矿					
	精矿					
	尾矿					
150	原矿					
	精矿					
	尾矿					
200	原矿					
	精矿					
	尾矿					
250	原矿					
	精矿					
	尾矿					

六、思考题

(1) 通过此次实验，简述直接影响磁选管分选效果的主要因素有哪些。

(2) 分析给矿速度，给水速度，是否会对实验有误差，误差是否在允许范围内。

(3) 什么分选物料和分选条件相同，仅场强不同，分选效果就不同?

4.2.3 强磁性物料湿式弱磁选实验

一、实验目的与要求

(1) 了解实验用弱磁选机结构及工作原理，并掌握其操作方法。

(2) 了解影响弱磁选机分选效果的因素及其应用。

(3) 掌握评价磁选效果的方法和指标。

二、实验基本原理

筒式磁选机是强磁性物料湿式分选的一种常用设备。按其槽体（底箱）结构类型的不同，可分为顺流型、逆流型和半逆流型 3 种。3 种类型磁选机底箱结构如图 4-15 所示。

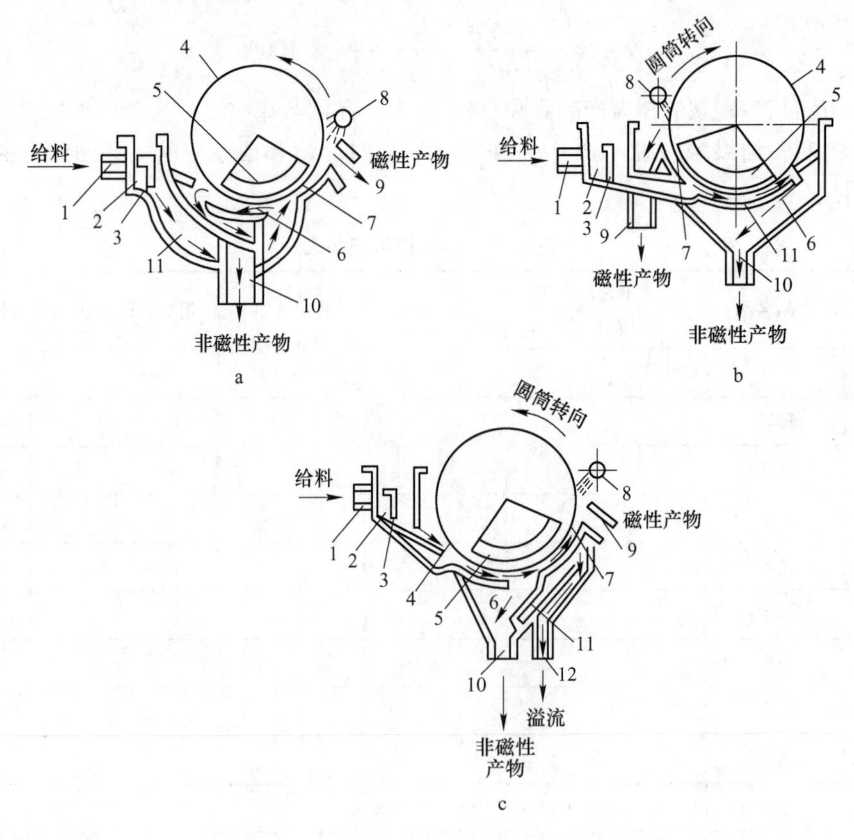

图 4-15　磁选机 3 种类型底箱示意图

a—顺流型；b—逆流型；c—半逆流型

1—给料管；2—给料箱；3—挡板；4—圆筒；5—磁系；6—扫选区；7—脱水区；8—冲洗区；9—磁性产物管；10—非磁性产物管；11—底板；12—溢流管

实验采用的是 XCRS-ϕ400×240 多用鼓形弱磁选机，由机架、转鼓、磁路、有机玻璃罩、分选溜矿槽、传动装置和激磁电控系统等 7 部分组成。

分选过程中，矿浆进入槽体后，矿粒被水流冲散呈悬浮状态，然后进入粗选区。在磁系所产生的磁场力作用下，磁性颗粒被吸到圆筒表面，产生“磁团”或“磁链”的现象，随着圆筒一起向上移动。在移动的过程中，由于磁系的磁极交替排布，使成链的磁性矿粒进行磁翻滚，夹在磁性矿粒中的脉石颗粒被冲洗出来，有利于提高产品质量。当离开磁系后，磁场力大大降低，磁性矿粒被水冲下进入精矿。非磁性矿粒和磁性很弱的矿粒随着矿浆流从底板的尾矿孔流进尾矿管中。尾矿会经过磁选机有较高磁场的区域，进行扫选，可使未被吸到圆筒上的磁性矿粒进行再次回收，提高了金属回收率。

三、实验仪器设备与物料

（1）XCRS-ϕ400×240 多用鼓形弱磁选机，如图 4-16 和图 4-17 所示。

（2）过滤机、烘箱、研磨机各 1 台。

（3）天平、盛样盆、盛样桶、制样工具等。

（4）−2mm 或−1mm 海滨砂矿。

图 4-16　XCRS-ϕ400×240 多用鼓形弱磁选机

四、实验步骤

（1）调节分选溜矿槽下部两端定位顶丝，使分选溜矿槽与磁鼓的磁间距和磁性产物的收集溜槽均与磁鼓保持平行和适当距离。

（2）根据实验顺溜、逆流方式的需要，启动相应按钮。

（3）用天平称取 4 份试样 500g，采用实验室型棒磨机或球磨机进行磨矿，磨矿浓度为 67%，磨矿时间为 8min，将磨好的矿浆转移到盛样盆中。

（4）将分选槽内放满清水，接通三相电源，启动转鼓运转和激磁电源。调整磁极位置，之后调节各水管水量和激磁电流，使其处于本实验合理范围。

（5）检查磁选机，在确认没有问题时，开动磁选机。

（6）将洗净的盛接精矿、尾矿的容器分别放好位置。

（7）用给矿冲洗水将磨好的矿浆缓慢、均匀地给入磁选机，同时打开喷水管和精矿卸料水管阀门，并为其调节至适当流量。

（8）选别结束，依次先缓慢将激磁电流降至零，并断开激磁电流，再关上冲洗水，最后关闭电源，将设备清扫干净。

（9）将精矿和尾矿分别放到适当的地方使其自然沉淀澄清。

（10）分别将精矿和尾矿烘干、称重，并将结果记入表中；

（11）分别制取精矿和尾矿的化学分析样品，使用手持 XRF 进行铁含量的快速分析。

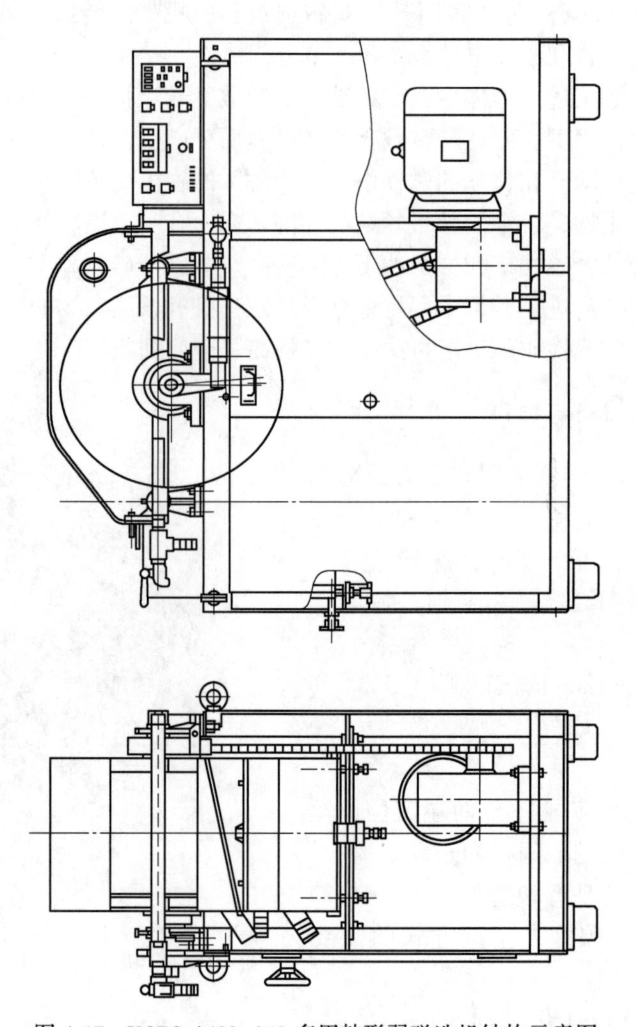

图 4-17 XCRS-ϕ400×240 多用鼓形弱磁选机结构示意图

五、实验数据处理

（1）将实验数据和计算结果填入表 4-11 中。

表 4-11 强磁性矿物分选实验结果

磁场强度/激磁电流（Gs/A）	产品名称	质量/g	产率/%	TFe 品位/%	铁回收率/%
/1.5	精矿				
	尾矿				
	原矿				
/2	精矿				
	尾矿				
	原矿				

续表 4-11

磁场强度/激磁电流（Gs/A）	产品名称	质量/g	产率/%	TFe 品位/%	铁回收率/%
/2.5	精矿				
	尾矿				
	原矿				
/3	精矿				
	尾矿				
	原矿				

（2）分别以磨矿细度为横坐标，以精矿品位和精矿回收率为纵坐标，绘出精矿品位、精矿回收率与磨矿细度关系的曲线。

（3）对实验结果进行分析。

六、思考题

（1）湿式弱磁场筒型磁选机有哪几种，各适合什么样的物料？

（2）什么是湿式弱磁场筒型磁选机的磁搅拌现象？

（3）影响磁选效果的因素有哪些？如何影响？

（4）何谓磁偏角？影响磁选效果的其他因素还有哪些？如何影响？

（5）顺流型、逆流型和半逆流型的工作方式各有什么特点？

（6）设计 1 套评价磁选机工作效果的单机检查实验方案，绘制操作流程，叙述主要操作步骤与注意事项。

4.2.4 弱磁性物料湿式强磁选实验

一、实验目的与要求

（1）了解强磁选机的工作原理。

（2）学会实验室强磁选机分选弱磁性矿物的操作方法。

（3）理解磁场强度、给矿浓度等因素对分离过程和磁选指标的影响。

二、实验基本原理

弱磁性物料可以利用强磁场选别设备进行分选，其磁场强度通常在 800～1600kA/m 范围内。

湿式强磁场磁选机种类很多，但这些磁选机结构上有共同特点：一是它们都采用电磁磁系，磁系都由磁轭、铁芯和激磁线圈组成；二是它们的分选室都安装了不同形式的聚磁介质以获得较高的磁场强度和磁场梯度。由于各种湿式强磁选机的聚磁介质各不相同，因此所获得的选别磁场特性和选别效果各有差别。

实验采用 XCSQ-50×70 型强磁选机进行弱磁性物料的选别，设备主要由磁系、给矿、接矿、程序控制器、分选箱、供水系统、机架等部分组成，如图 4-18 所示。该设备在 PLC 机（程序控制器）的控制下可程序化运行。分选过程为搅拌桶内矿浆经过给矿阀及扁嘴进入分选箱内，非磁性矿粒在重力的作用下沿齿板间隙排至尾矿桶，磁性矿粒在磁场作用下吸附在齿板上。给矿完毕后分矿斗摆至中矿桶位置，中矿冲洗电磁阀开启，将分选箱中夹杂的非磁性矿粒冲洗出来，然后分矿斗摆至精矿桶位置，切断激磁电源，待分选箱磁场消失后，精矿冲洗电磁阀开启，将吸附在齿板上的磁性矿粒冲入精矿桶，即为一次分选过程。控制程序为：充磁—给矿—中矿冲水—断磁—精矿冲水反复循环，实现“尾矿”“中矿”“精矿”产品的选别和接取。整个运行程序已写入 PLC 机中，用户在实际操作中只需根据选矿工艺要求在指定的时间继电器分别改变“给矿”时间及“中矿”“精矿”冲水时间即可。

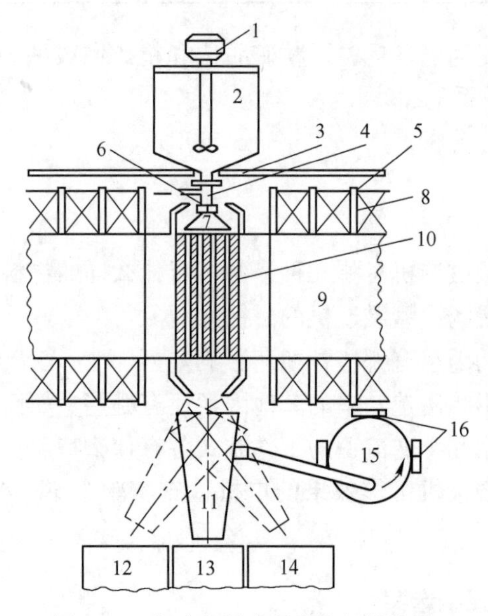

图 4-18　实验室湿式强磁选机结构图

1—搅拌电机；2—给料桶；3—给矿控制水阀系统；4—给矿管；5—电磁线圈；6—给矿阀出口三通；7—给矿铜扁嘴；8—磁铁；9—磁铁桥；10—分选箱；11—摆斗；12—尾矿收集箱；13—中矿收集箱；14—精矿收集箱；15—摆斗控制开关；16—PLC 触点控制开关

三、实验仪器设备与物料

（1）XCSQ-50×70 湿式强磁选机 1 台。
（2）天平 1 台，秒表 1 块。
（3）烧杯、盛样盆、洗瓶若干。
（4）取样用具 1 套。
（5）过滤机、烘箱各 1 台。
（6）-2mm 或-1mm 赤铁矿矿石。

四、实验步骤

（1）学习设备的操作规程，检查设备、试运转，确保实验过程顺利进行和人机安全。
（2）称取赤铁矿石 5 份，每份 50g，其中 4 份作为试样，1 份备用。

（3）采用三辊四筒棒磨机进行磨矿，每份试样的磨矿时间都为 6～8min，磨矿浓度为 67%。

（4）用洗瓶把筒式棒磨机中的矿样冲洗到盛样盆中，确保冲洗干净。

（5）试运行，检查设备，熟悉设备构造，了解操作方法。

1）将“充磁电流调节”“搅拌速度调节”旋钮调至零位，“模式转换”置运行状态。

2）接通电源，按下“电源启动”按钮，磁选机运行各动作自动复位。

3）调节“充磁电流调节”旋钮，设定充磁电流值（根据图 4-19 所示磁场强度与充磁电流关系曲线进行调节）。

4）将矿浆桶装入适量的清水、调节搅拌电机至适宜的速度。

5）设置给矿、中矿冲洗、精矿冲洗时间。

6）按“PLC 启动”按钮，本机将按设定时间循环运行。在运行期间观察给矿量、中矿冲洗量、精矿冲洗量是否满足选别工艺要求（分别调整给矿、中矿冲洗、精矿冲洗时间）。试运行结束，将充磁电流、搅拌电机复位，按“电源停止”按钮断开电源。

（6）将“模式转换”置运行状态，接通电源，按下“电源启动”按钮。

（7）将磨好的矿浆缓慢地给入矿浆桶，并调节搅拌电机速度适中（矿浆浓度为 5%～40%）。

（8）调节“充磁电流调节”旋钮，设定合适的激磁电流值（根据图 4-19 所示磁场强度与充磁电流关系曲线进行调节）。

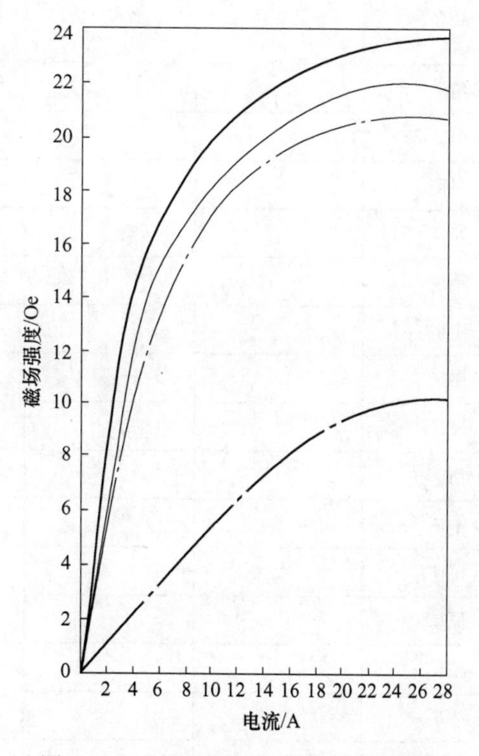

图 4-19　磁场强度与充磁电流关系曲线

（9）在控制屏上设定给矿时间、中矿冲洗时间和精矿冲洗时间。按下“PLC 启动”

按钮，磁选机在 PLC 的控制下，按上述试运行设置自动循环运行。

（10）选别结束后，将“模式转换”置暂停，当程序运行到给矿状态时，给矿阀常开，用清水将矿浆桶冲洗干净，然后将“模式转换”置运行状态，运行 1 次循环。

（11）将充磁电流、搅拌速度调至零位，关闭电源及进水阀门，取出分选箱，将齿板残留矿粒冲洗干净。

（12）对所得强磁选的精矿、中矿和尾矿产品进行过滤、烘干和称重，并制取化学分析样品，采用手持 XRF 对样品中铁含量进行快速分析。

使用注意事项：

（1）入选物料中不得带有木屑、纸片及过粗颗粒，入选前最好用 0.5mm 或 1mm 筛子除去，如遇上述异物堵塞扁嘴，可将扁嘴拧下清理。

（2）入选物料中强性含量一般不大于 5%。

五、实验数据处理

（1）观察在实验中可改变磁场强度、矿浆浓度、搅拌速度、给矿时间、中矿冲洗时间、精矿冲洗时间等因素对选别效果的影响。

（2）将实验中所改变的条件和相应的实验结果记入表 4-12 中。

表 4-12　磁性矿物分选结果

磁场强度/激磁电流 (Gs/A)	产品名称	产品质量/g	产率/%	TFe 品位/%	铁回收率/%
/6	精矿				
	中矿				
	尾矿				
	原矿				
/8	精矿				
	中矿				
	尾矿				
	原矿				
/10	精矿				
	中矿				
	尾矿				
	原矿				
/12	精矿				
	中矿				
	尾矿				
	原矿				

六、思考题

（1）分析实验条件对磁选效果的影响，并绘制磁场强度和铁精矿品位、回收率的关系曲线。

（2）强磁场磁选机适合处理物料的物质比磁化系数的范围是多少？

（3）通常情况下，强磁场磁选机磁场强度的范围是多少？

（4）简述各影响因素对磁选指标的影响，并分析其原因。

4.2.5 弱磁性物料脉动高梯度强磁选机分选实验

一、实验目的与要求

（1）了解周期式脉动高梯度磁选机的工作原理。

（2）学会实验室脉动高梯度磁选机分选弱磁性矿物的操作方法。

（3）理解磁场强度、给矿浓度等因素对分离过程和磁选指标的影响。

二、实验基本原理

SLon 周期式脉动高梯度磁选机（以下简称 SLon-100 磁选机），该机适用于氧化铁铁矿、锰矿、黑钨矿、钛铁矿等弱磁性金属矿的湿式分选和黑白钨矿分离、黑钨矿与锡石分离，也可用于石英、长石、高岭土、锂矿等非金属矿的除铁和提纯。它配有脉动机构，冲程冲次和背景磁感应强度可在较大的范围内连续无级调节，具有富集比大、分选效率高、不易堵塞，对给矿粒度、浓度和品位的波动适应性强，工作可靠，操作维护方便等优点。

该机每个选矿周期给矿量 50~600g，分选粒度为 0~6.0mm 范围，可供实验室做小型实验或少量制备矿产品之用。SLon-100 周期式脉动高梯度磁选机的工作原理如图 4-20 所示。

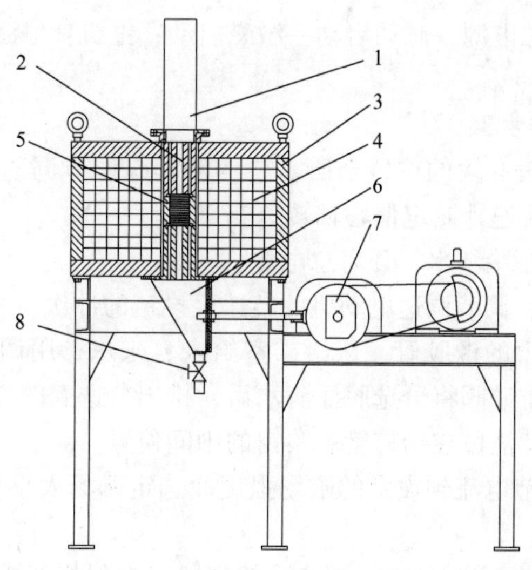

图 4-20　SLon-100 周期式脉动高梯度磁选机工作原理图

1—给矿室；2—磁极头；3—铁轭；4—激磁线圈；5—磁介质；6—脉动斗；7—脉动机构；8—调节阀

采用 SLon-100 周期式脉动高梯度磁选机进行弱磁性物料分选时，启动脉动机构，调节好流速，调节激磁电流至所需要的背景磁感应强度，磁介质在磁场中被磁化，其表面形成高梯度磁场，将充分搅拌松散的矿浆从给矿室给入，沿上磁极头的孔洞流入分选腔，矿浆中的磁性颗粒被吸着在磁介质表面。非磁性颗粒沿下磁极头的孔洞流入脉动斗排走。每周期给矿完成后，可加入适量清水漂洗精矿，以进一步提高磁性物纯度，然后切断激磁电源，用清水将磁性物冲洗出来，即完成一个周期的选矿。

当橡胶鼓膜在脉动机构驱动下往复运动时，只要矿浆液面高度能浸没分选室内的磁介质，磁介质堆内的矿浆便做上、下往复运动，脉动流体使矿粒群在分选过程中始终保持松散状态，从而可有效地消除非磁性颗粒的机械夹杂，明显地提高磁性精矿的品位或非磁性产品的产率。此外，脉动还可防止磁介质的堵塞。

分选腔内可安装导磁不锈钢棒或导磁不锈钢板网作磁介质（也可根据需要充填导磁不锈钢毛等磁介质）。安装钢棒磁介质时，应将铜套装入，装入铜套后，既可安装棒介质也可安装网介质，但分选室的截面积是未安装铜套时的 50%。

三、实验仪器设备与物料

（1）SLon-100 周期式脉动高梯度磁选机 1 台。

（2）天平 1 台，秒表 1 块。

（3）烧杯、盛样盆、洗瓶若干。

（4）取样用具 1 套。

（5）过滤机、烘箱各 1 台。

（6）-0.5mm 粒级石英砂矿样 5kg。

四、实验步骤

（一）总体的实验步骤

开机：开冷却水—总电源—脉动启动—激磁启动；停机：停激磁—停脉动—关电源—关冷却水。

（二）具体实验操作步骤

（1）调节脉动机构偏心块的位置至所需要的冲程，调节调速电动机的转速至所需要的冲次。冲次测量可用转速计测定偏心轴转速获得。

（2）开线圈及配电柜冷却水，开启总电源。

（3）启动脉动装置，调节调速电动机的转速至设定的冲次。

（4）打开调节阀之下的橡胶管，从给矿室给入自来水，用调节阀调节流量，用秒表和容器测出流量。关闭排矿阀将分选腔注满水后，排出分选腔的空气，并调节排矿阀到设定的水流速度，此时保持液位在给矿管观察窗的中间位置。

（5）启动激磁，调节电流到设定的磁场强度。选定磁场大小，激磁正常后均匀给矿、漂洗。

（6）将称量好的石英石样品 200g 用合适的容器（塑料烧杯或塑料量筒）从给矿口均匀给入（约 10s 内全部给入），同时在尾矿阀底部放置一只桶，接取非磁性产品。给矿完毕后及时关闭给矿上方的水阀。

（7）非磁性产品完全流出后，更换一只桶。停激磁，打开水阀冲洗出磁性产品。完成一个周期的实验操作。

（三）使用注意事项

（1）试验过程经常检查线圈是否出水，出水温度应低于60℃。

（2）试验做完后应及时将磁介质盒及脉动斗清洗干净，以便下次试验。

（3）推荐操作参数：给矿量：200～300g/次（金属矿），100～150g/次（非金属矿）；脉动冲程：5～6mm；脉动冲次：100～300 次/min；水流速度：300mL/s（金属矿）或150mL/s（非金属矿）。

（4）选择试验条件时一般只调整磁场强度和脉动冲次，其他条件相对固定。

五、实验数据处理

（1）将在实验中可改变磁场强度，矿浆浓度，脉动冲次、脉动冲程、冲洗水流速度等因素来观察其对选别效果的影响。

（2）将实验中所改变的条件和相应的实验结果，记入表4-13中。

表4-13 磁性矿物分选结果

序号	入料			精矿			尾矿			操作参数
	质量/g	品位/%	浓度/%	质量/g	品位/%	浓度/%	质量/g	品位/%	浓度/%	
1										
2										
3										
4										

六、思考题

（1）分析实验条件对磁选效果的影响，并绘制磁场强度和铁精矿品位、回收率的关系曲线。

（2）分析脉动高梯度强磁场磁选机与传统的强磁选机在分选原理、适合处理物料方面的异同。

（3）通过查询资料，简要列举出新型的强磁选设备，并说明其优势。

4.2.6 干式磁选机分选实验

一、实验目的与要求

（1）掌握干式磁选的基本原理，对比湿式磁选的优缺点。

（2）了解干式磁选机的基本结构和操作方法。

二、实验基本原理

干式磁选与湿式磁选的工艺流程相比，干式磁选具有某些独特的优势，主要体现在以下 4 点：一是无须用水，工艺流程简单；二是可以实现较大颗粒甚至大块矿石的分选，能够抛去大量废石，以便于减少后面的磨矿成本；三是具有较高的磁场强度和磁场梯度，能实现某些弱磁性矿物的分选；四是设备结构简单、投资小、运行成本较低。

本次实验选用 XCG-Ⅱ型辊式干法磁选机进行实验，该设备主要由励磁系统、传动机构、给矿系统及产品清扫收集部分所组成。

利用磁性物料可以被永磁铁吸引的原理，在物料流经的滚筒内部设计——形成较大磁场的半圆形磁系。当物料流经这片磁场区域时，磁性矿即被强大的磁力所捕捉，吸附在半圆式磁系的滚筒表面上。当磁性矿被旋转的滚筒带到下部的无磁区域时，在重力作用下掉到精矿口排出。而非磁性矿石或含铁品位较低的矿石在重力及离心力的作用下可以自由地通过磁场流到尾矿口排出。

三、实验仪器设备与物料

（1）XCG-Ⅱ型辊式干法磁选机 1 台，电气原理图如图 4-21 所示。

（2）天平 1 台，秒表 1 块。

（3）盛样盆 4 个，毛刷 2 个，烧杯 2 个。

（4）-1mm 磁铁矿粉与煤样混合样 1kg，-1mm 赤铁矿粉与煤样混合样 1kg。

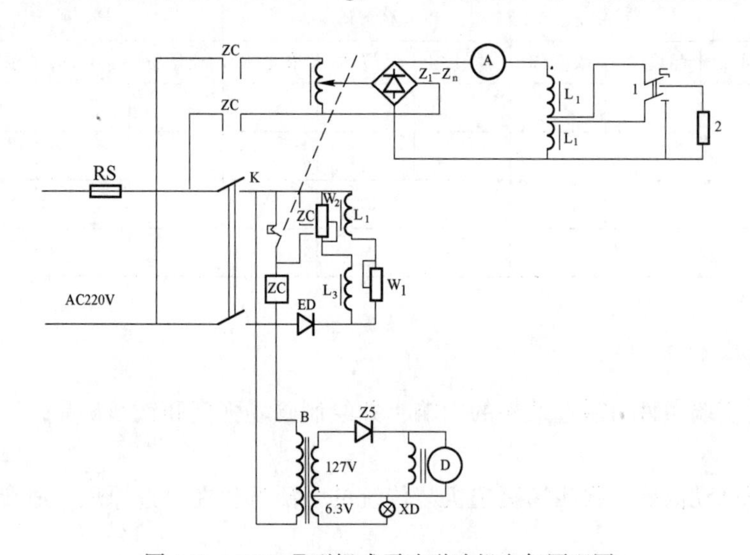

图 4-21　XCG-Ⅱ型辊式干法磁选机电气原理图

四、实验步骤

（1）熟悉设备的结构和操作方法。

（2）开机前按分选矿物的磁性要求，选择合适的工作间隙及调节磁场选择强磁场或弱磁场。

（3）接通电源，电源指示灯亮，此时旋转磁极应该规定方向以 55r/min 的转速旋转。

（4）转动面板上的电磁振动器开关，视其给矿性质及矿粒的要求选择合适的振动强度。

（5）先将激磁电流调零，使限位开关将继电器接通，然后顺时针平滑地增大励磁绕组的激磁电流，视分选矿物磁性差异，调至所要求的磁场强度。

（6）安放好产品接收槽和盛样盆。

（7）根据给矿粒度大小，选用相应的矿锥体，将排矿口给入储矿漏斗，在过程中注意校准激磁电流，保持连续均匀给矿。

（8）分选结束后，依次清扫给矿漏斗、锥体和给矿槽，将全部矿石通过磁场后，清理非磁性矿物溜槽，然后将激磁电流调零，关闭电源。将辊子和溜矿槽清扫并入磁性产品。

（9）将产品称重记录并制取化学分析样品，采用手持 XRF 对其目标元素含量进行快速分析。

五、实验数据处理

（1）按下列各式分别计算各产品的产率、品位和回收率：

$$\gamma_{精} = \frac{m_{精}}{m_{精} + m_{尾}} \times 100\% \tag{4-8}$$

$$\gamma_{尾} = \frac{m_{尾}}{m_{精} + m_{尾}} \times 100\% \tag{4-9}$$

$$\varepsilon_{精} = \frac{\gamma_{精} \cdot \beta_{精}}{\gamma_{精} \cdot \beta_{精} + \gamma_{尾} \cdot \beta_{尾}} \times 100\% \tag{4-10}$$

$$\varepsilon_{尾} = \frac{\gamma_{尾} \cdot \beta_{尾}}{\gamma_{精} \cdot \beta_{精} + \gamma_{尾} \cdot \beta_{尾}} \times 100\% \tag{4-11}$$

式中，γ 为产品产率，%；β 为产品品位，%；ε 为产品回收率，%。

（2）绘制场强对品位和回收率的关系曲线，并分析曲线的准确性。

（3）将实验中所改变的条件和相应的实验结果记录于表 4-14 中。

表 4-14　强磁选实验结果记录表

序号	工作条件			精　矿		尾　矿	
	选择磁场	激磁电流/A	给矿时间/s	产率/%	品位/%	产率/%	品位/%
1							
2							
3							
4							

六、思考题

（1）干式强磁选机分选时，哪些因素会影响分选结果？

（2）根据实验结果分析影响分选效果的因素。

（3）简述干式磁选设备的分类及其应用范围。

4.2.7 电磁螺旋柱分选实验

一、实验目的与要求

（1）了解电磁螺旋柱的分选机理。

（2）掌握电磁螺旋柱分选的影响因素。

二、实验基本原理

实验室通常所用的是 JYF-CZB133 裕丰磁选柱，其外形如图 4-22 所示。该磁选柱由分选筒、励磁线圈、溢流槽、给排矿装置、给水装置和励磁电控柜构成。被选物料为低品位磁铁矿精矿或磁选过程中间产品。

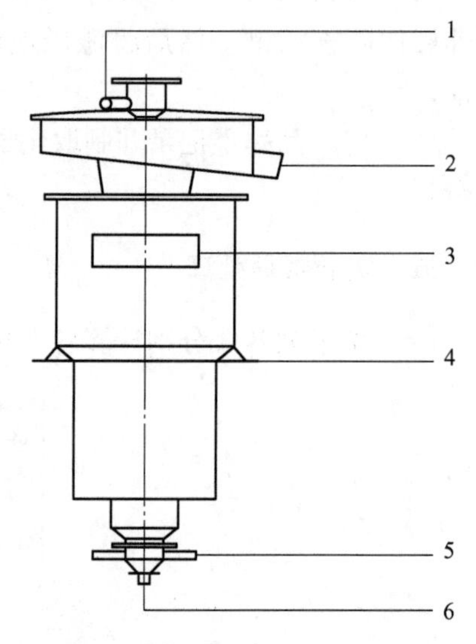

图 4-22 JYF-CZB133 磁选柱外形图

1—给矿口；2—溢流排放口；3—接线盒；4—支撑法兰座；5—给水口；6—精矿排放口

物料矿浆由给矿斗连续且徐徐地给入，经给矿管到磁选柱中上部，磁性矿物颗粒、单体磁铁矿颗粒在由上而下断续通断电线圈磁场力作用下，通过多次磁聚合，多次充分分散克服高速旋转上升水流动力作用而下沉，最后由下部精矿排矿口排出高品位磁铁矿精矿。给矿中的矿泥、单体脉石、连生体，主要是贫连生体在高速旋转上升水流动力作用下，克服向下的重力和磁力，而被上升水流冲洗顺带向上，最后由溢流槽溢出而成为磁选柱的尾矿（实际上是以连生体为主的中矿），当磁场较高，上升水速较小也可以产出合格尾矿。

三、实验设备仪器与材料

（1）JYF-CZB133 裕丰磁选柱 1 台。

（2）25L 塑料桶数个、ϕ300mm 盛样盆数个。

（3）天平 1 台。

（4）取样工具 1 套。

（5）电热烘干箱 1 台。

（6）材料：-2mm 磁铁粉与煤泥混合样 10kg。

四、实验步骤

（1）取试样 4 份，每份 1000g，将取好的试样磨细到-0.074mm 占 75%。

（2）采用 15kA/m、25kA/m、35kA/m、45kA/m 4 个场强值。固定条件为：上升水流速度为 1.78cm/s，给矿量为 50g，磁场变化周期为 0.5~2s，上定值磁场为 2NS。

（3）检查磁选机，在确认没有问题时，开动磁选机。

（4）将塑料桶放于尾矿排出口，盛样盆放于精矿排出口。

(5) 将试样(该试样的矿浆浓度为5%~40%),缓慢地、均匀地给入磁选机,同时打开喷水管和精矿卸料水管阀门。

(6) 选别结束,关闭磁选机,并将圆筒上吸附的磁性物和底箱中残留的尾矿清理干净。

(7) 将精矿和尾矿分别放到适当的地方使其自然沉淀澄清。

(8) 再取另一份磨好的试样,重复上述实验步骤(4)~(7)继续实验,直至完成所有试样的选别。

(9) 分别将精矿和尾矿烘干、称重,并将结果记入表4-15中。

(10) 分别制取精矿和尾矿化验分析样并采用手持XRF对其目标元素含量进行快速分析。

五、实验数据处理

(1) 将实验数据和计算结果填入表4-15中。

表4-15 电磁螺旋柱分选实验结果

试样	磁场强度 /kA·m^{-1}	质量/g			产率/%			品位/%			金属回收率/%		
		原矿	精矿	尾矿	原矿	精矿	尾矿	原矿	精矿	尾矿	原矿	精矿	尾矿
1													
2													
3													
4													

(2) 分别以磁场强度为横坐标,以精矿品位和精矿回收率为纵坐标,绘出精矿品位、精矿回收率与磨矿细度关系的曲线。

(3) 对实验结果进行分析。

六、思考题

(1) 电磁螺旋分选柱适合什么样的物料?

(2) 影响磁选效果的因素有哪些?是如何影响的?

4.2.8 电选机分选实验

一、实验目的与要求

(1) 掌握鼓式电选的原理、观察电选分离矿石的基本过程。

(2) 了解电选机的基本结构和操作过程。

二、实验基本原理

电性差异是实现物料分选的重要物理性质之一。待分选物料一般根据电导率的大小可分为导体、半导体和非导体。电选是利用矿物在高压电场内的电性差异来实现分选、分离的一种选别方法。

被选物料进入电选机的电场后，同时受到电力和机械力的作用，由于导体和非导体的导电性能不同，使得不同电性颗粒的受力状态不同。导体颗粒在电场内荷电以后很容易放掉电荷，因为静电感应的结果在偏向电极一侧产生与电极电性相反的电荷，导体颗粒被吸向电极一侧，在离心力的作用下偏向电晕电极一侧落下，成为导体产品；非导体在电场内获得电荷（与接地极电性相反）以后不容易放掉，因此吸在接地的转棍上，直到被刷子刷掉成为非导体产品；而导电性介于中间的物料成为中间产物落下。这样导电性不同的颗粒就出现了明显的分布差异，在其他外力的综合作用下，居于不同的区域，实现分选、分离。

生产实践中应用的电选机多采用电晕电场实现物料的分选。该电场通常由一对辊式电极构成，其中直径较小的为电晕电极。当电场电压达到一定的数值时，通常作为负电极的电晕电极放出大量的电子，在其附近电离气体分子形成气体负电荷，发生电晕放电。在电场的作用下，两电极间的气体不断地被电离形成气体电荷，同时飞向正极，形成所谓的电晕电场。物料颗粒进入分选电场以后，不断与气体电荷碰撞获得负电荷。但由于导电性的不同，不同的物料颗粒表现出不同的行为。导电性好的颗粒迅速将负电荷传递给正极，本身不显示电性因而不受电场力的作用，在离心力的作用下偏向电极的一侧落下，成为导体产品；而导电性差的物料颗粒电荷传递速度很慢，不同程度地显示出负电性而受到正极的吸引作用，从而被吸在接地的转辊上，直接被刷子刷掉成为非导体产品；而导电性介于中间的物料则成为中间产品落下，这样就实现了不同电性物料颗粒的分离，分选过程示意如图 4-23 所示。入料性质、设备性能、控制参数、给料方式等是影响电选性质的主要因素。实验室通常选用 XDF 型 ϕ250mm×200mm 高压电选机，如图 4-24 所示。

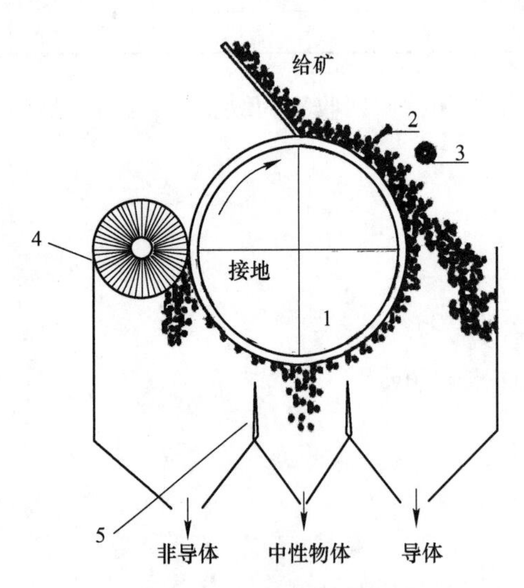

图 4-23　电选分选示意

1—接地鼓筒；2—电极丝（电晕极）；
3—电极管；4—毛刷；5—分矿调节隔板

图 4-24　XDF 型 ϕ250mm×200mm 高压电选机

三、实验仪器设备与材料

（1）XDF 型 ϕ250mm×200mm 实验研究型电选机，结构如图 4-24 所示。

（2）玻璃烧杯、圆瓷盘、毛刷、牛角匙、永磁块。

（3）天平 1 台，秒表 1 块。

（4）2~0.5mm 煤粉、萤石及钛铁矿等混合干物料若干。

四、实验步骤

（1）阅读说明书，熟悉设备的结构和操作方法。

（2）对实验用电选机进行检查，确保状态完好，并保证接地。

（3）将烘干的分选试样加入电选机振动给料仓中。

（4）分别在转鼓、给料仓温度调节仪上设定加热温度（如 80℃），并将转鼓和给料仓加热到设定温度。

（5）按下“转鼓启动”按钮，并设定转鼓转速值为 100r/min。

（6）按下“毛刷合”按钮，使毛刷靠近转鼓。

（7）检查高压旋钮是否在零位，如不在，调零。然后按下“高压启动”按钮，并调节电压 15kV（注意：高压电输入前，一定要确保电选机的前门已关好）。

（8）按下“给料启动”按钮，并调节振动给料量，将试样缓缓给入分选室内，物料由于导电性不同而实现分离。

（9）给料结束后，关好给料仓闸门，并将电压调回零点。

（10）按“高压停止”“毛刷离”“给料停止”“转鼓停止”的顺序依次按下停车。

（11）将“电源停止”按钮按下，切断电源。

（12）打开电选机前门，用毛刷小心清扫分选室，注意不要碰断电极丝。

（13）将分选得到的导体、中间产品和非导体 3 种产物分别收集好，称重并制备化学分析样品，采用手持 XRF 对目标元素含量进行快速分析。

（14）改变实验所用的电压值大小，继续上述实验过程。

五、实验数据处理

将实验所测得数据记录在表 4-16 中，并计算表中各产物的产率、品位及回收率。

表 4-16　实验结果记录表

电压	$U_1=$______ V			$U_2=$______ V			$U_3=$______ V		
项目	质量 /g	产率 /%	品位 /%	质量 /g	产率 /%	品位 /%	质量 /g	产率 /%	品位 /%
产品 1									
产品 2									
产品 3									
合计									
实验现象									

六、思考题

（1）为什么分选物料及分选条件相同，仅电压不同，效果不同？

（2）影响电选机分选效果的主要因素有哪些？

（3）颗粒导电性差异是如何影响其电选分选行为的？影响电选过程的主要因素有哪些？

（4）电选入料为什么要保持干燥？适合用电选分离的物料有哪些？

5 矿物界面分选实验

5.1 纯矿物浮选实验

一、实验目的与要求

（1）掌握纯矿物浮选实验的基本方法。
（2）了解纯矿物浮选实验的意义。

二、实验基本原理

实验室浮选实验，通常是指“小型单元浮选实验”，也称“分批浮选实验”，一般都是用天然矿石进行实验，但在探索某一新的药方或研究浮选基础理论时，常进行纯矿物浮选实验。实验室浮选常用到捕收剂、起泡剂、调整剂。捕收剂的主要作用是使目的矿物表面疏水，增加可浮性，使其易于向气泡附着，从而使目的矿物与脉石矿物分离。国内对捕收剂命名结尾常带“药”字（例如黄药、黑药等），通常硫化矿浮选常用的捕收剂是硫代化合物，氧化矿常用烃基酸类，硅酸盐类矿物常用胺类捕收剂，非极性矿物使用烃油类捕收剂。具体用量取决于浮选矿石性质、矿浆浓度等。起泡剂的作用是使空气在矿浆中分散成微小的气泡并形成较稳定的泡沫，常用的起泡剂有2号油、松油、樟油、重吡啶、甲酚酸等。调整剂是调整矿物可浮性、矿浆性质的药剂，对浮选过程起选择性的调整作用，如在浮选过程中，添加捕收剂和起泡剂后，通常可使性质相近的矿物同时浮游，但浮选工艺却要求分离出两种或多种产品，此时就要用到调整剂。

在实验过程中要根据不同药剂、不同矿石的性质，制定实验流程，探索浮选药剂配方。

三、实验仪器设备与材料

（1）实验设备：挂槽式浮选机（5~35g）1台/组（图5-1）。
（2）物料：滑石、萤石、石英、方铅矿纯矿物100g（0.075~0.15mm）。
（3）仪器：
1）注射器2支/组。
2）容量瓶1个。
3）洗瓶1个/组。
4）温度计1支/组。
5）秒表1块/组。
6）可控温烘箱1台。
7）电子天平1台。

8）盘式真空过滤机，滤纸若干。

9）pH 计 1 台。

10）盛样盆若干。

（4）试剂。浮选药剂：乙基黄药（工业品）、丁基黄药（工业品）、油酸（工业品）、中性油（工业品）、胺类捕收剂（工业品）、2 号油（工业品）等。

四、实验步骤

浮选实验操作流程如图 5-2 所示。

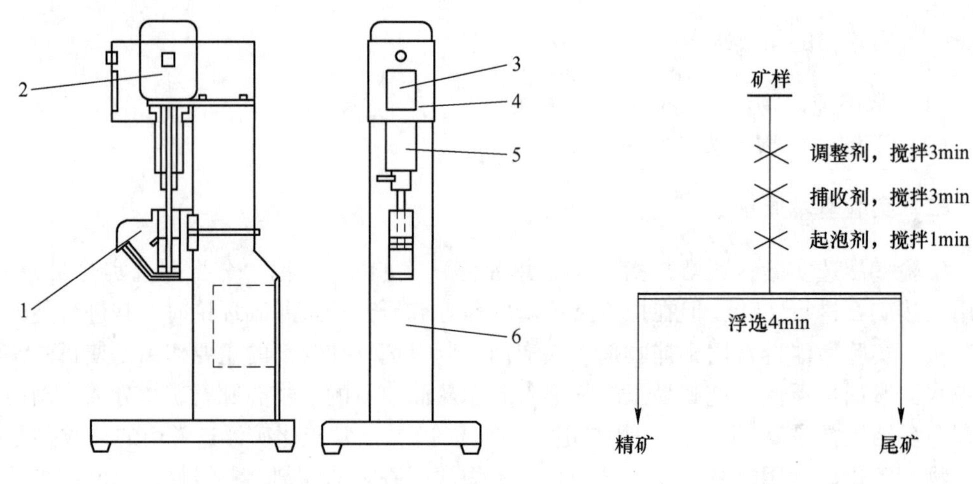

图 5-1　挂槽式浮选机结构图

1—水槽；2—电机；3—控制屏；4—保护罩；5—主轴组件；6—机体

图 5-2　浮选实验操作流程图

（1）调节浮选槽至合适位置，使叶轮不与槽底和槽体内壁接触。确保充气良好，并在各单元实验中保持不变。

（2）称 2g（5g）矿样加入浮选槽，然后向浮选槽中加水至合适位置搅拌 1min，使矿粒被水充分润湿。

（3）按加药顺序依次加入药剂并保证达到各药剂相应的搅拌调浆时间后，充气刮泡，并记录浮选时间。

（4）将泡沫产品刮入盛样盆即为浮选精矿，浮选槽中所剩产物即为浮选尾矿，精矿和尾矿分别经过滤干燥称重后，记录数据，计算回收率（因所用矿样为纯矿物，故产品不用化验。只要称出精矿和尾矿质量，即可算出回收率）。

五、实验注意事项

（1）浮选药剂如黄药之类的药剂，必须当天配当天用，这是因为这些药剂由于分解、氧化等原因变质较快，配制好的溶液不能搁置时间太长。

（2）实验过程中添加水溶性药剂的量具可用移液管、量筒、量杯等，选择量具时，必须根据每种药剂的用量而选用适当大小的量具。

（3）非水溶性药剂，如油酸、中性油等，采用注射器直接添加，但需预先测定每滴药剂的实际质量（可用滴出10滴或更多滴的药剂在分析天平上称量的方法测定）；必要时亦可用有机溶剂如乙醇溶解，但必须确定溶剂对浮选的影响。

（4）实验中要注意测定矿浆温度和pH值。

六、实验数据处理与实验报告

（1）将实验数据记录于表5-1中。

表5-1 纯矿物浮选实验结果

浮选条件	滑石 $Mg(Si_4O_{10})(OH)_2$	萤石 CaF_2	石英 SiO_2	方铅矿 PbS
试样质量/g	2	2	2	5
捕收剂及用量/mg·L^{-1}	中性油（15）	油酸（15）	胺（15）	乙基黄药（15）
起泡剂及用量/mg·L^{-1}	2号油（10）	2号油（10）	2号油（10）	2号油（10）
矿浆pH值				
矿浆温度/℃				
精矿质量/g				
尾矿质量/g				
合计/g				
精矿回收率/%				

实验人员：________ 日期：________ 指导老师：________

（2）在实验过程中记录实验现象，并进行结果分析。

（3）撰写实验报告。

七、思考题

（1）实验过程中如何合理控制泡沫？

（2）水质对浮选结果和药剂用量有何影响？

（3）说明捕收剂分子中烃链长度对其捕收能力的影响。

5.2 起泡剂起泡性能实验

一、实验目的与要求

（1）掌握测定起泡剂性能的方法。

（2）比较几种起泡剂的性能。

二、实验基本原理

起泡剂具有显著降低水溶液表面张力的能力。所以往水中加入少量的起泡剂就可以大大地改善空气在水中的分散，就可以增加气泡的数目、气泡的强度和泡沫的稳定性。气泡的强度和泡沫的稳定性取决于起泡剂本身的性能和它在水溶液中的浓度。因此测定泡沫的体积（泡沫柱的高度）和泡沫的稳定性（泡沫的寿命），可以比较各种起泡剂的起泡能力。

三、实验仪器设备与材料

（1）仪器：

1）起泡剂性能测定仪 1 套。

2）秒表 1 块。

3）500mL 烧杯 9 个。

4）500mL 量筒 1 个。

5）100mL 量筒 1 个。

6）注射器（带针头）3 支。

7）搅拌棒（带有橡皮套）3 支。

8）洗瓶 1 个。

起泡剂性能实验装置如图 5-3 所示。

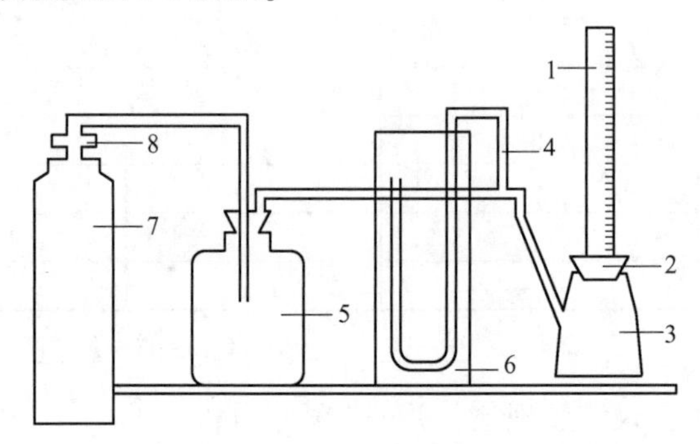

图 5-3 起泡剂性能测定装置

1—泡沫管；2—胶塞管；3—吸滤瓶；4—三通管；5—缓冲瓶；6—压力计；7—氮气瓶；8—压力表

（2）起泡剂：戊醇、辛醇、2 号油各 1 瓶。

四、实验步骤

（1）清洗容器。将实验用泡沫管，先用洗液洗净，再用自来水冲洗干净，塑料烧杯、玻璃棒用自来水冲洗干净。

（2）配制试剂。取 3 个烧杯（500mL）为 1 组，每组分别滴入 1 滴、2 滴、3 滴戊醇、辛醇、2 号油（用带针头注射器垂直滴入，戊醇用 6 号针头，每滴 6. 08mg；辛醇用 6 号针头，每滴 6. 9mg；2 号油用 9 号针头，每滴 8. 77mg），再分别加入 300mL 自来水。

（3）给入氮气。将氮气瓶阀门打开，适当控制压力，使流量在一定范围内（600～800mL/min），氮气流入缓冲瓶 5，通过缓冲瓶进入吸滤瓶 3，并经过泡沫管 1 底部的石英隔板（滤扳）与大气相通。

（4）空白实验。取自来水 100mL（即每 100mL 加入 0 滴起泡剂）给入氮气同时将水倒入泡沫管，记下未形成泡沫层时的液面高度，当再平缓给入氮气、泡沫不再上升时，泡沫管内开始形成泡沫柱。当泡沫柱稳定后，记下此时的泡沫柱高度（则离度差即为泡沫的高度）。在泡沫柱刚要下降时，停止给气，并同时按下秒表，直到泡沫柱消失出现净水面为止，此时间即为泡沫寿命（即泡沫稳定性值）。将泡沫柱高度、泡沫寿命和氮气压力分别记入表 5-2 中。实验再重复 1 次，取其平均值。

表 5-2 起泡剂性能实验结果

药剂名称	溶液浓度/(滴/300mL)	空气压力/Pa	泡沫柱高度		泡沫寿命	
			个别	平均	个别	平均
清水						
戊醇	1					
	2					
	3					
辛醇	1					
	2					
	3					
2 号油	1					
	2					
	3					

每次做完实验后，要把泡沫管内的溶液倒出，并用自来水冲洗，吸滤瓶内的水也应倒出。

（5）对比实验。按实验步骤（4）分别测定 1 滴/300mL、2 滴/300mL、3 滴/300mL 浓度的戊醇、辛醉、2 号油的泡沫柱高度及泡沫寿命（每种浓度测 2 次取平均值）。更换另一种气泡剂时，除了将泡沫管内溶液倒出外，还要用洗液洗净，然后用自来水冲洗干净再用。

五、实验数据处理

以溶液浓度为横坐标（将浓度换算成 mg/L），泡沫寿命为纵坐标，将上述结果分别绘制成曲线。分析各种起泡剂的起泡能力，并对结果进行讨论。

六、思考题

（1）起泡剂在浮选过程中的主要作用是什么？

（2）起泡剂的起泡性能主要包括哪些部分？

5.3 捕收剂对矿物浮选行为的影响实验

一、实验目的与要求

（1）了解不同类型捕收剂在浮选中的应用。

（2）掌握纯矿物浮选实验技术。

二、实验基本原理

捕收剂与矿物表面作用的特点是以其分子或离子中的极性基同矿物表面作用，疏水的非极性基朝向水，使矿物表面疏水，增加可浮性，使其易于附着气泡，从而达到目的矿物与脉石矿物的分离。硫化矿浮选常用的捕收剂是烃基硫代化合物，氧化矿常用烃基酸类捕收剂；硅酸盐类矿物常用胺类捕收剂；非极性矿物使用烃油类捕收剂。

三、实验仪器设备与材料

(1) 5~35g MS 型挂槽式浮选机，结构如图 5-4 所示。

(2) 矿样：方铅矿、一水硬铝石、石英和滑石等纯矿物；药剂：黄药、油酸钠、中性油、十二胺或季铵盐等。

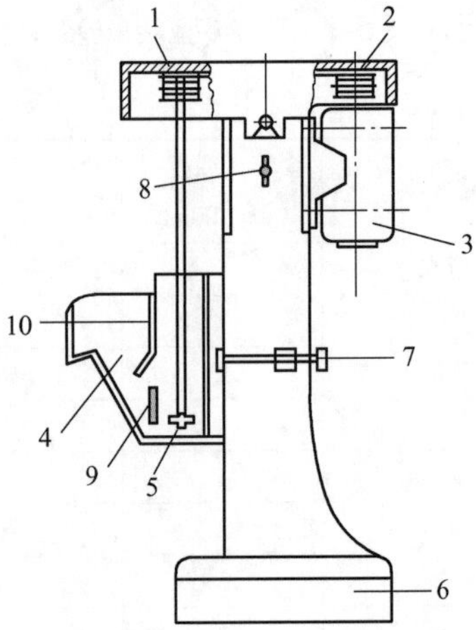

图 5-4 挂槽式浮选机结构图
1—皮带轮；2—内带轮；3—电动机；4—浮选槽；5—叶轮；6—支架；7—固定浮选槽的钳口；8—开关；9—隔板；10—挡板

四、实验步骤

(1) 挂槽式浮选机结构如图 5-4 所示。首先拧紧紧固手轮，放松紧固螺杆后，从机架上取下浮选槽，清洗干净待用。然后称取试样 2g 倒入浮选槽内，用少量水润湿矿物后，把浮选槽装回机架上，用手轻轻转动一下转轴皮带轮，目测叶轮与周围槽壁距离应相同，然后拧紧紧固手轮。

(2) 然后往槽中加水至隔板的顶端，启动浮选机搅拌 1min，使矿粒被水润湿，然后按加药顺序加入药剂进行搅拌，搅拌之后插入挡板待泡沫矿化后计时刮泡。浮选槽的插板在矿浆搅拌、加药搅拌时，不能插入浮选槽内，待加完各种药剂并达到搅拌时间后，再插入挡板，使浮选机进入搅拌充气状态。泡沫层形成后开始刮泡，浮选刮泡时，液面会下降，这时可用洗瓶加水，加水时要注意正确使用洗瓶，让射出的水冲向槽壁（用尽量少的水），一方面防止矿粒附着在浮选槽壁上，另一方面保持液面高度。

(3) 泡沫产品刮入小瓷盆，然后经过滤、干燥、称量后，将数据填入表内。因为所用的是纯矿物，故矿样不用化验，只要称出精矿和尾矿质量，即可算出回收率。

(4) 实验中要多次测定矿浆温度和 pH 值，注意其变化。

(5) 实验流程如图 5-5 所示。

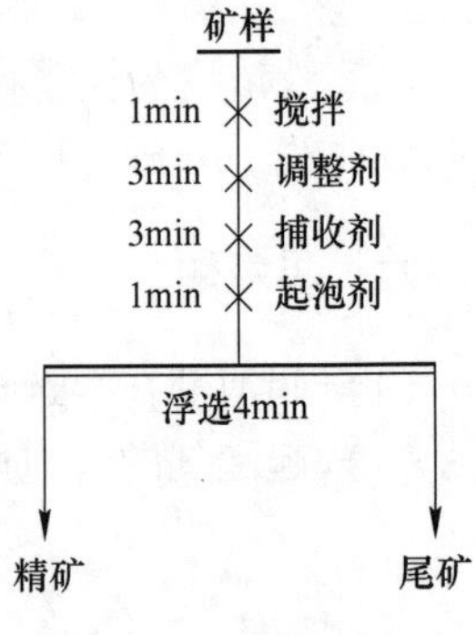

图 5-5 浮选流程图

五、实验数据处理

将实验数据记入表 5-3 中，并计算回收率。

表 5-3 实验数据记录表

浮选实验条件及结果	滑石 $Mg(Si_4O_{10})(OH)_2$	石英 SiO_2	一水硬铝石 Al_2O_3 H_2O	方铅矿 PbS
试样质量/g				
捕收剂名称和浓度/mg · L^{-1}				
起泡剂名称和浓度/mg · L^{-1}				
精矿质量/g				

续表 5-3

浮选实验 条件及结果	滑石 $Mg(Si_4O_{10})(OH)_2$	石英 SiO_2	一水硬铝石 $Al_2O_3\ H_2O$	方铅矿 PbS
尾矿质量/g				
合计/g				
精矿回收率/%				

六、思考题

（1）请总结不同类型捕收剂在浮选中的应用。
（2）捕收剂分子中烃链长度对捕收能力有何影响？

5.4 调整剂对矿物浮选行为的影响实验

一、实验目的与要求

（1）了解抑制剂和活化剂的性能及其在矿物浮选中的应用。
（2）掌握纯矿物浮选的实验技能。

二、实验基本原理

浮选是利用矿物表面物理化学性质差异，特别是表面润湿性，常用添加特定浮选药剂的方法来扩大物料间润湿性的差别，在固-液-气三相界面有选择性地富集一种或几种目的物料，从而达到使目的矿物与废弃物料分离的选别技术。各种矿物的天然可浮性均有很大差别，利用浮选来分选各种天然可浮性不同的矿物，主要是采用浮选剂（包括捕收剂、pH 值调整剂、抑制剂、活化剂等）来改变矿物的可浮性，从而使矿石中的矿物得到分离。

抑制剂的抑制作用是有针对性的，主要表现在阻止捕收剂在某些矿物表面上吸附，消除矿浆中的活化离子，防止这些矿物被活化；以及解吸已吸附在矿物上的捕收剂，使被浮矿物受到抑制。而活化剂的活化作用，与抑制剂相反，它可以（1）增加指定矿物的活化中心，即增加捕收剂吸附固着的地区。（2）使氧化矿表面硫化，生成溶度积很小的硫化矿薄膜，吸附黄药离子后，矿物表面疏水而易浮。（3）消除矿浆中有害离子，提高捕收剂的浮选活性。（4）消除亲水薄膜。（5）改善矿粒与气泡附着的状态。因此，如何正确使用抑制剂和活化剂，对改善矿物浮选行为、提高矿物分选指标等都非常重要。

三、实验仪器设备与材料

（1）挂槽式浮选机。
（2）黄铁矿纯矿物；石灰、硫酸、黄药及松醇油等。

四、实验步骤

（一）挂槽式浮选机的结构及操作

（1）挂槽式浮选机的结构如图5-4所示。首先拧紧紧固手轮，放松紧固螺杆后，从机架上取下浮选槽，清洗干净待用。然后称取试样5g倒入浮选槽内，用少量水润湿矿物后，把浮选槽装回机架上，用手轻轻转动一下转轴皮带轮，使叶轮居中，然后拧紧紧固手轮。

（2）加水到浮选槽内，水的多少以加至浮选槽排矿口水平线以下5mm即可。

（3）接通电源，浮选机开始转动，搅拌矿浆。

（4）按图5-5所示流程及表5-4所列加药量逐一加药到矿浆中，待全部药剂加完并达到搅拌时间后，将浮选槽插板插入槽内相应位置，准备刮泡。

表5-4　实验编号及药剂用量

药剂名称	实验编号及药剂用量				
	1	2	3	4	5
石灰	0	500	1000	1000	1000
硫酸	0	0	0	500	1000
黄药	50	20	50	50	50
松醇油	15	15	15	15	15

注：表中药剂用量单位为mg/L。按浮选槽容积计算出符合表中数据的药剂用量。

（二）浮选

（1）待槽内有矿化泡沫后，用手拿刮板，匀速地将矿化泡沫刮出，盛于一容器（大烧杯）中，即为泡沫产品精矿。

（2）按照规定的刮泡时间完成刮泡过程，之后断开浮选机电源，取下插板，并冲洗干净。

（3）将浮选槽从机架上取下，把槽内矿浆倒入另一个容器中，即为槽内产品——尾矿。

（4）分别将泡沫产品和槽内产品过滤、烘干、称重，把所得数据记入表5-5中。

五、实验数据处理

根据每次实验结果——泡沫产品和槽内产品质量，按下式计算每次实验的浮选回收率，然后将数据填入表5-5内。

表5-5　浮选实验记录表

实验次数	浮选条件	泡沫产品质量/g	槽内产品质量/g	回收率/%	
				泡沫产品	槽内产品
1					
2					
⋮					

$$泡沫产品回收率\ \varepsilon_{精} = \frac{泡沫产品质量(g)}{泡沫产品质量(g)+槽内产品质量(g)} \times 100\% \quad (5\text{-}1)$$

$$槽内产品回收率\ \varepsilon_{尾} = 100\% - 泡沫产品回收率$$

六、思考题

（1）加石灰（CaO）浮选时，黄铁矿可浮性有什么变化？为什么？

（2）加硫酸（H_2SO_4）浮选时，黄铁矿可浮性有什么变化？为什么？

5.5 典型硫化矿——铅锌矿浮选分离实验

一、实验目的与要求

（1）根据已学过的知识，自拟选别方案，判定药剂制度。

（2）了解捕收剂、起泡剂及调整剂的作用。

（3）掌握浮选操作过程。

（4）掌握实验室矿石浮选实验结果的处理方法。

二、实验基本原理

矿物表面物理化学性质——疏水性差异是矿物浮选基础，表面疏水性不同的颗粒其亲气性不同。通过适当的途径改变或强化矿浆中实验目的矿物与非实验目的矿物之间表面疏水性差异，以气泡作为分选、分离载体的分选过程即浮选。浮选过程一般包括以下几个过程。

（1）矿浆准备与调浆：即借助某些药剂的选择性吸附，增加矿物的疏水性与非实验目的矿物的亲水性。一般通过添加实验目的矿物捕收剂或非实验目的矿物抑制剂来实现；有时还需要调节矿浆的 pH 值、温度等，为后续的分选提供有利条件。

（2）形成气泡：气泡的产生往往通过向添加有适量起泡剂的矿浆中充气来实现，形成颗粒分选所需的气液界面和分离载体。

（3）气泡的矿化：矿浆中的疏水性颗粒与气泡发生碰撞、附着，形成矿化气泡。

（4）形成矿化泡沫层、分离：矿化气泡上升到矿浆的表面，形成矿化泡沫层，并通过适当的方式刮出后即为泡沫精矿，而亲水性的颗粒则保留在矿浆中成为尾矿。

当前，采用浮选法来处理复杂硫化矿，其基本的流程有优先浮选、混合浮选、部分混合浮选和等可浮性浮选等。

铅锌矿石浮选主要是方铅矿和闪锌矿的分离。

方铅矿（PbS，含 Pb 86.60%）表面具有很好的疏水性，很容易上浮，但表面氧化后可浮性降低。方铅矿的典型捕收剂是黄药和黑药，重铬酸钾是其典型的抑制剂，二氧化硫、亚硫酸用其盐、石灰、硫酸锌或上述药剂的组合均可以抑制方铅矿，但氰化物对方铅矿的抑制作用不强。

闪锌矿（ZnS，含 Zn 67.1%）是硫化矿物中较难选的一种矿物，且因杂质含量的不同，可浮性会有很大的差异，硫酸铜是闪锌矿的典型活化剂，氰化物可以强烈地抑制闪锌矿，硫酸锌、亚硫酸盐、硫代硫酸盐、硫化钠或上述药剂的组合均可抑制闪锌矿的浮选。

方铅矿与闪锌矿的分选，一般采用在碱性介质中抑制闪锌矿、浮选方铅矿的方法。抑制闪锌矿可采用氰化物与硫酸锌组合，但由于氰化物有剧毒，污染环境，并能溶解贵金，目前采用无氰工艺代替，即采用二氧化硫、亚硫酸、亚硫酸钠、硫代硫酸钠等药剂与硫酸锌组合抑制闪锌矿，也可单独使用。

铅锌分选制度较简单，磨矿细度较粗，分离浮选的 pH 值较低，但当含硫较高时，则磨矿细度较细，浮选 pH 值较高。

三、实验仪器设备与材料

（1）物料：铅锌多金属硫化矿石 1200g 左右，称取 300g 矿样 4 份以备用。

（2）药剂：黄药、石灰、硫酸铜、硫酸锌、2 号油各 1 瓶。

（3）仪器：0.75L 单槽浮选机 1 台，洗瓶 1 个，盛矿盆 4 个，10mL 吸液管 3 支。

四、实验步骤

（一）配药

浮选实验用的药剂溶液为了便于使用，常以 100mL 溶液中的含量表示。例如，欲配制 1%的药剂溶液，可称取 1g 药剂倒入 100mL 的容量瓶中，加入一定的蒸馏水使之充分溶解，以后再加蒸馏水至 100mL 的刻度。在进行矿石选别工艺实验时，可用量筒代替容量瓶，并用自来水配药。

配制药剂溶液应先计算本次实验每种药剂用量，按计算所得数量乘以备用系数后称量配置，注意不要浪费药剂。

2 号油是油状液体，是以原液用注射器一滴一滴加入矿浆中的，滴加时针头应垂直。实验前应计算好应加入的滴数，当用量不到一滴时，可将原液滴在滤纸上，按所需的份数剪下加入矿浆中，在标定注射器针头一滴的质量时，要注意针头的型号，因为针头型号不同，每滴的质量也不同，故用什么型号针头标定，加药时就应用该型号的针头加药。

（二）磨矿

（1）清洗球磨机。先加满水磨 5~10min，磨完后将球磨机清洗干净。

（2）确定磨矿浓度。每次实验用样 300g，磨矿浓度可定为 67%，计算出每次磨矿应添加的水量。

（3）按顺序将矿石、水、药剂（指调整剂）加入球磨机中，操作过程中可以先加入少量的水查看磨机是否漏水，然后再加入大约 2/3 的水后，加矿石，再加药剂，最后加剩余的水，便于冲洗洒落在磨机给矿端的矿样。

（4）磨机端盖盖严后稍微拧紧一下开始磨矿，并记录磨矿时间和加入的药剂，磨矿时间根据细度要求来确定。

（5）卸矿。磨矿时间到后，停下磨机，打开磨机盖，往盛矿盆里倒入矿浆，并将球内壁的矿样全部清洗下来，但用水不宜过多。

（三）浮选

浮选使用我国常规浮选设备实验室型单槽浮选机（0.75L），操作如下：

（1）首先将浮选机洗净，将矿浆倒入槽内，并将盆上黏附的矿浆全部用水洗至槽内，为了防止矿浆沉淀，应先启动浮选机后倒入矿浆，再加入适量的水，使矿浆距刮出堰面低10~15mm。

一般而言，pH值调整剂如石灰等都加入球磨机，而捕收剂、起泡剂与抑制剂（有时候一种也加入球磨机）加入浮选机。按确定的药剂条件与顺序加入药剂、捕收剂等呈溶液状态的药剂，用吸液管按计算出的毫升数加入，起泡剂等油状药剂用针头以滴数滴入。

（2）浮选。矿浆经加药处理后打开充气阀，记录时间，打开刮泡刮板旋转开关（提前设置好刮板转速），浮选开始，泡沫刮入盆中。浮选过程中仔细观察泡沫状态、颜色、泡沫层厚度、矿化好坏等现象，并记录下来。浮选过程的不断进行，矿浆面下降，适当添加补充水保持一定的矿浆液面。浮选至终点记下浮选时间，停止充气，停止刮泡，将矿浆从浮选槽中倒出，并将浮选槽洗净。

（3）测定矿浆pH值。矿浆经调浆与加药处理，浮选前应测矿浆pH值，将浮选机停止，沉淀片刻，吸取少量澄清液，在pH计上测定pH值，测完后将溶液倒回。

（4）产品处理。将浮选精矿与尾矿分别澄清、过滤、烘干，制备化学分析样品，采用手持XRF对目标元素含量进行快速分析。

五、实验数据处理

记录磨矿条件和浮选条件，磨矿条件包括球磨机型号、容积、矿浆浓度、加球量及球径、磨矿时间及磨矿时加入的药剂，浮选条件包括浮选机型号、转数、容积（静止容积和充气容积），浮选浓度、pH值、矿浆温度、药剂用量等。通常进行浮选单因素实验，包括磨矿时间对浮选效果的影响、pH值对浮选效果的影响。

数据处理：将浮选结果填于表5-6中。

表5-6 浮选实验结果表

磨矿时间/min	产品名称	质量/g	产率/%	品位/%	金属量 $\gamma \cdot \beta$	回收率/%
2	精矿					
	尾矿					
	原矿					
4	精矿					
	尾矿					
	原矿					
6	精矿					
	尾矿					
	原矿					
8	精矿					
	尾矿					
	原矿					

六、思考题

(1) 实验中有哪些基本计算？试逐一加以列出（如球介质充填系数、磨矿加水量，石灰、黄药、2号油添加量及浮选浓度的计算等)。

(2) 方铅矿和闪锌矿选别的方案、流程及药剂制度，各是什么？

(3) 试说明实验中所采用的各种药剂的作用原理。

5.6 典型氧化矿——钛铁矿浮选分离实验

一、实验目的与要求

(1) 了解和掌握钛铁矿的浮选方法。

(2) 了解非硫化矿所使用的浮选药剂的作用。

(3) 进一步掌握浮选实验操作和对实验结果的处理方法。

二、实验基本原理

钛铁矿是铁和钛的氧化物矿物，灰到黑色，具有金属光泽。成分为 $FeTiO_3$，含 TiO_2 52.66%，是提取钛和二氧化钛的主要矿物。钛铁矿的选矿工艺需要多种选矿方法联合使用，如常用的“重选—强磁选—浮选”和“重选—强磁选—电选（选别前除硫）”等工艺，钛精矿通常指的是钛铁矿，一般选矿所得钛精矿中含 TiO_2 为46%以上。

在各种常规选矿方法中，浮选是一种选别精度高、选别效果好的方法，主要用于原生的含钛矿石的分选，特别是用于选别细粒级含钛矿石，且浮选成败的关键是针对具体矿石性质，选择、研制出适宜的选钛捕收剂并确定出最佳的药剂制度。钛铁矿常用的捕收剂为脂肪酸类、含膦类捕收剂、含砷类捕收剂、羟肟酸类捕收剂。目前主要应用于实践中的多是组合捕收剂，极少用单一捕收剂来浮选。钛铁矿浮选中经常用的活化剂是硝酸铅，pH值调整剂一般用硫酸，抑制剂主要有水玻璃、草酸、六偏磷酸钠、羧甲基纤维素等。

三、实验仪器设备与材料

(1) 设备：锥形球磨机，1.5L、1.0L、0.5L 实验室用 $XFD_{Ⅲ}$ 型单槽浮选机。

(2) 药剂：硫酸、碳酸钠、硝酸铅、六偏磷酸钠、氟硅酸钠、油酸、羟肟酸钠和起泡剂。

(3) 矿样：实验所用的矿样为某钛铁矿矿样，有用矿物主要为 TiO_2，TiO_2 含量为7.80%，脉石主要是石英、绿泥石等。

四、实验步骤

(1) 配药：操作详见5.5节。

(2) 磨矿：操作详见5.5节。

(3) 钛铁矿浮选流程如图5-6所示。

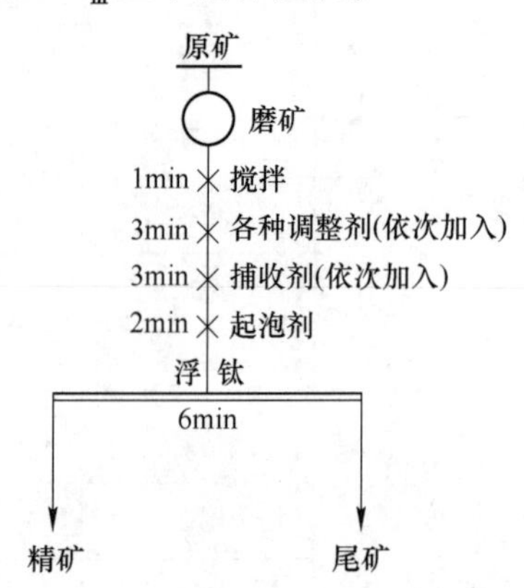

图5-6 钛铁矿浮选流程

1）首先将浮选槽清洗干净，再将磨好的矿浆倒入浮选槽内，并将盆上黏附的矿浆全部用洗瓶洗至槽内，为了防止矿浆沉淀，安装固定好浮选槽后，立刻启动浮选机，并向槽内加入适量的水，使矿浆面距刮出堰面低1～2cm。

2）调浆加药处理。按确定的药剂条件与顺序加入各药剂，药剂溶液用移液管按算出的体积数加入，起泡剂等油状原药用针头以滴数滴入。

3）浮选。矿浆经药剂处理后，打开进气阀充气并开始计时，然后启动刮板装置自动刮泡，泡沫刮入盆中即为钛精矿。随着浮选过程的不断进行，矿浆面逐渐下降。为了保证均匀刮泡，用洗瓶添加补加水，适当冲洗搅拌轴和浮选槽的槽壁，以保持一定的矿浆面。清水补加量以不积压泡沫、不刮水为准。

浮选过程中仔细观察泡沫状态、颜色、泡沫层厚度、矿化好坏等现象，并记录下来。

待无泡沫或泡沫基本为水泡后，即浮选结束，关闭充气阀停止充气，停止刮泡，记下浮选时间。用洗瓶把溢流口及刮板上的颗粒冲入精矿；把边壁黏附的颗粒冲入槽中，并将浮选槽中的矿浆全部倒出至另一容器，即为尾矿产品，把浮选槽洗净。

4）产品处理。将精矿与尾矿分别澄清、过滤、烘干，然后混匀、缩分取样，采用手持 XRF 进行快速分析或送去化验。

五、实验数据处理

根据所知数据，计算相应产品的回收率，填入表 5-7 中。

表 5-7 钛铁矿浮选实验结果

产品名称	质量/g	产率 γ/%	品位 β/%	金属量 $\gamma\cdot\beta$	回收率 ε/%
钛精矿					
尾矿					
合计					

六、思考题

（1）观察钛精矿泡沫状态、颜色、泡沫层厚度、矿化好坏等情况。

（2）说明实验中所用的油酸、羟肟酸钠两种捕收剂的浮选性质，主要用途及其与矿物表面作用的机理。

5.7 典型氧化矿——萤石浮选实验

一、实验目的与要求

（1）掌握萤石矿的常规浮选过程及药剂制度。

（2）了解萤石矿的常规伴生矿物及对应的原则分选流程。

二、实验基本原理

萤石又名氟石、五花石，化学成分为氟化钙（CaF_2），含 F 48.9%，含 Ca 51.1%，常与石英、方解石、重晶石和硫化矿共生。浮选技术是萤石回收的重要手段，已在萤石提取与回收工艺中得到了广泛应用，是一项比较成熟的矿物加工技术，尤其是分选高纯度萤石。

萤石浮选的捕收剂一般采用脂肪酸类药剂，在工业浮选工艺中目前最常用的是油酸及其改性产品。由于萤石、方解石及磷灰石等矿物属于微溶盐矿物，研究表明：不同产地的萤石样品因其溶解性质不同，可能引起萤石的零电点有很大的差别，如萤石的零电点可从2.2变化到10.6，将导致控制浮选的pH值条件也不同。使用油酸作捕收剂，当矿浆的pH值为8~11时，萤石的浮游性较好。另外，升高矿浆的温度，也可以提高萤石的浮选指标。同时，不同粒度的萤石，它们的浮选行为也有差别：粗粒萤石浮选的特点是选择性强，因此其精矿品位高，但回收率较低；中等粒度的萤石浮选结果是精矿品位和回收率都较高；细粒萤石浮选的精矿品位和回收率均较低。当浮选萤石用油酸作捕收剂时，对浮选用水也有较高的要求，即水质为硬水时则首先要将进入浮选工艺的水预先软化。

萤石浮选的捕收剂除油酸外，还有烃基硫酸酯烷基磺化琥珀胺、油酰氨基磺酸钠及其他磺酸盐和胺类。常用碳酸钠作矿浆调整剂。根据脉石性质不同，可采用水玻璃、偏磷酸钠、木质素磺酸盐、糊精等作脉石抑制剂。

对石英-萤石型矿石，多采用一次磨矿粗选、粗精矿再磨、多次精选的工艺流程，其药剂制度常以碳酸钠为调整剂调整矿浆至碱性，以防止水中多价阳离子对石英的活化作用，用脂肪酸类作捕收剂时加入适量的水玻璃抑制硅酸盐类脉石矿物。

对碳酸盐-萤石型矿石，萤石和方解石用脂肪酸类作捕收剂时均具有强烈的吸附作用，生产上一般先混合浮选，再进行萤石和方解石的分离作业，以提高萤石精矿的品位。含钙矿物的抑制剂有水玻璃、偏磷酸钠、木质素磺酸盐、糊精、单宁酸、草酸，为了提高抑制效果，多以组合药剂形式加入浮选矿浆。

硫化矿-萤石型矿石，主要以含锌、铅矿物为主，萤石为伴生矿物，选矿时先浮硫化矿，萤石为浮选的尾矿，然后将其作为萤石矿单独处理，按选萤石流程进行多次精选，仍可达到满意的结果。

本实验拟采用碳酸钠作为pH值调整剂，采用油酸作捕收剂，水玻璃作脉石抑制剂。由于油酸不易溶解和分散，实践中常需加溶剂乳化，或通过皂化反应（式5-2）溶解：

$$2R_{17}H_{33}COOH + Na_2CO_3 \longrightarrow 2R_{17}H_{33}COONa + H_2O + CO_2\uparrow \quad (5\text{-}2)$$

另外，油酸熔点为14℃，故矿浆温度不应低于14℃，适当增加矿浆的温度，可提高浮选指标。同时因油酸兼有起泡性，故无须再单独加入起泡剂。

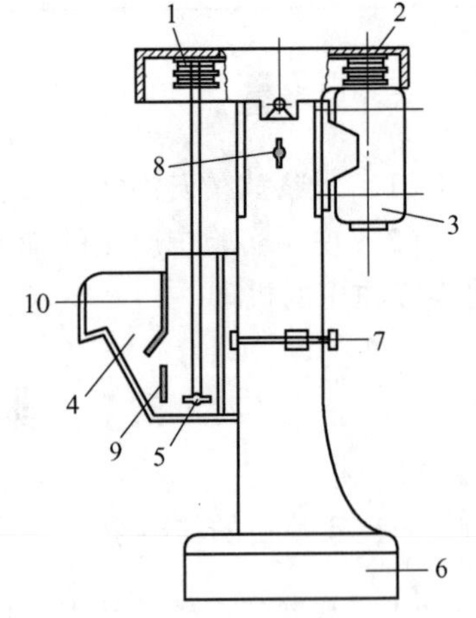

图5-7 挂槽式浮选机结构图

1—皮带轮；2—内带轮；3—电动机；4—浮选槽；5—叶轮；6—支架；7—固定浮选槽的钳口；8—开关；9—隔板；10—挡板

三、实验仪器设备与材料

（1）1.5L实验室型单槽浮选机，结构如图5-7所示。

玻璃仪器：量筒2个/组（规格视药剂添加量选定）。500mL容量瓶2个/组，烧杯1个/组。

（2）pH 计（数量视学生分组数目而定）。

（3）洗瓶 1~2 个/组。

（4）盛矿浆的瓷质盆或塑料盆 2 个/组。

（5）秒表 1 块/组。

（6）温度计 1 支/组。

（7）可控温烘箱（规格视学生分组数目而定）。

（8）盘式真空过滤机 1 台/2 组，滤纸若干。

（9）电子天平（数量视学生分组数目而定）。

（10）实验用萤石矿矿样（0.074~0.04mm）1kg/组。

（11）浮选药剂：改性油酸（工业品）、水玻璃（工业品）和碳酸钠（分析纯）。

四、实验步骤

萤石矿浮选开路流程为一次粗选，如图 5-8 所示。

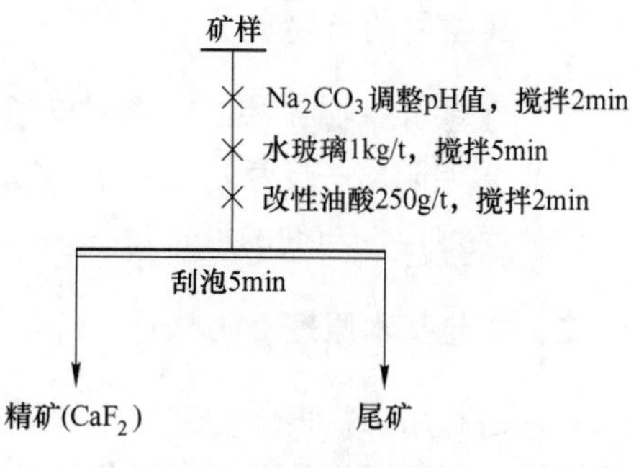

图 5-8　浮选流程图

（1）控制粗选浮选浓度为 33%，计算和称取所需试样、药剂量。

（2）将按要求称量的萤石矿矿样加入浮选槽中，添加水至合适液面高度，控制矿浆到合适温度（根据经验自选），搅拌 3min，添加 Na_2CO_3 调整 pH=8~9，搅拌调浆 2min，添加水玻璃搅拌调浆 5min，最后添加改性油酸搅拌调浆 2min，充气开始浮选作业，刮泡 5min。

五、实验数据处理

（1）将实验数据和计算结果按规定填入表 5-8 中。

表 5-8　实验数据记录表

试样来源：__________　试样粒度__________

产品名称	质量/g	产率/%	品位/%			CaF_2 回收率/%	实验条件
			CaF_2	SiO_2	$CaCO_3$		
原矿							
精矿							
尾矿							

实验人员：__________　日期：__________　指导教师：__________

（2）在实验过程中记录实验现象，尤其要观察矿化气泡与泡沫层，并进行结果分析。误差分析：原矿质量与精矿和尾矿质量之和的差值，不得超过浮选实验前试样质量的 1%，否则实验应重新进行。

（3）撰写实验报告。

六、思考题

（1）根据浮选泡沫现象，结合实验化验结果，分析各浮选药剂对萤石浮选的影响。

（2）通过文献资料查阅，不同工业领域对于萤石产品的质量（包括萤石品位以及杂质含量）要求有无划分？

（3）萤石矿的主要伴生矿物有哪几种？在具体分选时应采用怎样的工艺来提高分选效率？

5.8 典型氧化矿——赤铁矿反浮选实验

一、实验目的与要求

（1）了解并掌握赤铁矿阴离子反浮选的工艺条件及操作过程。

（2）掌握阴离子反浮选的药剂制度及各种药剂的基本作用。

（3）练习浮选药剂的配置过程。

二、实验基本原理

浮选是利用矿物表面物理化学性质差异，特别是表面润湿性，常用添加特定浮选药剂的我国铁矿资源面临的形势是优质铁矿资源匮乏，易选铁矿石日渐减少，现存的铁矿资源大多是以品位低、浸染粒度细、矿物组成复杂为特点的赤铁矿。随着阴离子反浮选技术在分选赤铁矿上取得成功，以阴离子反浮选工艺为核心的联合流程已经成为赤铁矿选矿的主流。

阴离子反浮选工艺对温度要求比较高，药剂制度复杂。赤铁矿分子式为 Fe_2O_3，含 Fe 为 70%，易采用脂肪酸类捕收剂浮选，浮选常用的捕收剂包括油酸、氧化石蜡皂、妥尔油等脂肪酸类和石油磺酸盐等。

对于阴离子反浮选捕收剂（以脂肪酸类捕收剂为例），存在以下反应：

$$R—COOM \longrightarrow R—COO^- + M^+ (\text{M 为一价金属或基团}) \tag{5-3}$$

$$R—COO^- + H_2O \longrightarrow R—COOH + OH^- \tag{5-4}$$

显然，捕收剂以离子或分子状体存在，及二者含量的多少，必将对捕收剂作用产生一定的影响。

阴离子反浮选工艺中，除捕收剂外，还有其他 3 种药剂发挥不同的作用。它们是矿浆 pH 值调整剂——氢氧化钠、抑制剂——淀粉、活化剂——氧化钙。

氢氧化钠主要是调整矿浆 pH 值、改变矿物表面电位、影响其他药剂的存在状态，其在调整矿浆 pH 值过程中，会发生以下反应：

$$NaOH \longrightarrow Na + OH^- \tag{5-5}$$

$$OH^- + H^+ \longrightarrow H_2O \tag{5-6}$$

可见，氢氧化钠加入量的多少将直接影响矿浆中 OH^- 和 H^+ 的数量，即影响矿浆 pH 值的高低。改变矿物表面电位过程，在铁矿物上主要发生以下反应：

$$Fe_2O_3 + 3H_2O \longrightarrow 2Fe(OH)_3 \tag{5-7}$$

$$Fe(OH)_3 \longrightarrow Fe(OH)_2^+ + OH^- \tag{5-8}$$

$$Fe(OH)_2^+ \longrightarrow Fe(OH)^{2+} + OH^- \tag{5-9}$$

在石英上主要发生以下反应：

$$SiO_2 + H_2O \longrightarrow H_2SiO_3 \tag{5-10}$$

$$H_2SiO_3 \longrightarrow HSiO_3^- + H^+ \tag{5-11}$$

$$HSiO_3^- \longrightarrow SiO_3^{2-} + H^+ \tag{5-12}$$

可见，氢氧化钠加入量的多少对矿浆表面电位起决定性作用，影响其他药剂的存在状态。

淀粉的作用主要是抑制铁矿物上浮。在淀粉中存在大量的—O—和—OH—，通过氢键力和范德瓦尔斯力对铁矿物产生吸附作用，进而达到抑制铁矿物上浮的目的。由于淀粉在苛化过程中产生一些极性基，所以铁矿物表面电位的高低影响着淀粉的抑制效果。

研究表明：pH 值在 10~12.5 区间内，各类淀粉对赤铁矿都有很强的抑制作用，抑制机理是淀粉中的羟基氧和赤铁矿表面裸露的铁元素发生了化学键合；pH 值在 11.5~12.5 区间内，各类淀粉对石英都有微弱的抑制作用，其作用机理是静电作用和氢键作用。pH 值在 8~13 区间内，Ca^{2+}对石英具有明显的活化作用，其作用机理是吸附在矿物表面的 Ca^{2+}和 $Ca(OH)^+$与油酸根离子发生化学作用而使石英疏水性增大。因此在油酸体系中，pH 值在 11.5~12.5 区间内，赤铁矿和石英存在最大的可浮性差距是二者分离的理想条件，影响淀粉抑制作用的因素包括淀粉的链长、淀粉的直链和支链结构的含量、淀粉中的杂质、变性淀粉中引入基团的种类，及基团取代度的大小等。

三、实验仪器设备与材料

（1）1.5L 实验室型单槽浮选机。

（2）玻璃仪器：量筒 2 个/组（规格视药剂添加量选定），500mL 容量瓶 2 个/组，烧杯 1 个/组。

（3）pH 计（数量视学生分组数目而定）。

（4）洗瓶 1~2 个/组。

（5）样品收集瓷盆 4 个/组。

（6）秒表 1 块/组。

（7）温度计 1 支/组。

（8）水浴锅（规格及数量视学生分组数目而定）。

（9）可控温烘箱（规格视学生分组数目而定）。

（10）盘式真空过滤机 1 台/2 组，滤纸若干。

（11）电子天平（数量视学生分组数目而定）。

（12）实验用赤铁矿矿样（-200 目>90%）1kg/组。

（13）浮选药剂：油酸（工业品/皂化）、氢氧化钠（分析纯）、氧化钙（分析纯）、玉米淀粉（工业品/苛化）。

四、实验步骤

赤铁矿阴离子反浮选开路流程为一次粗选、一次精选和一次扫选，如图 5-9 所示。

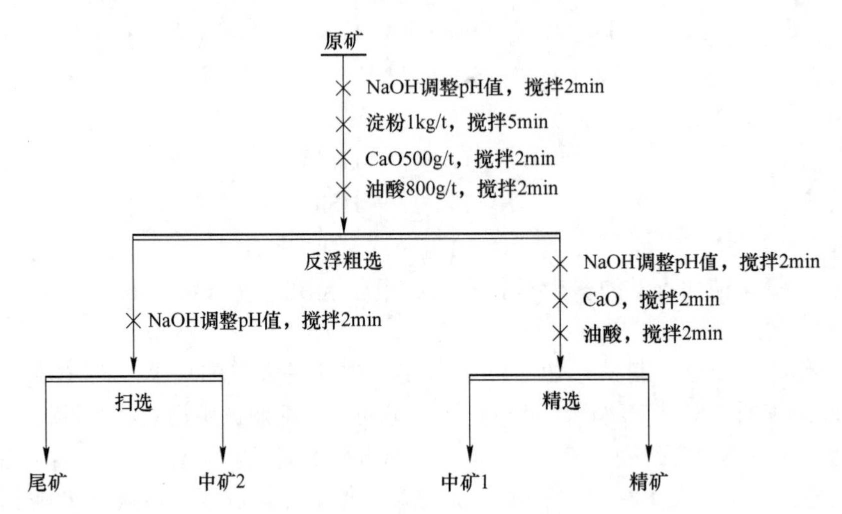

图 5-9 赤铁矿阴离子反浮选开路流程图

（1）控制粗选浮选浓度为 35%，计算和称取所需试样、药剂量。

（2）将按要求称量的赤铁矿矿样加入浮选槽中，添加水至合适液面高度，控制矿浆到 35℃左右，搅拌 3min，添加 NaOH 调整 pH 值为 11.75 左右，添加淀粉搅拌调浆 5min，再添加 CaO 搅拌调浆 2min，最后添加油酸搅拌调浆 2min，充气开始浮选作业，刮泡 5min，所得粗选泡沫产品备用。

（3）浮选槽内矿浆继续用 NaOH 调节 pH 值到规定范围，添加 CaO、油酸分别搅拌调浆后开始精选，浮选 4min 后得到浮选槽内产品为精矿，泡沫产品为中矿 1。

（4）转移精选各产品，清洗浮选槽及浮选机。

（5）将粗选泡沫倒入浮选槽，加水至合适液面高度，控制矿浆温度 35℃左右，添加 NaOH 调整矿浆 pH 值到 11.75，搅拌 3min 后充气，进行扫选，刮泡 4min，所得泡沫产品为尾矿，浮选槽内产品为中矿 2。

（6）分别将分选产品过滤、脱水、烘干（不超过 105℃）至恒重、冷却至室温后称重，制样、分析化验。

（7）清理实验设备，整理实验场所。

注：实验操作过程中所添加的药剂、调浆时间和其他工艺参数仅作为参考值，具体可根据所用矿样的种类及性质进行优化确定。单元实验的个数和浮选浓度、精选药剂所用种类及用量、扫选是否添加抑制剂淀粉以及流程等实验条件可根据需要由指导教师确定。

五、实验数据处理与实验报告

（1）将实验数据、计算结果及实验条件按规定填入表 5-9 中。

表 5-9 赤铁矿阴离子反浮选实验结果

试样来源：____________ 试样粒度____________

产品名称	质量/g	产率 γ/%	Fe 品位 β/%	金属量 $\gamma \cdot \beta$	回收率 ε/%	实验条件
原矿						
精矿						

续表 5-9

产品名称	质量/g	产率 γ/%	Fe 品位 β/%	金属量 $\gamma \cdot \beta$	回收率 ε/%	实验条件
中矿 1						
中矿 2						
尾矿						

实验人员：＿＿＿＿＿＿　　日期：＿＿＿＿＿＿　　指导教师：＿＿＿＿＿＿

（2）在实验过程中记录实验现象，尤其要观察矿化气泡与泡沫层，并进行结果分析。误差分析：原矿质量与精矿和尾矿质量之和的差值，不得超过浮选实验前试样质量的1%，否则实验应重新进行。

（3）撰写实验报告。

六、思考题

（1）阴离子反浮选与阳离子反浮选在操作过程中有何不同之处？

（2）磁铁矿反浮选与赤铁矿反浮选有何异同？

（3）通过文献资料查阅，进一步了解阴离子反浮选工艺的特点及赤铁矿阴离子反浮选体系药剂作用机理。

（4）配合阴离子反浮选工艺，实现赤铁矿高效分选的联合工艺有哪些？

6 矿物化学处理与生物工程实验

6.1 矿物化学处理实验

6.1.1 弱磁性铁矿石的磁化焙烧—磁选实验

一、实验目的与要求

（1）掌握在实验室进行小型磁化焙烧实验的方法。
（2）了解弱磁性铁矿石磁化焙烧的过程和条件。
（3）了解磁化焙烧温度、还原时间等因素对矿石还原过程的影响。

二、实验基本原理

磁化焙烧是用来增加弱磁性矿物（如赤铁矿、褐铁矿和菱铁矿等）的磁性，按照磁化焙烧化学反应的不同可将其分为还原焙烧、中性焙烧和氧化焙烧。还原焙烧是将弱磁性的赤铁矿（$\alpha\text{-}Fe_2O_3$）和含水的氧化铁矿（$Fe_2O_3 \cdot nH_2O$）等加热到适当温度（一般约570℃）时，与还原剂反应生成强磁性氧化铁（Fe_3O_4 或 $\gamma\text{-}Fe_2O_3$）的焙烧过程。还原焙烧过程主要分为3个主要阶段：

（1）加热阶段。矿石以一定的升温速度加热到进行还原反应所需要的温度（一般为570℃）进行还原反应。这个阶段兼有矿石脱水的作用，一般当温度超过100℃时，矿石中的游离水会迅速蒸发，而当温度超过200℃时，结晶水会被除去。

（2）还原阶段。还原阶段有3个要求：第一是要求 Fe_2O_3 充分转变为 Fe_3O_4；第二是要求还原反应速度要高，避免“还原不足”和“过还原”；第三是要充分利用还原剂。还原剂常用的是 H_2、CO 和 C，它们与 Fe_2O_3 的反应为

$$3Fe_2O_3 + C = 2Fe_3O_4 + CO\uparrow \quad (6\text{-}1)$$

$$3Fe_2O_3 + CO = 2Fe_3O_4 + CO_2\uparrow \quad (6\text{-}2)$$

$$3Fe_2O_3 + H_2 = 2Fe_3O_4 + H_2O \quad (6\text{-}3)$$

高价氧化铁（Fe_2O_3）与还原剂发生还原反应时，转变顺序为：$Fe_3O_4 \rightarrow FeO \rightarrow Fe$，决定这个过程的主要条件是还原温度、还原时间和还原剂，这三者是互相制约的。

（3）冷却阶段。当矿石完全还原时，通常需要在中性气氛中将其冷却到室温。当矿石冷却到400℃以下时，与空气接触可氧化为 $\gamma\text{-}Fe_2O_3$；如果在400℃以上接触空气，已还原成的 Fe_3O_4，则又会按下式反应生成氧化产物：

$$4Fe_3O_4 + O_2 \longrightarrow 6\ \alpha\text{-}Fe_2O_3 \quad (6\text{-}4)$$

经过磁化焙烧的物料，目的矿物会由弱磁性变成强磁性，这样就可以利用经济有效的

弱磁场磁选的方法对物料进行分选。

三、实验仪器设备与材料

（1）有温度自动控制系统的管状焙烧炉 1 台、磁选管。

（2）气体流量计、高温表、热电偶、调压器、秒表、煤气灯、样品盆和取样用具、天平、ϕ20mm 瓷管、小号瓷舟、厚壁玻璃短管数根。

（3）还原剂：煤气或天然气足量（也可采用煤炭或焦炭作还原剂），赤铁矿石 200g（粒度为-0.15mm）。

四、实验步骤

（1）根据所选矿石的类型和粒度，确定焙烧温度、焙烧时间和还原剂用量。

（2）将焙烧炉的电源接通，以确保在实验前将炉温预热到 500℃左右。

（3）称取一定量的试样（20g）均匀地装入瓷舟中，保持一致的料层厚度，放入焙烧管的中央处。

（4）将 ϕ20mm 的瓷管置入管状炉膛，然后用坩埚钳将瓷舟慢慢推至中央位置。在两端塞紧带玻璃管的皮塞、检查热电偶插入处和玻璃管插入处的密封性。瓷管的一端与煤气源相连，另一端与煤气灯和温度控制器相连，如图 6-1 所示。

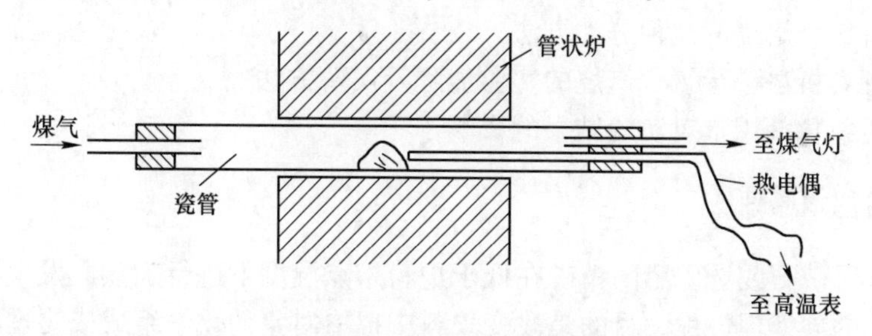

图 6-1 还原焙烧实验示意图

（5）使用压力调节器将样品所在的熔炉温度提高到 570℃左右。首先，引入 N_2（或 CO_2）驱走瓷管内的空气，然后用一根带余烬的火柴测试从排气口排出的气体。确认无氧后，打开气体开关，按所需流量引入气体，记录还原时间（还原反应进行时应保持炉内恒温）。

（6）矿石在还原过程时，可用煤气灯烧掉多余的煤气。

（7）当还原过程达到所要求的时间后，关闭煤气开关，取出瓷舟，在不接触空气的情况下冷却，冷却到 400℃以下后，可从瓷舟中倒出试样，冷却至常温后用磁选管进行磁力分选实验。

（8）将试样从瓷舟中倒出，取适量矿样进行研磨，并对试样进行磁性分析。

五、实验数据处理

将实验结果记入表 6-1 中，并对实验结果进行分析，分析所选的实验条件是否适宜，若焙烧产品质量指标不理想，试分析不理想的原因，进而调整实验条件，再进行重复实验。

表 6-1 磁化焙烧实验结果

条 件	产率/%			品位/%			金属回收率/%			备注
	原矿	精矿	尾矿	原矿	精矿	尾矿	原矿	精矿	尾矿	
焙烧温度/℃ 焙烧时间/min										
焙烧温度/℃ 焙烧时间/min										

六、思考题

(1) 弱磁性铁矿物磁化焙烧过程中会发生哪些化学变化?

(2) 进行还原焙烧磁选实验时要进行哪些条件实验?

(3) 矿石磁化后的磁性与磁铁矿的磁选有什么不同?

6.1.2 氯化焙烧实验

一、实验目的与要求

(1) 了解氯化焙烧的几种分类方法。

(2) 掌握离析法进行氯化焙烧的实验流程及实验方法。

(3) 分析氯化剂用量对实验结果的影响。

二、实验基本原理

焙烧是将原矿石或选矿后的精矿在低于炉料熔点温度下进行加热，发生氧化、还原或其他化学变化的预处理过程。目的是改变炉料中提取对象的化学组成或物理状态，使其更便于下一步冶炼处理。实验室的焙烧目的在于确定采用焙烧的可能性，大致确定焙烧工艺条件，确定尚需进行连续性实验、中间实验和工业实验。焙烧实验包括还原焙烧、氯化焙烧、硫酸化焙烧、硫化焙烧和挥发焙烧等。

氯化焙烧是指在一定的温度和气氛条件下，用氯化剂使矿物原料中的目的组分转变为气相或凝聚相的氯化物，以使目的组分分离富集的工艺过程。

氯化焙烧有多种分类方法。根据产品形态可将其分为高温氯化焙烧、中温氯化焙烧、离析法焙烧，根据气相中含氧量又可分为氧化氯化焙烧（直接氯化）和还原氯化焙烧(还原氯气)。

(1) 高温氯化焙烧。在高温下将欲提取的金属呈氯化物挥发出来而与大量脉石分离，并于收尘器中捕集下来，然后进行湿法处理分离提取有价金属。此法一般具有金属回收率高、富集物浓度大而数量小、便于提取等优点，但有耗热能多、对设备腐蚀性强的缺点。

(2) 中温氯化焙烧。在不高的温度下，将欲提取的金属转化为氯化物或硫酸盐，然后通过浸出以分离脉石，从浸出液中分离提取有价金属。此法一般耗能不多，易于实现，但金属回收率低，富集浓度稀，体积大，回收不便，且进一步处理的设备庞大。

(3) 离析法焙烧。离析法焙烧是将矿石配以少量的煤（或焦炭）和食盐（或 $CaCl_2$

等)，在中性或弱还原性的气氛中进行焙烧，使金属生成氯化物挥发出来，并迁移到炭粒表面并被还原成金属进一步用选矿方法或用氨浸进行分离。这一方法适用于含铜、金、银、铅、锑、铋、锡、镍、钴等金属矿石。此法比一般氯化冶金的方法耗用的氯化剂少，成本比较低，因此受到人们的重视。尤其是对综合回收金银而言，离析法焙烧比酸浸法优越。它的主要缺点是，热能消耗较大，对缺乏燃料的地区来说，成本就高了。

氯化焙烧时的氯化剂可分为气体氯化剂（Cl_2、HCl）和固体氯化剂（NaCl、$CaCl_2$、$FeCl_3$）。许多金属硫化物较易被 Cl_2 所氯化，因此对多数金属硫化物最好用 Cl_2 作氯化剂，在高温时，硫化物用 HCl 氯化是无效的；除气体氯化剂外，工业上常用 NaCl 和 $CaCl_2$ 作固体氯化剂，固体氯化剂的氯化作用主要是通过其他组分使其分解而得到氯气和氯化氢来实现的。

以 Cl_2 为例，气体氯化剂与金属硫化物 MS 的氯化反应为

$$MS + Cl_2 = MCl_2 + \frac{1}{2}S_2 \tag{6-5}$$

以 NaCl 为例，固体氯化剂与金属硫化物 MS 的反应过程为

$$\begin{cases} 2MS + 3O_2 \longrightarrow 2MO + 2SO_2 \\ MS + 2NaCl + 2O_2 \longrightarrow Na_2SO_4 + MCl_2 \end{cases} \tag{6-6}$$

反应过程非常复杂，在焙烧过程中有很多如氧化、氯化、硫酸化等反应都可能同时或相继发生。另外，反应生成的 SO_2 可再与 NaCl、O_2 反应生成氯，主要反应如下：

$$\begin{cases} 2NaCl + SO_2 + O_2 \longrightarrow Na_2SO_4 + Cl_2 \\ 2SO_2 + O_2 \longrightarrow 2SO_3 \\ 2NaCl + 2SO_3 \longrightarrow Na_2SO_4 + SO_2 + Cl_2 \end{cases} \tag{6-7}$$

式中，SO_2、SO_3 气体的作用是使氯化剂的分解速度大大提高，分解温度显著降低，同时产生氯气，Na_2SO_4 的生成对氯化剂的分解起催化作用。反应生成的金属氯化物也可氧化生成氯：

$$\begin{cases} 6MCl_2 + 3O_2 \longrightarrow 2MCl_3 + 2M_2O_3 + 3Cl_2 \\ 4MCl_3 + 3O_2 \longrightarrow 2M_2O_3 + 6Cl_2 \\ 6MCl_3 + 4O_2 \longrightarrow 2M_3O_4 + 9Cl_2 \end{cases} \tag{6-8}$$

以上各反应释放出来的氯再对金属硫化物进行氯化反应：

$$\begin{cases} 2MS + 2Cl_2 \longrightarrow 2MCl_2 + S_2 \\ 2MS + 3Cl_2 \longrightarrow 2MCl_2 + S_2Cl_2 \\ MS + 2Cl_2 \longrightarrow MCl_2 + SCl_2 \end{cases} \tag{6-9}$$

从以上反应可知，硫化物矿样氯化焙烧的固相反应产物主要是金属氯化物和氯化剂反应对应的硫酸盐，气相反应产物为 SO_2、SO_3、Cl_2、HCl 等。

本节实验将根据以上实验原理，采用离析焙烧法进行难选铜矿石的氯化焙烧实验，再结合浮选法，回收精矿，流程简图如图 6-2 所示。实验采用两段离析法，将破碎好规定粒度的矿石在马弗炉内预热，之后加入氯化剂和焦炭并送入焙烧炉内进行离析焙烧，焙烧结束后，将焙烧矿水淬、冷却、烘干、磨碎，磨碎矿物经过浮选实验获得铜精矿。在实验过程中，将氯化剂的加入量作为一个研究对象，分析氯化剂的质量分数与焙砂中硫残留量的

关系。本实验的食盐本身对氯化反应没有影响，离析的引发反应是依靠食盐水解产生的氯化氢，而氯化反应速度与氯化氢压力成正比。食盐的加入量过少，则氯化氢的供应就不能满足起始氯化反应速度的需要；食盐的用量过大也是有害的，它会溶解氯化亚铜，降低离析回收率。因此，实验过程中要分析出最佳食盐用量。

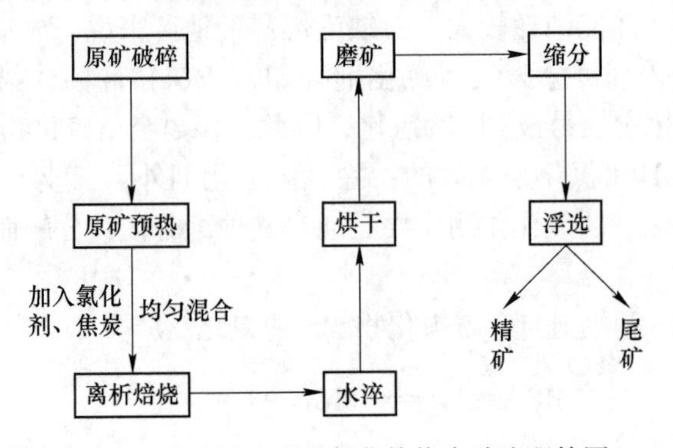

图 6-2 难选铜矿石的氯化焙烧实验流程简图

本实验方案的方程式如下式所示：

$$\begin{cases} 2NaCl + H_2O + SiO_2 \longrightarrow 2HCl + Na_2SiO_3 \\ 2HCl + Cu_2O \longrightarrow \dfrac{2}{3}Cu_3Cl_3 + H_2O \\ Cu_3Cl_3 + \dfrac{3}{2}H_2 \longrightarrow 3Cu + 3HCl \end{cases} \tag{6-10}$$

三、实验仪器设备与材料

(1) 破碎机、磨矿机、多功能箱式电阻炉、分析天平、真空干燥箱。

(2) 褐铁矿、反应气体煤气、保护气体氮气、焦炭、瓷舟。

(3) 氯化钠、焦炭、无水乙醇-氢氧化钾-百里酚酞标准吸收滴定溶液、碳酸钠-氧化锌（3∶2）混合溶剂、乙醇溶液、2%碳酸钠溶液、甲基橙指示剂、1∶1 盐酸、氯化钡溶液。

四、实验步骤

(一) 离析法氯化焙烧实验

(1) 将铜矿石破碎至粒度小于 4mm 或 5mm，称取 5 份铜矿石于有盖的瓷坩埚内，每份质量为 15g。

(2) 将各个装有铜矿石的带盖瓷坩埚置入马弗炉内预热，在每个坩埚内分别加入氯化钠，质量分别为矿物质量的 0.5%、0.8%、1.2%、1.6%、2.0%，再依次加入 2g 焦炭（粒度为 0.5~2mm），混合均匀后将带盖的瓷坩埚放入焙烧炉内进行离析焙烧，焙烧时间为 2~3h，焙烧温度为 800℃。

(3) 焙烧结束后将各个焙烧矿水淬、烘干，磨碎至−74μm。

(二) 氯化剂的质量分数与焙烧矿中硫残留量的关系

(1) 在 30mL 空的瓷坩埚内盛放 3~5g 预先配好的碳酸钠-氧化锌（3∶2）混合溶剂，

称取0.2~0.5g磨碎的焙烧矿样于坩埚中，搅拌均匀，混合物上面覆盖1~2g碳酸钠-氧化锌（3∶2）混合溶剂，盖上坩埚盖，置放于箱式电阻炉中，待炉温升高到800℃后，保持灼烧1h。

（2）焙烧完毕，待坩埚冷却后，将灼烧后的混合物倒入250mL烧杯内，加入100mL热蒸馏水浸湿混合物，如果溶液呈绿色，加乙醇数滴使锰酸盐还原，在电炉上加热烧杯，同时捣碎半熔物。

（3）将加热的混合物过滤于400mL烧杯中，用热的2%碳酸钠溶液洗涤沉淀6~8次。

（4）在滤液中加入几滴甲基橙指示剂，用1∶1盐酸中和至溶液显红色并过量2mL，用蒸馏水调节溶液的体积到300mL。

（5）溶液加热至沸（赶尽二氧化碳），加入氯化钡溶液使其与硫酸根形成硫酸钡沉淀，滤出后灼烧、称重、记录，同时换算为硫的含量。

五、实验数据处理

（1）将氯化焙烧实验后的氯化剂的质量分数与焙烧矿中硫残留量的关系实验结果记录于表6-2中，并进行换算。

表6-2 氯化剂的质量分数与焙烧矿中硫残留量的关系记录表

氯化剂质量分数/%	焙烧矿质量/g	硫酸钡沉淀质量/g	硫残留量/%
0.5			
0.8			
1.2			
1.6			
2.0			

（2）依据实验结果，绘制氯化剂的质量分数-焙烧矿中硫残留量曲线图，并分析同一焙烧温度时，氯化剂的质量分数与硫残留量的关系，分析出现现象的原因。

（3）撰写实验报告。

六、思考题

（1）采用氯化焙烧工艺，矿物的脱硫率受哪些因素影响？是如何影响的？

（2）试分析影响氯化焙烧的因素及相互关系。

6.1.3 熔剂性球团矿综合实验

一、实验目的与要求

（1）掌握熔剂性球团的制备技术。

（2）掌握实验室氧化球团矿焙烧方法。

二、实验基本原理

通常在铁矿球团造块过程中需添加氧化钙等添加剂，在球团焙烧过程中，一方面发生铁氧化物的结晶与再结晶，另一方面将发生如下反应：

$$CaO + Fe_2O_3 \xrightarrow{500 \sim 1000℃} CaO \cdot Fe_2O_3 \tag{6-11}$$

如有 CaO 过剩时，则还会按式（6-12）反应进行：

$$CaO + CaO \cdot Fe_2O_3 \xrightarrow{1000℃} 2CaO \cdot Fe_2O_3 \tag{6-12}$$

由于球团中还存在 SiO_2 和 MgO，而 SiO_2 和 MgO 会与 CaO 发生如下反应：

$$MgO + Fe_2O_3 \xrightarrow{>600℃} MgO \cdot Fe_2O_3 \tag{6-13}$$

$$CaO + SiO_2 \longrightarrow xCaO \cdot ySiO_2 \tag{6-14}$$

式中，$x=1\sim3$；$y=1\sim2$。

球团矿中铁酸钙物质的形成，一方面提高了球团矿微观结构强度，另一方面提高了球团矿的还原性能。新生成的 Fe_2O_3 和 CaO Fe_2O_3 由于抗压强度和还原度高，是冶金过程所需要的理想矿物。通过控制焙烧工艺参数，使球团矿尽可能地形成上述矿物。

三、实验仪器设备与材料

（1）润磨机、高压辊磨机、圆盘造球机、生球抗压强度测定装置、生球落下强度测定装置、生球爆裂温度测定装置、电热干燥箱、双节卧式管炉焙烧装置、成品球团抗压强度测定装置。

（2）铁矿、熔剂、黏结剂等。

四、实验步骤

此次实验为研究型设计性实验，要求学生根据前面的基础实验，自行设计实验方案，确定实验方法，并选择实验设备，拟定实验操作程序。包括：黏结剂及其用量、原料预处理方式、造球的工艺参数、生球质量检测、预热和焙烧制度、预热和焙烧球团矿的质量检测、显微结构分析。

（1）原料物理化学性能测定。包括：铁矿、熔剂、黏结剂等的主要化学成分、粒度组成、铁矿成球性指数、最大分子水、毛细水，以及堆密度、真密度等。

（2）原料预处理方式。铁精矿预处理与否，预处理方式（如润磨、辊磨参数）的选择及其对生球与成品球团矿质量的影响。实验过程中均需要考虑。

（3）造球。造球前应根据原料物理化学性质选择合适的造球工艺参数，如造球机倾角和转速、黏结剂用量、造球水分、造球时间等。

（4）球团焙烧。影响成品球团矿质量的因素很多，主要有原料条件、生球成球工艺条件及成品球焙烧工艺条件等。球团在焙烧过程中，球团尺寸大小、预热温度与时间、焙烧温度与时间，焙烧后的冷却制度等均是实验过程中需考查的主要因素。

（5）成品球检测。焙烧后的成品球团矿除进行抗压强度测定外，还应进行显微结构分析，并结合理论知识揭示熔剂性球团矿的固结机理。

五、实验数据处理

（1）对实验结果进行总结分析，并对熔剂性球团矿的质量进行评判。

（2）撰写实验报告。

六、思考题

(1) 熔剂性球团矿的固结机理是什么?

(2) 原料润磨的机理是什么? 对球团矿质量有何影响?

6.1.4 赤铁矿原矿/铁精矿球团直接还原综合实验

一、实验目的与要求

(1) 掌握复合黏结剂球团直接还原实验流程的操作要点。

(2) 掌握提高直接还原球团矿产、质量指标的措施。

二、实验基本原理

直接还原法是指在低于熔化温度下将铁矿石还原成海绵铁的炼铁生产过程。传统煤基直接还原属“二步法”直接还原工艺,在铁精矿用压球机或造粒机成球或造粒之后,需经两步高温环节,即高温氧化焙烧(1200~1300℃)固结制取氧化球团矿和氧化球团经直接还原(1050~1100℃)以获得直接还原铁,其工艺流程长,高温设备多,建设投资大,能源消耗高,加工成本高。此外,氧化球团矿还原速度慢、还原过程中存在着较严重的粉化现象。

而粉矿/复合黏结剂球团煤基直接还原属“一步法”直接还原工艺,采用传统的羧甲基纤维素钠(CMC)、淀粉、膨润土或新型复合黏结剂制备球团,只需低温干燥(150~250℃)固结即可替代传统的高温氧化焙烧固结(1200~1300℃)工序,或直接采用粉矿(-1mm)经一步高温直接还原(1050~1250℃)即可得到焙烧产物,再通过磨矿—弱磁选即可得到质量指标较高的直接还原铁,新工艺具有流程短、投资省、能耗低等优势。

三、实验仪器设备与材料

(1) 润磨机、圆盘造球机、生球落下强度测定装置、生球抗压强度测定装置、生球爆裂温度测定装置、电热干燥箱、竖式还原炉、球团抗压强度实验机。

(2) 赤铁矿原矿/铁精矿、膨润土和复合黏结剂等。

四、实验步骤

(1) 制定实验方案。学生通过查阅文献,初步制定出实验方案,然后在实验指导教师的指导下修改并完善实验方案。

(2) 造球。在赤铁矿原矿/铁精矿中分别配加膨润土和复合黏结剂进行造球,分别检测生球的水分、落下强度、抗压强度和爆裂温度。实验过程中,膨润土和复合黏结剂的用量、润磨工艺参数、造球工艺参数等,要求学生根据前期的实验基础,自己确定或通过实验进行优化选择。

(3) 还原焙烧。首先对膨润土球团和复合黏结剂球团进行干燥和预热,然后在还原炉中进行还原焙烧,以煤为还原剂。还原过程完成后,焙烧产品在隔绝空气的条件下冷却。实验过程中,要求检测干燥球团的抗压强度、预热球团的抗压强度、还原球团的抗压强度和金属化率。

(4) 粉矿直接还原焙烧。首先将赤铁矿矿石 (破碎至-1mm) 和还原剂 (焦炭/煤)、添加剂或助溶剂等充分混匀，然后置入石墨坩埚/刚玉坩埚/黏土坩埚中，为了保证还原性可以在放置入坩埚的混合物料上方铺上一薄层还原剂再加盖。

基于实验结果，选择膨润土球团和复合黏结剂球团适宜的预热温度、预热时间、还原温度和还原时间。

五、实验数据处理

(1) 整理实验数据，对实验结果进行全面总结分析，并对复合黏结剂直接还原球团矿的质量进行评判。

(2) 撰写实验报告。

六、思考题

(1) 与传统煤基直接还原工艺相比，复合黏结剂球团直接还原工艺有哪些特点？

(2) 为什么复合黏结剂球团的还原速率高于氧化球团矿？

(3) 直接还原法在复杂矿综合利用中有哪些应用？

6.1.5 金矿中金的浸出实验

一、实验目的与要求

(1) 掌握氰化浸出的基本原理和基本方法。

(2) 探究氰化浸出过程中影响浸出率的主要因素。

二、实验基本原理

化学浸出是根据原料性质及加工工艺要求，使有用组分或杂质组分选择性地溶于浸出剂中，再应用其他方法回收有用组分的过程。化学浸出方法多种多样，通常按照浸出剂种类、浸出过程温度和压力条件等分类，具体分类见表 6-3。

表 6-3 浸出方法及常用试剂表

<table>
<tr><th colspan="2">浸出方法</th><th>常用试剂</th><th>处 理 对 象</th></tr>
<tr><td rowspan="8">水溶剂浸出</td><td rowspan="6">酸浸</td><td>硫酸</td><td>铀、铜、钴、镍、锌、磷等氧化矿</td></tr>
<tr><td>盐酸</td><td>磷、铋等氧化矿，钨精矿脱铜、磷、铋，高岭土脱铁等</td></tr>
<tr><td>氢氟酸</td><td>钽铌矿物、石英、长石</td></tr>
<tr><td>王水</td><td>金、银、铂、钯等</td></tr>
<tr><td>硝酸</td><td>辉钼矿、银矿物</td></tr>
<tr><td>亚硫酸</td><td>二氧化锰、锰结核等</td></tr>
<tr><td rowspan="2">碱浸</td><td>碳酸钠</td><td>次生铀矿物等</td></tr>
<tr><td>苛性钠</td><td>方铅矿、闪锌矿、钨矿石等</td></tr>
</table>

续表 6-3

浸出方法		常用试剂	处 理 对 象
水溶剂浸出	碱浸	氨溶液	铜、钴、镍单质及氧化矿
		硫化钠	砷、锑、锡、汞硫化矿物
	盐浸	氯化钠	白铅矿、氧化铅矿物及稀土矿物
		高铁盐	铜、铅、铋等硫化矿
		氰化物	金、银等贵金属
	细菌浸	菌种+硫酸+硫酸高铁	铜、铀、金等硫化矿
	水浸	水	胆矾矿、焙砂
非水溶剂浸出		有机溶剂	离子吸附型稀土矿

目前实验室操作金矿石中金的浸出，常用的试剂为氰化物，方法采用搅拌浸出的方法，即利用金在氰化物（钠或钾）溶液中溶解，发生化学反应，生成可溶性的亚金氰酸盐络合物来回收矿石中的金，反应方程式为

$$4Au + 8NaCN + O_2 + 2H_2O = 4Na[Au(CN)_2] + 4NaOH \tag{6-15}$$

从热力学角度理解，金的氰化物浸出过程是一个电腐蚀过程，在金属颗粒表面产生电子流动，出现电位不平衡现象，在颗粒表面产生的阳极区和阴极区形成固定电极，阴阳极反应形成的原电池电动势推动电池反应不断进行，促进了金的不断溶解，电极反应方程式为

阳极反应：

$$Au + 2CN^- \longrightarrow Au(CN)_2^- + e^- \tag{6-16}$$

阴极反应：

$$O_2 + 2H_2O + 2e^- \longrightarrow H_2O_2 + 2OH^- \tag{6-17}$$

从动力学角度理解，溶于水中的气体氧和氰根离子向金属颗粒表面对流扩散，CN^-和O_2扩散到金粒阳极区表面被吸附并与金粒发生化学反应，生成的$Au(CN)_2^-$、H_2O_2、OH^-从金粒表面脱附并向溶液内部扩散。

浸出过程的回收率用浸出率表示，即在浸出条件下，金转入溶液的量与金在原物料中总量之比，常用百分数表示，公式为

$$浸出率 = \frac{浸原质量 \times 浸原金属含量比 - 浸渣质量 \times 浸渣金属含量比}{浸原质量 \times 浸原金属含量比} \times 100\% \tag{6-18}$$

影响浸出率的因素包括：矿石粒度、试剂种类和用量、矿浆温度、浸出压力、浸出时间、搅拌速度、矿浆液固比等，在实验过程中，金粒的氰化浸出主要考虑以下几个问题。

（1）氰化物和氧的浓度。金粒溶解时，首先消耗了金粒周围表面层溶液中的氰化物和氧，使之质量分数降低，为保证金能继续溶解，必须有数量相近的氰化物和氧及时扩散到金粒表面。由于氧在水中的溶解度为 8.2mg/L，相应的氰化物质量分数需保持在 0.01%。实际生产中，氰化钠质量分数控制在 0.02%~0.1%范围。

（2）矿石粒度。在实验室条件下矿样粒度要求小于 0.25mm，氰化浸出过程中一般要求粒度小于 200 目。

（3）矿浆质量分数。矿浆质量分数直接关系试剂用量、浸出时间等问题。对于氰化浸金来说，随着被浸矿样金含量不同，矿浆质量分数一般在25%～33%范围，若后期工艺拟采用炭吸附工艺，矿浆质量分数应提高到40%～50%。

（4）温度。矿浆温度可以影响试剂与矿样的反应速度、浸出时间。研究证明，随温度升高，金的溶解速度加快，且在80℃达到最大溶解速度，但温度再升高，氧的溶解度下降，氰化物水解、挥发加剧，要消耗更多的能量。通常浸出实验在常温常压下浸出，若实验在冬季进行，实验室要有采暖设施。

（5）浸出时间。浸出时间与浸出容器容积大小有关，在实际操作过程中，保证浸出率高的条件下，浸出时间越短越好。

（6）搅拌速度。搅拌可以促进试剂与矿样的反应速度，实际实验过程中，搅拌速度变化范围为100～300r/min。

（7）保护碱。由于氰化物是弱酸盐，在水中易水解生成氢氰酸，不仅造成氰化物的浪费，同时还污染环境。为了维持氰化物在水溶液中的稳定性，减少其水解损失，应加入足够量的碱，使其维持一定碱度，故称保护碱。另外，加入碱还可以中和矿物氧化及二氧化碳溶解产生的酸以及促进一些金属矿物氧化产物水解沉淀。实际应用过程中，常采用廉价易得的石灰作保护碱，一般在测定氰化钠后，直接用草酸滴定法测定矿浆中CaO含量来确定碱度，控制矿浆pH=10～12时，相应矿浆中CaO含量为0.01%～0.02%。若发现碱度不足，应立即添加NaOH溶液，使其迅速提高到所需的pH值。

三、实验仪器设备与材料

（1）实验设备：球磨机、天平（感量0.1g）、分级筛、真空过滤机、真空干燥箱、电动搅拌器、温度计。

（2）实验试剂：金矿石（预先知道矿石的品位）、CaO、氰化钠、蒸馏水。

（3）实验材料：量筒、烧杯、移液管、洗瓶、玻璃棒。

四、实验步骤

（1）取3份金矿石，分别磨至-300μm、-150μm、-74μm，分别称取200g粉状矿样至烧杯中。

（2）在每个烧杯中均加入400mL蒸馏水、0.4g CaO、氰化钠试剂，使得氰化钠的质量分数为0.1%，3个烧杯分别放在搅拌器上搅拌24h。

（3）实验结束后，矿浆过滤，使含金溶液与尾矿分离。

（4）用移液管分别取10mL滤液试样各2份，测出剩余氰化物和CaO的质量分数，计算它们的消耗量，并分别记录。

（5）另取200mL含金溶液用锌粉沉淀法求出金的含量。

（6）尾矿分别抽滤、干燥，进行含金量分析。

（7）计算金的回收率，并分析矿物粒度与矿物浸出率的关系。

五、实验数据处理

（1）记录和分析实验数据，为考查浸出效果，浸出液中的金属含量以g/L表示，滤渣含量以百分数表示，以此算出的浸出率以百分数表示。

（2）做出浸出率-矿物粒度关系图。

（3）撰写实验报告。

六、思考题

（1）常用的矿物浸出方法有哪些？如何用氰化法将金从矿物中浸出？

（2）氰化浸出前矿浆需要进行哪些方面的准备工作？

（3）金矿石中金氰化浸出化学反应机理是什么？浸出反应后，怎样从浸出液中分离金？

（4）实验过程中对氰化钠的操作要注意哪些问题？

6.1.6 萃取法分离 Fe^{3+}、Co^{2+}、Ni^{2+} 混合溶液

一、实验目的与要求

学习应用 P204 萃取剂分离混合金属离子中 Fe^{3+} 的基本原理和操作技术。

二、实验基本原理

萃取法分离金属离子与金属有机配合物的研究和发展密切相关。经研究发现许多有机化合物可以与金属离子形成一种环状结构的配合物，称为螯合物，形成配合物的有机试剂称为螯合剂。用作萃取剂的螯合剂，又称整合萃取剂。若生成的螯合物是电中性且分子中又不带有亲水性的基团时，这种螯合物则易溶于有机溶剂，而难溶于水，这样，很容易将水相中的金属离子萃入到有机溶剂中。在萃取分离过程中使用的螯合萃取剂通常是一种弱酸，如乙酰丙酮、8-羟基喹啉等。酸性含磷萃取剂，如 P204（二（2-乙基己基）磷酸酯）与金属离子形成的化合物（又称萃合）中含有氢键组成的环状结构，因此这种化合物也可认为是螯合物。用上述萃取剂从水溶液中萃取金属离子时，不同离子所需的 pH 值范围是不同的，因此对溶液的 pH 值进行控制就能将金属离子分离。本实验使用的 P204 的结构式如图 6-3 所示。

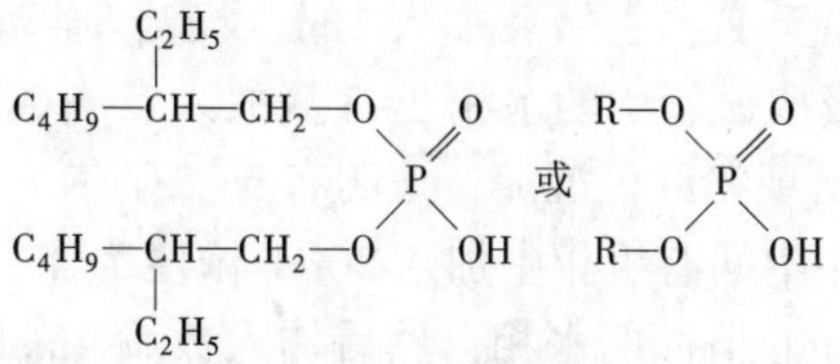

C_2H_5
C_4H_9—CH—CH_2—O　O　　R—O　O
P　或　P
C_4H_9—CH—CH_2—O　OH　　R—O　OH
C_2H_5

图 6-3　P204 结构式

P204 是一种黏稠状液体，相对密度为 0.795（20℃），难溶于水，但非常易溶于有机溶剂中，P204 在非极性有机溶剂如苯、油等中，以双分子缔合形式存在，如图 6-4 所示。

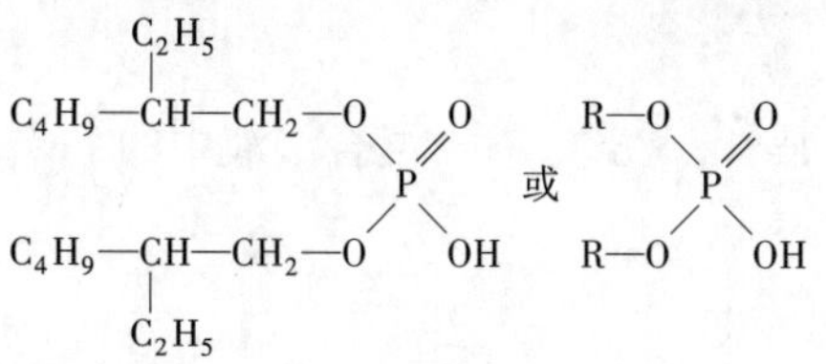

C_2H_5
C_4H_9—CH—CH_2—O　O　　R—O　O
P　或　P
C_4H_9—CH—CH_2—O　OH　　R—O　OH
C_2H_5

图 6-4　P204 的双分子缔合形式

根据实验，控制水溶液 pH = 1. 8~2. 2 时，Fe^{3+}几乎全部被 P204 煤油溶液萃入到有机相中，所生成的萃合物是配位数为 6 的螯合；

$$Fe^{3+}（水相）+3(HR_2PO_4)（有机相）=\!=\!=Fe[(HR_2PO4)_2]_3（有机相）+3H^+（水相） \quad (6\text{-}19)$$

而溶液中的 Co^{2+}、Ni^{2+}基本上不被萃取，所以 Fe^{3+}、Co^{2+}、Ni^{2+}混合溶液很容易用 P204 萃取剂将 Fe^{3+}与 Co^{2+}、Ni^{2+}分开。

三、实验仪器设备与材料

（1）烧杯（50mL）、试管、分液漏斗（125mL）、P204 回收瓶、精密 pH 试纸、移液管（5mL）。

（2）Fe^{3+}、Co^{2+}、Ni^{2+}混合溶液，NH_4CNS(4mol/L)，NH_4F(2mol/L)，氨水(6mol/L)，HCl(4mol/L)，戊醇，镍试剂，P204 煤油溶液。

四、实验步骤

（1）用 50mL 的小烧杯取 30mL Fe^{3+}、Co^{2+}、Ni^{2+}混合溶液。

（2）对混合溶液中离子进行检查。

用移液管从小烧杯中取 1mL Fe^{3+}、Co^{2+}、Ni^{2+}混合溶液放入试管中，加入 4mol/L NH_4CNS 溶液 10 滴，若出现深的血红色，证明有 Fe^{3+}存在；继续慢慢加入 2mol/L NH_4F 溶液使血红色消失，然后加入 1mL 戊醇，摇动试管，静置分层后，上面的戊醇层出现蓝色，证明有 Co^{2+}存在。用吸管吸取试管下面的水相 2~3 滴放在点滴板的凹处，再加 1~2 滴 6mol/L 氨水，最后加入 1~2 滴镍试剂则出现粉红色沉淀，证明有 Ni^{2+}存在。

（3）萃取。用精密 pH 值试纸检查小烧杯中混合离子溶液的 pH 值，并用 6mol/L 氨水小心地调整溶液的 pH 值，使 pH = 1. 5~2，然后将其倒入 125mL 分液漏斗中，向漏斗中再加入 30mL P204 煤油溶液（体积比等于 1∶1），塞好分液漏斗上的玻璃塞，摇动进行萃取（摇动 2~3min）。静置分层后，将分液漏斗中下面的水相放入洁净的 50mL 小烧杯中。取 1mL 烧杯中的溶液放于试管中，加入 10 滴 4mol/L，NH_4CNS 溶液观察是否有血红色出现，若无血红色出现证明溶液中无 Fe^{3+}，然后加入 1mL 戊醇，摇动试管，分层后若戊醇层出现蓝色证明有 Co^{2+}存在，吸取试管中的水相 2~3 滴放入点滴板凹处，再加 1~2 滴 6mol/L 氨水和 1~2 滴镍试剂，若出现粉红色沉淀，证明有 Ni^{2+}存在。

（4）反萃。向分液漏斗中的有机相中加入 30mL 浓度为 4~6mol/L 的 HCl 溶液进行反萃，分层后，用试管接取 1mL 下面的水相，然后加入数滴 4mol/L NH_4CNS 溶液，观察是否出现血红色，若出现血红色则证明是 Fe^{3+}溶液，将水相放入下水槽中弃掉，有机相倒入回收瓶中。

五、思考题

用 P204 煤油溶液萃取 Fe^{3+}、Co^{2+}、Ni^{2+}混合溶液中的 Fe^{3+}的基本原理是什么？

六、附注

Fe^{3+}、Co^{2+}、Ni^{2+}混合溶液的制备：取 $Fe(NO_3)_3 \cdot 9H_2O$ 1g，$Co(NO_3)_2 \cdot 6H_2O$

1.5g，$Ni(NO_3)_2 \cdot 6H_2O$ 3g 溶于 200mL，3×10^{-2}mol/L H_2SO_4 溶液中。

6.1.7 离子交换法分离 Co^{2+}、Ni^{2+}混合溶液

一、实验目的与要求

学习利用阳离子交换树脂分离 Co^{2+}、Ni^{2+}的基本原理和操作技术。

二、实验基本原理

离子交换法没有萃取法简单且速度快，但离子交换法的分离效率更高，对性质相似的金属离子分离效果较好。利用离子交换树脂对不同离子的交换能力的不同和金属离子配合物稳定性的差异进行分离是主要原理。如将 Co^{2+}、Ni^{2+}混合溶液加入装有铵型阳离子交换树脂的交换柱中，由于树脂对 Co^{2+}、Ni^{2+}的交换能力大于铵，因此 Co^{2+}、Ni^{2+}与树脂的 NH^{4+}进行交换而被吸附在柱的最上部，然后由上面加入柠檬酸铵溶液对其进行淋洗，由于柠檬酸铵与 Co^{2+}、Ni^{2+}能形成稳定的配合物，则 Co^{2+}、Ni^{2+}从树脂上解析，由柱上流下，但由于2种配合物的稳定常数不同（CoCit，$\beta=3.16\times10^{12}$；NiCit，$\beta=1.995\times10^{14}$），所以首先由柱上流下的是 Ni^{2+}，其次 Co^{2+}才流出，这样就能获得纯的 Co^{2+}和纯的 Ni^{2+}溶液，而达到分离的目的。

这个实验用铵型阳离子交换树脂而不是用H型的原因是由于柠檬酸是三元弱酸，柠檬酸根易与 H^+结合，则与 Co^{2+}和 Ni^{2+}生成配合物的效果差而达不到很好的分离目的。离子交换法使用的配合剂在习惯上也称为淋洗剂。

三、实验仪器设备与材料

（1）离子交换装置（图6-5）。

（2）烧杯（50mL）、试管、量筒（10mL、50mL）、滴液漏斗（150mL）、点滴板、铁台、铁夹、铁环、Ni^{2+}回收瓶、Co^{2+}回收瓶、精密 pH 试纸、秒表。

（3）Co^{2+}、Ni^{2+}混合溶液，柠檬酸铵溶液，铵型阳离子交换树脂。

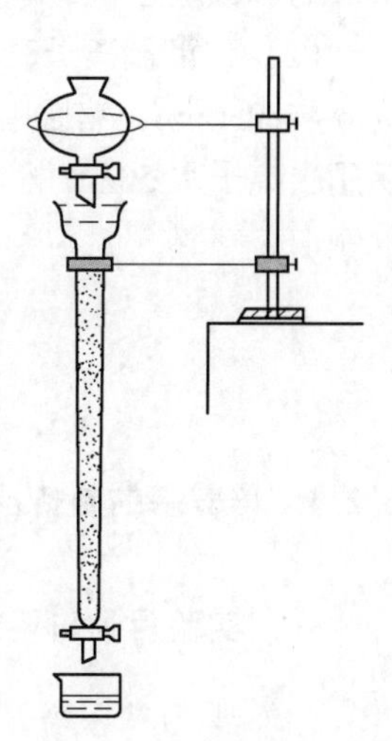

图6-5 离子交换装置

四、实验步骤

（1）清洗好十几支试管放在试管架上以备盛接流出液，一支试管用10mL量筒加入10mL去离子水以便盛接流出液时作体积比较，用量筒量取20mL pH=4~5 的 Co^{2+}、Ni^{2+}混合溶液以备后用。

（2）实验装置如图6-5所示，玻璃离子交换柱内径为1cm，长60cm，其上有一个直径为3.5cm，长为3.5cm的敞口管，下面接一个二通玻璃活塞。在交换柱上面放一个150mL滴液漏斗。

（3）取少许玻璃毛由交换柱上口推入柱的底部，然后向柱中加入去离子水，从交换柱上口慢慢加入铵型阳离子交换树脂使树脂慢慢沉积到柱中至敞口管的下部为止。向滴液

漏斗中加入150mL柠檬酸铵溶液。

(4) 轻轻打开交换柱下面的玻璃活塞使柱中水逐滴滴下，用秒表和10mL小量筒调节流速为4~5mL/min，然后用烧杯盛流出液，当柱中水流至树脂表面时，将量筒中的20mL pH=4~5的Co^{2+}、Ni^{2+}混合溶液加入交换柱中，当混合溶液流至树脂表面时，由上面滴液漏斗向交换柱中加入柠檬酸铵溶液进行淋洗，此时用试管盛接流出液，每管10mL。第1支试管为无色溶液可弃掉，第2支试管为淡绿色则开始保留，如此连用试管每10L接一次，则可见到各试管的溶液按顺序出现淡绿色、绿色、淡绿色、淡粉色、粉色、淡粉色。大约第10支试管时已近无色，就不再用试管接流出液，让流出液流入烧杯中即可。此时柠檬酸铵已快流完，再向滴液漏斗中加入50mL柠檬酸铵溶液继续淋洗，柠檬酸铵溶液流完后向滴液漏斗中加入50mL去离子水用水淋洗，水流完后（不能使树脂露出水面），关闭交换柱下面的玻璃活塞（柱中的树脂可进行第2次交换用）。

(5) 将上面试管中的绿色溶液混合倒入Ni^{2+}回收瓶，粉色溶液混合倒入Co^{2+}回收瓶，绿色粉色之间的两支试管为混合溶液可弃掉。

五、思考题

简述用离子交换法分离Co^{2+}、Ni^{2+}混合溶液的基本原理。

六、附注

(1) 柠檬酸铵溶液的制备。先配制50g/L的柠檬酸溶液，然后用1∶1氨水调柠檬酸溶液的pH值至4~5即可使用。

(2) 铵型阳离子交换树脂的制备。将H型阳离子交换树脂沉积到交换柱中，调流速为6~7mL/min，然后用0.5mo/L NH_4Cl溶液淋洗至流出液加甲基橙指示剂显橙黄色，然后用去离子水50mL淋洗后使用。因时间关系实验过程中此步不做。实验时可用大型交换柱制取。

6.2 矿物生物工程实验

6.2.1 培养基的制备及浸矿微生物的培养

一、实验目的与要求

(1) 学习掌握培养基的配制原理。

(2) 通过对几种培养基的配制，掌握配制培养基的一般方法和步骤。

(3) 掌握浸矿微生物的培养方法。

二、实验基本原理

培养基是一种适合微生物生长繁殖或代谢产物产生的人工营养基质。从广义上讲，任何支持微生物生长繁殖的培养基或物质都可以作为微生物的培养基，即微生物的食物来源。根据人们对其成分的认识，可将其分为3类：天然培养基、组合培养基和半组合培养基。针对不同的微生物和不同的营养需求需要设计不同的培养基。制备培养基应遵循的4个原则：目的明确、营养配合、适宜的理化条件和经济节约。

根据培养基的特殊用途可分为选择培养基、鉴别培养基等。选择性培养基在环境微生物学中应用广泛。它是根据所培养微生物的特殊营养要求或生理特性而设计的。利用这种培养基，可以从环境中的混合微生物群落中分离出所需的微生物。例如，可以从石油为碳源的介质中分离出石油降解微生物；从以纤维素为唯一碳源的培养基中可以分离出纤维素分解菌。

微生物培养主要包括振荡培养、静态培养、曝气培养和厌氧培养。

三、实验步骤

（一）培养基的制备

（1）称量。先按配方计算出培养基各成分的所需量，称量时通常用精确度为0.01g的天平即可。先放少量水于烧杯或搪瓷杯中，再依次加入培养基的各组分，溶解后补充至所需的总水量。

对于牛肉膏之类粘、胶状物，可置于小烧杯中或在表面称量，使水分转移到培养基中。蛋白胨和其他容易吸湿的物质应迅速称重。有些无机盐，如磷酸盐和镁盐，在混合时容易沉淀，如有必要，应分别消毒后再混合。此外，培养基中还可以添加一定数量的生长因子和微量元素。

（2）溶化。每种成分必须溶解在培养基中。最好先溶解一种成分，再加入第二种成分，有时需加热令其溶解。如果配方中有淀粉，则应先将其用少量冷水调成糊状，再兑入其他已溶解的成分中，加热，搅拌，直到完全溶解，也就是说，溶液由混浊转为清亮后，再补水至所需总量。

溶解琼脂时要注意火力控制，防止溢出或烧焦，并不断搅拌。由于加热过程中失水较多，应将其补足至原体积。根据需要，有时需要将溶解的介质用吸水棉或纱布过滤，使培养基透明。

（3）调pH值。以10% NaOH或10%HCl调节培养基至所需pH值。一般用pH试纸矫正，必要时也可用酸度计。调pH值时需注意要逐步滴加，避免因过酸或过碱而破坏培养基中的某些组分。

（4）分装。将培养基在矫正pH值后按需要趁热分装于试管或三角瓶内，以免琼脂冷凝。重新包装时注意不要使介质粘在管口和瓶口，以免污染棉塞，滋生杂菌或影响接种操作。分装时可以通过下边套有橡皮管及管夹的普通漏斗进行。

分装量视需求而定。一般来说，当它被分装到三角瓶时以不超过其容积的1/2为最佳。当它被分装到试管时，斜面培养基以试管高度的1/5左右为最佳，半固体培养基以试管高度的1/3左右为宜。

（5）加棉塞。试管及三角瓶口需用棉花封住，主要目的是过滤细菌，避免污染。制作棉塞用的棉应该是普通的长纤维棉，不要用吸水棉，因为吸水棉容易变湿，滋生混合细菌。制作棉塞有很多种方法，主要的要求是不能太松也不能太紧。插头应该容易拉，不容易脱落。正确的棉塞头部应该较大，约1/3是在试管外，2/3的试管内（图6-6a），试管以内部分不应有缝隙。图6-6b和c为错误的方式。

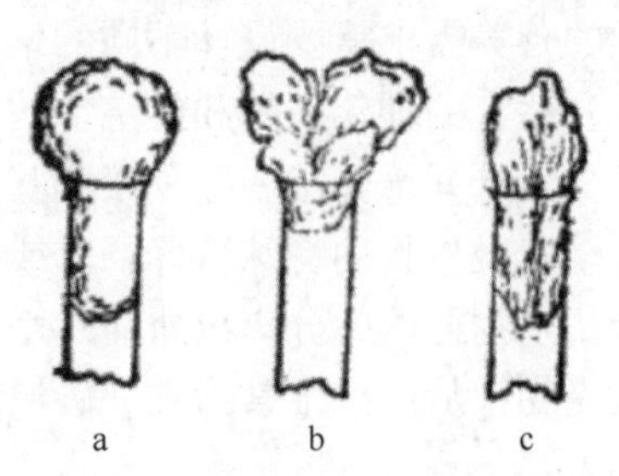

图 6-6 加棉塞
a—正确；b，c—不正确

（6）灭菌。在装培养基的三角瓶或试管的棉塞外面包一层牛皮纸，即可灭菌。应用铅笔注明培养基名称、配制日期等。

表 6-4 展示了几种常用的培养基。

表 6-4 几种常用的培养基

<table>
<tr><th rowspan="2">培养基名称</th><th colspan="4">培养基成分/%</th><th rowspan="2">培养基 pH 值</th><th rowspan="2">适用范围</th></tr>
<tr><th>碳源</th><th>氮源</th><th>无机盐</th><th>生长因素</th></tr>
<tr><td>肉汁培养基</td><td>牛肉膏 0.3</td><td>蛋白胨 1.0</td><td>NaCl 0.5</td><td>汁中已有</td><td>7.0~7.2</td><td>细菌</td></tr>
<tr><td>高氏Ⅰ号培养基</td><td>可溶性淀粉 2.0</td><td>KNO_3 0.1</td><td>NaCl 0.05
K_2HPO_4 0.05
$MgSO_4$ 0.05
$FeSO_4$ 0.001</td><td>—</td><td>7.0~7.2</td><td>放线菌</td></tr>
<tr><td>马铃薯培养基</td><td>蔗糖或葡萄糖 2.0</td><td>鲜马铃薯 20.0</td><td>—</td><td>汁中已有</td><td>自然</td><td rowspan="2">酵母</td></tr>
<tr><td>麦芽汁培养基</td><td colspan="4">汁中已有</td><td>自然</td></tr>
<tr><td>豆芽汁培养基</td><td colspan="4">汁中已有</td><td>自然</td><td rowspan="2">霉菌</td></tr>
<tr><td>查氏培养基</td><td>蔗糖 3.0</td><td>$NaNO_3$ 0.2</td><td>KCl 0.05
K_2HPO_4 0.1
$MgSO_4$ 0.05
$FeSO_4$ 0.001</td><td>—</td><td>6.0</td></tr>
<tr><td>马丁氏培养基</td><td>葡萄糖 1.0</td><td>蛋白胨 0.5</td><td>K_2HPO_4 0.1
$MgSO_4$ 0.5</td><td>胨中已有</td><td>自然</td><td>真菌（使用时每 100mL 加 1%链霉素 0.3mL）</td></tr>
</table>

（二）微生物的培养

（1）接种技术。最常用的基本操作是斜面菌种接入斜面培养基的无菌操作法。

1）点燃酒精灯，在酒精灯火焰周围即可形成无菌区。

2）左手夹紧待接种的斜面培养基试管和菌种管，右手通过火焰将接种环或接种针灭菌，即除手柄外，整个杆垂直或略斜地在火焰上灼烧。金属丝部分需要烧到红热。

3）用右手拔出 2 个棉塞，分别夹在手掌和小指、小指和无名指之间。试管口通过火焰 2~3 次，将杂菌杀死。试管应保持水平和倾斜位置，管口应保持在火焰附近。

4）将已灭菌的接种环放入菌种管中，先在菌种管中的无菌处冷却，然后取出少量细菌。带菌接种环移动到待接种试管中，从斜面底部画 1 条由下而上的直线或波浪线。接种环进出管时注意不要接触管壁、管口或其他物体；划线时不要划破培养基。

5）接种完毕后，将试管口穿过火焰，并在火焰旁塞回棉塞。再将接种环烧灼灭菌，放回原处。

（2）微生物培养。

1）静置培养。最常用的培养方法，即将已接种的三角瓶、试管、培养皿等待培养物置于恒温箱或恒温室中进行培养。环境中的一般中温型腐生菌常在 25~30℃条件下培养，致病菌则放 37℃条件下培养。培养时注意需将培养皿倒置，使皿盖在下，从而减少水分散发及杂菌污染。

2）振荡培养。需氧性微生物液体培养时，除采用浅层培养液静置培养外，还可在振荡装置上培养，便于通风。振荡机（或称摇瓶机、摇床）可在市场上购买。当培养物量大时，可在恒温室中安装摇床进行培养；量小而少时，则可利用小型振荡器或恒温振荡器，放置恒温水浴中进行培养。振荡方式与速度要根据培养对象进行选择。

3）通气培养。当培养大量的需氧微生物，或培养藻类等需获取空气中的 CO_2、N 等营养时，可进行通气培养。通气培养装置示意图如图 6-7 所示。

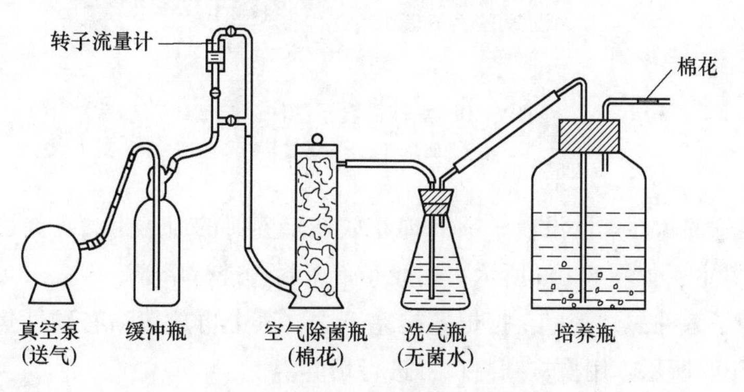

图 6-7　通气培养装置示意图

（3）厌氧培养。

1）深层液体培养法。此法最为简单，但厌氧条件不够严格。方法是在三角瓶或试管中装入 2/3 高度的培养液，接种后，在液面上滴加一层已熔化的石蜡油，塞紧管口，进行培养。

2）倒扣培养皿法。将溶化后的琼脂培养基与菌液充分混匀后，使其在培养皿盖上凝固，然后将培养皿底倒置在培养基上（图 6-8），进行培养。

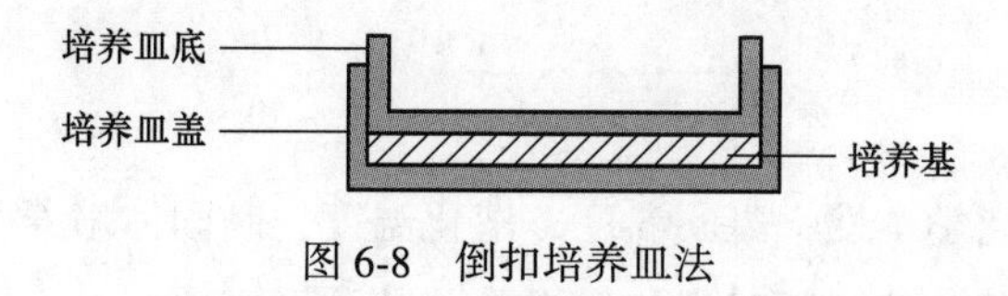

图 6-8　倒扣培养皿法

3）碱性焦性没食子酸法。此法因吸氧能力强，又不需特殊装置，故被广泛应用于创造厌氧条件（图 6-9）。将待培养物放入真空干燥器内。按每 100mL 培养物需要 1g 焦性没食子酸（pyrogallol）及 2.5mol/L NaOH 10mL 计算，将 NaOH 与焦性没食子酸装入玻璃瓶中，混合成碱性焦性没食子酸，置于上述干燥器内可吸收容器中的氧气。同时把厌氧指示剂加入试管并煮沸至无色，置干燥器内。若容器内为厌氧环境，指示剂则保持无色，若为氧化环境则指示剂变为蓝色。立即盖紧干燥器盖子密封。用真空泵抽去空气，置恒温下进行培养。当培养物量少时，也可采用图 6-10 所示的两种方法。

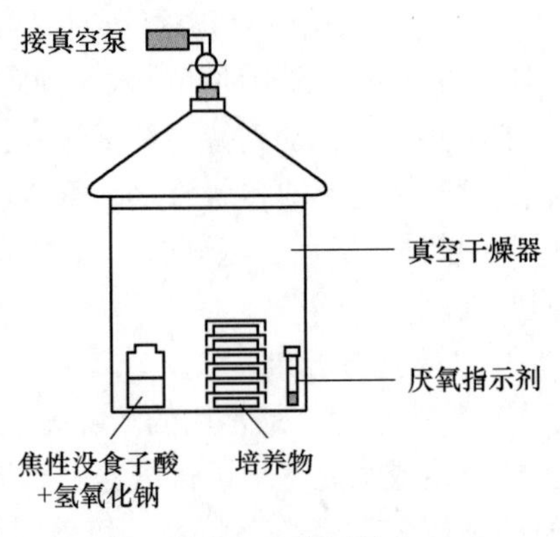

图 6-9　焦性没食子酸法（一）

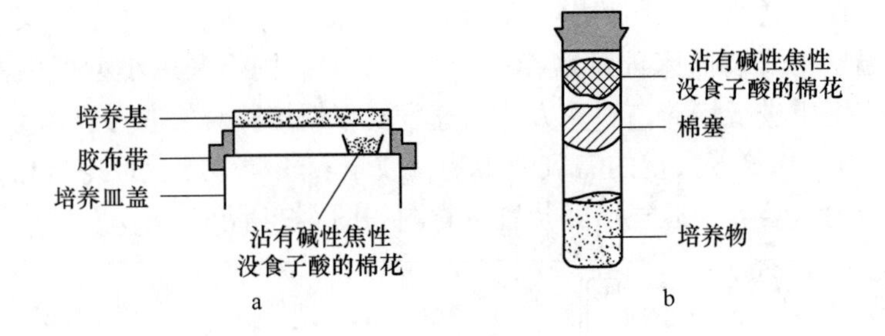

图 6-10　焦性没食子酸法（二）
a—平皿培养；b—试管培养

① 先将浸透的碱性焦性没食子酸的棉花放在培养皿的皿盖上，再将已接种了菌种的培养基倒扣于其上，如图 6-10a 所示，用胶布带密封，进行培养。

② 在接种了菌种的试管里，把棉塞推塞下去，其上再放置沾有碱性焦性没食子酸的棉花，如图 6-10b 所示，用橡皮塞封口，进行培养。

（4）钢丝棉法。

1）取 10g 市售的零号或 1 号钢丝棉，浸入 500mL 的钢丝棉活性溶液中，使钢丝棉充分浸泡直至溶液呈现暗灰色，铜的颜色消失。钢丝棉变为红铜色，轻轻澄干水。此时的钢丝棉吸氧能力极强，故称为活性钢丝棉。

2）将饱和碳酸氢钠溶液、活性钢丝棉、待培养物及装有厌氧指示剂的试管一起放入真空干燥器内。

3）将干燥器密封，利用真空泵抽去干燥器内的空气，送入恒温室进行培养。

四、思考题

（1）试述琼脂的化学本性，凝固温度、溶化温度、制固体培养基时的常用浓度。

（2）将琼脂培养基分装试管时应如何操作及其注意事项。

（3）试述微生物学工作中无菌操作的重要性、一般方法与要领。

6.2.2 浸矿微生物形态观察和数量的测定

一、实验目的与要求

（1）了解微生物直接测数法的过程并能应用。
（2）了解微生物大小测定的方法并能应用。

二、实验基本原理

微生物直接测数法包括涂片染色法、计数板法、比例计数法等，计数板法是最常用的。计数板法是根据被测对象选用特制的载玻片（即计数板），载玻片上刻有已知面积的大小方格（即计数格），当盖玻片被盖上后，计数格与盖玻片间的高度为已知，所以计数格的容积是一定的。根据该计数格在显微镜下测得的微生物个数，可以换算出被测液体单位体积内的微生物数量。

目镜测微尺可以用来测量微生物大小。目镜测微尺是一块圆形玻片，其可放置在接目镜中隔板上，中央刻有等分为50或100小格的标尺。微生物不是由目镜测微尺直接测量的，目镜测微尺观测的是显微镜放大后的物象。由于目镜测微尺每小格所表示的长度是由使用的接物镜和接目镜的放大倍数及镜筒的长度而定的，因此在使用前，需用镜（载物）台测微尺进行校正，以求得目镜测微尺每小格在特定的显微镜光学系统下所代表的实际长度。

三、实验步骤

（一）细菌计数板与血细胞计数板计数法

（1）构造。血细胞计数板与细菌计数板构造基本一致，其平面和纵切面图示如图6-11a与图6-11b所示。计数室的高度是二者的主要差别，前者计数室的高度在盖上盖玻片后为0.02mm，可以用来测数细菌等较小的微生物；血细胞计数室高度为0.1mm，可以用来测数酵母等较大的微生物。图6-11c是放大后的计数网格，在显微镜下可见众多的长格与大小方格，一般测数是以小方格为基础进行的，每一小方格面积为1/4000mm^2（见计数板上的标注）。

（2）实验步骤。

1）备片。取干燥清洁的盖玻片与计数板（必要时，可微微烘干，以去除其上面附着的水分），将盖玻片盖上。注意要将盖玻片盖在计数室两侧的托板上。

2）加样。用无菌吸管吸取以充分摇匀并打散开的待测菌液，小心地在盖玻片边缘滴1小滴（勿过多），菌液会自行渗入并布满计数格处，注意过程中勿产生气泡。

3）显微计数。加样后静置3~5min，镜检。接物镜头需根据受检微生物个体的大小来选用最适宜的，先利用低倍接物镜找好计数室位置，然后更换为高倍接物镜进行计数。计数前若发现菌液过浓，可制片镜检计数前对其作一定倍数的稀释，一般每小方格内有5~10个菌体视为佳。取点时按对角线进行，计数至少20个大方格中的微生物细胞数。注意计数时要转动细调节器，使液层的上下菌数都可测到。至少每份菌液样品计数2次，取其平均值。

(3) 结果计算。以 0.1mm 高度的血细胞计数板为例：

1）先求出每个小方格（即$\frac{1}{4000}$mm^2）中的平均菌数 A。

2）每毫升（cm^3）菌液中的总菌数 = A ×4000×1000×稀释倍数。

(4) 清洗。使用完血细胞计数板后，用水在水管下冲洗，切勿洗刷时使用硬物，冲洗后风干即可。如镜检时发现小格内有残留菌体或其他沉淀物，则需重复洗涤至干净为止。

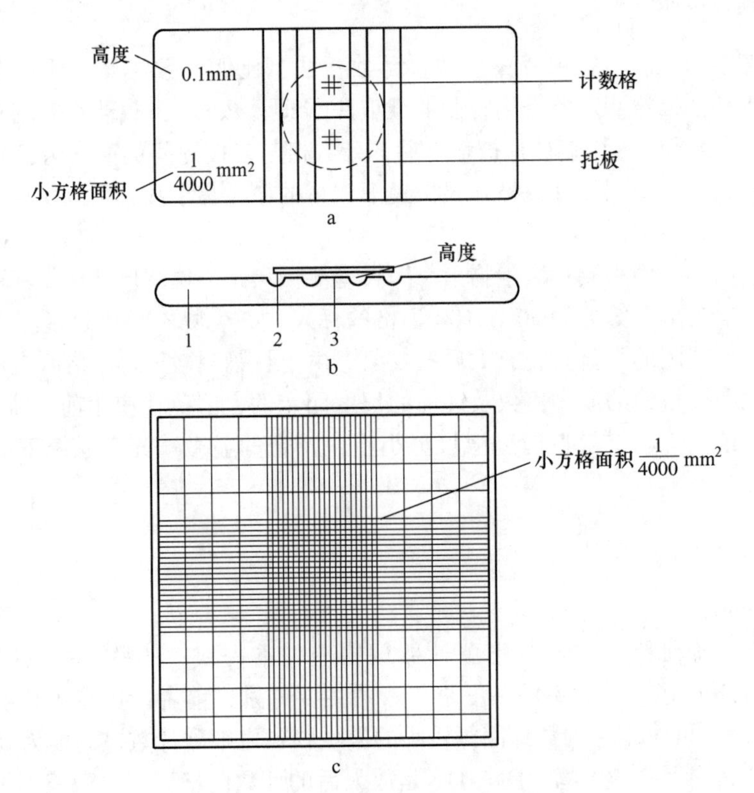

图 6-11　血细胞计数板构造图
a—平面图；b—纵切面图；c—放大后的计数格
1—血细胞计数板；2—盖玻片；3—计数室

(二) 微生物大小测定

(1) 用镜台测微尺校正目镜测微尺的长度。

1）将目镜测微尺刻度向下安装在接目镜的两个透镜间的隔板上，将镜台测微尺放于载物台上，使刻度朝上并与聚光器对准。

2）首先用低倍镜观察，调整焦距，看清镜台测微尺；然后旋转接目镜，使目镜测微尺与镜台测微尺平行对正。

3）移动推进器，使二尺的一端重合，然后找出另一端第 2 条重合的线。如图 6-12 所示，AB 与 $A'B'$重合，另一端 CD 与 $C'D'$重合。

4）计算目镜测微尺每小格的实际长度，记录。以图 6-12 所示为例：

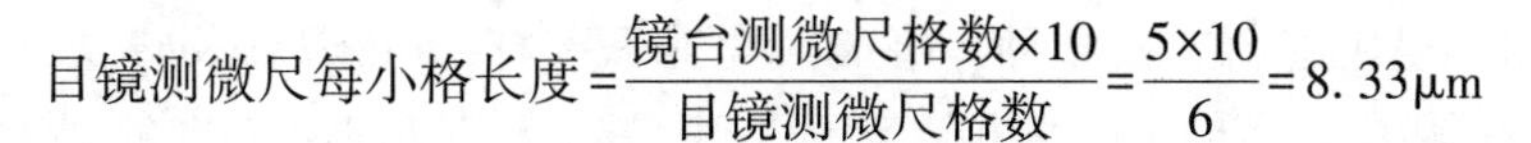

$$目镜测微尺每小格长度=\frac{镜台测微尺格数\times10}{目镜测微尺格数}=\frac{5\times10}{6}=8.33\mu m$$

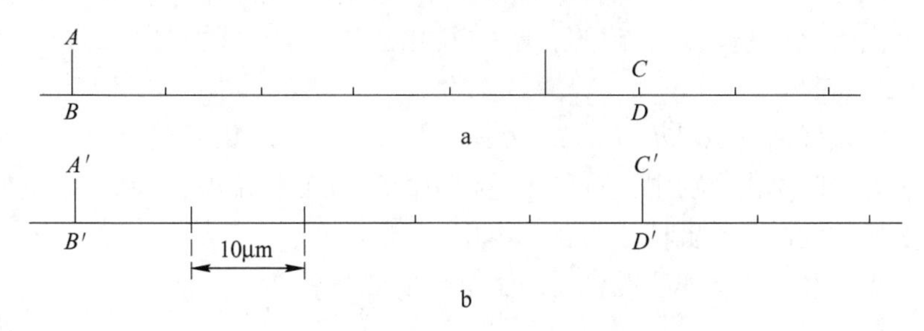

图 6-12 目镜测微尺与镜台测微尺校正时的情况
a—目镜测微尺的一部分；b—镜台测微尺的一部分

5）同法。将二尺的重合线在高倍接物镜下找出，计算目镜测微尺每小格长度，记录。

6）在镜台测微尺上加 1 滴香柏油，同法求出目镜测微尺在使用油镜头时每小格长度，记录。

（2）实测微生物的大小。

1）将镜台测微尺取下，换上待测标本片。

2）按常规操作观察标本片，如若细菌菌体太小，不易在高倍接物镜下测量，则可用油镜测量。无论用何种接物镜头其结果应为一致。

3）首先量出菌体的长和宽分别占目镜测微尺的格数，然后换算成微米数。一般测量细菌的大小，需在同一标本片上测定 10~20 个菌体，求出其平均值及变化范围。

四、思考题

（1）为什么要使用目镜测微尺测量菌体？

（2）为什么在实测菌体之前要先校正目镜测微尺？

6.2.3 硫化铜矿生物浸出实验

一、实验目的与要求

（1）了解嗜酸氧化亚铁硫杆菌和氧化硫硫杆菌的生长规律。

（2）了解硫化铜矿生物浸出的原理。

二、实验基本原理

生物浸出是在湿法冶金的基础上，利用微生物的新陈代谢作用或其产物对浸出进行强化的工艺。浸矿微生物可以直接或间接地参与金属硫化矿或氧化物的氧化和溶解过程。目前浸矿细菌已知的有很多种，浸矿细菌在有氧的条件下，通过氧化硫化矿、铁离子、单质硫等获得能量，并通过固定碳或其他有机营养物生长。化能自养微生物是生物浸出中主要应用的，它们在无机物的氧化过程中获得能量，并以二氧化碳作为主要碳源和以无机含氮化合物作为氮源合成细胞物质。

目前已知的浸矿细菌有很多种，嗜酸氧化亚铁硫杆菌（*Acidithiobacillus ferrooxidans*）被认为是酸性环境中浸矿的主导菌种。该菌的主要代谢是通过将 Fe^{2+} 氧化为 Fe^{3+} 而获得能量，也可氧化硫化矿物、元素硫等，嗜酸氧化亚铁硫杆菌适宜生长的 pH 值为 2.0~3.5，温度为 28 ~35℃。

嗜酸氧化硫硫杆菌（*Acidithiobacillus thiooxidans*）不能氧化亚铁离子，但能够生长在元素硫及一些可溶性硫化合物中，将浸出过程中产生的元素硫氧化。研究认为嗜酸氧化硫硫杆菌能增强嗜酸氧化亚铁硫杆菌的浸矿作用。

本实验主要考察这两种细菌混合浸出黄铜矿的效果。

三、实验仪器设备与材料

（1）摇床、超净工作台、灭菌锅、显微镜、电子天平、离心机、日立 Z-8000 塞曼原子分光光度计。

（2）$(NH_4)_2SO_4$、KCl、K_2HPO_4、$MgSO_4 \cdot 7H_2O$、$Ca(NO_3)_2$、1∶1 的 H_2SO_4、$FeSO_4 \cdot 7H_2O$、单质硫，粒度小于 0.074mm 的黄铜矿单矿物，菌种：嗜酸氧化亚铁硫杆菌、嗜酸氧化硫硫杆菌。

四、实验步骤

（一）培养基制备

本实验所需的培养基是缺铁 9K 培养基，此培养基的成分是 $(NH_4)_2SO_4$ 3g，KCl 0.1g，K_2HPO_4 0.5g，$MgSO_4 \cdot 7H_2O$ 0.5g，$Ca(NO_3)_2$ 0.01g，溶于蒸馏水 1000mL，用 H_2SO_4（1∶1）（浓 H_2SO_4：蒸馏水=1∶1）调节 pH=2.0。

将制备好的培养基分装到 250mL 锥形瓶中，每个瓶中分装 50mL（或 150mL），用 8 层纱布包好，121℃灭菌 25min，冷却后备用。

（二）菌种活化

向装有 50mL 培养基的瓶中加入 2g $FeSO_4$ $7H_2O$ 粉末摇匀，再加入 2mL 嗜酸氧化亚铁硫杆菌，于恒温（30℃）、150r/min 左右的摇床中培养至培养基变成红棕色。

向另一个装有 50mL 培养基的瓶中加入 0.5g 单质硫粉末，再加入 2mL 嗜酸氧化硫硫杆菌，于恒温（30℃）、150r/min 左右的摇床中培养，当培养基的 pH 值下降到 1 左右时停止培养备用。

（三）菌种扩大培养

向 4 个装有 150mL 培养基的瓶中加入 6g $FeSO_4$ $7H_2O$ 粉末摇匀，再加入活化好的嗜酸氧化亚铁硫杆菌 5mL，于恒温（30℃）、150r /min 的摇床中培养至棕红色。

向 4 个装有 150mL 培养基的瓶中加入 1.5g 单质硫粉末，再加入活化好的嗜酸氧化硫硫杆菌 5mL，于恒温（30℃）、150r /min 的摇床中，培养到溶液的 pH 值为 1 左右。

（四）菌种的收集

（1）在超净工作台上，将培养好的嗜酸氧化亚铁硫杆菌进行过滤。

（2）将滤液分多次倒入离心管中。每一次平衡对称放入离心机中，以 10000r /min 转速离心 20min。然后弃上清液。重复上述操作，得到细菌沉淀。

（3）为除去细菌沉淀中杂质，向沉淀中加入 10mL 无菌培养基，平衡对称放入离心机中以 10000r/min 转速离心 20min，弃上清液。

（4）用无菌培养基悬浮细菌，然后将几个离心管中细菌沉淀汇总到一起后用血细胞计数板计数，再用无菌培养液稀释到 5×10^9 个/mL。

（5）嗜酸氧化硫硫杆菌用（四）中的（1）～（4）同样方法收集。

（五）浸矿实验

浸矿实验共分 4 个体系（每个体系 3 个平行样），具体如下：

（1）向装有 150mL 培养基的瓶中加入黄铜矿 2g，不加菌作为对照样。

（2）向装有 150mL 培养基的瓶中加入黄铜矿 2g，再加入 2mL 嗜酸氧化亚铁硫杆菌。

（3）向装有 150mL 培养基的瓶中加入黄铜矿 2g，再加入 2mL 嗜酸氧化硫硫杆菌。

（4）向装有 150mL 培养基的瓶中加入黄铜矿 2g，再加入 2mL 嗜酸氧化亚铁硫杆菌和 2mL 嗜酸氧化硫硫杆菌。

所有锥形瓶放入 30℃ 恒温 150r/min 的摇床上浸矿。

（六）浸矿过程中参数测定

每 3 天取样 1 次。将锥形瓶从摇床中取出，静止 10min，取上清液 10mL 用于参数测定，再向瓶中加入 10mL 无菌培养基。

（1）用酸度计测定溶液的 pH 值。

（2）用显微镜计数法测定细菌浓度。

（3）用原子吸收光谱法测定 Ca^{2+} 浓度。所用仪器为日立 Z-8000 塞曼原子分光光度计。

五、实验数据处理

以时间为横坐标，实验所测得的数据为纵坐标进行绘图。将 4 个体系数据进行对比，分析两种细菌的浸矿效果。

六、思考题

生物浸出黄铜矿时为什么采用混合细菌进行培养？

7 矿石可选性研究实验

7.1 浮选可选性实验

7.1.1 实验指标的制定

实验之前需要先确定实验的指标，即实验要求或希望达到的指标。实验的目的就是用最少的实验达到实验的指标。

选矿工艺上，通常用以判断选别过程（包括筛分、分级等其他分离过程）效率的指标有回收率 ε、品位 β、产率 γ、金属量、富集比和选矿比等。这些指标都不能同时从数量和质量两个方面反映选矿过程的效率。

分离效率包括筛分效率、分级效率、选矿效率等分离过程的效率。筛分和分级是按矿粒粒度分离的过程；选矿则是按矿物分离的过程。分离效率应反映分离的完全程度。最常用的指标是回收率和品位（对筛分和分级过程，则为某指定粒级的含量，下同）。这一对指标的优点是，物理意义最清晰，直接回答了生产上最关心的两个问题，即资源的利用程度和产品质量。缺点是不易进行综合比较，特别是不适于用来比较不同性质原矿的选矿效率。

一个比较理想的分离效率指标，应能满足以下几项基本要求：

（1）相对指标：即实际分离结果与理论分离结果的比值，使其能正确反映出研究得出的结果对研究任务的完成程度，不至于与矿石的可选性相混淆。

（2）取值范围从 0 到 100%，对应单纯的缩分分样过程，效率指标的数值应为 0；对于筛分分级过程，筛下产品中给定分离粒度的物料中该粒级含量应为 100%；其余过程效率指标应在两者之间。

（3）能同时从质和量两个方面反映分离效率，而不过分偏重其中任一方面。

（4）具有单值性，例如，对于 A、B 两种成分的分离过程，按成分 A 计算的分离效率最好与按成分 B 计算得到的结果具有相同的值。

（5）有明确的物理意义。

（6）尽可能简单。

按照上述原则，可以有以下几种分离效率的判据：

（1）质效率。最基本的质效率指标是 β。

对选矿过程：习惯上 β 是指精矿中有用元素（如铜、铅、铁等）或化合物（CaF_2、WO_3 等）的含量。对于按矿物分离的选矿过程而言，质效率应该是指精矿中有用矿物的含量，即实际精矿品位同理论品位的比值。考虑到有时只进行简单缩分而没有分选作用，则质效率公式可用下式表示：

$$\frac{\beta - \alpha}{\beta_{max}} \tag{7-1}$$

（2）量效率。最常用的量效率指标就是回收率 ε，其计算公式为

$$\varepsilon = \frac{\beta(\alpha - \vartheta)}{\alpha(\beta - \vartheta)} \times 100\% \tag{7-2}$$

具体实验指标的确定要根据具体情况确定，最好是定量指标，也可以是定性指标。实验指标的制定还有考虑指标的获取方式和需要的时间。对矿石性质了解较少时，实验的具体指标可能比较困难，需要进行一定的探索实验为基础。

案例：浮选可选性实验研究的矿样为内蒙古某地黄铁矿矿石，对最终得到的精矿选别指标要求见表 7-1。

表 7-1　原矿指标与要求的精矿指标

产　品	S 品位 /%	回收率 /%	铁品位 /%	铁回收率 /%	粒　度
原矿	23.25		25.10		-10mm
硫精矿	>40	越高越好			
铁精矿			>40	越高越好	

7.1.2　矿石性质研究

针对不同类型矿石，其矿石性质研究内容大同小异，但也不一定包括所有内容，要根据矿石的具体情况和要求的指标确定每一种矿石的具体研究内容。对具体矿石要明确矿石性质研究的具体内容和各项研究结果的作用。对每一项研究结果都要认真分析和应用到实际实验过程中。矿石性质研究的内容取决于各具体矿石的性质和选矿研究工作的深度，一般大致包括以下几个方面：

（1）化学组成的研究，其研究内容包含化学元素的种类研究、含量及相互结合研究情况。一般可采用 X 射线荧光光谱仪（XRF）对矿石中主要元素或组分进行快速定性及半定量分析，然后再采用化学分析方法能准确地定量分析矿石中各种元素的含量，据此确定哪些元素在矿物分选及提取工艺中必须考虑回收，哪些元素为有害杂质需要将其去除。化学多元素分析是对矿石中所含多个重要和较重要的元素的定量化学分析，不仅包括有益和有害元素，还包括矿石中的造渣元素。

（2）矿物组成的研究，其研究内容包含矿石中所含的各种矿物种类和含量研究，有用元素和有害元素的赋存形态研究。一般采用 X 射线衍射分析（XRD）、化学物相、矿相显微镜、基于扫描电子显微镜和能谱的工艺矿物学参数自动分析系统等手段进行矿物组成的详细研究。

（3）矿石结构构造，有用矿物的嵌布粒度及其共生关系的研究。一般采用偏反光显微镜、基于扫描电子显微镜和能谱的工艺矿物学参数自动分析系统对矿石样品进行矿石结构构造研究。

（4）矿物分选及提取产物单体解离度及其连生体特性的研究。一般采用偏反光显微镜、基于扫描电子显微镜和能谱的工艺矿物学参数自动分析系统对矿物分选产品进行单体

解离度及连生关系特性研究。

（5）粒度组成和比表面的测定。

（6）矿石及其组成矿物的物理、化学、物理化学性质以及其他性质的研究。其内容较广泛，主要有密度、磁性、电性、形状、颜色、光泽、发光性、放射性、硬度、脆性、湿度、氧化程度、吸附能力、溶解度、酸碱度、泥化程度、摩擦角、堆积角、可磨度、润湿性、晶体构造等。

通常原矿试样需要按上述内容进行研究，有时也要对矿物分选产品进行考察，只不过前者一般在实验研究工作开始前就要进行，而后者是在实验过程中根据需要选择性地进行。两者的研究方法也大致相同，但原矿试样的研究内容要求比较全面、详尽，而矿物分选产品的考察通常仅根据需要选做某些项目。一般矿石性质的研究工作是从矿床采样开始。在矿床采样过程中，除了采取研究所需的代表性试样外，还需同时收集地质勘探的有关矿石和矿床特性等方面的资料。由于矿物分选实验研究工作是在地质部门已有研究工作的基础上进行的，因而在研究前对该矿床矿石的性质已有一个全面而定性的了解，再次研究的主要目的一是核对本次采取的试样同过去研究试样的差别，获得准确的定量资料；另外是补充地质部门未做或做得不够，但对矿物分选实验又非常重要的一些项目，如矿物嵌布粒度测定，考查某一有益或有害成分的赋存形态等。

矿石性质研究须按一定程序进行，但不是一成不变的，如某些特殊的矿石需采取一些特殊的程序，对于放射性矿石，就首先要进行放射性测量，然后具体查明哪些矿物有放射性，最后才进行分选取样并进行化学组成及矿物鉴定工作。对于简单的矿石，根据已有的经验和一般的显微镜鉴定工作即可指导选矿实验。是选矿实验所需矿石性质研究程序，一般可按图 7-1 进行。

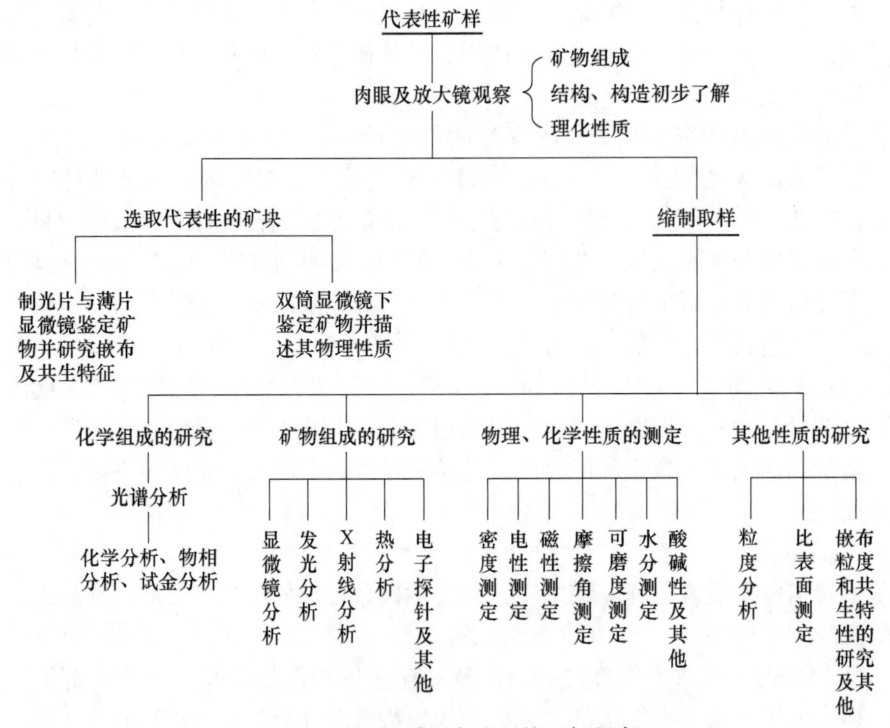

图 7-1　矿石性质研究论证的一般程序

7.1.3 实验方案的拟定

据不同矿石的性质采用不同的选别方法以及如何选择不同的实验装置，这是进行矿石可选性研究工作的第1步，同时也是最重要的一步。后续实验开展的快慢一定程度上取决于实验方案的拟定的是否合理，而制定总体的实验计划有利于保证总体的实验进度，此外，还需对该类型的矿石进行的可选性实验所涉及的实验装置、药剂等有详细的了解。

7.1.3.1 实验方案的拟定步骤

选矿实验方案，是实验中准备采用的选矿方案，包括所欲采用的选矿方法、选矿流程和选矿设备（装置）等。为了正确地拟订选矿实验方案，首先必须对矿石性质进行充分的了解，同时还必须考虑经济和技术诸方面的因素。拟定实验方案的步骤通常是：

（1）分析该矿石性质研究资料，根据矿石性质和同类矿产的生产实践经验及其研究成果，初步拟定可供选择的方案。

（2）根据国家有关的方针政策，结合当地的具体条件以及研究的目标，全面考虑，确定主攻方案。

7.1.3.2 实验方案的拟定程序

实验室浮选可选性实验通常按照以下程序进行。

（1）拟定原则方案。根据所研究的矿石性质，结合已有的生产经验和专业知识，拟定原则方案。例如多金属硫化矿石的浮选，可能的原则方案有全混合浮选、部分混合浮选、优先浮选等方案。

（2）准备实验条件。包括试样制备、设备和仪表的检修等。

（3）预先实验。必要时进行预先实验，目的是探索所选矿石的可能的研究方案、原则流程、选别条件的大致范围和可能达到的指标。一般在新矿石或矿石性质比较复杂时进行。

（4）条件实验（或称系统实验）。根据预先实验确定的方案和大致的选别条件，编制详细的实验计划，进行系统实验来确定各项最佳浮选条件。

（5）闭路实验。它是在不连续的设备上模拟连续生产过程的分批实验，即将矿物分选前一实验的中矿加到下一次实验相应地点的实验室闭路实验。目的是确定中矿的影响，核定所选的浮选条件和流程，并确定最终指标。

各小组根据给出的试样性质和要求，制定自己小组的详细实验方案。

7.1.3.3 具体实验计划的制定

相对于验证性实验课程，综合性、设计性实验课程设置的教学时间相对较长，但与实际的科学研究项目相比，除去编写报告所需时间外，进行实验研究的时间也是极其有限，因此需要学生制定较合理的实验方案后，还需针对实验方案制定较详细的实验计划，即每一天所需进行的实验，每次实验的具体内容。例如学生某天制定的实验计划为捕收剂用量实验，那么该实验计划中必选包括进行本次实验所需的捕收剂用量范围，捕收剂的配制和添加。还有其他固定的实验条件，如磨矿细度、pH 值、活化剂用量、起泡剂用量、浮选流程等。各组人员需按照以上原则制定较详细的总体实验计划进度，可以制成表格，从而可以简单明了地对总体实验进度进行宏观上的调控。表 7-2 给出了实验计划包括的基本形式和内容。需要指出的是，此处仅是示例，而不是本次实验的实际计划。各组的实际实验计划需要各组根据实际情况自己确定。

表 7-2 实验计划示例

日期	时间	实验内容	地点	备注
2015年2月5日	上午	磨矿细度与时间的关系。磨矿时间范围为 0min、2min、4min、8min		
	下午	产品称重，制取所有精矿和部分尾矿的化学分析样品		
2015年2月6日	上午	捕收剂种类及用量实验。捕收剂乙基黄药和丁基黄药，范围为 100g/t、200g/t、300g/t、400g/t		
	下午	产品称重，制取所有精矿和部分尾矿的化学分析样品		

7.1.4 试样制备

一、实验目的与要求

（1）通过本次实验，掌握矿石可选性研究所需实验样品的制备方法及了解进行矿石可选性研究所需单位试样的粒度和质量要求。

（2）理解和掌握最小质量公式 $q=kd^2$ 的应用，掌握编制试样破碎缩分流程。

二、实验基本原理

（1）针对不同类型矿石开展矿石可选性实验的第一步是对试样进行预处理。考虑到样品的粒度和实验室小型磨矿机的效率、入料粒度要求，浮选实验的粒度一般应小于1mm或3mm。通常，破碎后的试样可均分成单份试样储存，每份样品的质量为200~1000g（与磨矿、浮选设备的规格和样品的规格有关）。硫化矿石如果破碎粒度较细且储存放置时间较长时会逐渐氧化，对后续浮选实验结果产生较大影响，故硫化矿石应当在较粗的粒度（如6~25mm）下密封储存。

（2）按照图7-2的试样制备流程将原矿样采用不同规格颚式破碎机、辊式破碎机进行破碎，之后经过检查性筛分、混匀缩分成各种单份试样供分析、鉴定及单元实验项目使用。

三、实验仪器设备与材料

通常进行矿石可选性实验的矿石样品——原矿粒度较粗，如果从选矿厂采取代表性样品一般是从选矿厂磨矿机给料皮带上截取，粒度为100~150mm；如果是从矿床采取的样品，一般粒度较粗，在实验室进行试样制备时需先采用给矿粒度较粗且处理量较大的破碎机进行粗碎，其破碎产品再采用实验室型破碎机进行破碎。对于原矿粒度为100~150mm的矿石，可采用实验室型颚式破碎机，规格PE-150×250（最大给矿粒度120mm，排矿口调整范围10~40mm）进行粗碎，其破碎产品再采用规格PEX-100×125（最大给矿粒度

80mm，排矿口调整范围 1～15mm）或规格 XPC-60×100（最大给矿粒度 50mm，排矿口调整范围 1～3mm）的颚式破碎机进行中碎或细碎，针对某些类型较难破碎的矿石，可再采用规格 XPS-ϕ250×150 辊式破碎筛分机（最大给矿粒度 12mm，排矿口调整范围 1～4mm，破碎腔底部配有 2mm 筛网）对中碎产品或细碎产品进行细碎和检查性筛分。地磅或大量程天平、平底铁锹、ϕ30mm 或 ϕ50mm 的筛子，分样布、毛刷、样铲、取样勺、盛样盆、矿样袋等。

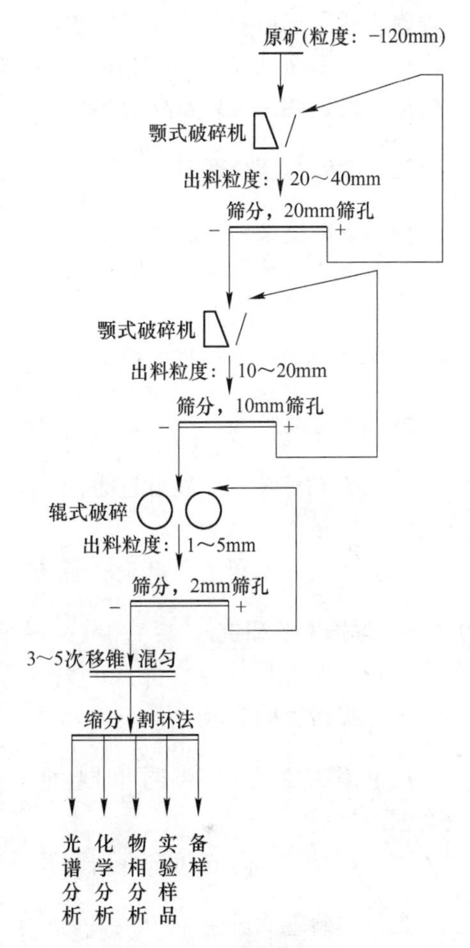

图 7-2 试样制备流程

四、实验步骤

（1）根据原矿的粒度和实验室破碎机的进料和出料粒度以及处理量来选择不同型号的破碎机来进行粗碎、中碎和细碎。在进行原矿矿石样品破碎前，实验人员需要仔细检查颚式破碎机、辊式破碎筛分机和筛分设备是否有故障，尤其需要注意颚式破碎机给矿口中是否有金属硬质物品或工具，清洗样品混合台面或将需要混匀的样品地面清扫干净；其次，针对某些容易被污染或引入杂质的矿石，在进行粗碎、中碎和细碎作业之前，需要将不同规格型号的破碎机清理干净，通常在实验室中，可给入适量的需要破碎的矿石进行预破碎或可理解为“预洗”，这部分破碎产品可不混入正式破碎产品中。

（2）分别调试粗碎或中碎颚式破碎机、细碎颚式破碎机和辊式破碎筛分机的出料口，将粗碎或中碎的破碎机的产品粒度控制在小于 12mm，细碎破碎机的产品粒度控制在小于 6mm，辊式破碎筛分机的产品粒度控制在小于 2mm。

（3）根据矿石可选性制定的实验方案算出所有实验、检测所需要的样品及备用样品的总量，用地磅准确称量后开始进行破碎。

（4）按照先进行粗碎—中碎—细碎—辊式破碎筛分的顺序进行破碎，在实验操作过程中，粗碎或中碎产物根据需要看是否需要进行检查性筛分，每个大规格破碎机的破碎产物（矿石样品粒度较粗）进行下一个小规格破碎机的给矿，最终细碎产物进入辊式破碎筛分机的给矿。原矿经颚式破碎机粗碎或中碎后混匀，通常根据具体情况看是否需要缩分出 1/2 作为备用试样。

（5）按破碎顺序依次启动各破碎机，用样铲均匀地将少量矿石给入破碎室，部分规格的破碎机配置有振动给料，将矿石样品均匀而少量的给入振动给料器中。

（6）对小规格颚式破碎机的破碎产品或辊式破碎筛分机的产品用 ϕ2mm 的筛子进行手工筛分，即组成破碎检查性筛分闭路作业。筛下产品均为合格产品。筛上的产品返回辊式破碎机或小规格的颚式破碎机重新破碎，直至全部通过2mm筛子。

（7）将粒度小于2mm的原矿样品采用移锥法充分混匀3~5次，再采用割环法将样品缩分成多份装袋，每袋500~1000g。

五、实验数据处理

用最大粒度来确定破碎比：

$$i=\frac{D_{最大}}{d_{最大}} \tag{7-3}$$

式中，$D_{最大}$为破碎前矿样的最大直径，mm；$d_{最大}$为破碎后矿样的最大直径，mm。

六、思考题

（1）针对不同的矿物分选方法，如何编制适宜的矿石可选性试验所需试样的破碎缩分流程？

（2）常见矿石可选性试验所需试样加工包括哪几道工序？

7.1.5 浮选实验研究

一、实验目的要求

（1）掌握常见矿石浮选可选性研究即浮选综合实验方案的设计方法及需要考虑的影响因素。

（2）了解矿石浮选可选性研究及浮选综合实验的内容和实验程序。

二、实验基本原理

浮选可选性试验的主要内容包括：制定详细且操作性较强的浮选试验方案；通过试验对影响工艺的因素进行分析，找出各因素在工艺中的主次地位和相互影响程度，确定最佳工艺条件；提出最终分选指标及其他必要的技术指标。不同矿物在浮选过程中能够选择性分离的前提是矿石中不同矿物可浮性不同，因此采用不同的药剂调整矿物表面的润湿性，使其在浮选过程中可浮性产生较大差异是浮选可选性试验的关键所在。

实验室浮选试验通常按以下步骤进行：

（1）制定原则方案。根据前面章节中矿石性质研究的结果，结合现有的选矿生产实践、生产经验、类似矿石性质的浮选可选性研究结果和专业知识，制定了原则方案。例如，对于多金属硫化矿的浮选，可能的原则方案包括优先浮选、混合浮选、部分混合优先浮选、等可浮浮选等方案；对于赤铁矿的浮选，可能采用的原则方案有正浮选、反浮选和选择性絮凝浮选；对于铝土矿的浮选，可能的原则方案还包括正浮选和反浮选。

（2）浮选试验准备工作。包括样品制备、磨矿设备、浮选设备及分析检测仪器准备、复习磨矿和浮选的具体操作及注意事项、熟悉浮选药剂配制及浮选过程中的药剂如何添加等。

（3）预先实验。针对每个可能的原则方案进行预先实验，找出粗略的条件和可能达到的选别指标，最后通过技术经济对比确定，从而确定该矿石可行的研究方案、原则流程、分离条件和可能的指标。

（4）条件实验（或系统实验）。根据预先实验确定的方案和大致的选别条件，编制详细的实验计划，进行系统实验来确定适宜的浮选条件。

（5）流程实验。包括开路流程和闭路流程实验。开路实验为了确定达到合格技术指标，所需的粗选、精选和扫选次数。闭路流程实验是在不连续的设备上模仿连续的生产过程的分批实验，即进行一组将前一实验的中矿加到下一实验相应地点的试验室闭路实验。目的是确定中矿的影响，核定所选的浮选条件和流程，并确定最终指标。

小规模实验室试验完成后，一般需要在实验室进一步进行连续浮选试验（简称连续浮选试验），有时还需要进行中间试验和工业试验。

三、实验仪器设备与材料

（1）不同规格的单槽浮选机 2~3 台，根据制定的原则方案选择适合规格的浮选机。

（2）XMQ 型锥形球磨机 1 台或 XMB 型棒磨机或 RK/BM 型三辊四筒棒磨机。

（3）浮选产品过滤及烘干设备：XTLZ-ϕ260/ϕ200 多用真空过滤机 1~2 台，电热鼓风恒温干燥箱 1 台。

（4）不同规格（1mL、5mL、10mL）的移液管若干，微型注射器（带针头）1~2 支。

（5）100mL 量筒若干，50mL 或 100mL 量杯若干，洗瓶若干，搅拌棒（带有橡皮套）3 支，烧杯若干。

（6）按照前述试样制备流程混匀缩分好的矿石样品若干袋。

（7）针对不同矿石所需的捕收剂、起泡剂和调整剂等。

四、实验步骤

（一）试样准备

考虑到样品的代表性和不同规格磨机的效率，一般要求浮选试验所用样品的粒度小于 1mm 或 3mm。破碎后的样品应装入自封袋中储存，每份样品的质量为 0.2~1kg（与试验所采用的磨矿浮选设备的规格及矿样的代表性有关）。个别低品位稀散金属矿石可达 3kg（如辉钼矿）。细物料可采用二分器（多槽取样器）或方格法手工缩分样品。

（二）磨矿

浮选前的磨矿作业，目的使矿石中的矿物得到解离，并将矿石磨到适于浮选的粒度。磨矿的最佳值主要取决于矿石性质。根据矿物嵌布粒度特性的鉴定结果，可以初步确定磨矿的大致细度，但最终必须通过试验加以确定。

磨矿时首先需要确定合适的磨矿浓度，太低和太高都会影响磨矿操作，浓度太高会使矿黏在棒或球上，基本没有磨矿效果。浓度太低会使部分大颗粒矿沉在底部，磨矿时没有效果，造成磨矿产品粒度极不均匀。一般会考虑以下原则：原矿较粗较硬时，采用较高浓度；原矿含泥多、粒度较细小，采用低浓度；必要时进行试验。常用的磨矿浓度有 50%、67%、75%三种浓度，此时液固比分别为 1∶1、1∶2、1∶3，因而加水量的计算比较简单。具体矿石的磨矿浓度要根据矿石性质确定，必要时进行浓度试验。

针对某些特殊矿石，也可采用陶瓷球磨机，陶球作介质，主要避免铁质的污染。本次实验研究中主要用到的磨矿设备为球（棒）磨机或三辊四筒棒磨机，其具体操作技能及注意事项请参阅第5章中的相关内容。

磨矿加水量可用以下公式计算：

$$C = \frac{Q}{Q + L} \times 100\% \tag{7-4}$$

$$L = \frac{100 - C}{C} \times Q \tag{7-5}$$

式中，L为磨矿添加的水量，mL；C为要求的磨矿浓度，%；Q为每次磨矿的矿石质量，g。

磨矿时应注意的问题：

（1）久未用的磨矿机要选用介质石英砂或矿样先磨去铁锈。平时在使用前必须空磨一段时间并冲洗干净；使用完毕必须加满石灰水或清水密封。要检查棒磨机的棒是否排列整齐。

（2）使用时先加部分水，然后加矿石，且要留一点水冲洗部分由于操作人员不小心所遗留在给矿端盖卡槽里面的矿石。

（3）准确控制磨矿时间并注意磨机运转是否正常。

（4）磨完后卸出磨机内矿浆时，冲洗水量必须控制，冲洗水可以多次少量，避免浮选槽装不下，但同时要把矿冲洗干净。

（5）如水量过多，则澄清后取出部分清液，剩余装入槽内，所取出的清液做补加水加入浮选槽中。

实验室常用的ϕ160mm×200mm和ϕ200mm×240mm的筒形球磨机、XMQ型240mm×90mm和XMQ型150mm×50mm锥形球磨机的给矿粒度为1～3mm，ϕ160mm×200mm等筒形球磨机和XMQ型ϕ150mm×50mm锥形球磨机，它们用于中矿和精矿产品的再磨。

磨矿时要确定适宜的磨矿介质种类和配比、装球量、球磨机转速和磨矿浓度。磨矿后对产品进行湿式筛分，绘制出磨矿时间与磨矿细度的关系曲线，具体操作步骤见磨矿实验部分。

（三）浮选试验操作技术

实验室浮选机的主体部分是充气搅拌装置和有机玻璃槽体。单槽浮选机的充气搅拌装置是模拟现有生产设备制成，由搅拌叶轮、刮板传动组件等部件组成，并设有专门的进气调节阀门以控制充气量。带有自动的刮泡装置，其规格有0.5L、0.75L、1L、1.5L、3L及8L六种，除了8L的槽体是固定的金属槽外，其余小规格的浮选机都是用悬挂的有机玻璃槽。

浮选试验的具体操作步骤：

（1）将磨机磨好的矿浆从容器汇总移入浮选槽后，把浮选槽固紧到机架上（注意：当固紧浮选槽时，槽内的回流孔一定要与轴套上的回流管对好）。

（2）接通浮选机电源，搅拌矿浆。然后按药方先调整剂，后捕收剂，最后起泡剂的顺序把药剂加入浮选槽内搅拌，计时。药剂加完并搅拌到规定时间后，准备充气、刮泡。

（3）从小到大逐渐打开充气调节阀门，待槽内形成一定厚度的矿化泡沫后，打开自动刮泡器把手（开关），使刮板自动刮泡。在刮泡过程中，由于泡沫的刮出，浮选槽内液面会下降，这时需向浮选槽内补加一定水量，一是保持槽内液面稳定，二是可用补加水冲洗轴套上和浮选槽壁上黏附的矿化泡沫。

(4) 浮选时间达到后，停止刮泡。此时需注意应先关闭充气开关，然后关闭刮板启停开关。将刮板上的泡沫冲洗到盛精矿的容器中，从机架上取下浮选槽，用水冲洗干净轴套、叶轮、矿浆循环孔等。

(5) 分别将泡沫产品和槽内产品过滤、烘干、称重，记录试验结果。然后用四分法或网格法分别取泡沫产品和槽内产品的化验样品做化验用。

(四) 矿化泡沫的控制和观察

泡沫的质量好坏直接影响精矿质量，它主要通过调节起泡剂的用量、充气量、矿浆液面高低和认真操作来控制和调节。根据宏观现象如：泡沫的虚实、大小、颜色、矿化程度、脆性、黏性来判定泡沫质量的好坏。需要经验，多次试验才能掌握。

(1) 泡沫的虚实是反映气泡表面附着矿粒的多少。气泡表面附着的矿粒多而密称为“结实”，相反气泡表面附着的矿粒少而稀称为“空虚”。一般粗选区和精选区的泡沫比较“结实”，扫选的泡沫比较“空”。当捕收剂、活化剂用量大，抑制剂用量小，会发生所谓的泡沫“结板”现象。

(2) 泡沫的大小，常随矿石性质、药剂制度和浮选区域而变。气泡的大小与气泡的矿化程度有关。气泡矿化时，气泡中等，故粗选和精选常见的多为中泡。气泡矿化过度时，阻碍矿化气泡的兼并，常形成不正常的小泡。气泡矿化极差时，小泡虽不断兼并变大，但经不起振动，容易破裂。

(3) 泡沫的颜色是由泡沫表面黏附矿物的颜色决定。如浮选黄铜矿时，精矿泡沫呈黄绿色；浮选黄铁矿时，泡沫呈草黄色；浮选方铅矿时，泡沫呈铅灰色。精选时浮游矿物泡沫越清晰，精矿品位越高；而扫选浮游矿物颜色明显，则浮选的目的矿物损失大。

(4) 泡沫的光泽由附着矿物的光泽和水膜决定。硫化矿物常呈金属光泽，金属光泽强泡沫矿化好，金属光泽弱泡沫带矿少。

(5) 泡沫层的厚、薄与入选的原矿品位、起泡剂用量、矿浆浓度和矿石性质有关。一般粗选、扫选作业要求较薄的泡沫层，精矿作业应保持较厚的泡沫层。

(6) 泡沫的脆、黏与药剂用量、浮选粒度等有关。当捕收剂、起泡剂和调整剂的用量配合准确、粒度适当，此时泡沫层有气泡闪烁破裂，泡沫显得性脆；反之，泡沫会显得性黏。如在黄铜矿浮选时，如果石灰过量，泡沫发黏、韧性大、难破裂，在浮选过程中易发生跑槽。

此外，还需注意充气量的控制（阀门开启大小、挂槽式的调节叶轮与槽底的距离，叶轮转速，叶轮的磨损程度）。补加水：随着泡沫的刮出，浮选槽内矿浆液位下降，需要补加水，保持液面基本不变。注意 pH 值的影响。人工刮泡时须注意起泡速度和厚度以及泡沫稳定性、均匀性。无论是人工刮泡还是机械刮泡，都要注意刮出的只能是泡沫，不能刮出矿浆。实验中要随时注意观察和记录泡沫的情况，特别是随着药剂制度的变化泡沫的变化情况，因为泡沫的变化情况在化验结果中无法体现，也很难定量描述。

(五) 产品处理

浮选实验的粗粒产品可直接过滤。若产品很细或含泥多，可将矿浆先倒入另一容器中，将粗砂先倒入过滤机，若过滤仍然困难，此时可直接放在加热板上或烘干箱中去蒸发；也可以添加凝聚剂，如加入少量酸或碱、明矾等加速沉淀，抽出澄清液并烘干产品。

在烘干过程中，温度应控制在110℃以下，温度过高，试样氧化导致结果报废，例如硫化矿物在高温下，S氧化成SO_2挥发，导致样品品位变化。

浮选产品烘干称重后，必须缩分和磨细供化学分析，供化学分析的试样粒度应小于0.074mm。尾矿量大时烘干后易结块，必须把结块研碎后再混匀取样。学生应该在实验前根据自己小组实验方案确定样品处理的具体方法。

（六）浮选条件试验

（1）磨矿细度实验。矿石中矿物的解离，是任何选矿方法在选别之前必须解决的关键问题。因此条件试验一般都从磨矿细度试验开始。但对复杂多金属矿石以及难选矿石，由于药剂制度对浮选过程的影响较大，故往往在找出最适宜的药剂制度之前，很难一次查明磨矿细度的影响，这时则需要在其他条件之后，再一次校核磨矿细度；或者是在一开始时不做磨矿细度试验，而是根据矿石嵌布特性选定一个细度，一般选取一个比矿物单体解离更细的粒度磨矿，进行其他条件试验，待主要条件确定后，再做磨矿细度试验。

本次试验的目的在于确定最佳的磨矿细度，使目的矿物和脉石矿物实现单体解离，同时保持合适的浮选粒度。首先需要确定磨矿细度的范围和间隔，磨矿细度范围可以根据矿石性质研究中目的矿物的嵌布粒度确定，通常对于有用矿物嵌布粒度较粗的试样其磨矿细度范围可以考虑为-0.074mm含量为50%~90%之间；间隔根据实际工业上控制的可能确定，一般不小于5%，具体可以按试验设计的方法确定。

在进行磨矿细度影响试验之前需确定磨矿细度与磨矿时间的关系，而矿石的可磨度（对特定试样矿石性质是固定的）、磨矿浓度、给矿粒度（每次的磨矿量根据实验室现有的设备以及每次浮选试验产品所需化验的最小量考虑）、磨机的规格（根据每次的磨矿量来确定磨机的规格）的变化都会影响磨矿细度与时间的关系。

具体操作过程中，一般是称取4~5份矿样，按不同时间磨矿，将磨矿产品用0.074mm筛孔筛子筛析。采用干湿筛分联合法，即先在0.074mm的筛上湿筛，筛上物烘干，再在0.074mm筛子上或套筛上干筛，小于0.074mm的物料合并计重，以此算出该磨矿产物中-0.074mm级别的含量。然后以磨矿时间(min)为横坐标，磨矿细度（-0.074mm粒级的含量,%）为纵坐标，绘制两者之间的关系曲线（图7-3）。

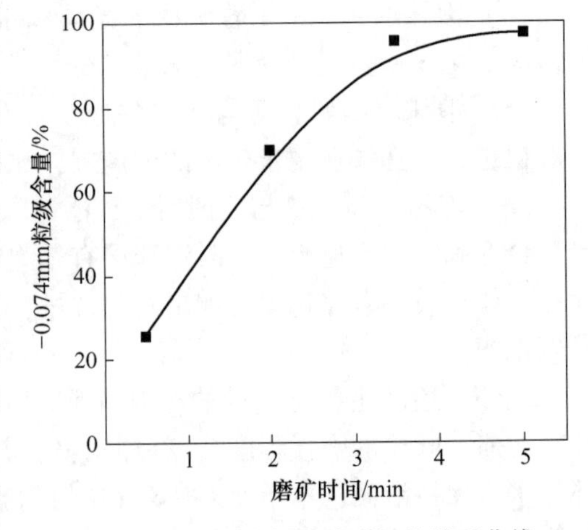

图7-3　磨矿细度与磨矿时间的关系曲线

较合理的磨矿细度与磨矿时间的关系曲线如图7-3所示，试验人员在实际操作过程中可根据经验先在磨矿时间范围内选取一个中间时间来磨矿，根据筛析结果，如果发现-0.074mm级的含量太高或太低导致关系曲线不太合理，可适当增加或减少磨矿时间重新按上述筛析方法对磨矿产物进行筛分，从而确保得到较合理和准确的磨矿细度与磨矿时间的关系曲线。

最佳磨矿细度要看浮选的结果，因此在确定磨矿细度与磨矿时间的关系后必须确定浮选的原则流程，包括药剂制度和流程。药剂制度可以根据专业知识和参考类似矿石实际应用的结果确定，不同的矿石的浮选常用药剂制度在矿石可选性研究中有所详述，但具体到某一种矿石时要灵活应用。流程也要根据试验目标确定，一般采用一次粗选、一次扫选的流程较好。流程和药剂制度可以根据实验的结果进行必要的调整。进行浮选实验前，应绘制出较详细的实验流程图。

在上述的准备工作完成后，即可进行磨矿细度对浮选过程的影响试验，浮选试验的具体操作步骤见前面章节。需要注意的是：确保每次磨矿试验除磨矿时间外的其他条件相同，同时注意磨矿过程中总体水量的控制。将磨矿产物转移到浮选机槽体中时，需要对总体水量进行一定的把控，建议将磨好的矿浆直接冲洗到浮选机槽体中，这样能避免浮选机槽中总体水量过多。另外需要强调的是：浮选时泡沫分两批刮取。在粗选过程中，捕收剂用量、起泡剂用量、浮选时间均应相同；扫选时获得中矿，捕收剂用量和浮选时间可以不同，目的是使欲浮选的矿物完全浮选出来，以得出尽可能贫的尾矿。如果从外观上难以判断浮选终点，则每次试验时中矿的浮选时间和药剂用量应保持一致。刮泡过程中需要不断补加水，从而保证浮选泡沫层的厚度。为了保证每次浮选试验中矿浆的良好循环、减少槽内产品的损失，可将槽内产品冲洗到某容器（盛矿盆）中，再往浮选槽中注入过半容积的水，固紧到机架后，打开充气开关让其搅拌 1~2min，使遗留在矿浆循环孔、叶轮、轴套里的矿浆全部排出。

将精矿和尾矿产品分别烘干、称重、取样及送化学分析，将试验结果填入预先设计好的记录表内，并绘制曲线图，曲线图通常以磨矿细度（-0.074mm 级别的含量,%）或磨矿时间（min）为横坐标，浮选指标（品位 β 和回收率 ε）为纵坐标绘制。结合专业基础知识，对试验结果进行合理的分析，确定最佳磨矿细度找出相应的磨矿时间，磨矿后分别进行浮选，比较结果，并说明理由。

（2）pH 值调整剂实验。大多数矿石可根据实际生产经验确定 pH 值调整剂种类和 pH 值，但 pH 值与矿物组成、浮选用水等性质有关，故仍需进行 pH 值实验。实验时，在确定适宜的磨矿细度等浮选条件的基础上，只进行 pH 值调整剂的种类和用量实验。根据实验结果，绘制以品位、回收率为纵坐标，以调整剂用量为横坐标的曲线。根据曲线确定 pH 值调整剂的适宜用量或适宜的 pH 值。

pH 值调整剂用量实验方法可以分为 3 种情况：

1）已知最佳 pH 值如何确定调整剂的用量：将 4~5 份磨好的矿浆置入不同的烧杯中，之后分别加入不同的调整剂搅拌一定时间（例如 20min）后测定不同烧杯中矿浆的 pH 值，然后根据测定的结果绘制出 pH 值与调整剂用量的关系曲线，再从曲线上找到对应所需 pH 值的调整剂用量。也可以用下述方法：取 1 份磨好的矿浆加入烧杯或浮选机中，然后加入不同的调整剂，一边加入一边测定 pH 值。当矿浆达到要求的 pH 值时停止添加调整剂，即可确定所需 pH 值的调整剂用量。这种方法需要经验，同时需要注意调整剂对 pH 值的反应时间。

2）已知 pH 值范围，如何确定最佳 pH 值：确定需要试验的 pH 范围。将 4~5 份磨好的矿浆分别加入浮选机中，再加入不同的调整剂搅拌一定的时间（例如搅拌 3~5min）后测定其 pH 值，然后添加其他浮选药剂并完成浮选过程，最后分别对所得产品处理后进行化验，根据化验分析结果绘制出 pH 值与指标之间的关系曲线，从曲线上以及综合考虑指标对比来确定最佳 pH 值。

3）对不同 pH 值调整剂进行比较时可用下述方法：对每种 pH 值调整剂分别按下述方法进行试验，根据结果进行比较即可。取 4~5 份磨好的矿浆分别加入浮选机中，之后加入不同的调整剂搅拌规定的时间，接着测定矿浆的 pH 值，再添加其他浮选药剂并完成浮选过程，然后分别对所得产品处理后化验，根据化验结果绘制出 pH 值与产品指标之间的关系曲线，最后根据指标对比确定最佳 pH 值。

pH 值调整剂实验应注意的问题：pH 值调整剂可以一次添加，也可以分次添加，根据矿浆是否消耗 pH 值调整剂而定，如果消耗需要分次添加以保持 pH 值不变，如果不消耗则可以一次添加，即要保证矿浆的 pH 值在浮选过程中不变。由于准确测定矿浆的 pH 值不太容易，所以生产中一般用药剂用量来表示，此外，还需考虑调整剂的添加方式也会对 pH 值产生影响。

在已确定 pH 值调整剂种类和 pH 值的情况下，测定 pH 值和确定调整剂用量的方法如下：将调整剂分批地加入浮选机的矿浆中，待搅拌一定时间以后，用台式 pH 计或便携式 pH 计或 pH 试纸比色法测 pH 值，若 pH 值尚未达到浮选目标矿物所要求的数值时，可再加下一份 pH 值调整剂，依此类推，直至达到所需的 pH 值为止，最后累计其用量。pH 值与矿石物质组成以及浮选用水的性质有关，试验时，在最佳的磨矿细度基础上，固定其他浮选条件不变，只进行调整剂的种类和用量试验。将试验结果绘制成曲线图，以品位、回收率为纵坐标，调整剂用量为横坐标，根据曲线进行综合分析，找出调整剂的最佳用量。有时，矿浆的 pH 值会随着其他药剂的种类和用量的变化而变化。此时，可以在各种条件的实验完成后，用上述方法对实验进行检查。或将与 pH 值调整剂有相互作用的化学物质进行多因素组合实验。

（3）抑制剂实验。在抑制剂的实验中，必须认识到抑制剂、捕收剂、pH 值调节剂等因素之间有时存在相互作用。例如，如果捕收剂的用量较小，则抑制剂的使用量可能较少；如果捕收剂的用量大，抑制剂的用量也会大，而两种组合得到的实验指标可能相等。硫酸锌、硅酸钠、氯化物和硫化钠等抑制剂的加入会改变所测定的 pH 值和 pH 值调节剂的用量。此外，在很多情况下，当抑制剂混合时，抑制剂之间存在相互作用，所以使用多因素组合实验更为合理。

抑制剂在金属矿石和非金属矿石，特别在一些难选矿石的分离浮选中起着决定性的作用。进行抑制剂实验，必须认识到抑制剂与捕收剂、pH 值调整剂等因素有时存在交互作用。例如，捕收剂用量少，抑制剂用量就可能用得少；捕收剂用量多，抑制剂用量也得多，而这 2 种组合得到的试验指标可能是相等的。又如硫酸锌、水玻璃、氰化物、硫化钠等抑制剂的加入，会改变已经确定好的 pH 值和 pH 值调整剂的用量。此外，在许多情况下，当混合使用抑制剂时，不同种类抑制剂之间存在相互作用，对浮选过程会产生交互影响，因此采用多因素组合实验更为合理。

在确定抑制剂的最佳种类和用量时，分为 3 种情况。

1）只添加一种抑制剂确定最佳用量时：确定抑制剂的用量范围和间隔，对每一个水平进行试验，根据试验结果判断最佳用量即可。

2）对不同的抑制剂进行比较时：确定每一种抑制剂的用量范围和间隔，对每一种抑制剂的每一个水平进行试验，根据试验结果判断最佳种类和用量即可。

3）使用混合抑制剂时：需要确定混合抑制剂的种类和比例。有 3 种方法：确定 A 的用量而改变 B 的用量，根据试验结果判断出最佳用量和比例；确定总用量，变化 A 与 B 的比例进行试验，根据试验结果确定最佳比例；A 和 B 的比例已知时，分别确定 A 和 B 的用量水平范围和水平间隔，进行排列组合，对所有的用量进行试验，确定最佳用量。即多因素穷举法。也可以用其他的多因素试验设计的方法进行，用于资料较少时。

（4）活化剂实验。活化剂可以削弱抑制剂的作用或者增强浮游矿物的活性。一般能使矿物表面更好地吸附捕收剂。

在金属硫化矿浮选中，硫化铜矿及硫化铅矿一般容易浮游，无需活化。在某些情况下，混合精矿分离才要抑铅或抑铜。这时被抑制的矿物往往可以作为槽底精矿，也不再活化。硫化矿中要活化的矿物是硫化锌、硫化铁和硫化锑。活化硫化锌矿常用硫酸铜，活化被石灰抑制过的硫化铁矿常用硫酸、二氧化碳、苏打、硫酸铜、氟硅酸钠、铵盐等。活化辉锑矿常用硝酸铅，活化铜、铅、锌的氧化矿常用硫化钠。

在确定活化剂的最佳种类和用量时，分为两种情况。

1）活化剂种类确定只确定最佳用量时：确定活化剂的用量范围和间隔，对每一个水平进行试验，根据试验结果判断最佳用量即可。

2）对不同的活化剂进行比较时：确定每一种活化剂的用量范围和间隔，对每一种抑制剂的每一个水平进行试验，根据试验结果判断最佳种类和用量即可。

使用混合活化剂时：较少使用，试验方法和抑制剂相同。

（5）捕收剂实验。一般在确定矿石的原则方案后再选择捕收剂的种类。为了优选捕收剂，有必要进行捕收剂种类实验。实验研究可采用单捕收剂或组合捕收剂。

捕收剂选定后，应进行捕收剂用量的试验。捕收剂用量实验有 2 种：

第一种方法是直接安排一组对比实验，也就是说，固定其他条件，只改变捕收剂用量。例如其用量分别为 40g/t、60g/t、80g/t 和 100g/t，分别进行实验，然后对所得结果进行对比分析。第二种方法是通过分批添加捕收剂和分批刮泡的方法确定单元实验中捕收剂的必需用量。即先加入少量捕收剂，取第 1 份泡沫，当泡沫矿化程度变弱后，再加入第 2 份药剂，刮出第 2 份泡沫。此时的用量，可根据具体情况采用等于或少于第 1 份用量。以后再根据矿化情况添加第 3 份、第 4 份……药剂，分别取第 3 次、第 4 次……泡沫，直至浮选终点。对每种产品分别进行化学分析，然后计算累积回收率和累积品位，并考察达到所需回收率和品位所需的捕收剂用量。这种方法通常用于预先实验。

在组合捕收剂实验中，可以将不同的捕收剂按不同比例分成几组，然后对每一组进行测试。例如两种捕收剂 A 和 B，可分为 1∶1、1∶2、1∶4 等几个组，每组用量可分为 40g/t、60g/t、80g/t、100g/t、120g/t；或者将捕收剂 A 的用量固定为几个值，然后进行一系列的实验，对每个值改变捕收剂 B 的用量，以找到最合适的条件。

起泡剂用量的试验与捕收剂用量的试验类似，但有时不进行专门的试验，其用量一般是事先试验或其他条件试验中顺带确定的。

（6）起泡剂试验。一般矿石浮选真正有效的起泡剂是有机药剂，有机起泡剂都有异极性结构，其分子的一端为极性基，另一端为非极性基，如乙醇（$C_6H_{13}OH$）、甲酚（$CH_3C_6H_4OH$）、萜烯醇（$C_{10}H_{17}OH$），其水油度 HLB = 6 ~ 8。在浮选过程中，起泡剂有以下作用：

1）稳定气泡，其类型和用量影响气泡的大小、黏性和脆性，影响浮选速度。

2）与捕收剂共吸附于矿粒表面上，并起协同作用。

3）与捕收剂共存于胶束中，影响捕收剂的临界胶束浓度。

4）可以用起泡剂使捕收剂乳化或加速捕收剂的溶解。

5）可以增加浮选过程的选择性。

实用的起泡剂通常应具备的条件：1）有机物质；2）相对分子质量大小适当的异极性物质，一般脂肪醇或羧酸类起泡剂，碳数都在8~9个以下；3）溶解度适当，以0.2~0.5g/L为好；4）实质上不解离；5）价格低，来源广。

常用的起泡剂有松醇油、甲酚酸、重吡啶、醇类起泡剂、醚醇类起泡剂（丁醚油、多丙二醇烷基醚、甘苄油、多乙二醇苄基醚、苄醇）、脂油（苯乙酯油）、730系列起泡剂。

在浮选过程中，由于起泡剂分子的一端为极性基，另一端为非极性基，因此能够促进微小气泡的形成和分散，稳定气泡，影响气泡的大小、黏性、浮选速度。

起泡剂一般用一种，也有混合使用的。起泡剂用量的确定方法：起泡剂是影响浮选效果的重要因素；一般不单独做起泡剂用量试验。因为理论上起泡剂只是产生大小和黏度合适的气泡，因此在其他条件试验时就要观察气泡的情况，气泡不合适要及时调整其用量。气泡太多会“跑槽”，太少不能刮出。有时需要做单独的起泡剂试验，方法与捕收剂试验方法基本相同，但要注意评价指标不能只看品位和回收率，要根据起泡剂的作用增加其他指标，气泡性质定量评价很困难，只能根据经验确定。

（7）矿浆浓度实验。从经济角度看，在不影响分离效果和操作条件时，浮选过程中应尽量使用浓缩矿浆。矿浆越浓，所需浮选机容积越小，药剂相对有效浓度越高，药剂用量越少。在生产中，大部分浮选矿浆的浓度在25%~40%之间。某些特殊矿物的矿浆浓度有时在40%以上，有时在25%以下。

一般来说，对泥化程度高的矿石应采用较稀的矿浆处理，而对粒度较粗的矿石应采用较浓的矿浆处理。此外，粗选、精选和扫选的矿浆浓度也不同。一般来说，粗选的浓度在30%左右，精选的浓度在20%左右。扫选浓度介于粗选浓度和精选浓度之间。

在小型浮选实验过程中，由于固体随泡沫的刮出，需加水保持矿浆在一定液面。矿浆浓度从始至终逐渐变稀，矿浆的浓度不断变化，各药剂的浓度和泡沫性能也随之变化。

（8）矿浆温度实验。一般情况下，浮选是在15~25℃的室温下进行的。利用脂肪酸捕收剂浮选非硫化矿石时，如分选铁矿、萤石矿、白钨矿等，常采用蒸汽直接或间接加热浮选，可提高试剂的分散性和效率，提高分离效率。铜铅、锌硫、铜镍等复杂硫化矿采用加热浮选工艺处理，有利于提高分离效果。在这种情况下，有必要进行浮选矿浆温度条件试验。如果矿石需要事先加热搅拌或浮选前预热，则需要在不同温度下进行实验。

（9）浮选时间实验。浮选时间，可能从1min变化到1h，通常介于3~15min之间。一般在进行各种条件试验过程中基本可以确定。因此，在进行每个试验时都应记录浮选时间，但浮选条件选定后，可再做检查试验。浮选时间的确定有多份矿样对比法和单份矿样试验法。

多份矿样对比法：取几份矿样，进行不同的浮选时间试验，对比结果可以确定最佳浮选时间。浮选时间的范围和间隔确定：在进行其他试验时浮选时间是固定的，所以要根据结果估计浮选时间是否合理，可以确定浮选时间的范围和间隔。注意浮选时间试验的评价指标，以回收率为主，兼顾品位。

单份矿样试验法（分批刮泡法）：用同一份矿样，采用分批刮泡法确定浮选时间。即随着浮选的进行，把不同时间的浮选泡沫分批接出，直到矿化泡沫刮完为止。分批刮泡的时间可按分别为 1min、2min、3min、5min、…以此类推，直至浮选终点。因为浮选是连续进行的不能停止，所以在进行浮选时间试验实际操作时，是不同时间更换接泡沫的容器，同时需要注意要把不同时间的泡沫分割完全。另外，为了便于确定粗扫选时间，分批刮泡的时间间隔还可短一些。具体试验操作流程如图 7-4 所示。

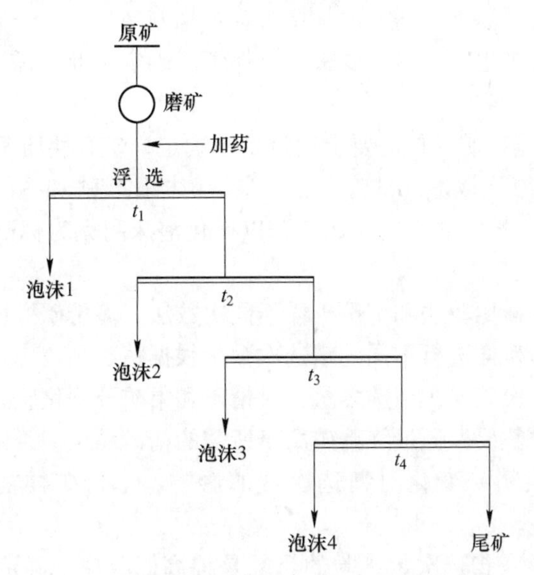

图 7-4 单份矿样分批刮泡浮选时间实验流程

影响浮选时间的因素：捕收剂用量大时，时间短；目的矿物的单体解离度越高所用的浮选时间越短；矿石中的含泥量少时，浮选时间短；充气量大时，浮选时间短。

试验结果的分析处理：试验结果可绘制曲线，横坐标为浮选时间（min），纵坐标为有价元素的品位（加权平均累计）和回收率（累计）。根据曲线，可确定得到有价元素目标回收率和品位所需的浮选时间。如果能直接从粗选得到合格精矿，可以从单个品位曲线上确定浮选时间；如果得不到合格精矿，则可以从累积品位和回收率曲线上确定浮选时间；如果累积品位曲线有明显降低的拐点，则以此拐点为粗选浮选时间；如果没有则以回收率不再明显增加的浮选时间为粗选时间；如果回收率随浮选时间一直增加，说明确定的浮选时间长度不够，应延长浮选时间继续进行试验。

在确定浮选时间时，应注意捕收剂用量增加，可大大缩短浮选时间，此时节省的电能及设备费用可补偿这部分药剂消耗，则增加捕收剂用量是有利的。

（七）浮选开路流程实验

开路流程试验的目的确定工艺流程对浮选的影响规律，确定最佳工艺流程。主要内容：确定精选、扫选的次数和药剂制度，不同流程所产生的中矿的性质变化规律。精选是否需要磨矿等。选别阶段和选别循环：选别阶段是指改变入选粒度的位置和次数。选别循环是指某种物料有用成分选别作业的总称。如优先浮选、混合浮选、中矿处理方式等。流程试验就是研究选别阶段和选别循序对浮选效果的影响及规律。

（1）精选次数实验。

1）矿浆浓度。一般不做专门的试验，根据粗精矿量和精选用浮选槽的体积确定，一般应在15%~30%之间；如果精矿量太小，精选浓度太低时，可以将多次粗选的精矿合并后进行精选。为避免精选作业的矿浆浓度过低，或矿浆体积超过浮选机的容积，可事先将泡沫产物静置沉淀，用注射器或洗耳球将多余的水抽出。脱除的水装入洗瓶，用于将粗精矿转移到浮选机槽子中的洗涤水和浮选补加水。

2）药剂制度。药剂种类和用量与粗选有较大的差别，一般可以不添加捕收剂和起泡剂，精选次数多时也需要添加。需要添加调整剂和抑制剂。但由于矿石性质变化较大，不同矿石性质对精选的要求也不一样，要根据具体情况确定，此外需要注意浮选的pH值与粗选时的相同。

3）精选次数。根据精矿品位的要求通过试验确定。矿石性质不同所需的精选次数相差很大，从1~2次到10次以上。试验方法：多份矿样比较法和一份矿样不同次数法。

4）精选的时间：一般不做专门的试验，以矿化泡沫刮完为标准，必要时也可以进行试验。

试验方法为多份矿样比较法和1份矿样不同次数法。多份矿样比较法：即根据估计所需的试验次数，取几份矿样进行不同的精选次数，根据精矿品位确定合适的次数；单份矿样不同次数法：即用1份矿样，精选多次，对精矿和中矿分别化验品位，通过计算确定所需的精选次数。精选次数要保证最终精矿高于所需的精矿品位，否则应重做；特点是试验次数少，但不能反映粗精矿变化对精选次数的影响。单份矿样精选试验流程如图7-5所示。

（2）扫选次数实验。扫选次数试验的目的是提高回收率，确定药剂制度和扫选的药剂制度、浮选时间和次数。扫选是对粗选的尾矿进行再次浮选，需要添加药剂，在原浮选机中进行。

扫选试验条件的确定：

1）矿浆浓度。一般不做专门的试验，扫选是在粗选的浮选机中进行的，浓度按自然形成的浓度进行，但也应控制在一定范围，如果浓度太低也应浓缩后进行。

2）药剂制度。种类与粗选相同，用量降低，一般为粗选的20%~50%，注意pH值与粗选相同。

3）扫选时间。可以根据经验确定，也可以通过试验确定，试验方法与粗选时间试验相同。

4）扫选次数。实验方法与精选相同，可以用多份试验不同扫选次数比较法，也可以用1份试样多次扫选法（单份试样扫选次数试验流程如图7-6所示）。

5）扫选的评价指标。应以回收率为主，同时兼顾到品位，具体要求根据具体实验的矿石性质和目的确定。对于多金属矿石还要考虑其他元素的含量。如铅、锌分离过程中的互含问题，扫选次数增加，铅的回收率会提高，但其中锌的品位也可能会提高。注意：对精选和扫选的精矿进行显微镜鉴定，了解不同产品中目的矿物和脉石矿物的存在状态，对确定流程和药剂制度的合理性是有利的。

（八）浮选闭路流程实验

开路流程试验会得到各种精矿，包括精选的尾矿和扫选的精矿；实际生产中一般只能

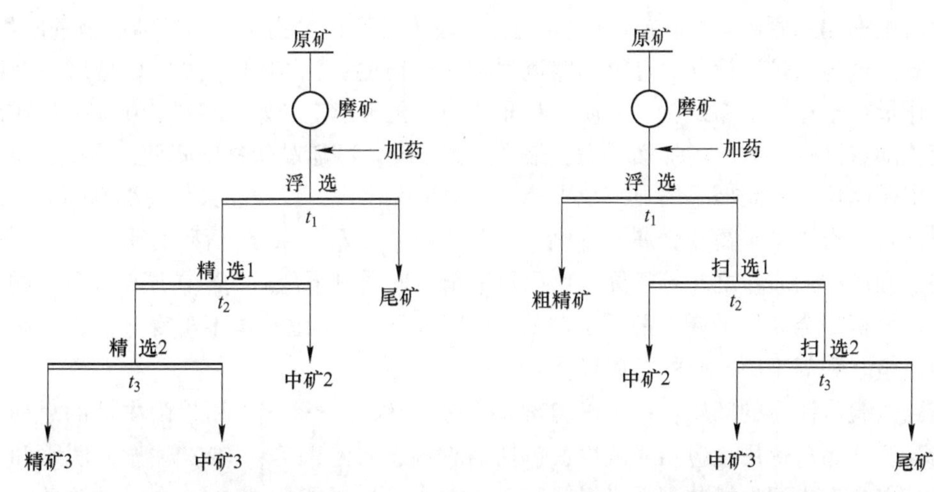

图 7-5　单份矿样精选次数试验流程　　图 7-6　单份矿样扫选次数试验流程

得到精矿和尾矿，因此开路流程中所得的中矿必须返回流程的适当位置进行处理；两种方式：一是直接用连续的小型浮选设备；二是用模拟试验，即闭路试验。闭路试验是用来考察循环物料的影响的分批试验，是在不连续的设备上模仿连续的生产过程。其目的是：找出中矿返回对浮选指标的影响；调整由于中矿循环引起药剂用量的变化，考察中矿矿浆带来的矿泥，或其他有害固体，或可溶性物质是否将累积起来并妨碍浮选；检查和校核所拟定的浮选流程，确定最终达到的浮选指标等。

具体操作方法：按开路试验确定的流程和条件，仿照选厂连续生产过程连续地做几个实验，每次的中间产品给到下一个实验的相应作业，直到试验产品达到平衡为止。需要确定的条件：中矿返回的方式和地点。返回的方式包括循序返回和合一返回两种。原则是尽量返回给矿与中矿性质相似的作业。

一般情况下，闭路实验要连续做 5~7 个实验。最好在试验过程中将最终产品迅速烘干，以便判断是否已经达到平衡，如能进行产品的快速化验，那就更好了。

中矿是流程试验中一定要产生的，很少有经过一次粗选就完成浮选过程的情况，因此必须考虑中矿的处理方式。其处理方法一般有以下几种：(1) 中矿循序返回：中矿按照顺序返回到上一个作业，可以提高回收率，但对精矿品位可能有影响。(2) 合一返回：所有中矿合并后返回流程的某一作业，有利于提高精矿品位，但不利于回收率提高。(3) 中矿再磨：所有中矿合并磨矿后返回原流程中的某一作业，用于中矿主要为连生体的情况。(4) 中矿再磨：所有中矿合并磨矿后再选，也可以返回到原流程中的磨矿机中。(5) 中矿再磨：所有中矿合并磨矿后再选，所得精矿并入精矿中，尾矿并入尾矿中。主要用于精矿为连生体，连生特性比较特殊，返回原流程磨矿效果不理想时，流程会更复杂。(6) 中矿单独处理：对特殊中矿，返回原流程影响很大，并入尾矿有对有用成分造成很大损失时，可以对中矿进行特殊处理。包括化学方法处理、堆存、另作他用等。

根据闭路试验结果计算最终浮选指标的方法有 3 个：(1) 将所有精矿合并算作总精矿，所有尾矿合并作总尾矿，中矿单独再选一次，再选精矿并入总精矿中，再选尾矿并入总尾矿中。(2) 将达到平衡后的最后 2~3 个试验的精矿合并作总精矿，尾矿合并作总尾矿，然后根据：总原矿=总精矿+总尾矿的原则反推总原矿的指标。中矿则认为进出相等，单独计算。这与选矿厂设计时计算闭路流程物料平衡的方法相似。(3) 取最后一个试验的指标作最终指标。闭路试验产品质量和品位的变化规律：开始时精矿、中矿、尾矿的质量都应该随着试验次数的增加而提高，最后达到平衡。精矿品位逐渐降低；尾矿品位逐渐升高；中矿品位也升高但不明显。也可能有其他情况出现，要根据具体情况判断。达到平衡的条件：实现质量平衡和金属量平衡。质量平衡：最后2~3个精矿的质量基本不再变化；精矿和尾矿的质量之和等于原矿；质量平衡后取质量平衡后的精矿尾矿、分别的中矿进行化验分析。金属量平衡：最后2~3个精矿和尾矿的品位基本不再变化；精矿和尾矿中的金属量之和等于原矿中的金属量。

闭路试验应注意的问题：(1) 中矿的返回会带入部分药剂，所以随中矿的返回，从第2份矿样开始药剂用量应相应减少，包括捕收剂、起泡剂等；(2) 注意冲洗水和补加水的量，以免发生浮选槽装不下；对装不下的水作补加水或冲洗水；(3) 试验前应作好充分准备、制定详细的计划和操作步骤（以免搞乱），标好各个产品的号码以免搞混；(4) 试验必须连续，中间不能间断，避免中间产品搁置太久；(5) 对最后的中矿要分开取样、称重、化验；(6) 如果进行5~6次仍不能平衡，说明中矿返回影响较大或操作有问题，应找出原因；(7) 闭路试验需要丰富的经验和熟练准确的操作，以及参加人员的相互配合。

五、实验数据处理

在浮选综合实验过程中，将各条件的实验结果记录在相应的表中。根据相关数据，绘制浮选回收率与精矿品位的关系曲线及相应的浮选条件，并根据曲线趋势分析了适宜的浮选试验条件。最后，确定了综合浮选试验的适宜条件。

闭路试验结果的计算：根据试验的结果有不同的计算方法，当平衡较好时：将平衡后的2~3个试验的精矿和尾矿分别合并在一起作总精矿和总尾矿，然后根据：最终精矿质量 W_C 用3个精矿质量的算术平均，最终尾矿的质量 W_T 为3个尾矿质量的算术平均值。则原矿质量 W_F 为：$W_F=W_C+W_T$。

精矿品位用3个精矿的加权平均品位计算，尾矿品位为3个尾矿的加权平均品位。然后计算出原矿品位，与化验的原矿品位比较，误差在要求的范围内即达到了金属量平衡。如果金属量不平衡说明试验不成功，应根据情况进行调整，直到试验成功为止。当平衡不好时：可以将各个试验的精矿全部合并作总精矿，全部尾矿合并作总尾矿，中矿再选1次，精矿并到总精矿中，尾矿并到总尾矿中。按前述方法计算出指标。但该指标可靠性较差。

当最后一个试验达到质量平衡时：可以用最后一个试验的精矿和尾矿作为最终指标。确定计算方法后根据各产品的质量和品位计算出完整的数质量流程图。注意最后一个试验的所有中矿要分别过滤、称重、化验，否则无法计算流程中间的数据。

这里介绍一种通用实验室闭路平衡原则简易计算方法。例如某硫化矿闭路试验要进行5次，5次之后可通过计算闭路是否平衡。将试验过程得到的产品烘干、称重，闭路平衡计算见表7-3。

表 7-3 闭路平衡计算表

实验序号	第1次		第2次		第3次		第4次		第5次	
	质量/g	品位/%	质量/g	品位/%	质量/g	品位/%	质量/g	品位/%	质量/g	品位/%
产品	精矿 M_{c1}		精矿 M_{c2}		精矿 M_{c3}		精矿 M_{c4}		精矿 M_{c5}	
	尾矿 M_{t1}		尾矿 M_{t2}		尾矿 M_{t3}		尾矿 M_{t4}		尾矿 M_{t5}	
合计	总$_1$		总$_2$		总$_3$		总$_4$		总$_5$	

闭路实验的第1次得到M_{c1}和M_{t1}，第2次得到M_{c2}和M_{t2}，依次如此，共得到5个精矿和5个尾矿，第5次闭路实验还得到一些中矿。

计算过程：

（1）计算每一次闭路的精矿和尾矿的总和。总$_1$ = $M_{c1}+M_{t1}$；总$_2$ = $M_{c2}+M_{t2}$；总$_3$ = $M_{c3}+M_{t3}$；总$_4$ = $M_{c4}+M_{t4}$；总$_5$ = $M_{c5}+M_{t5}$。

（2）计算原矿平均值：

$$\overline{M_{o平均值}} = \frac{总_1 + 总_2 + 总_3 + 总_4 + 总_5 + 所有中矿}{5} \tag{7-6}$$

（3）计算最后一次闭路实验的误差：

$$误差 = \frac{\left| 总_5 - \overline{M_{o平均值}} \right|}{\overline{M_{o平均值}}} \times 100\% \tag{7-7}$$

（4）判断闭路是否平衡。

闭路平衡原则：对于有色金属的闭路实验误差不大于2%，则可认为第5个闭路平衡，用式（7-7）同时可判断第3、第4个闭路是否平衡。

六、思考题

（1）自拟赤铁矿石浮选综合实验的方案。

（2）自拟含黄铜矿、闪锌矿和黄铁矿的多金属硫化矿浮选分离综合实验的方案和实验数据记录表格的设计，并考虑实验时要注意的主要问题。

7.1.6 某铜矿浮选实验实例

一、实验基本原理

随着工业矿床向贫、细、杂的转移趋势，采用浮选法来处理工业矿床得到日益发展。目前采用浮选法处理复杂硫化矿，最基本的原则流程有：优先浮选、混合浮选、部分混合浮选等。

对于复杂的非硫化矿石，特别是含钙矿物的矿石，其分离技术主要依赖于使用有效的浮选剂。如非硫化矿中有硫化矿共生，如萤石矿含硫化矿，先用黄药捕收剂将硫化矿浮出，再用脂肪酸将萤石浮出。为了保证非硫化矿精矿的质量，在处理这类矿石时，精选次数要多一些（6~8次），否则无法保证精矿的质量。

无论处理复杂硫化矿或含硫化矿的非硫化矿矿石，其加工工艺条件——磨矿细度、流程结构、药方等的选择，主要取决于矿石性质，如矿石中矿物的镶嵌关系，矿物的嵌布粒度、矿物的种类及含量等。

二、实验仪器设备与材料

（1）磨机、XFD 型单槽式浮选机（1L）、电热鼓风干燥箱、制样机。

（2）电子秤、秒表、移液管、容量瓶、量筒、毛刷、滤纸。

（3）丁基黄药、2 号油、石灰、硫化铜矿物。

三、实验步骤

（一）磨矿

磨矿是浮选前的准备作业，目的是使矿石中的矿物经磨细后得到充分单体解离。

（1）磨矿浓度的选择。通常采用的磨矿浓度有 50%、67%和 75% 3 种，此时的液固比分别为 1∶1、1∶2、1∶3，因而加水量的计算较简单，如果采用其他浓度值，则可按计算得出。

（2）磨矿前，开动磨机空转数分钟，以刷洗磨筒内壁和钢球表面铁锈。空转数分钟后，用操纵杆将磨机向前倾斜 15°~20°，打开左端排矿口塞子，把筒体内污水排出；再打开右端给矿口塞子并取下，用清水冲洗筒体壁和钢球，将铁锈冲净（排出的水清净）和排干筒内积水。

（3）把左端排矿口塞子拧紧，按先加水后加矿的顺序把磨矿水和矿石倒入磨筒内，拧紧右端给矿口塞子，搬平磨机。

（4）打开磨机电源，按下秒表。到达指定的时间后，切断电源，打开左端排矿口塞子排放矿浆，再打开右端给矿口塞子，用清水冲洗塞子端面和磨筒内部，边冲洗边间断通电转动磨机，直至把磨筒内矿浆排干净。注意，在冲洗磨筒内部矿浆时定要严格控制冲洗水量，以矿浆容积不超过浮选槽容积的 80%~85%为宜，否则，矿浆过多，浮选槽容纳不下。当矿浆过多时，需将矿浆澄清，抽取部分上清液留作浮选补加水用，而不能弃。

（5）若需继续磨矿，重复步骤（4）。

若不需继续磨矿，一定要用清水把磨筒内部充满，以减少磨筒内壁和钢球表面氧化。

（二）药剂的配制与添加

浮选前，应把要添加的药剂数量准备好。水溶性药剂配成水溶液添加，水溶液的浓度，视药剂用量多少来定。非水溶性药剂，如油酸、松醇油、中性油等，采用注射器直接添加，但需预先测定注射器每滴药剂的实际质量。

（三）浮选

（1）将磨好的矿浆从容器中移入浮选槽后，把浮选槽固紧到机架上（注意：在固紧浮选槽时，槽内的回流孔一定要与轴套上的回流管对好）。

（2）接通浮选机电源，搅拌矿浆。然后按药方——先调整剂，后捕收剂，最后起泡剂的顺序把药剂加入浮选槽内搅拌，计时（图 7-7）。药剂加完并搅拌到规定时间后，准备充气、

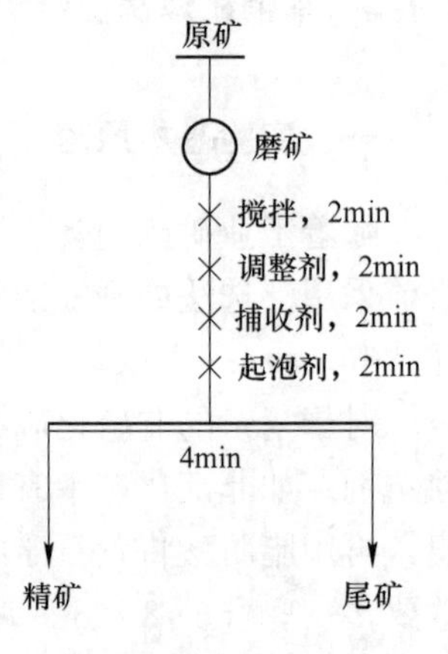

图 7-7　铜矿物浮选流程

刮泡。

(3) 从小到大逐渐打开充气调节阀门，待槽内形成一定厚度的矿化泡沫后，打开自动刮泡器把手，使刮板自动刮泡。在浮选刮泡过程中，由于泡沫的刮出，浮选槽内液面会下降，这时需向浮选槽内补加一定水量，一是保持槽内液面稳定，二是可用补加水冲洗轴套上和有机玻璃槽壁上黏附的矿化泡沫。

(4) 浮选时间达到后，停止刮泡，断电。从机架上取下浮选槽，用水冲洗干净轴套叶轮、矿浆循环孔等。

(5) 分别将泡沫产品和槽内产品过滤、烘干、称重，记入表 7-4 中。然后用四分法或网格法分别取泡沫产品和槽内产品的化验样品做化验用。

表 7-4 实验数据记录表

产品名称	质量/g	产率 γ/%	品位 β/%	回收率 ε/%
精矿				
尾矿				
原矿				

注：各产品的质量和与原矿质量之差。不得超过原矿质量的±1%。若超过±1%，该实验重做。

四、实例分析

某铜矿经过磨矿细度、pH 值、捕收剂种类和用量、起泡剂用量等粗选条件确定的情况下，进一步考查扫选过程中捕收剂的不同用量对铜中矿选铜回收率和中矿铜品位的影响(图 7-8)，实现铜矿物的高效回收。磨矿细度为-0. 074mm 占 68. 38%；粗选石灰用量600g/t（pH=8. 0）、捕收剂 AP 的用量为 80g/t、起泡剂 111 号油的用量为 75g/t；扫选丁基黄药的用量 10g/t、20g/t、30g/t 以及 40g/t，实验结果见表 7-5。

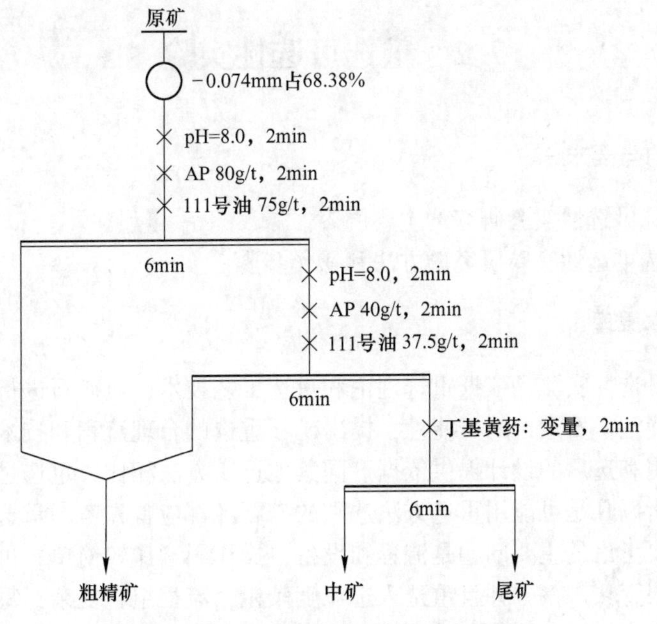

图 7-8 混合浮选扫选条件实验流程

表 7-5 不同丁基黄药用量的实验结果

丁基黄药用量/g·t^{-1}	产品名称	产率/%	Cu 品位/%	Cu 回收率/%
10	粗精矿	17.67	2.25	81.14
	中矿	2.73	0.557	3.10
	尾矿	79.60	0.097	15.76
	给矿	100.00	0.49	100.00
20	粗精矿	17.73	2.27	82.14
	中矿	3.64	0.439	3.26
	尾矿	78.63	0.091	14.60
	给矿	100.00	0.49	100.00
30	粗精矿	17.79	2.31	82.19
	中矿	5.25	0.392	4.11
	尾矿	76.96	0.089	13.70
	给矿	100.00	0.50	100.00
40	粗精矿	17.88	2.30	82.25
	中矿	5.98	0.351	4.20
	尾矿	76.14	0.089	13.55
	给矿	100.00	0.50	100.00

从表 7-5 分析可得，随着捕收剂丁基黄药用量的增加，中矿铜精矿品位由高逐渐降低；而选铜回收率则随着捕收剂丁基黄药用量的增加，逐渐提高。综合考虑，扫选作业选择捕收剂丁基黄药的用量以 30g/t 为宜。

7.2 重选可选性实验

一、实验目的与要求

(1) 掌握重选可选性实验研究的主要内容。
(2) 学会重选可选性实验研究的方法和操作步骤。

二、实验基本原理

实验室重选可选性实验是依据重选理论和重选工艺技术，对矿石进行重力分选的实验研究。通过实验确定矿石重选的可能性，提出矿石重选的合理流程和技术经济指标，为矿石的重选加工利用和选厂的设计提供依据。同其他选矿方法相比，重选过程成本较低，对环境污染较少，所以凡是可能用重选方法选别的矿石，都应首先考虑重选实验。

重选实验首要考虑的主要问题是流程和设备，操作因素比较简单，再加上重选过程中大多现象可以肉眼直接观察，并且重选入选粒度较粗，流程组合复杂，每次实验所需的矿样量和工作量均很大，因此，重选实验不可能像浮选实验那样，安排大量条件对比实验而必须根据矿石物质组成研究结果，认真选择指定实验流程，避免失误。

三、实验仪器设备与材料

（1）各种重选设备，包括：重介质分选设备、溜槽分选设备、跳汰机、摇床等。

（2）各种筛孔尺寸的筛子。

（3）天平、秒表、量筒、烧杯等。

（4）盛样盆、塑料桶、取样工具。

（5）主要特性已知的黑钨矿（能够采用重选法进行分选的物料均可）500kg 左右。

四、实验步骤

（1）仔细阅读已有的关于待选物料的各种分析资料。

（2）取有代表性的试样，根据需要进行必要的检测分析，包括：光谱分析、X 射线衍射分析(XRD)、化学多元素分析、粒度分析、物相分析、岩矿鉴定、单体解离度测定等。

（3）根据重选理论、重选实践经验以及待选物料的特性，选择和设计物料的重选实验流程。确定重选流程的依据：

1）矿石的泥化程度和可洗性。

2）矿石的贫化率。

3）矿石的粒度组成和各粒级的金属分布率。

4）矿石中有用矿物的嵌布特性。

5）矿石中共生重矿物的性质、含量及其与主要有用矿物的镶嵌关系等。

（4）按设计的实验流程进行实验，如果物料有进行重介质预选的可能性，则取原矿样将其破碎至不同的粒度，进行密度组分分析，确定物料重介质的可选性及选别条件和选别指标；如果重介质预选效果不理想，可以考虑采用光电选矿法。

（5）如果物料不需要预选，则根据矿石的矿物粒度和单体解离度测定结果，判定物料的入选粒度范围；并将物料破碎至不同的粒度进行跳汰实验，依实验结果确定适宜的入选粒度。

（6）物料全部破碎至入选粒度以下，并根据粒度范围将其筛分成若干个粒度级别。

（7）对于+2.0mm 各粒级的物料，分别进行跳汰分选实验，确定最终破碎磨碎粒度。

（8）对-2mm+0.5mm 粒级的物料分别进行跳汰和摇床选别实验，对比分选效果，确定该粒级分选设备。

（9）对-0.5mm+0.038mm 粒级进行摇床和溜槽实验，对-0.038mm 粒级进行离心机和溜槽实验。

（10）考察各选别作业中矿特性，确定中矿处理方法。

五、数据处理

（1）对最终产品进行化验分析。

（2）确定矿物的选别流程，进行流程计算。

（3）编写实验报告。

7.3 磁选可选性实验

一、实验目的与要求

（1）掌握磁选可选性实验研究的主要内容。

（2）学会磁选可选性实验研究的方法和操作步骤。

二、实验基本原理

磁选是基于物料中各种组分的磁性差异进行分选的选矿方法。磁选可选性实验的任务是确定磁选工艺对物料进行分选的可能性，并通过实验研究确定磁选设备、磁选工艺和磁选作业条件。

与其他选矿方法相比，磁选工艺具有工艺简单、设备易操作、生产成本低、环境污染轻等优点，是物料分选的首选方法。

三、实验仪器设备与材料

（1）各种磁选设备，包括磁滑轮、干式磁选机、磁力脱水槽、湿式磁选机、磁选柱等。

（2）各种筛孔尺寸的标准筛。

（3）天平、秒表、量筒、烧杯等。

（4）盛样盆、塑料桶、取样工具。

（5）待分选物料 50kg。

四、实验步骤

（1）阅读相关实践资料，分析研究待分选矿样的原矿性质。

（2）试样制备。根据矿石嵌布粒度和试验需要将原矿破碎至需要粒度。

（3）取有代表性的试样。根据需要进行必要的检测分析，包括：光谱分析、化学多元素分析、粒度分析、物相分析、岩矿鉴定及单体解离度测定等。

（4）进行必要的探索实验，初步确定矿石磁选的可能性和各操作参数取值范围。

（5）根据磁选理论、磁选实践经验、考虑委托方要求、待选矿石的特性以及探索实验结果，初步选择和设计实验方案，包括：选别的原则流程、使用的选别设备及可能达到的选别指标。

（6）预先实验。测定矿石中的主要有用矿物和脉石矿物的比磁化系数，对不同磨矿粒度及各种选别条件下的产品进行磁性分析，确定原则流程、适宜的入选粒度、大致的选别条件和可能达到的指标。

（7）正式实验。是在预先实验的基础上进行的。磁选机的类型较多，可根据预先实验的结果和有关实践资料进行选择，强磁性矿物用弱磁场磁选机，弱磁性矿物用强磁场磁选机；粗粒的进行干式磁选，细粒的进行湿式磁选。

设备选定后进行调节各种影响因素：给矿粒度、给矿速度、磁场强度及其他工艺条件，直到满意为止。

1）强磁性矿物的磁选实验。主要根据矿物的嵌布粒度选择相应的磁选机，粗粒采用磁滑轮，细粒采用磁力脱水槽。

①块矿干式磁选实验。作为选厂的预先作业，从原矿中踢出围岩和夹石，由于粒度太大，一般在现场进行工业试验，常用设备是磁滑轮。实验内容为：磁场强度、给矿粒度、处理量。

②干磨干选实验。一般在寒冷和缺水地区采用此方案。通过实验确定选别流程、设备参数和操作条件、可能达到的选别指标。弱磁场磁选设备主要是辊式干法磁选机。实验的主要内容为磨矿细度实验、磁选机滚筒转数实验和磁场强度实验。

③湿式磁选实验。湿式磁选是应用最广泛的磁选方法。其实验任务是确定选别段数、每一作业所用设备及其操作条件。磁力脱水槽实验：磁力脱水槽用于处理磁选最终精矿，起到浓缩和提高精矿品位的作用；用于阶段磨矿、阶段选别流程中，作为第一段磨矿后的选别设备；第二段磨矿后的选别作业，通常磨矿粒度均较细，在矿石进磁选机选别前常采用磁力脱水槽脱除细粒脉石，以提高磁选机的分选效果。磁力脱水槽需要实验考察的因素有：上升水量、磁场强度、给矿速度和给料浓度等。湿式鼓式磁选机实验：湿式弱磁场磁选机是磁选工艺中最主要的选别设备，广泛用于各段选别作业中。其实验的主要内容包括适宜磨矿细度实验、磁场强度实验和补加水量实验。

2）弱磁性矿物的磁选实验。弱磁性矿物可以采用强磁场磁选机进行分选，其实验内容是通过实验确定矿石磁选的可能性，确定适合的设备结构参数和操作条件，如磁场强度实验、介质型式实验、磁选机转数实验、给矿速度实验、给矿浓度实验、给矿粒度实验、冲洗水量实验和水压实验等。

五、实验数据处理

（1）对最终产品进行化验分析。

（2）确定矿物的选别流程，进行流程计算。

（3）编写实验报告。

7.4 矿物化学处理——焙烧可选性实验

一、实验目的与要求

（1）掌握矿物化学处理——焙烧可选性实验研究的主要内容。

（2）学会矿物化学处理——焙烧可选性实验研究的方法和操作步骤。

二、实验基本原理

焙烧是对难选矿物等原料进行化学处理的重要手段，目的是使矿石中某些组分在一定的气氛下加热到一定温度发生化学变化，为后续的物理选矿或浸出作业创造必要的条件，达到有用组分与无用组分分离的目的。根据焙烧气氛条件及过程中目的组分发生的主要化学变化，可分为氧化焙烧（硫酸化焙烧）、还原焙烧、氯化焙烧（氯化离析）、钠化焙烧、煅烧、微波加热处理等。

(1) 氧化焙烧(硫酸化焙烧)。氧化焙烧(硫酸化焙烧)是指在氧化气氛中加热硫化矿物，使其中的全部或部分硫化物转变为相应的金属氧化物或硫酸盐的过程。

(2) 还原焙烧。还原焙烧是在低于物料熔点和还原气氛的条件下，使物料中的金属氧化物转变为相应低价金属氧化物或金属单质的过程。除了汞和银的氧化物在低于400℃下于空气中加热可分解出金属外，绝大多数金属氧化物不能用热分解的方法还原，需添加还原剂还原。凡是对氧的化学亲和力比待还原金属对氧亲和力大的物质均可作为该金属氧化物的还原剂。金属氧化物的标准生成自由能会随温度的升高而急剧增大，而一氧化碳的标准生成自由能会随温度的升高而显著地降低。故在较高的温度条件下，碳可作为许多金属氧化物的还原剂。

(3) 氯化焙烧。氯化焙烧是在一定温度和气氛条件下，用氯化剂使矿物原料中目的组分转变为气态或固态氯化物的过程。根据产品形态可将其分为中温氯化焙烧、高温氯化焙烧、氯化-还原焙烧(氯化离析) 3种类型。中温氯化焙烧时生成的氯化物基本上呈固态存在于焙砂中，一般后续采用浸出作业使其转入溶液而得以分离，故又将其称为氯化焙烧—浸出法。高温氯化焙烧生成的氯化物呈气态挥发，故又将其称为高温氯化挥发法。离析法是使目的组分呈氯化物挥发的同时使金属氯化物被还原而呈金属单质析出，然后用物理分选法使其与脉石分离。

氯化剂分气体氯化剂(如Cl_2、HCl)和固体氯化剂(如NaCl、$MgCl_2$、$CaCl_2$、$FeCl_3$等)。固体氯化剂一般具有很高的热稳定性，只有在高温条件下热离解后方可与物料组分发生相互反应。但是，固相间传质差，不利于氯化反应，因而固体氯化剂的氯化作用主要是通过物料中的某些组分使其分解而得的氯气和氯化氢来实现的，如氧化硅、氧化铁、氧化铝(固态组分)以及二氧化硫、氧和水蒸气(气态组分)等。

(4) 钠化焙烧。钠化焙烧是指矿物原料焙烧过程中加入钠化合物，如碳酸钠、氯化钠、硫酸钠等，在一定的温度和气氛条件下，使矿物原料中难溶目的组分转变为相应的可溶性钠盐。钠化焙烧温度要求较其他焙烧温度高，接近物料软化点，但仍低于物料的熔点。钠化焙烧所得焙砂(烧结块)可用水、稀酸或稀碱进行浸出，目的组分转变为溶液，用于提取有用组分，或除去难选粗精矿中的某些杂质。工业上难处理的低品位钨矿、钾钡铀矿、铝土矿、钒矿等的提取常采用此类工艺。

(5) 煅烧。煅烧是化合物在受热条件下分解成组分更简单的化合物，或化合物晶形发生转变的过程。

(6) 微波加热处理。在微波场中有用矿物和脉石矿物的升温速率不同，从而被加热到不同温度，彼此之间形成明显的局部温差，由此产生一定的热应力，导致矿物之间的界面上产生裂隙，可有效促进有用矿物的单体解离和增加有用矿物的浸出反应表面积。

三、实验仪器设备与材料

(1) 各种焙烧设备，包括管式炉、坩埚炉、马弗炉、实验室型竖炉、实验室型转炉和实验室型沸腾炉等。

(2) 天平、坩埚、大烧杯(水淬用)、铁质盛样盆(水淬用)等。

(3) 待焙烧物料，如细粒铁矿粉、铁矿球团、硫化矿粉。

四、实验步骤

(一) 原料准备

煅烧过程中的物料除部分可以为较大块状外，其他焙烧过程物料一般要求粉末状，粒度一般为0.25~0.075mm，常加工至-0.15mm。在先物理选矿而后化学选矿的联合流程中，其粒度即为物理选矿产品的自然粒度，以便反应更加充分。但是有时为了避免粉料被卷入烟气（焙烧尾气），也可以将细粒状物料添加黏结剂、水等球团化后再进行焙烧。氧化焙烧过程的氧化剂可以采用压缩空气、富氧空气、纯氧等。还原焙烧过程的还原剂可以采用固体还原剂、气体还原剂或液体还原剂。生产中常用的还原剂为固体炭、一氧化碳气体和氢气。

氯化焙烧过程的氯化剂可采用气体氯化剂（如 Cl_2、HCl）和固体氯化剂（如 NaCl、$CaCl_2$、$FeCl_3$）。

钠化焙烧过程的钠盐可以采用碳酸钠、氯化钠、氢氧化钠、硫酸钠等。

焙烧过程固体添加剂（钠化剂、氯化剂、还原剂等）一般需要呈粉末状，方便与原料混匀。

(二) 拟定试验方案

根据原料的性质及下一作业的要求，确定适宜的焙烧方案。绝大部分铁、铜、铜-镍、钴、钼、锌、锑等硫化矿物原料的处理宜采用硫酸化（氧化）焙烧。通过焙烧过程脱硫，一方面可以使硫转化成为 SO_2，作为生产硫酸的原料；另一方面可以获得金属氧化物，便于下一步的还原或浸出作业。氧化焙烧也可用于沸点较低的金属氧化矿物直接挥发处理，直接获得纯度较高的金属氧化物产品，如较低品位氧化锌矿物的处理。氧化焙烧也可以用于金属氧化物沸点不高的硫化矿物的处理，如含碳、钼较高的碳钼矿难以通过物理选矿方式得以富集，采用高温（1200℃左右）氧化焙烧则可同时实现硫化钼的氧化脱硫和氧化钼的升华，获得纯度大于95%的氧化钼产品。

部分难选的铁、锰、镍、铜、锡、钴、锑等氧化矿物原料可以采用还原焙烧处理。如难选氧化铁矿物可以采用还原磁化焙烧，再磁选获得高品质的铁精矿。酸不溶性的软锰矿通过还原焙烧后能溶于硫酸。铜、镍、钴矿物还原焙烧后采用氨浸可实现目标金属的高选择性浸出。

氯化焙烧工艺可用于处理黄铁矿烧渣、高钛渣、贫镍矿、红土镍矿、贫锡矿、复杂金矿及贫铋复杂铪矿等。

钠化焙烧不仅适用于工业上难处理的低品位钨矿、钾钡铀矿、铝土矿、钒矿等的有价金属的提取，还常用于除去难选粗精矿中的某些杂质以提高精矿质量，如用于除去锰精矿、铁精矿、石墨精矿、金刚石精矿、高岭土精矿等粗精矿中的磷、铝、硅、钒、铁、钼等杂质。

煅烧可以通过控制温度和气相组成选择性地改变某些化合物的组成或使之发生晶形转变，适合于各种碳酸盐、氢氧化物、含氧酸盐等的分解以及多种金属氧化矿物的活化处理，提高浸出作业的效果。如菱铁矿为弱磁性矿物，可在中性或弱氧化性气氛下加热至570℃以上，使其转变为强磁性的四氧化三铁，然后用磁选法进行富集。石灰石和菱镁矿可在900℃左右的温度条件下焙烧分解为氧化钙和氧化镁，氧化钙可用消化法分离，氧化镁可用重选法回收（因其密度为 1.3~1.6g/cm³），因此碳酸盐型磷矿可用煅烧—消化工艺进行选别而获得优质磷精矿。锰矿物的可浮性随煅烧温度的提高而增大，最适宜的煅烧温度为 600~1000℃，此条件下锰矿物转变为稳定的黑锰矿。α-锂辉石（不与硫酸反应）可在 1000℃左右的温度条件下转变为能被硫酸分解的 β-锂辉石。绿柱石在 1700℃条件下在电弧炉中进行热处理，随后进行制粒淬火，可使其转变为易溶于硫酸的无定形态（玻璃状）绿柱石，实现铍的初步分离与富集。

具体焙烧方案的确定还需考虑设备选型、操作过程经济性、环境影响等因素。

（三）条件试验与数据处理

条件实验的目的是在预先探索试验基础上，系统地对每一个影响焙烧过程的因素进行试验，找出焙烧过程的优化工艺条件。

影响焙烧过程的主要因素有温度、原料物化性质（粒度、孔隙度、化学成分）、添加剂种类和用量、时间、气氛性质与气相浓度、气流的运动特性（紊流度）、气-固接触方式等。如果试验要求考虑的因素较少，可以采用“一次一因素”单因素试验方法，否则可以考虑采用正交试验设计、均匀设计等更科学的试验方法，以减少实验次数。

对试验数据进行整理、分析，结合 Origin、Excell、Matlab 等相关软件作图、列表将试验数据直观表达，并研究各个因素的影响规律、协同作用以及它们之间的相互关系。

在条件试验基础上要进行综合验证试验。对于组成简单的试样和有生产现场可参考资料的情况下，一般在综合条件验证性实验基础上即可在生产现场进行实验。

（四）连续性试验和其他试验

对于焙烧试验性质复杂和采用新设备新工艺的情况下，为保证工艺的可靠性和减少建厂后的损失，一般要进行半工业试验和工业试验等扩大试验。扩大试验需要考虑尾气的无害化处理以及收尘，烟尘要返回再用。

五、实际案例与数据处理

工业生产中常用的焙烧炉有反射炉、回转窑、多膛炉、沸腾炉等。实验室焙烧试验一般是在实验室型的焙烧炉中进行的，常用的有管式炉、坩埚炉、马弗炉、实验室型竖炉、实验室型转炉和实验室型沸腾炉等。一般根据试验要求的目标和矿石的性质（主要是粒度）决定炉型的选择。下面以还原焙烧和硫酸化焙烧试验为例说明。

（一）还原焙烧（磁化焙烧）试验

以赤铁矿或褐铁矿的磁化焙烧为例介绍还原焙烧试验设备与操作。

（1）还原焙烧试验装置和操作。实验室管式焙烧炉中用氢气作还原剂进行磁化焙烧的装置如图 7-9 所示。还原焙烧试验操作包括如下步骤：

1）装料。将铁矿粉粒度控制在 0.15~2mm，每批物料质量为 10~20g。

2）通气。物料装好后往刚玉管中通入氮气，排出刚玉管中的剩余空气，确保管内的惰性或还原性气氛。

3）升温反应。设置电炉温控箱的温度与升温速率，接通电源对炉子进行预热。当炉温达到预定的温度后切断氮气，通入一定流量的氢气，开始记录试验数据，包括温度、反应时间、气体流量等，并观察实验现象。

4）停止反应。达到预定反应所需时间后切断氢气，停止加热，改通氮气冷却到

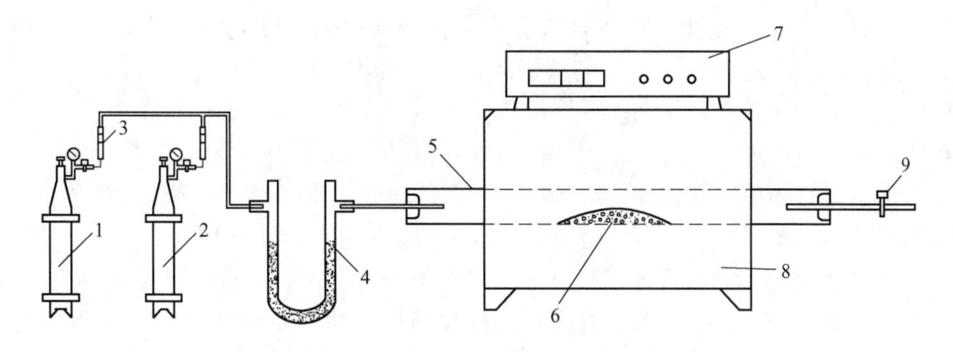

图 7-9　还原焙烧试验装置示意图

1—氮气瓶；2—氢（或 CO）气瓶；3—气体流量计；4—氯化钙干燥器；5—刚玉管（或瓷管）；6—物料；7—电炉温度控制箱；8—管式电炉；9—阀门

200℃以下（或将瓷舟移入充氮的密封容器中，水淬冷却），取出焙砂冷却至室温。没有氮气时可直接将试样水淬冷却。焙烧好的试样送去进行磁选试验（一般用磁选管磁选）或化学分析。

用固体还原剂（煤粉、碳粉等）时，还原剂粒度一般小于试样粒度，如还原时间长，可粗些，反之则细些，但也不能太细，否则很快燃烧完，使得还原不充分。试验时，需将还原剂粉末同试样混匀后，直接装在瓷管或瓷舟中，送入管状电炉或马弗炉内进行焙烧。当要求做磁选机单元试验时，需较多的焙烧矿量，可用较大型的管状电炉，如管径为100mm，一次可焙烧 500~1000g 试样。

对于粒径较小的粉状物料的焙烧，要求物料与气相充分接触，也可用实验室型沸腾焙烧炉，其装置如图 7-10 所示。

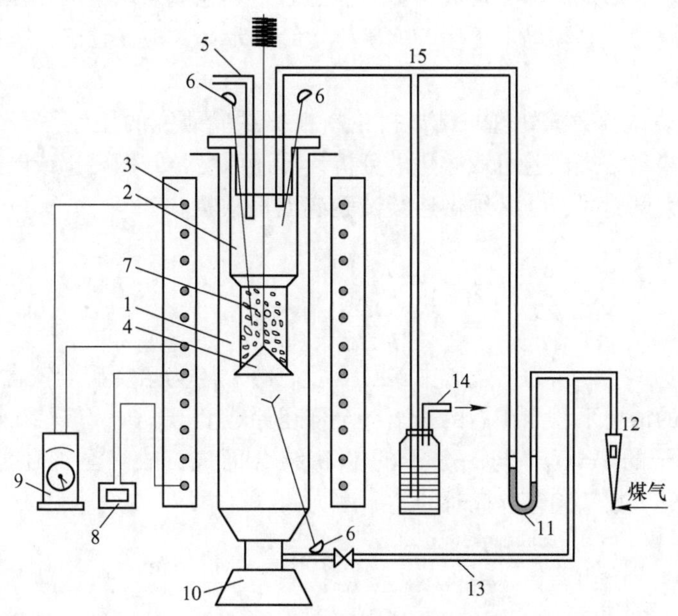

图 7-10　还原焙烧试验装置示意图

1—加热管；2—沸腾焙烧器；3—加热器；4—锥形气体分布板；5—加料管；6—铬-铝热电偶；7—料层；8—毫伏计；9—温度控制器；10—焙烧冷却器；11—U 形测压管；12—转子流量计；13—煤气管；14，15—排气管

试验时每次加料量为20~30g，通入直流电，升温加热，待炉膛温度稳定在比还原温度高5℃左右时，通过加料管5均匀缓慢地向炉内加料。矿样加入沸腾床后开始记录时间、温度和系统的压差。矿粉加入后因吸热使炉内温度下降。由于矿量很少，矿粉较细，炉内换热很快，冷矿加入后为1min左右，炉温可以回升到反应温度。控制焙烧需要的温度条件下恒温进行还原。达到预定的焙烧时间后，切断还原气源，按下分布板的拉杆，分布板锥面离开焙烧器时，矿粉即下落至装有冷水的焙砂接收器中，取出、烘干、取样后分析TFe和FeO的含量以计算还原度，并进行磁选管分选，用以判断焙烧效果。

（2）还原焙烧试验的内容和注意事项。还原焙烧试验主要考察还原剂的种类和用量、焙烧温度和时间。焙烧温度和焙烧时间是相互关联的一对因素。焙烧温度低时，加热时间要长，还原反应速度慢，还原剂用量增加，温度过低则不能保证焙烧矿的质量。温度过高时容易产生过还原，使焙烧矿磁性变弱。试样还原时不仅与焙烧温度有关，还取决于试样粒度大小、矿石性质、还原剂成分等，因而必须通过试验考察确定焙烧条件。实验室还原焙烧试验结果，可以说明这种铁矿石还原焙烧的可能性及指标，所得到的适宜焙烧条件可供工业焙烧炉设计参考。

影响还原焙烧的因素很多，如炉型结构、矿石粒度、热工制度等。小型试验与大型试验往往有较大差距，在实验室条件下，只能对温度、时间、还原剂种类和用量等这几个主要因素进行试验。实验室焙烧试验结束后，必须进行扩大试验，将来生产上准备采用何种炉型结构，扩大试验就在同样炉型结构上进行。如工业生产决定采用竖炉焙烧，且矿石性质与现有生产选厂相近，则可将试样装入特制金属笼中，直接利用现有生产竖炉，进行投笼试验。如采用回转炉，则通常需先在半工业型回转炉中试验，再逐步扩大到采用工业型设备，在炉型结构、热工制度等方面，均须注意模拟关系。

还原焙烧试验时焙烧矿样必须放在炉内恒温区，热电偶热端应放在恒温区，经常检查反应管，如坏了漏气，必须马上更换。如矿样含结晶水高，应先预热，去掉水分，使物料较疏松有利于还原。

（3）还原焙烧试验数据处理与结果讨论。根据试验研究的任务不同，所考察的指标也不同。一般实验室焙烧试验可取样化学分析计算还原度，并做磁选或磁选机单元试验进行检查。只有扩大试验时，才必须做连续试验或流程试验。

1）还原度的计算：

$$R = \frac{w_{\mathrm{FeO}}}{w_{\mathrm{TFe}}} \times 100\% \tag{7-8}$$

式中，R为还原度,%；w_{FeO}为焙烧矿中FeO含量,%；w_{TFe}为焙烧矿全铁含量,%。

在还原焙烧的情况下，当矿石的Fe_2O_3全部还原成Fe_3O_4时，焙烧矿的磁性最强。由于Fe_3O_4系一分子的Fe_2O_3，与一分子的FeO结合而成，故当全部还原时，矿石中的Fe_2O_3与FeO之分子数量相等，此时的还原度为

$$R = \frac{55.84 + 16}{55.94 \times 3} \times 100\% \approx 42.8\% \tag{7-9}$$

在理想还原焙烧的情况下，焙烧矿的还原度为42.8%，这时还原焙烧效果最好。如R值大于42.8%，说明矿石过还原，小于42.8%则欠还原。无论是过还原还是欠还原，矿石的磁性均降低。实际上，由于矿石组成的复杂性和焙烧过程中矿石成分变化上的不均匀

性，将导致用还原度表示焙烧矿的磁化效果并不很确切，最佳还原度也并不是任何情况下都等于或接近42.8%。因而还原度只能用作判断磁化焙烧效果的初步判据，最终还需直接根据焙烧矿的磁选效果判断。鞍钢烧结总厂根据所处理矿石的性质和所采用的焙烧条件，结合经验和试验，确定其最好还原度（此时焙烧矿的磁性最好，磁选回收率最高）为42%~52%。

2）磁选试验数据处理。为了进一步考察试样的磁化焙烧性能，可用磁选管、磁性铁分析仪以及实验室型磁选机等对焙烧产品进行磁选试验研究。磁化焙烧试验记录常见格式见表7-6。

表7-6 磁化焙烧试验结果记录表

试验编号	试验条件	原 矿			焙烧矿			磁选结果		
		TFe /%	FeO /%	FeO /TFe	TFe /%	FeO /%	FeO /TFe	精矿产率/%	品位 /%	回收率 /%

（二）硫酸化焙烧（氧化焙烧）试验

（1）氧化焙烧实验装置与操作。采用管式电阻炉模拟工业回转窑，进行辉钼矿的氧化焙烧试验。焙烧—氨浸工艺是钼的传统冶金工艺，焙烧的目的是使辉钼矿氧化脱硫转变成为氨溶性的MoO_3：

$$MoS_2 + 3O_2 \longrightarrow MoO_2 + 2SO_2 \tag{7-10}$$

$$MoO_2 + 1/2O_2 \longrightarrow MoO_3 \tag{7-11}$$

$$MoS_2 + 7/2O_2 \longrightarrow MoO_3 + 2SO_2 \tag{7-12}$$

氧化焙烧试验装置示意图如图7-11所示。为了计算焙烧过程的氧化脱硫效果，采用两段碱液吸收-碘液液相氧化的方法检测焙烧过程随尾气排出的SO_2含量，未反应完全的碘用标准$Na_2S_2O_3$溶液滴定，根据所消耗的标准$Na_2S_2O_3$溶液体积来计算随烟气逸出的SO_2总量，并依此来计算焙烧氧化产生的SO_2的量。石英管两端塞上通有导气管的活塞，进气端的导气管接空气流量计的出口，排气端的导气管接1号、2号洗气瓶（里面装有已知体积和浓度的碘溶液，用于氧化二氧化硫），2号洗气瓶（同1号洗气瓶）出来的尾气直接排空。

试验时称取一定量（10~100g）的钼精矿（-0.075mm，含Mo量大于45%），装入瓷舟后送入管式炉的石英管中，并尽可能分布在炉膛的中间段。设置温度为600~650℃，通电升温反应，并开动气泵，调节一定流量的空气进入反应管中。气速太大会使物料扬起而随尾气损失，气速太小则氧气供应不足，焙烧过程氧化不彻底，焙烧时间延长。达到预定反应时间（一般为4~6h）后停止加热，继续冷却到60℃左右后停止通气，取出焙砂，进行氨浸或送样分析。

（2）氧化焙烧试验数据处理与结果讨论。

1）计算脱硫率。辉钼矿氧化焙烧过程中，产生的SO_2随烟气逸出，通过碘量法可以计算出逸出的SO_2量n_{so_2}，按照下式可计算出氧化焙烧过程的脱硫率η_s：

$$\eta_s = \frac{32 \times n_{SO_2}}{m_{矿} \times C_s} \times 100\% \tag{7-13}$$

式中，n_{SO_2}为焙烧过程中逸出的 SO_2 的量（碘量法测定的值），mol；$m_{矿}$为焙烧辉钼矿的质量，g；C_s 为辉钼矿中硫的品位，%。

2）焙烧过程中辉钼矿氧化程度。辉钼矿氧化焙烧产物主要是 MoO_3、MoO_2 等，其中 MoO_3 是氨溶性的，而 MoO_2 在氨浸过程中会留在渣相，导致 Mo 浸出率偏低，因此，氧化焙烧试验不仅要考虑脱硫效果，同时要兼顾 Mo 的氧化程度，采用 MoO_3 所占比重来表示氧化程度 η_D：

$$\eta_D = \frac{m_{MoO_3}/144}{m_{MoO_3}/144 + m_{MoO_2}/128} = \frac{1.13m_{MoO_3}}{1.13m_{MoO_3} + m_{MoO_2}} \tag{7-14}$$

式中，m_{MoO_3} 为焙砂中 MoO_3 的质量，g；m_{MoO_2} 为焙砂中 MoO_2 的质量，g。

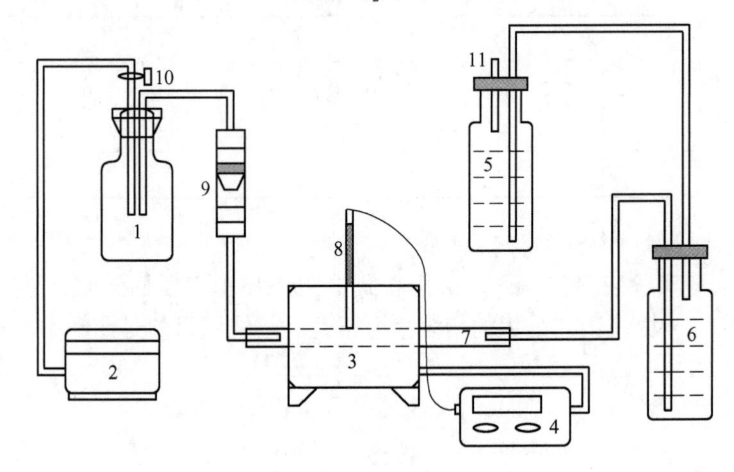

图 7-11 硫酸化焙烧试验装置

1—缓冲瓶；2—无油气体压缩机；3—管式电阻炉；4—控温箱；5—2 号洗气瓶；6—1 号洗气瓶；7—石英管；8—热电偶；9—玻璃转子流量计（mL/min）；10—阀门；11—接大气

7.5 矿物化学处理——浸出可选性实验

一、实验目的与要求

（1）掌握矿物化学处理——浸出可选性实验研究的主要内容。

（2）学会矿物化学处理——浸出可选性实验研究的方法和操作步骤。

二、实验基本原理

浸出就是将固体物料加入液体溶剂，使溶剂选择性地溶解物料中某些组分的过程，所用试剂称为浸出剂，浸出所得的溶液称为浸出液，浸出后的固体残渣称为浸出渣。浸出原料一般为难于用物理分选法处理的原矿、物理分选的中矿、尾矿、粗精矿、贫矿、表外矿和冶金中间产品等，依据矿物原料的特性，矿物原料可预先焙烧而后浸出或直接进行浸出。根据浸出剂种类可将浸出过程分为常规浸出（浸出剂为常规化学试剂，简称浸出）与生物浸出（浸出剂为微生物，又叫细菌浸出、微生物浸出）。按浸出过程中物料的运动方式可将浸出分为渗滤浸出和搅拌浸出两种。渗滤浸出又可再分为渗滤槽浸、堆浸和就地

（地下）浸出三种。渗滤槽浸是将破碎后的矿物原料装入铺有假底的渗浸池或渗浸槽中，使浸出试剂渗滤通过固定物料层而完成浸出过程的浸出方法，适用于孔隙度较小的贫矿。堆浸是将采出的或经一定程度破碎后的上述矿石堆积于预先经过防渗处理并开有沟渠的堆浸场上，采用流布或洒布等方法使浸出试剂均匀渗滤通过物料堆层，以完成目的组分的浸出方法，适用于孔隙度较大的采出废石，表外矿或贫矿。就地浸出是渗滤浸出地下矿体中目的组分的浸出方法，目前该工艺只用于阶段崩落法开采的地下矿或井下开采完的采空区的残留矿，矿柱等所含目的组分的浸出。搅拌浸出是使浸出试剂与磨细的物料在搅拌浸出槽中进行外加搅拌的条件下完成浸出过程的浸出方法，适用性广。渗滤浸出只用于某些特定的条件，而搅拌浸出使用较普遍。

依浸出时的温度和压力条件，可将其分为热压浸出（氧压煮）和常温常压浸出。目前，常压浸出较常见，但热压浸出可加速浸出过程，提高浸出率，是一种有前途的浸出方法，应用越来越广。

（一）常规浸出方法和浸出剂的选择原则

常规浸出方法和浸出试剂的选择主要取决于矿物原料中有用矿物和脉石矿物的矿物组成、化学组成及矿石结构构造。浸出方法的选择一方面应根据原料中矿物的物理化学性质和有价金属的形态，另一方面应充分考虑伴生矿物的性质，以保证有价金属矿物能优先浸出，而伴生矿物及脉石尽量不反应或只有少许溶出，这一点在处理低品位物料时尤其重要。当前有色金属矿物原料中有价金属的形态及主要浸出方法见表 7-7。

表 7-7 矿物原料中有价金属形态及其主要浸出方法

原料种类	举 例	主要浸出方法
有价金属呈硫化物形态	闪锌矿（ZnS）精矿 辉钼矿（MoS_2）精矿 硫化锑精矿 镍硫（Ni_3S_2）	（1）硫酸化（氧化）焙烧—浸出联合工艺 （2）直接浸出工艺，包括： 1）氧化浸出，利用氧或其他氧化剂（如 HNO_3、高压氧气等）进行氧化，如闪锌矿精矿、辉钼矿精矿的高压氧浸、辉钼矿精矿的 HNO_3 浸出等； 2）对锑、锡的硫化物而言，可用 Na_2S 浸出； 3）细菌浸出，如低品位的复杂硫化铜矿； 4）电化浸出，如氯化钠介质电解氧化，直接阳极氧化； 5）氯化浸出
有价金属呈氧化物形态	铝土矿（Al_2O_3） 锌焙砂 钼焙砂（MoO_3） 晶质铀矿（$UO_2 \cdot XUO_3$） 铜的氧化矿	视氧化物酸碱性的不同分别采用酸浸（如锌焙砂）、碱浸（如铝土矿的 NaOH 浸出及钼焙砂的 $NH_3 \cdot H_2O$ 浸出） 铜氧化矿视脉石的不同分别采用酸浸或氨浸
有价金属呈含氧阴离子形态	白钨矿（$CaWO_4$） 黑钨矿（$(Fe, Mn)WO_4$） 钛铁矿（$FeTiO_2$） 钽铌铁矿（$(Fe, Mn)(Ta,Nb)_2O_6$） 褐钇铌矿	（1）用碱或碱金属碳酸盐浸出，进行复分解反应使有色金属成可溶性的碱金属盐类一起进入水相，主要伴生元素（如 Fe、Mn、Ca 等）成氢氧化物或难溶盐如渣相，如黑钨矿的 NaOH 浸出； （2）预先用酸分解，使主要伴生元素溶解如水相，有价金属成含水氧化物进入渣相，再用碱从渣相浸出有色金属（如白钨矿的盐酸分解后再氨溶），或成配合物，进入水相（如钽铌铁矿的氢氟酸分解等）

续表 7-7

原料种类	举　例	主要浸出方法
有价金属呈阳离子形态	独居石（Ce，La，…）PO_4 褐钇钶矿： （Y，Yb，Dy，Nd）（Nb，Ta，Ti）O_4 （对其中稀土而言） 氟碳铈矿（Ce，La，Pr，…）FCO_3 磷钇矿（YFO_4）	对磷酸盐、碳酸盐矿而言，可： （1）预先用碱分解使 PO_4^{2-}、CO_3^{2-} 成相应的碱金属进入水相，有价金属成氢氧化物保留在渣相，再用酸从渣相浸出有价金属，如独居石的碱分解后再酸浸； （2）酸浸出使有价金属进入水相，如氟碳铈矿的硫酸分解
呈金属形态存在	自然金矿 经还原焙烧后的含镍红土矿	在有氧及络合剂存在下浸出，如氰化法、氨浸法
呈离子吸附形态	离子吸附稀土矿	用电解质溶液（如 NaCl 溶液）解吸

浸出试剂要考虑其价格、对目的组分的分解能力、对浸出设备的腐蚀性能等因素。如目的矿物为硫化矿物并含有较多量的碳酸盐时，则不宜直接采用酸浸，除可预先用浮选法分离硫化矿物外，可采用预先氧化焙烧而后酸浸或采用氧化酸浸及热压酸浸的方法处理。原料含硫化物多时也不宜直接采用碳酸钠溶液浸出，常用浸出试剂、处理原料及其应用范围见表 7-8。

表 7-8　常规浸出过程浸出剂的选择

浸出试剂	浸出原料类型	备　注
稀硫酸	镁、铀、钴、镍、铜、磷等氧化物，镍、钴等硫化物，磁黄铁矿	酸性脉石
稀硫酸+氧化剂	有色金属硫化矿、晶质铀矿、沥青铀矿、含砷硫化矿	酸性脉石
盐酸	氧化铋、辉铋矿、磷灰石、白钨矿、氟碳铈矿、辉锑矿、磁铁矿、白铅矿	酸性脉石
热浓硫酸	独居石、易解石、褐钇铌矿、钇易解石、复稀金矿、黑稀金矿、氟碳铈矿、烧绿石、硅铍钇矿、榍石	酸性脉石
硝酸	辉钼矿、银矿物、有色金属硫化物、氟碳铈矿、细晶石、沥青铀矿	酸性脉石
王水	金、银、铂族金属，人造金刚石除碳	酸性脉石
氢氟酸	钽铌矿物、磁黄铁矿、软锰矿、钍石、烧绿石、榍石、霓石、磷灰石、云母、石英、长石	酸性脉石
亚硫酸	软锰矿、硬锰矿、钴矿	酸性脉石
氨水	铜、镍、钴氧化矿，铜硫化矿，铜、镍、钴金属、钼华	碱性脉石
碳酸钠	白钨矿、铀矿、钼酸钙矿	
硫化钠+氢氧化钠	砷、锑、锡、汞硫化矿、彩钼铅矿	
氢氧化钠	铝土矿、铅锌硫化矿、锑矿、含砷硫化物、独居石	
氯化钠	白铅矿、氯化铅、吸附型稀土矿、氯化焙砂、烟尘	
氰化钠	金、银、铜矿物	

续表 7-8

浸出试剂	浸出原料类型	备　注
高价铁盐+酸	有色金属硫化矿、铀矿	
氯化铜	铜、铅、锌硫化矿	
硫脲	金、银、铋、汞矿	
氯水	有色金属硫化矿、金、银	
热压浸出	有色金属硫化矿、金、银、独居石、磷钇矿	
细菌浸出	铜、钴、锰、铀矿等	
水浸	水溶性硫酸铜、硫酸化焙烧产物、钠盐烧结块等	
硫酸铵等盐溶液	吸附型稀土矿	

（二）常见浸出流程

根据被浸物料和浸出试剂运动方向的差别可分为顺流浸出、错流浸出和逆流浸出 3 种流程。顺流浸出时，被浸物料和浸出试剂的流动方向相同（图 7-12），它可获得被浸组分含量较高的浸出液，浸出试剂耗量较低，但其浸出速度较小，需要较长的浸出时间。

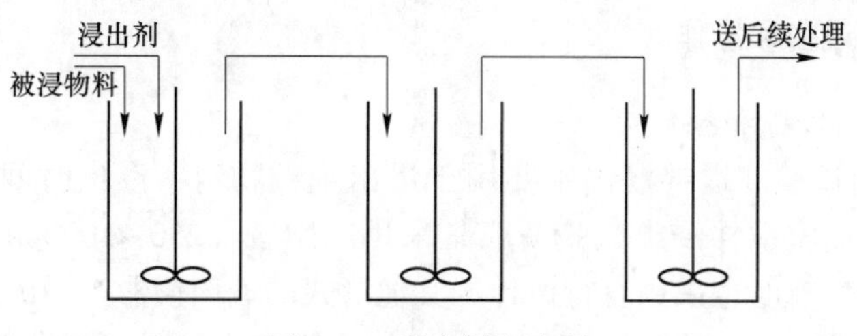

图 7-12　顺流浸出流程

错流浸出是被浸物料分别被若干份新鲜浸出剂浸出，而每次浸出所得的浸出液均送后续作业处理的浸出流程，如图 7-13 所示。该浸出方法的浸出速度较大，浸出率高，但浸出液体积大，浸液中浸出试剂的剩余浓度较高，因而试剂耗量大，浸液中目的组分的含量较低。

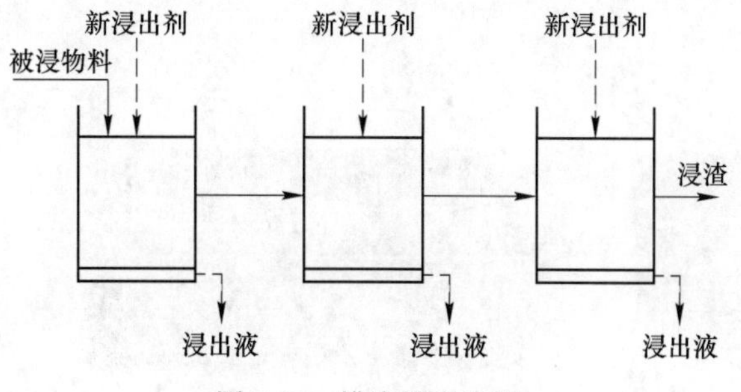

图 7-13　错流浸出流程

逆流浸出时被浸物料与浸出剂的运动方向相反，即经几次浸出而贫化后的物料与新浸出剂接触，而原始被浸物料则与浸出液接触，如图 7-14 所示逆流浸出可得到被浸组分含量较高的浸出液，可较充分地利用浸液中的剩余试剂，浸出剂的耗量低，但其浸出速度较错流浸出低，从而需要较多的浸出级数。

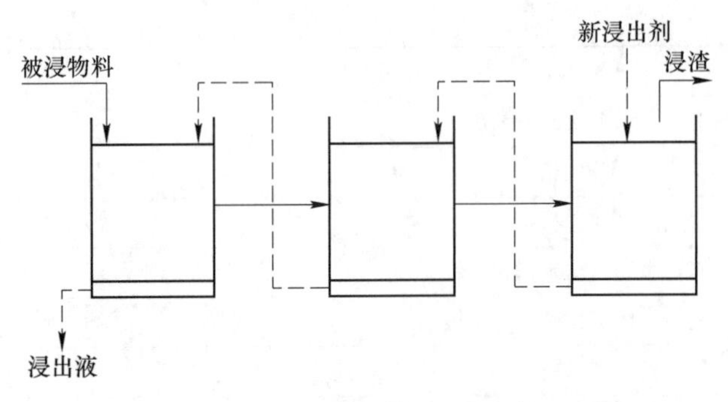

图 7-14 逆流渗透浸出流程

连续搅拌浸出一般采用顺流浸出流程，若要采用错流或逆流浸出，则各级之间均应增加固液分离作业。间断作业的搅拌浸出一般为顺流浸出，但也可采用错流或逆流浸出的流程，只是每次浸出后皆需进行固液分离，操作相当复杂，故生产上应用较少。渗滤浸出可直接得到澄清浸出液，而搅拌浸出后的矿浆须经固液分离后才能得到供后续处理的澄清浸出液或含少量矿粒的稀矿浆。

三、浸出试验设备和操作

（一）常压浸出设备和操作

（1）搅拌浸出试验。搅拌浸出主要用于浸出细粒物料，浸出时间短，条件易控制，应用最为广泛。实验室搅拌浸出试验一般是采用三颈瓶（250~1000mL）、烧杯、小型反应釜等作为反应器，有时也采用自行设计的其他形式的玻璃仪器。浸出试样粒度一般要求小于 0.25mm 或 0.075mm，常加工至-0.15mm。在先物理选矿而后化学选矿的联合流程中，其粒度即为选矿产品的现有粒度。

固体试样可直接加入反应器中，液体原料可以通过滴液漏斗控制流量缓慢加入，或采用微型蠕动泵、计量泵等计量加入。试验过程温度的控制可以采用恒温水浴，温度较高时则选用恒温油浴如图 7-15 所示，或电热套、电炉。为了使液固反应物接触充分并强化反应，浸出过程需要搅拌，实验室常用电动搅拌器和磁力搅拌器。

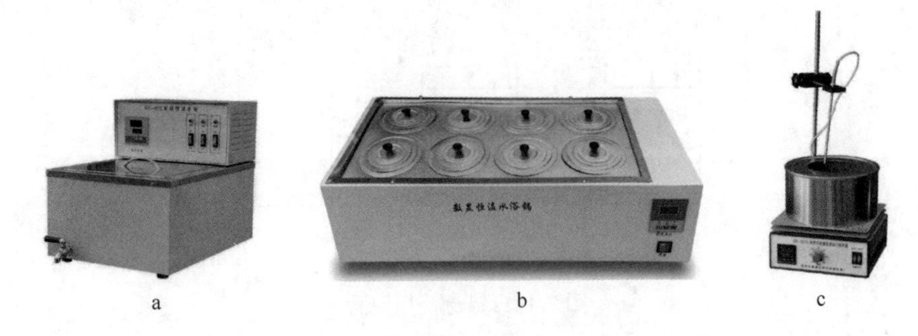

图 7-15 实验室典型加热设备

a—超级恒温水浴；b—电热恒温油（水）浴槽；c—集热式磁力搅拌器

（2）渗滤浸出试验。堆浸是在采矿场附近宽广且不透水的基地上，把低品位矿石堆积 10~20m 高进行浸出，物料粒径 100~0.075mm。

就地浸出是在未采掘的矿床中，或在坑内开采如露天开采的废坑中用细菌浸出，即利用某些微生物及其代谢产物（硫酸、硫酸高铁等）氧化、溶浸矿石。

实验室进行渗滤试验一般采用渗滤柱，渗滤柱用玻璃管或硬塑料管等做成。柱的粗细长短根据矿石量而定，处理量一般为0.5~2kg或更多。

实验室渗滤浸出实验装置示意如图7-16所示。浸出剂从高位槽以一定的速度流下，通过柱内的物料流到收集瓶。当高位槽的浸矿剂全部渗滤完时，则为一次循环浸出。每批浸矿剂可以反复循环使用多次，每更换一次浸矿剂为一个浸出周期。浸出结束时用水洗涤矿柱，然后将砂烘干、称重、化验。测出了原矿和浸出液中的金属含量，就可算出金属浸出率，并可根据浸渣的含量进行校核。

（二）高压浸出设备和操作

高压浸出设备是指操作压强大于1atm（1atm=101325Pa）的设备。实验室常用的1~2L机械搅拌式电加热高压釜，如图7-17所示。高压釜常用于搅拌浸出。将试剂溶液和浸出物料同时加入釜中，上好釜盖，采用空压机或气体瓶（氧气瓶、氢气瓶等）调节釜内至必要的气压。开始升温，至比试验温度低10~15℃时开始搅拌，到达试验温度后，开始保持恒温搅拌浸出，并开始计时反应。待达到预定的浸出时间后，停止加热搅拌，降至要求的温度，开釜取出浆液待分析，清洗反应釜。

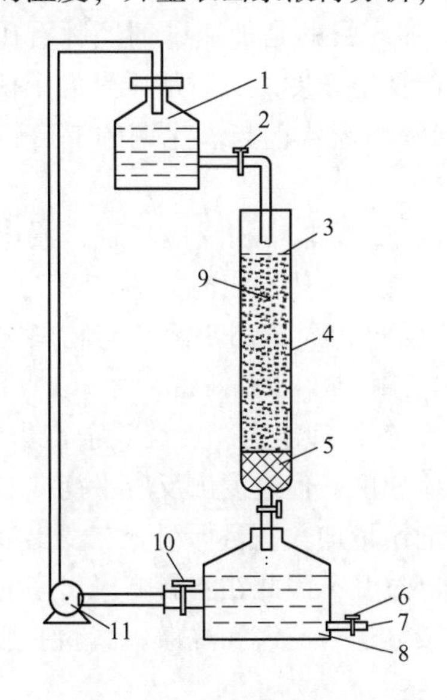

图7-16　渗滤浸出实验装置

1—浸出剂高位槽；2—流量调节阀；3—液体分布器；4—渗滤柱；5—陶瓷层或玻璃丝；6，10—阀门；7—取样口；8—浸出液收集容器；9—待浸出物料；11—循环泵

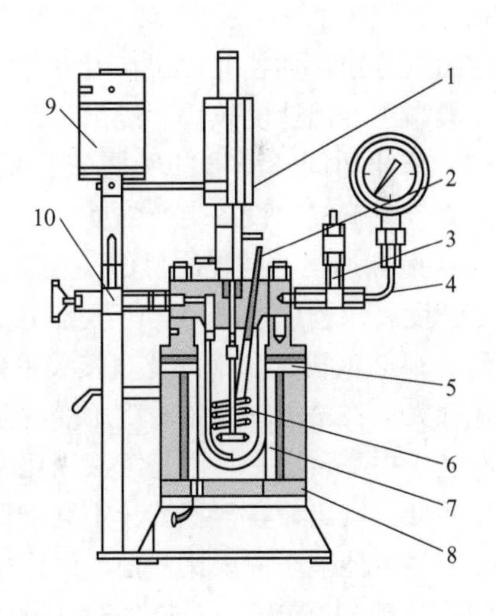

图7-17　高压釜结构示意图

1—磁力耦合器；2—测温元件；3—压力表/防爆膜装置；4—釜盖；5—釜体；6—内冷却盘管；7—推进式搅拌器；8—加热炉装置；9—电机；10—针型阀

四、浸出条件实验

以搅拌浸出为例说明浸出条件实验方法。小型浸出实验的物料量为50~500g/批次，一般是50~100g，综合条件验证性实验为1kg或更多。影响物料浸出效果（浸出率）的主

要因素有物料粒径、浸出剂种类和用量（包括催化剂）、浸出温度、浸出压强、搅拌速度、浸出时间、液固比 L/S 等。

（1）物料粒径。浸出物料粒度直接与磨矿费用、试剂与物料作用时间和浸出渣洗涤过滤难易程度有关。浮选得到的精矿产品不需再磨即可进行浸出作业，一般要求物料粒度在 15~500μm。

（2）浸出剂种类和用量。如前所述，浸出率主要取决于浸出剂对物料的作用，浸出剂种类的选择是根据物料性质确定的，一般原则是所选试剂对物料中需要浸出的目标组分具有选择性作用，而与脉石等不需要浸出的矿物基本上不起作用，实践中一般对以酸性为主的硅酸盐或硅铝酸盐脉石采用酸浸，以碱性为主的碳酸盐脉石采用碱浸。选择试剂时，还应考虑试剂来源广泛、价格便宜、不影响工人健康、对设备腐蚀小等因素。试剂浓度以百分浓度或物质的量浓度表示。试剂用量是根据需要浸出的金属量，按化学反应平衡方程式计算理论用量，而实际用量均超过理论用量。试验操作中应控制浸出后的溶液中最终酸或碱的含量。

（3）浸出温度。浸出温度对加速试剂与物料的反应速度、缩短浸出时间都具有重要影响。常压加温温度一般控制在 95℃以下（低于水溶液沸点）。当浸出温度要求超过 100℃时，要求采用高压釜。总体而言，在保证较高浸出率的条件下，温度越低越好。

（4）浸出压力。高压浸出试验均在高压釜中进行，加压目的是加速试剂经脉石矿物的气孔与裂隙扩散速度，以提高待浸出金属元素与试剂的反应速度。有时加压是为了提高气相中的氧分压，加速并促进硫化矿物的氧化分解，如浸出硫化铜与氧化铜的混合铜矿石。一般高压浸出速度较快，浸出率也较高。

（5）浸出时间。浸出过程是一个液-固非均相，或气-液-固非均相反应过程，浸出反应时间直接影响浸出设备生产强度，在保证浸出率高的前提下希望浸出时间短。

（6）搅拌速度。搅拌的目的是使矿浆呈悬浮状态，强化传质，加快溶剂与物料之间的反应速度。试验中搅拌速度一般是 100~800r/min，常采用 150~300r/min。

（7）矿浆液固比。液固比直接关系到浸出剂用量、设备处理能力、后续除杂富集等。液固比加大，在浸出剂起始浓度不变的条件下能加快反应速度，促进浸出反应平衡向右移动，有利于提高浸出率。但是，液固比增大会引起浸出剂用量加大，目标组分在浸出液中的浓度降低，浸出设备容积大，不利于后续除杂、富集等过程，因此在不影响浸出率的条件下，应尽可能减小液固比；但液固比太小，不利于矿浆输送、澄清和洗涤。试验一般控制液固比为 2∶1 至 8∶1，常为 3∶1 至 5∶1。

上述各个因素中，其主要因素是试剂种类和用量、矿浆温度和浸出时间、浸出压力。

现以氰化法浸出复杂金矿石为例说明浸出条件试验的做法。确定用搅拌法浸出成分复杂的金矿石，一般要研究磨矿细度、氰化物和碱的浓度、矿浆液固比、搅拌时间以及药剂的消耗量等工艺因素，有时还需安排辅助工序的试验。当研究磨矿细度时，把其他条件固定在恰当水平上，如矿石试样质量 200g，氧化钠浓度 0.1%，液固比为 2∶1，添加石灰 2kg CaO/t，搅拌速度 36r/min。取 3~5 份试样，每份质量 200g，分别磨至 -300μm、-150μm和-74μm，将磨好的试样分别装入反应瓶，各自加 0.4g CaO、0.1%的氰化液 400mL，搅拌反应 30h，搅拌时应将瓶打开，让其自然充气。试验结束后，过滤矿浆，使含金溶液与尾矿分离，记录浸出液体积。

用吸液管分别取两份各 10mL 的溶液试样，测出剩余氰化物和 CaO 的浓度，计算它们的消耗量，另取出 200mL 含金溶液用锌粉沉淀法求出金的含量，尾矿取样进行含金分析。

测定了金在溶液和尾矿中的含量，便可计算金的回收率，以此便可确定磨矿细度，在保证回收率的前提下，磨矿细度尽可能粗。仿此，可对其他因素进行试验，最终找出最佳组合条件。实验结果以图、表的形式表示，格式与物理选矿用的图、表格基本相同。不同点是物理选矿用回收率和品位两个指标，而浸出实验是用浸出率和浸出液中金属含量（以 g/L 表示）两个指标。

五、浸出试验结果计算

实践中常采用有用组分或杂质组分的浸出率、浸出过程的选择性、试剂耗量等指标来衡量浸出过程。组分浸出率是指浸出条件下该组分转入溶液中的量与其在原料中的总量之比，设原料干重为 Q(t)、某组分的品位为 α(%)、浸出液体积为 V(m^3)、组分在浸出液中的浓度为 C(g/L)、浸渣干重为 m(t)、渣品位为 δ(%)，则该组分的浸出率 $\varepsilon_{浸}$ 为

$$\varepsilon_{浸} = \frac{VC}{Q\alpha} \times 100\% = \frac{Q\alpha - m\delta}{Q\alpha} \times 100\% \tag{7-15}$$

7.6　生物浸出可选性实验

一、实验目的与要求

（1）掌握微生物浸出的基本原理和基本方法，掌握生物浸出可选性实验研究的主要内容。

（2）了解生物浸出过程中影响浸出率的主要因素，学会生物浸出可选性实验研究的方法和操作步骤。

二、实验基本原理

根据微生物在回收金属过程中所起作用，可将微生物冶金分为生物吸附、生物累积、生物浸出。生物浸出就是利用微生物自身的氧化或还原特性，使矿物的某些组分氧化或还原，进而使有用组分以可溶态或沉淀的形式与原物料分离的过程（直接作用），或者是靠微生物的代谢产物（有机酸、无机酸和 Fe^{3+}）与矿物进行反应，而得到有用组分的过程（间接作用），涉及生物、冶金、化学、矿物等多学科交叉技术。目前已发现几十种微生物均可用于生物浸出，常见的有嗜酸氧化亚铁硫杆菌（*Acidiuhiobacillus ferrooxidans*）、嗜酸氧化硫硫杆菌（*Acidithiobacillus thiooxidans*）、氧化亚铁铁杆菌（*Ferrobacillus ferroxidans*）、螺球菌属（*Leptospirillum*）、硫化芽孢杆菌属（*Sulfobacillus*）、高温嗜酸古细菌（*Thermoacidphilic archaebacteria*）等。生物分解硫化矿物作用机理如图 7-18 所示。

生物浸出实验包括两个方面，一是细菌的采集培养与驯化，二是生物浸出方式。

（一）细菌的采集培养与驯化

包括细菌菌株的采集和鉴别、细菌的分离和培养、细菌的驯化、细菌数量的测定、细菌活性的测定。嗜酸氧化亚铁硫杆菌一般在硫化矿的矿坑水中都有。若矿坑水 pH 值为

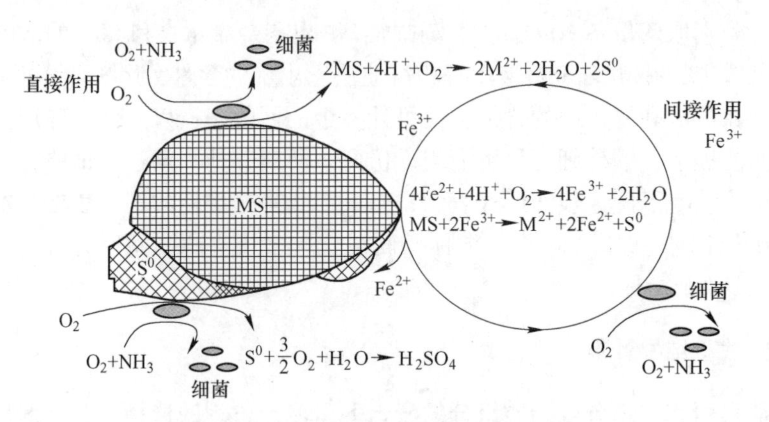

图 7-18　生物分解硫化矿物作用机理示意图

1.5~3.5 并呈红棕色、则很可能有嗜酸氧化亚铁硫杆菌。

细菌的培养是生物浸出的主要准备工作。在适宜的条件下使所需要的细菌繁殖，提供浸出所需的细菌。这些条件包括合适的培养基、温度、pH 值以及 O_2 和 CO_2 的供给。

培养基是细菌获取营养、能源的源泉、不同的微生物有不同的营养要求，根据不同微生物的营养需要配制不同的培养基。由于自养微生物有较强的合成能力，能从简单无机物质如 CO_2 和无机盐合成本身需要的糖、蛋白质、核酸、维生素等复杂的细胞物质。因此，培养自养微生物的培养基由简单的无机物质组成。生物浸出常用的嗜酸氧化亚铁硫杆菌，嗜酸氧化硫硫杆菌的培养基大多采用利瑟（Leathen）提出的成分，见表 7-9。

表 7-9　自养微生物培养基成分

成分	培养基种类				
	Leathen	9K	Wakesman	ONM	Colmer
$(NH_4)_2SO_4$	0.15g	3.0g	0.2g	0.2g	0.2g
KCl	0.05g	0.1g			
实 K_2HPO_4	0.05g	0.5g	KH_2PO_4 3~4g	KH_2PO_4 0.4g	KH_2PO_4 3g
$MgSO_4 \cdot 7H_2O$	0.50g	0.5g	0.5g	0.03g	0.1g
$Ca(NO_3)_2$	0.01g	0.01g			
$CaCl_2 \cdot 2H_2O$			0.25g	0.03g	$CaCl_2$0.2g
硫黄粉			100g	1.0g	
浓度为 5mol/L 的 H_2SO_4		1.0mL			
$Na_2S_2O_3 \cdot 5H_2O$					5g
$FeSO_4 \cdot 7H_2O$	10g/mL 加入 10mL	14.78g/mL 加入 300mL	0.01g	0.001g	
蒸馏水	1000mL	700mL	1000mL	100mL	1000mL
适用菌种	氧化铁杆菌与嗜酸氧化亚铁硫杆菌	氧化硫硫杆菌	氧化铁硫杆菌		

异养微生物合成能力较弱，不能以 CO_2 作为唯一能源，其培养基中至少需含一种有机物质如葡萄糖，有的需要一种以上的有机物。

合适的浸出条件涉及有 pH 值、温度、浸出液中 Fe^{3+} 初始浓度、CO_2 与 O_2 的供给等。在生物浸出中，选择耐高浓度金属离子的稳定菌株是非常重要的。浸出液中含低浓度的重金属离子往往是细菌生长的基本因素，而含高浓度的重金属离子则通常是非常有害的。在生物浸出中把不影响细菌繁殖和生长的金属离子最大浓度称为细菌对金属离子的耐受力，嗜酸氧化亚铁硫杆菌对某些金属离子的耐受力见表 7-10。

表 7-10 嗜酸氧化亚铁硫杆菌对某些金属离子的耐受力

金属种类	Al	Ca	Mg	Mn	Mo	Zn	Cu	U	Ni
极限耐受的金属浓度/$g \cdot L^{-1}$	6.29	4.9	2.4	3.3	0.16	120	56	1.0	30

硫杆菌相对于其他活性微生物，一般对高浓度重金属离子具有更高的耐受力。人们对铀和其他一价、二价金属离子的毒性以及各种阳离子对嗜酸氧化亚铁硫杆菌活性培养物的影响已进行过深入的研究，证明同一来源的菌株对各种重金属离子的敏感性会有不同。为使细菌具有最大活性，必须通过驯化使细菌适应特殊的基质。这种驯化往往采用逐步提高培养基或浸出悬浮液中金属离子浓度的办法使菌株对高重金属离子浓度适应。其方法是：首先在三角瓶中加入一定体积的培养基，配入一定量的某种金属离子（保持低浓度），然后接种入需要驯化的细菌进行恒温培养，待细菌适应并能正常生长后再将它接种入新的一份培养基中，得出其金属离子浓度比上一次高后，继续培养。依此进行多次，每一次的培养基中金属离子浓度都比前一次高。

（二）生物浸出方式

（1）气升渗滤器。气升渗滤器是在生物浸出试验中使用最早的最普遍的装置。该装置如图 7-19 所示。

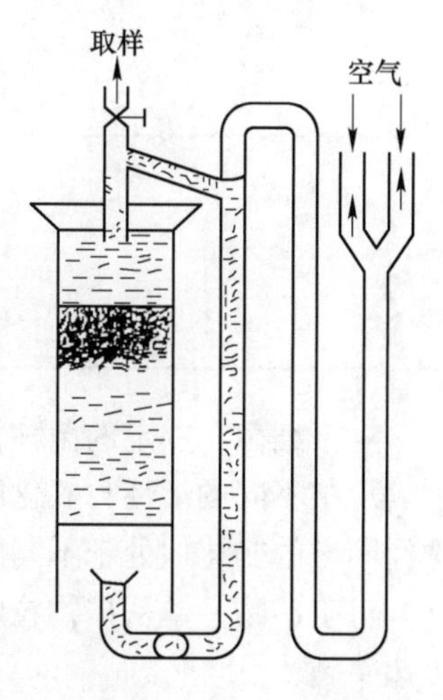

图 7-19 气升渗滤器

（2）柱浸。柱浸与渗滤器浸出的唯一区别在于柱子的大小。根据柱子大小需要，柱可由玻璃、塑料或钢制造，有时甚至可用镀膜的排水管。大的柱子有几米高，装的矿石多达 2t。浸出液通过气升循环像渗滤器一样，或泵到柱顶再通过各种喷淋系统喷洒在矿石的表面上。柱浸试验中最重要的因素是氧和二氧化碳的供给量。

（3）静置浸出技术。把磨细的矿与接种的营养浸出液一起放进浸出瓶里，并使之浅层沉淀以使液面最大限度地暴露在空气中，如此进行几星期或几个月。由于这种技术氧的质量传递很差，因而细菌活性大大受到限制。

（4）搅拌浸出技术。搅拌浸出中溶液表面不断更新，加速了氧的传递，摇瓶方法和槽浸方法都属于这种类型。摇瓶浸出法能很快地提供影响细菌活性的各种参数。浸出槽有带机械搅拌的或带空气搅拌的（帕丘尔槽）。槽浸试验可以安装测试仪表，控制全部重要参数，研究得出的数据可用于工艺流程的放大，这种技术已用来评价浸出工艺的可行性，并可对微生物浸出各种含硫化物精矿进行初步评价。高效的搅拌系统与空气弥散系统在槽浸中起着至关重要的作用，往往成为各设备的关键技术。目前在国外用于金矿预处理的大多是充气机械搅拌槽。

(5) 工业浸出技术。低品位矿所使用的工业浸出技术分矿石堆浸、废石堆浸、原位地浸出和渗滤槽浸。通常细菌被单独繁殖到一定的数量再分段，分批加入浸出体系，达到提高浸出效率目的。如铀砂和低品位铜砂浸出。

生物浸出试验的主要影响因素见表7-11。这些因素既要满足生物生长的需要，又要满足化学、生化、电化学反应的需要。在两种需要发生冲突时，首先应满足前者。例如对一般的化学反应或电化学反应，温度越高越好，在生物浸出时则只能根据细菌生长的条件来确定浸出过程的最佳温度。

表7-11 影响生物浸出效果的主要因素

<table>
<tr><td>细菌和
矿物性质</td><td colspan="2">细菌性质（菌种与驯化）
矿物特性（导电性、静电位、溶度积等）
脉石性质
矿物粒度</td></tr>
<tr><td rowspan="4">条件</td><td>温度</td><td>浸出温度</td></tr>
<tr><td rowspan="3">介质</td><td>矿浆液固比
矿浆 pH 值</td></tr>
<tr><td>Fe^{2+}、Fe^{3+}浓度
营养物浓度
金属离子种类及浓度
非金属离子种类及浓度</td></tr>
<tr><td>细菌接种量
表面活性剂种类与浓度</td></tr>
<tr><td>操作</td><td colspan="2">时间
浸出方式
搅拌方式与强度（对槽浸而言）
充气方式和强度</td></tr>
</table>

对于细菌，一定的菌种只能氧化一定的物质，同一菌种，甚至同一菌株因驯化的差别也表现出不同的活性与氧化能力。经过驯化的菌株明显比未经驯化的浸出效果好。同一菌株经同样的驯化但处于不同的生长阶段也表现出不同的活性。

对于矿物，单从矿物粒度的影响来看，根据反应动力学的一般原则，矿石粒度越细反应速率越快。

1）对于堆浸必须考虑矿层的渗透性，矿块应具有合适的粒度范围。

2）对于槽浸，不仅要考虑矿石的细度，还要注意磨矿的方式以及增强机械活化的效果。

细磨对槽浸是有好处的，但磨矿也是耗能作业，应把提高浸出速度与降低能耗和作业成本综合起来考虑，选择最佳的物料粒度范围，物料并非越细越好；为使机械活化后的物料不失去活性，磨细后的物料搁置时间不要超过50h，最好是现磨现浸。

三、实验仪器设备与操作

一般进行实验室微生物浸矿试验的方法有摇瓶试验、柱浸试验、槽浸试验、半连续浸出试验和连续浸出试验等5种。它们的目的是确定矿石中金属的浸出率和浸出速度，寻找最佳浸出条件，模拟工业生产流程和设备。

（一）摇瓶试验

摇瓶试验是微生物浸出研究的第一步，是一种分批培养试验方法。

摇瓶试验的设备是锥形瓶和恒温生物摇床如图7-20所示。使用摇瓶试验的最大好处是可同时进行几个条件的试验，获得多种信息，特别适合于条件试验及菌种选育。

a

b

c

图7-20 常见的摇瓶设备

a—恒温摇床；b—双层恒温培养振荡器；c—空气恒温摇床

为避免产生矿石沉积，缩短浸出时间，矿样往往磨得很细，通常磨至−75μm。

试验一般用100~500mL锥形瓶进行，瓶中加磨好矿样1~10g，并加入细菌培养基制成含固量2%~10%的矿浆。为避免矿石中耗酸的碳酸盐矿物造成pH值迅速升高，应先用硫酸调矿浆pH值，使之稳定在细菌最佳生长pH值。硫酸用量可作为矿石最高耗酸量的估计值。pH值稳定后才能接入菌种。接菌量一般为1~15mL（根据菌种浓度定）。所有这些均做完之后，即可封口（棉塞或牛皮纸）、贴上标签记下起始参数。然后放入恒温摇床恒温培养。摇床振动频率以100~200次/min为宜。过低易沉淀，过强又使矿浆溅出。摇瓶实验的周期主要取决于细菌的适应程度，试验可持续数天甚至数周。试验过程需控制浸出介质酸度，用稀硫酸调节，使之恒定并记录用酸量；定期用吸取上层清液的办法取样，取样量应尽可能少，满足分析要求就可，并记下每次取样体积。样品送去分析，测定其中的金属含量、总铁及亚铁浓度和硫酸根离子浓度等；用加入酸化水成培养基的办法补充每次取样的体积，用加入蒸馏水的办法补充蒸发所损失的水分。摇瓶试验记录格式见表7-12。

表7-12 摇瓶试验数据记录表

瓶号	日期	室温/℃	矿浆温度/℃	质量/g	pH值	电位/mV	Fe^{2+}/g·L^{-1}	Fe^{3+}/g·L^{-1}	备注
1									
2									
3									

为保证浸出结果的可信度，同一条件试验最少重复两个。同时为对比无菌时纯化学浸

出效果，可按上述条件再准备一份，加灭菌剂灭菌后亦按同样条件培养、监测。

根据每次所取液体样品的分析结果，绘出金属浸出率随时间的变化曲线以及酸度、电位变化和铁的溶解曲线。由浸出渣分析数据，计算出金属和其他成分的溶解率。通过摇瓶试验可得到样品的金属浸出率、酸耗等数据，根据这些数据可分析矿样的可浸性。用此法按不同条件一次可做多个试验，因此可得到矿样浸出性能的多种参数，如浸出过程矿浆电位、pH 值的变化规律等，对生物冶金的基础理论研究具有重要价值。因为浸出动力学和浸出率明显受粒度分布影响，所以摇瓶试验的结果对柱浸、堆浸和地浸的研究只具有参考价值。

（二）柱浸（渗滤浸出）试验

柱浸可以作为地浸、堆浸的实验室模拟，试验装置结构如图 7-21 所示。浸柱一般由 PVC 塑料、有机玻璃或带耐酸内衬的钢筒、陶瓷、水泥等制成，根据矿石粒度不同，浸柱尺寸不同，一般要求浸柱直径应该大于矿石颗粒直径的 10 倍，这样可以减少壁效应，浸柱高径比要求介于 5~40 之间，使得浸出液能在柱内充分分布。对较大浸柱，为考查沿柱高矿石的浸出效果及测量温度等，侧面开有一些取样孔及测量孔。

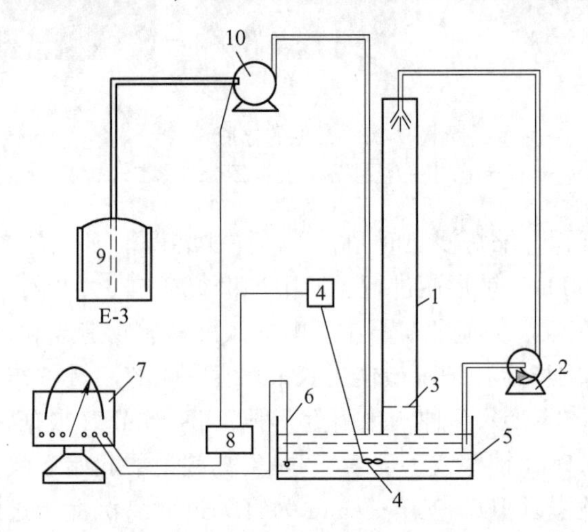

图 7-21　微生物柱浸试验装置

1—浸柱；2—浸液循环蠕动泵；3—多孔板；4—搅拌器；5—浸液收集容器；6—电极；7—pH 计；8—计算机控制回路；9—pH 值调整液容器；10—pH 值调整溶液蠕动泵

用于柱浸试验的矿石，粒度一般为 3~50mm，粒度越大，所用的矿石越多。柱底部设有多孔板，矿石即装填在此板之上。浸出液在底部浸液收集容器中配制，该容器也作为收集浸出排出液用。浸液由可调流量的蠕动泵来循环。顶部浸液喷嘴应保证布液均匀。pH 值由电极、pH 计测量。pH 计还可自动调节溶液酸度，或者通过计算控制回路，或者通过 pH 值调整溶液蠕动泵给入酸或碱将 pH 值控制在给定值。

为模拟工业生产中可能高达几十米的矿石层，可用几个浸柱串联操作。浸出时，首先用硫酸预浸，稳定 pH 值到所需值，然后接种菌种开始浸出。柱浸温度控制可采用柱外加热方式，亦可通过室温控制来达到。循环的浸出液量可根据具体情况而定。试验过程中需定期测量 pH 值、Eh 及金属溶解量。当浸出液中浸出目的金属的浓度达一定值时，应通过适当方法回收，如目的金属为铜时，可通过置换沉淀或溶剂萃取等方法。

柱浸试验可获得矿石耗酸量、金属的浸出速度、pH 值及 Eh 变化、适于浸出的粒度、浸出时间及合理的浸出制度（固液比、干湿周期、渗滤速度等）等可靠数据。此外，还可以根据浸出渣分析结果，按下式计算金属浸出率：

$$\eta = \left(1 - \frac{g \cdot \beta}{G \cdot \alpha}\right) \times 100\% \tag{7-16}$$

式中，η 为按矿石渣计算的金属浸出率,%；g 为浸出渣干重，kg；β 为浸出渣品位,%；G 为原矿渣重，kg；α 为原矿品位,%。

柱浸的缺点是浸出周期长，有的甚至达数年，但实际上这正是典型的工业浸出特点。它的这一缺点可由其可靠的试验数据得到补偿，另外投资费用也比昂贵的几百吨甚至上千吨的半工业规模堆浸费用低得多。此外，一段柱浸指标不高，二段或多段柱浸有助于改善浸出的效果。

（三）搅拌浸出试验方法

对需要粉碎至 1mm 以下才能获得满意的解离效果的矿石原料，采用渗滤柱浸效率差。因为床层的渗透性变差，浸液偏流严重，在这种情况下必须使用搅拌浸出。搅拌浸出设备是搅拌槽反应器，这种反应器的搅拌可通过机械的或空气搅动方式达到。实验室常用小型搅拌浸出设备是发酵罐和巴氏空气搅拌浸出槽，浮选机也是一种很好的实验室浸出设备，但需作耐酸防腐处理。

浸出通常在 2~6 个浸槽中以连续或半连续的方式进行，单槽浸出情况较少。单槽浸出与摇瓶试验相似，只不过搅拌充气优于摇瓶试验，其矿浆浓度一般高于摇瓶试验，其结果也较摇瓶试验更接近实际。搅拌浸出的起始参数一般由摇瓶试验结果提供，分半连续或连续工作两种方式。

(1) 半连续浸出试验方法。这是最简单的搅拌浸出方式，也称为重复给料分批浸出。得到浸出过程中定期有新鲜培养基补加进来，同时又定期有浸出液取出，可以保证细胞的消耗定期补充，有害代谢物的定期测定冲稀、排出，各槽中参数基本保持稳定。它是介于分批浸出与连续浸出之间的中间试验过程。

在半连续浸出过程中，可以考察摇瓶试验或其他分批处理浸出中无法考察的矿浆变化对浸出率的影响，它的主要缺点是周期给矿导致过程参数不稳定。

在过程建立阶段，给矿时间间隔应不断减小，使细菌适应不断变化的流动特性。当过程的主要微生物学、化学和物理化学参数稳定之后，半连续浸出也就达到稳定状态。所谓稳定状态即浸出时间与有价金属的浸出率达到稳定值的状态。有价金属的浸出时间与停留时间是一致的，浸出时间取决于有价金属的浸出率、矿石的化学和矿物组成、给料粒度、使用设备类型及传质特性等。与其他所有的浸出一样，停留时间越短，浸出率越低。在搅拌浸出过程中，最为关键的是要在不影响金属浸出率的情况下，最大限度缩短浸出时间。

具体过程如下：首先准备待浸物料与适应性菌种，此后进入浸出装置的充满阶段。第一槽中的细菌按批量试验确定的条件培养，如果结果稳定，即可以将槽中的少量矿浆转移到第二槽，随后在第一槽中补加等量的新鲜矿浆。矿浆转移量一般根据参数是否稳定取 $\Delta V = (0.1 \sim 0.3) V_1$，即取第一槽矿浆体积的 10%~30%。矿浆流量取决于转移量与转移频率，因而在每一阶段均需保持这几个参数恒定。在从批处理向重复给料浸出过渡阶段，两次转移之间的时间间隔取决于过程分析结果是否稳定，一般在 36~48h。第二槽通过从第一槽中多次转移矿浆而充满，且每次转移之后，第一槽中应补加等量新鲜矿浆。一旦第二槽充满了，即可转移等量矿浆到第三槽，第二槽由第一槽转移等量矿浆而补满，而第一槽则补加新鲜矿浆，依次进行。一旦各槽均已充满，则可从最后一槽转出 ΔV，作为最终产品，最后一槽又从其前一槽得到等量矿浆而得到补偿，依次直至在第一槽补加新鲜矿浆，如此，即有等量矿浆流在槽间流动。此后即进入第二阶段：稳定监测阶段。

停留时间可按下式计算（第 n 槽）：

$$t_n = \frac{V_n \cdot \tau}{\Delta V} \tag{7-17}$$

式中，t_n 为第 n 槽中的停留时间，h；V_n 为第 n 槽的矿浆体积，mL；ΔV 为矿浆转移量，mL；τ 为矿浆转移的时间间隔，h。

t_n 的倒数即为 n 槽中矿浆稀释率 $D_{\mathrm{n}}(\mathrm{h}^{-1})$，如下式：

$$D_n = \frac{1}{t_n} \tag{7-18}$$

总停留时间 T(h) 等于各槽停留时间之和：

$$T = \sum_{i=1}^{n} t_i \tag{7-19}$$

如各槽体积相等即 $V_1 = V_2 = \cdots = V_n$，则总浸出时间 T(h) 为

$$T = \frac{V \cdot n \cdot \tau}{\Delta V} \tag{7-20}$$

式中，V 为各槽的体积（指矿浆体积）；n 为总槽数。

根据过程的要求，矿浆的转移量可以改变，但最大转移量不宜超过槽体积的 50%。因为转移量过大对浸出过程影响大，造成浸矿过程波动而不稳定，所以缩短浸出时间应从提高转移频率入手。整个试验过程中，均应化学分析，确定液相及固相的金属量，根据取样分析结果可计算出各槽中金属的浸出率。

（2）连续浸出试验方法。如将上述几个重复给料浸出设备串联起来，第一个槽的流出物作为第二个槽的给料，而第二个浸槽的流出物又作为第三个浸槽的加料，如此直至最后一槽流出浸出产品，即可构成连续给料（第一槽）而又连续排出产品（最后一槽）的多级连续浸出过程。图 7-22 给出了气密型的连续浸出装置，矿浆流动依靠气流带动。也可以是其他串联方式，最简单的是利用高差自流，不论采用哪一种形式，流量必须可调，它是连续浸出的关键操作因素。

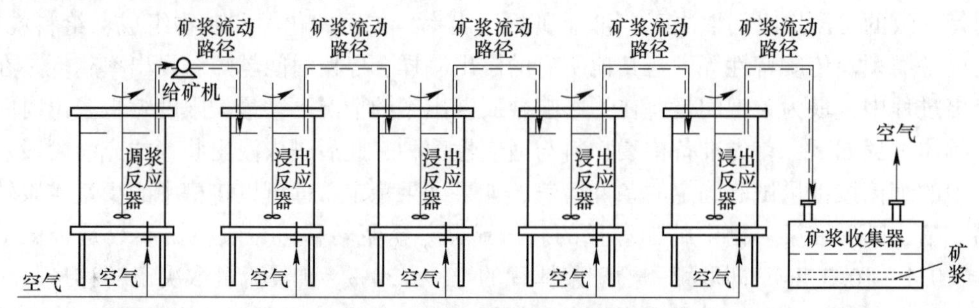

图 7-22　连续生物搅拌浸出实验装置

第一个浸出槽一般作为矿样准备槽，只有当该槽参数稳定后，才能以较小的流量向第二槽给矿，也只有当第二槽参数稳定了，才能向第三槽给矿，依次类推，直至所有的浸槽均充满矿浆。充满阶段矿浆可能不是真正连续流动。当各槽参数稳定后（pH 值、Eh、生物量、菌活性、溶液中金属离子浓度等）才能逐步加大矿浆流量，每次增大 15%~20%，并且每增加流量一次必须重新等参数稳定后，才能再次增加流量。同样地，试验过程中应监测各槽中各组分在液相与固相中的分布。n 槽中浸出（停留）时间 t_n(h) 可按下式计算：

$$t_n = V_n/Q \tag{7-21}$$

式中，V_n 为第 n 槽的矿浆体积，mL；Q 为矿浆流量，mL/h。

总浸出时间 T(h) 为各槽浸出时间 t_i 之和，如下式：

$$T = \sum_{i=1}^{n} t_i = \sum V/Q \tag{7-22}$$

8 大型分析仪器在矿物加工领域的应用

8.1 手持式X射线荧光光谱仪在矿石元素分析中的应用

一、实验目的与要求

（1）了解手持矿石元素分析仪原理。

（2）掌握手持矿石元素分析仪元素分析方法。

二、实验基本原理

X射线荧光光谱法，是用X射线管发出的初级线束辐照样品，激发各化学元素发出二次谱线（X荧光）。试样受X射线照射后，其中各元素原子的内壳层（K、L或M壳层）电子被激发逐出原子而引起壳层电子跃迁，并发射出该元素的特征X射线（荧光）。每一种元素都有其特定波长（或能量）的特征X射线。通过测定试样中的特征X射线的波长（或能量），便可确定试样存在何种元素，即为X射线荧光光谱定性分析。元素特征X射线的强度与该元素在试样中的原子数量（即含量）成比例。因此，通过测量试样中某元素特征X射线的强度，采用适当的方法进行校准与校正，便可求出该元素在试样中的百分含量，即为X射线荧光光谱定量分析。

K系辐射：K层电子被逐出，任意层上的电子向K层空位跃迁，产生光电子。

K_α：邻层向K层空位跃迁（L→K）。

K_β：隔层向K层空位跃迁（M→K）。

K_γ：N层向K层空位跃迁（N→K）。

L系辐射：L层电子被逐出，其他层向L层空位跃迁，产生光电子。

M系辐射：M层电子被逐出，其他层跃入填充，产生光电子。根据莫塞莱定律：

$$\sqrt{\frac{1}{\lambda}} = k(Z - \sigma) \tag{8-1}$$

式中，k为常数（随线系的不同而不同，与靶材物质总量子数有关）；σ为常数（屏蔽常数，与电子所在的壳层位置有关）；Z为样品中元素的原子序数。

由布拉格定律：

$$2d\sin\theta = n\lambda \tag{8-2}$$

式中，n为衍射级次，$n=1$，2，…，n为整数；d为晶面距离；θ为衍射角。

得出

$$Z = \sqrt{\frac{n}{k \cdot 2d \cdot \sin\theta}} + \sigma \tag{8-3}$$

当晶体被确定时，元素和它的衍射角之间的关系可以很容易地确定。通过分析 2θ-I（角度-强度）谱，可以识别和确定未知元素。X射线荧光定量分析就是将分析元素特征谱线的强度转化为含量。

手持式矿石分析仪是一种基于XRF（X-ray fluorescence，X射线荧光）光谱分析技术的仪器，目前手持式XRF主要为能量色散型X射线荧光光谱仪，主要由X光管、探测器、CPU以及存储器组成。能谱色散型X射线荧光光谱仪（ED-XRF）X射线源发射产生入射X射线（一次X射线），来激发被测样品。受激发的样品中的每一种元素会放射出二次X射线（又叫X荧光），并且不同的元素所放射出的二次X射线具有特定的能量特性。探测系统测量这些放射出来的二次X射线的能量及数量。然后，仪器软件将探测系统所收集到的信息转换成样品中各种元素的种类及含量。NITON XL3t 950矿石元素分析仪可分析43种元素：S、K、Ca、Ti、V、Cr、Mn、Fe、Co、Ni、Cu、Zn、As、Se、Rb、Sr、Zr、Nb、Mo、Pd、Ag、Cd、Sn、Sb、Ba、Hf、Ta、Re、W、Au、Hg、Pb、Bi、Sc、Th、U、Te、Cs、Mg、Al、Si、P、Cl。

三、实验仪器设备与材料

（1）仪器：手持矿石元素分析仪，Thermo Scientific NITON XL3t 950。

（2）试样：磨细至-0.074mm占85%以上的黄铜矿。

四、实验步骤

（一）样品制备

称取4.00g样品并压平。

（二）准备仪器

（1）开机与关机。开机长按电源键约3s，屏幕亮起即可松手；如果一直按着会再次关机。关机同上，需长按电源键约3s，屏幕黑屏即可松手。

（2）系统自检。一般情况下开机、关机重启、更换电池都建议进行系统自检（图8-1）。

（3）调试信息。进入分析菜单路径，选择土壤 & 矿石，然后选择Test All Geo。根据需要可在此路径下输入样品识别信息，包括：样品、位置、测试者等。如果不设置样品识别信息，每次测试会有数据编号，可以根据数据编号对应样品编号。

（三）测试与分析

（1）操作。

1）选好模式，对准贴近样品后，扣动扳机，仪器开始测量。

2）松开手指，扳机弹起，仪器停止测量。

测试时，要尽量贴近样品，选择平滑的样品表面；停止时松开扳机，待指示灯灭灯之后再抬起仪器窗口。

（2）测试。测试之后会出现图8-2的测试界面，根据界面进行分析。

在测试界面中可以打开工具，选择Spectra：On，可以打开光谱，如图8-3所示，测试结果中除了数据显示还有图谱显示；选择Spectra：Off，图谱会关闭，此时只显示测试数据。

如果需要将1个样品多点测试，可将多次数据求平均，如图8-4所示。

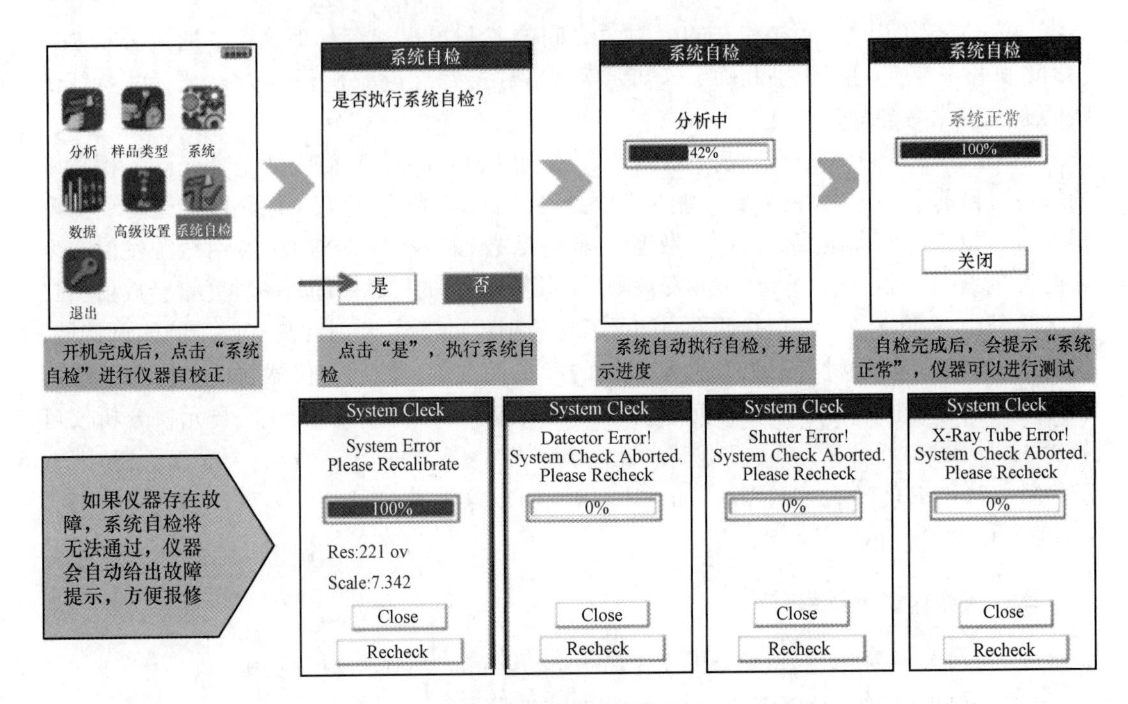

图 8-1 系统自检示意图

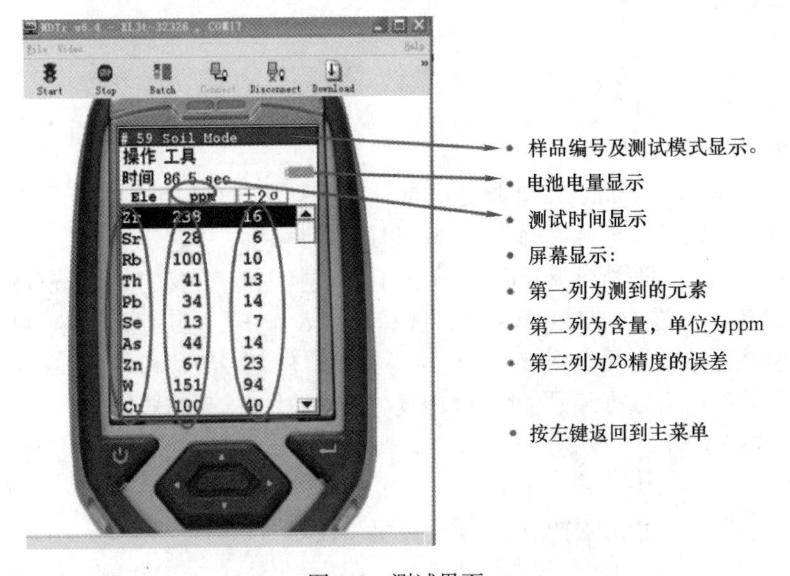

图 8-2 测试界面

输入测试次数（如 3 次），然后接下来测试 3 次，会出现第 4 组数据即为平均值。

补充：如果仪器触摸屏出现乱屏或者死屏，可通过校正触屏来校正，触摸屏正常状态下无须校正触屏。

校正屏幕方法：先准备好触摸笔，使用键盘操作（左边返回键，右边回车键）进入仪器主界面→系统→校正触屏，然后屏幕上出现十字丝，用触摸笔点十字中心，依次点一圈。确定保存，如图 8-5 所示。

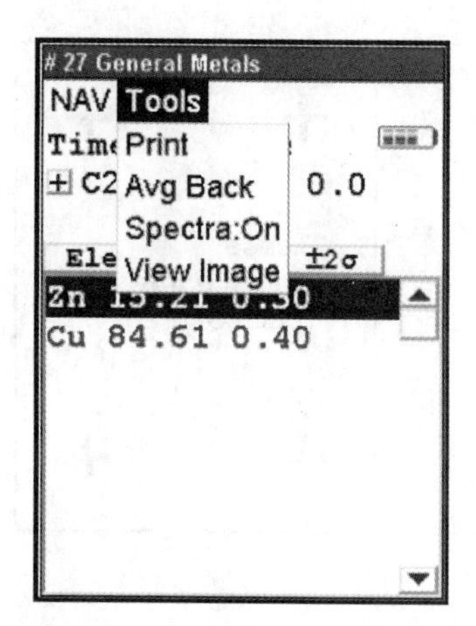

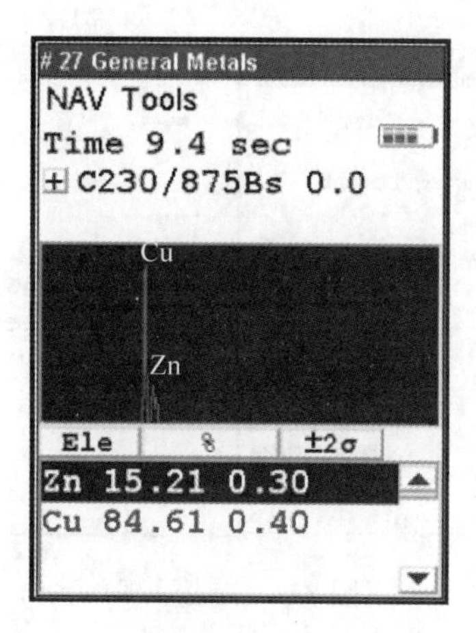

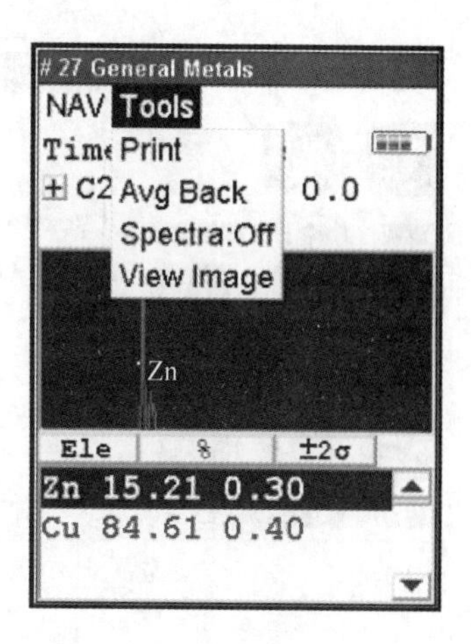

图 8-3 光谱图

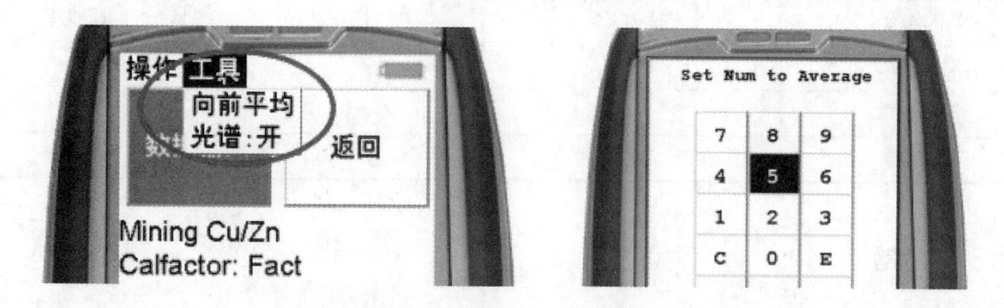

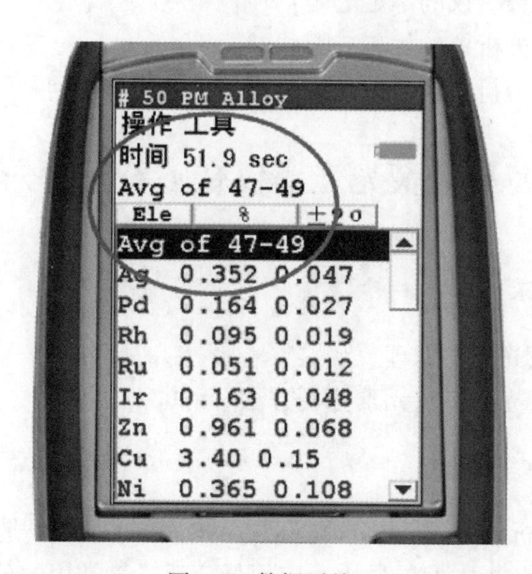

图 8-4 数据平均

最后返回到主菜单，再用手指触摸就可以正常触摸了；如果返回后还不行，可以关机重启再试。

五、实验结果

将实验结果填入表 8-1。

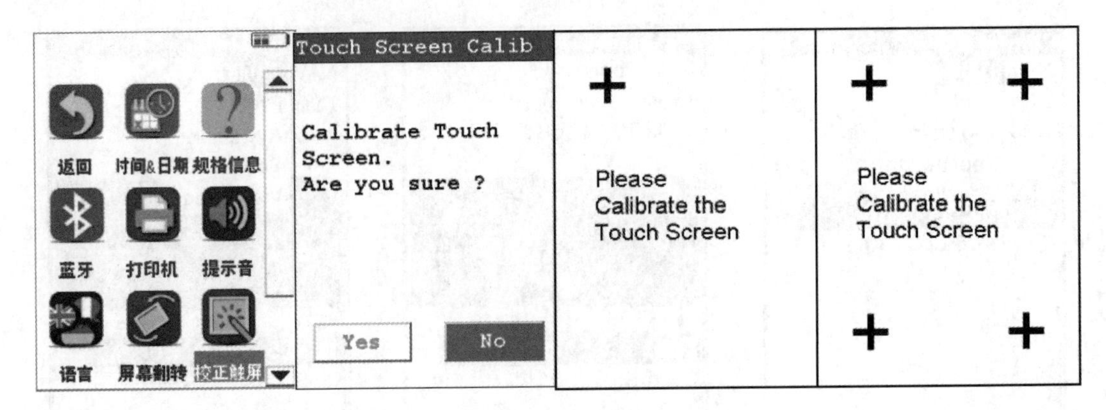

图 8-5　校正屏幕

表 8-1　实验结果

样品名称	铜品位/%	产率/%	回收率/%
浮选精矿			
浮选尾矿			
浮选原矿			

六、思考题

(1) 手持矿石元素分析仪的不足之处?
(2) 手持矿石元素分析仪的优势有哪些?
(3) 手持矿石元素分析仪对什么元素测试较为准确，对何种元素测试误差较大?

8.2　台式 X 射线荧光光谱仪在矿石元素分析中的应用

一、实验目的与要求

(1) 了解 X 射线荧光光谱原理。
(2) 掌握 X 射线荧光光谱仪元素分析方法。

二、实验基本原理

X 射线荧光光谱分析（X- ray fluorescence analysis，XRFA）是一种非破坏性的仪器分析方法。它是材料化学分析中发展最快、应用最广泛、最常用的分析方法之一，在常规生产中已在很大程度上取代了传统的湿化学分析方法。

台式 X 射线荧光光谱仪的基本原理与手持式 X 射线荧光光谱仪的原理基本相同，这里不再赘述。台式 X 射线荧光光谱仪按照分辨特征 X 射线荧光光谱的方式可分为波长色散和能量色散 X 射线荧光光谱仪。波长色散光谱仪利用分光晶体的衍射来分离样品中的多色辐射。能量色散光谱仪利用探测器产生的电压脉冲和多道分析器来分辨样品中的特征射线。波长色散型荧光光谱仪（WD-XRF）是用分光晶体将荧光光束色散后，测定各种元素的特征X射线波长和强度，从而测定各元素的含量。而能量色散型荧光光谱仪（ED-XRF）是借助高分辨率敏感半导体检测器与多道分析器将未色散的X射线荧光按光子能量分离X-射线光谱线，根据各元素能量的高低来测定各元素的量。

波长色散型荧光光谱仪（WD-XRF），一般由光源（X射线管）、样品室、分光晶体和检测系统等组成。为了准确测量衍射光束与入射光束的夹角，分光晶体系安装在一个精密的测角仪上，还需要一个庞大精密且复杂的机械运动装置。由于晶体的衍射，造成强度的损失，要求作为光源的X射线管的功率要大，一般为2~3kW。但X射线管的效率极低，只有1%的电功率转化为X射线辐射功率，大部分电能均转化为热能产生高温，所以X射线管需要专门的冷却装置（水冷或油冷），因此波谱仪的价格往往比能谱仪高。能量色散型荧光光谱仪（ED-XRF），一般由光源（X射线管）、样品室和检测系统等组成，与波长色散型荧光光谱仪的区别在于它不用分光晶体。波长色散型X射线荧光光谱仪（WD-XRF）是用晶体分光而后由探测器接收经过衍射的特征X射线信号。如果分光晶体和控测器做同步运动，不断地改变衍射角，便可获得样品内各种元素所产生的特征X射线的波长及各个波长X射线的强度，可以据此进行特定分析和定量分析。

三、实验仪器设备与材料

（1）仪器。光谱仪：荷兰帕纳科公司（PANalytical）Axios^{MAX}型X射线荧光光谱分析仪（波长色散型）；熔样机：河南洛耐TNBDRYI-02型；压片机：北京众合ZHY-401A压样机。

（2）熔片试剂。氧化剂：饱和NH_4NO_3，NO溶液；助熔剂：$Li_2B_4O_7$-$LiBO_2$混合熔剂（66∶340）；脱膜剂；LiBr溶液（200g/L）；压片试剂：硼酸（荧光纯）；内标物质：Co_2O_3（分析纯）。

（3）试样：磨细至-0.074mm占85%以上的mssa铁矿石。

四、实验步骤

（一）样品制备

（1）制备玻璃熔片。将7.0000g混合助熔剂、0.1750g三氧化二钴和0.3500g试样混合均匀后，将试样倒入铂金坩埚中，滴加饱和NH_4NO_3溶液2mL。将试样放入马弗炉中650℃预氧化10min，取出试样，加入2~4滴LiBr溶液作为降膜剂，放入熔合机中制备钴玻璃片。熔合机参数设置：预熔160s，熔合试样720s，静置10s，熔合温度1100℃。

（2）制备压片。称取4.00g样品放入装料漏斗中，使样品平放，在装料漏斗外放入硼酸，压成3~5mm厚的粉状片剂。压样机参数设定：压力30t，保持时间30s。

（二）准备仪器

（1）开机。

1）打开空压机的电源，将输出压力调节为5.0bar（1bar=0.1MPa）。

2）打开P10气体的钢瓶主阀，将二次压力设定为0.75bar。

3）将水冷机电源打开，检查是否水温小于20℃，检查是否水压为0.3MPa左右，打开输出和回水阀。

4）将稳压电源开关打开，打开输入后再按复位按钮，然后打开输出开关，使主机处在待机状态。

5）按下 X 射线荧光机的“POWER ON”开关，使主机处在“开机”状态。

6）打开计算机使其运行“SuperQ”，进入“System setup/Spectrometer status screen”，检查仪器真空度是否小于 100Pa，P10 气体流量（约 1L/h）。

7）顺时针方向 90°转动“HT”钥匙并打开高压。

①检查内循环水（3～5L/min）、水流量，外循环水（1～4L/min）。

②待仪器内部温度稳定（30℃，8h 左右）后，分析方可正常进行。

（2）关机。

1）逐渐降低高压电流至 20kV/10Ma（或运行 Sleep 程序）。

2）等待 3min 后，反时针方向 90°转动钥匙，关闭 HT 高压。

3）关闭“SuperQ”，使分析软件与主机脱机。

4）将“Standby”开关按下，使仪器处于待机状态。

5）先关输出开关，再关输入开关，最后关稳压电源开关。

6）关闭水冷机电源。

（三）测试与分析

（1）测试。首先点击“SuperQ manager”中“Measure and Analyse”图标，进入分析与测试模块，再在“Measure and Analyse”模块中单击“open sample changer”图标，进入“Sample changer”模块，如图 8-6 所示。

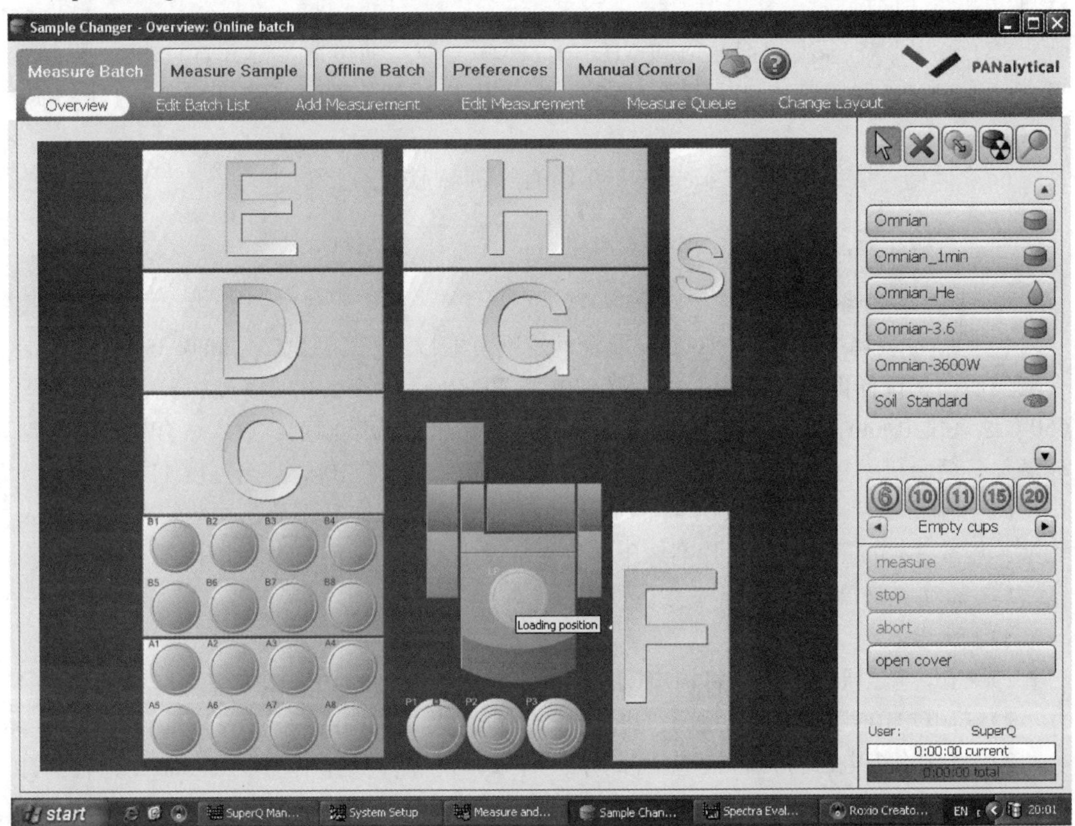

图 8-6　Sample changer 模块

将玻璃熔片或粉末压片放入样品杯中并用压环压。注意，样品测试面朝下。将样品杯放在主机进样条上，记下位置。切换到"Sample changer"模块的"Add Measurement"选项卡，如图8-7所示。

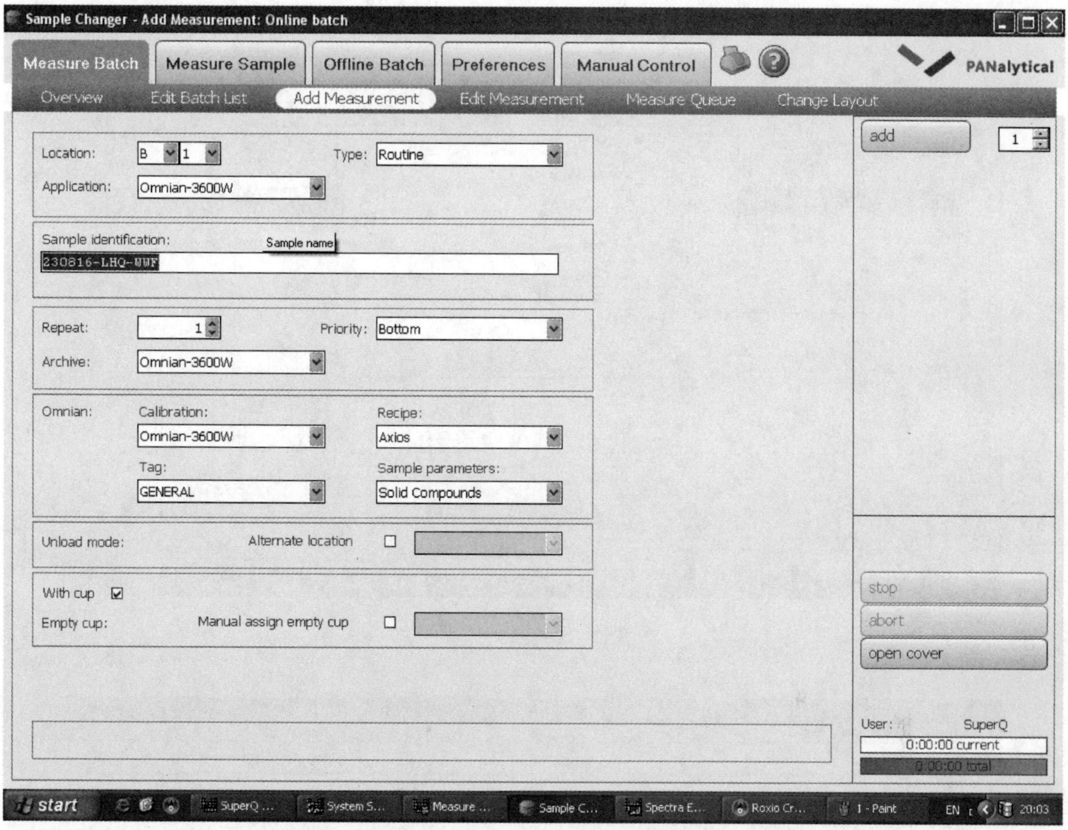

图8-7　Add Measurement选项卡

在"Add Measurement"选项卡中选择测试类型（Type：Routine，Standard，Monitor）、测量所放置的位置（Location）、应用程序（Application）等，在"Sample identification"中输入所需测试样品的名称，然后点击按钮Add，再切换到选项卡"Overview"，如图8-8所示。

在选项卡"Overview"中，点击按钮"Measure"，荧光仪自动测试。

（2）样品分析。

1）定量分析。在对话框"SuperQ manager"中点击"Results Evaluation"图标以进入结果评价模块，点击或从菜单"Results/Results quantitative"中打开选择结果的对话框，如图8-9所示。

在图8-9对话框中，从Archive的下拉列表中选择要测量的标准曲线，在Measurement type的下拉列表中选择要测量的类型，最后选择测量时间并点击确认，打开测量结果，结果如图8-10所示。

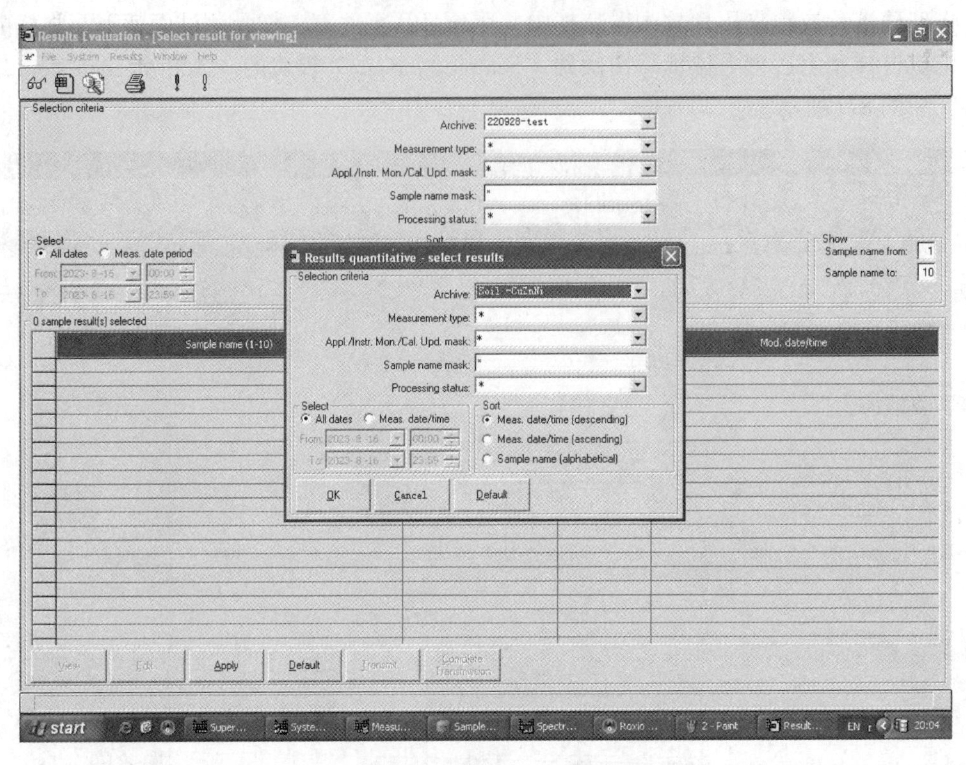

图 8-8 Overview 选项卡

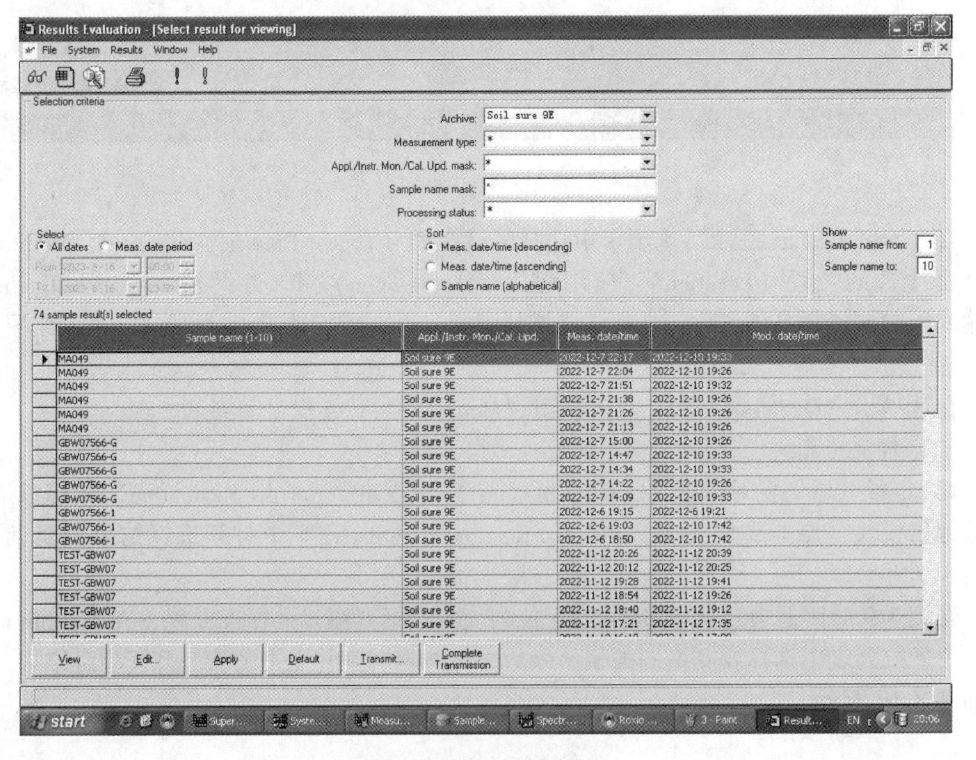

图 8-9 选择结果对话框

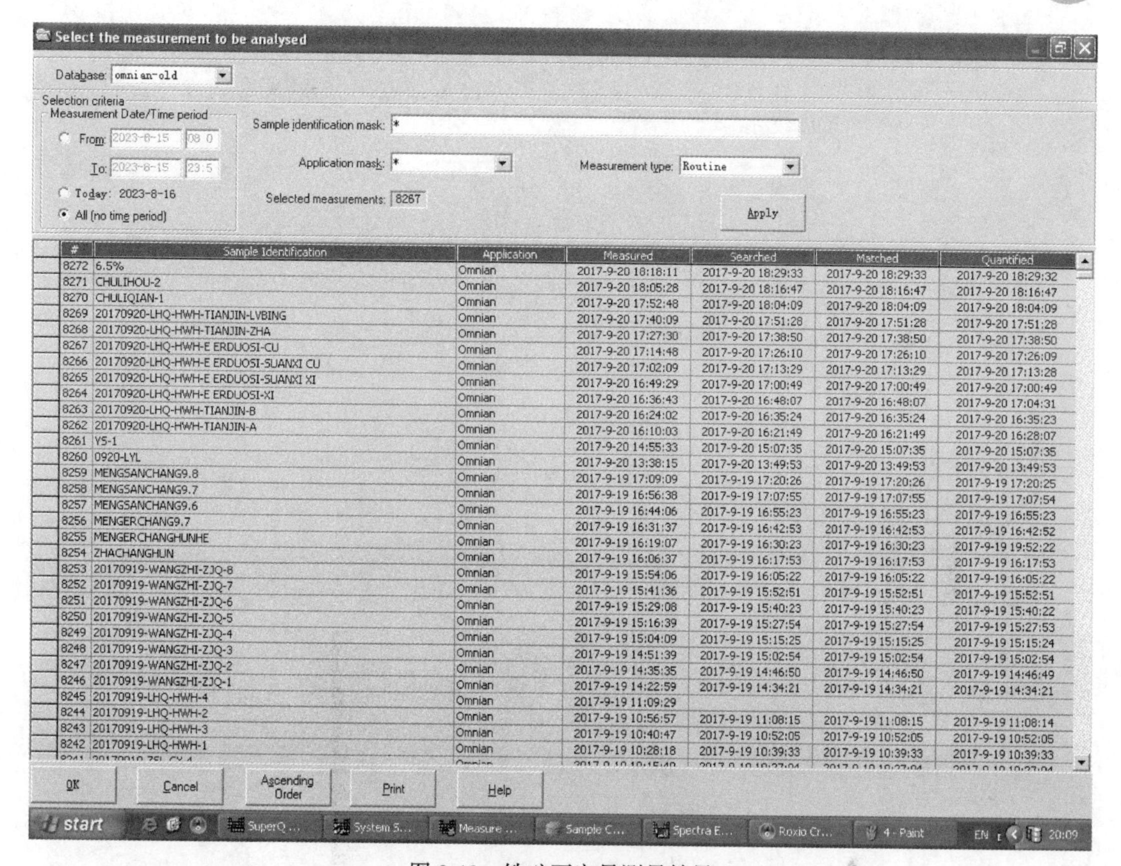

图 8-10　铁矿石定量测量结果

2）定性分析。在对话框“Super manager”中点击“Spectra Evaluation”图标，打开光谱评价模块，选择“File/select new current measurement to analyse…”或点击图标，打开对话框“Select the measurement to be analysed”，如图 8-11 所示。

点击左边的三角箭头，所选结果呈蓝色，再点击确认键，打开“Axios XRF spectrometer”图，如图 8-12 所示。

点击选项卡 1~11，可查看所测元素的谱线图，并可以对其进行编辑。先点击自动分析图标，然后点击确认键，“SuperQ”软件会自动进行分析。然后再点击“Quantify the peaks in the selected measurement”图标，继续点击按钮“Sample”，弹出对话框“Sample parameters”（图 8-13），在对话框中设置好归一化（Normalization）、样品的类型（Sample type）、化合物列表（Compound list）以及样品预处理（Sample preparation）等，点击确认键，返回至模块“Spectra Evaluation”，点击“Reset”进行重置，再点击“Quantify”按钮进行量化处理，即得测试结果。

五、思考题

（1）什么样的样品分别适合玻璃熔片法和粉末压片法？

（2）为什么制备玻璃熔片时一般要对试样进行预氧化？

（3）了解玻璃熔片法所使用的脱膜剂、助熔剂、氧化剂、内标物质，不同的测试样品应使用哪些脱膜剂、助熔剂、氧化剂、内标物质，以及它们的组成、用量和比例。

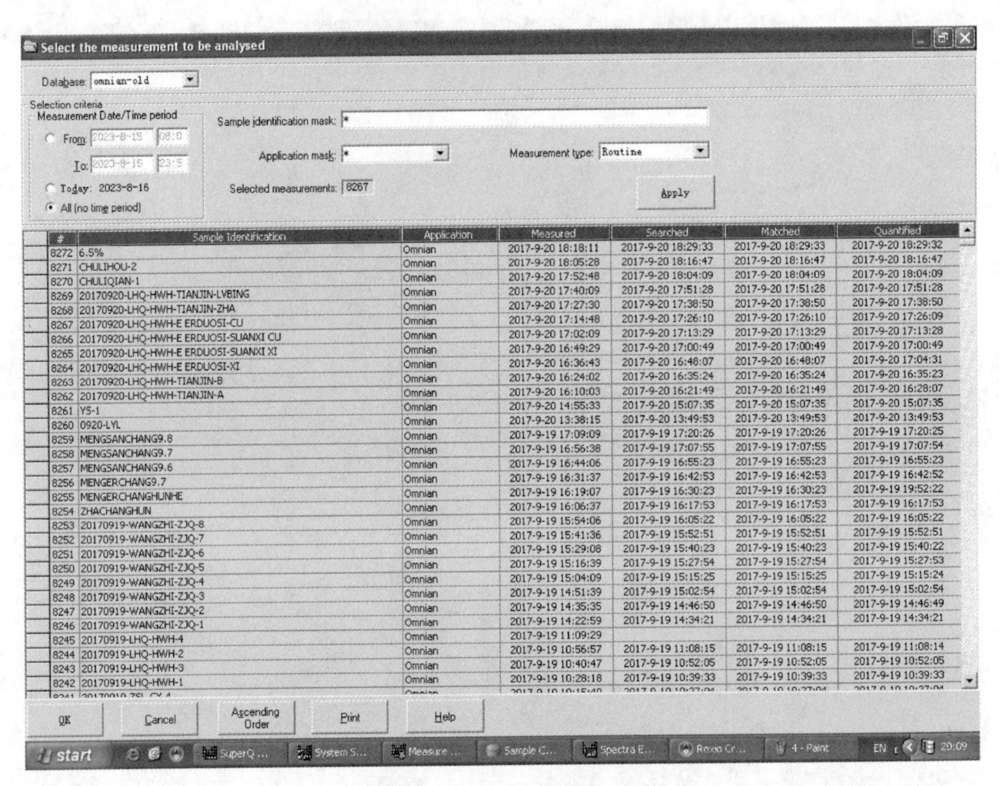

图 8-11　选择分析结果对话框

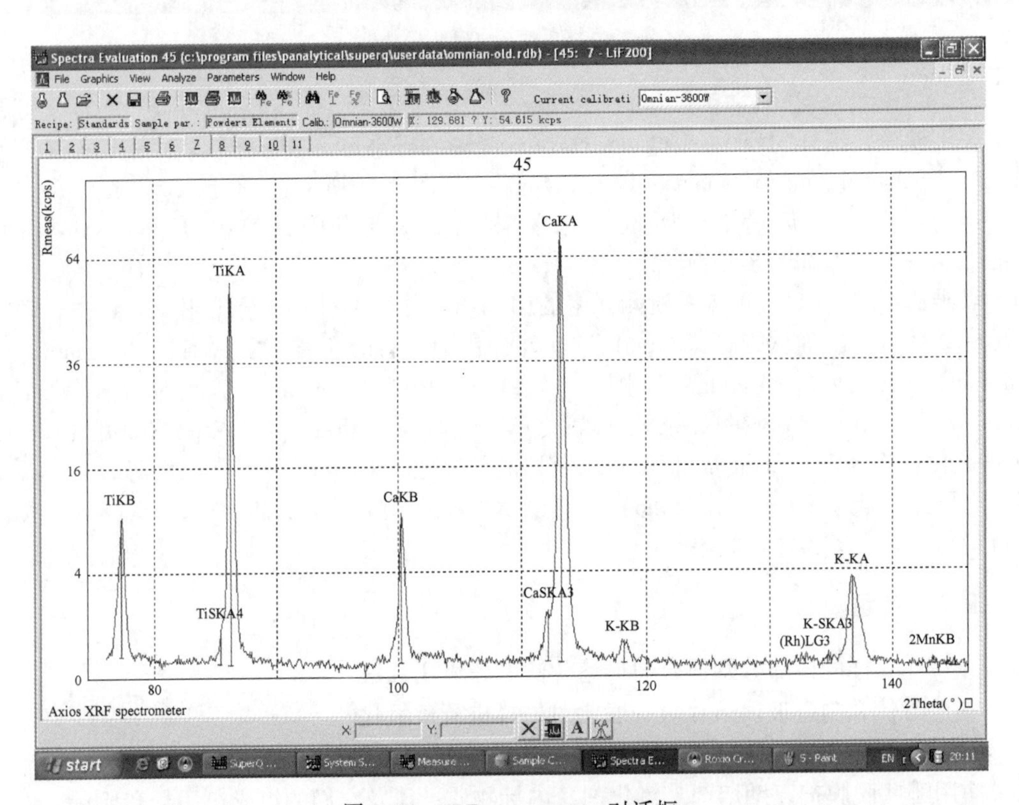

图 8-12　XRF spectrometer 对话框

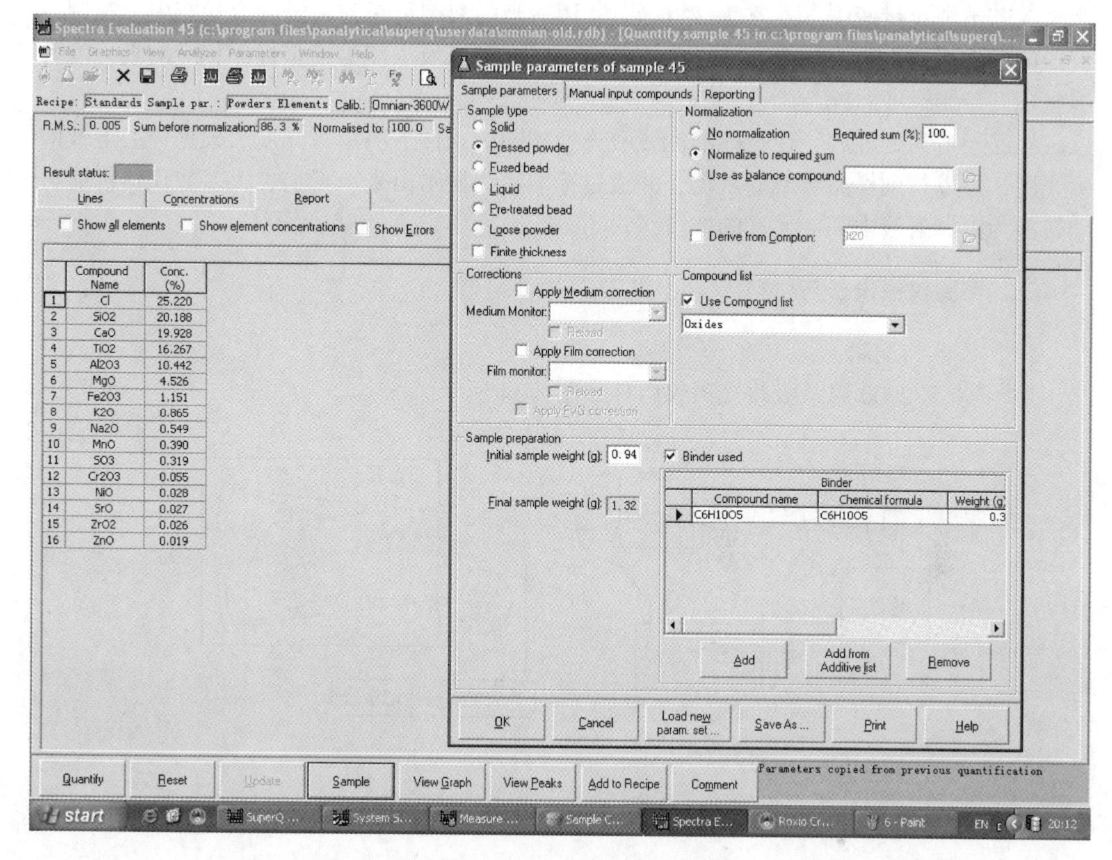

图 8-13 Sample parameters 对话框

8.3 原子吸收分光光度仪在矿石元素分析中的应用

一、实验目的与要求

(1) 对火焰原子吸收光谱分析法的概念、原理和仪器构造的理解。

(2) 掌握火焰原子吸收光谱仪的基本操作技术。

(3) 掌握火焰原子吸收光谱法测定矿石中铁的分析技术。

(4) 掌握用笑气-乙炔高温火焰测定铝土矿中二氧化硅的分析技术。

二、实验基本原理

分析化学领域中应用最广泛的定量分析方法之一就是原子吸收光谱法，原子吸收光谱法是利用从光源中发射出的待测元素的特征辐射在通过样品蒸气时，被待测元素的基态原子所吸收，由辐射的减弱程度，来测定样品中待测元素含量的一种仪器分析方法。

由于样品中待测元素可以通过不同方式转化为基态原子，故原子吸收光谱法可以分为以下几种：氢化物蒸气发生技术、火焰原子吸收、还原蒸气原子化定汞、电热原子吸收。

原子吸收光谱分析中最常用的方法之一是标准曲线法，该方法是将一定比例的标准溶液加入若干个容量瓶中（通常为3~6个），用适当的溶剂稀释到一定的容量瓶中，在调节仪器的条件下依次测定各标准溶液的吸光度。以标准溶液浓度为横坐标，相应的吸光度为纵坐标，绘制标准曲线。

样品经适当处理后，在与标准曲线吸光度相同的条件下测定吸光度。根据样品溶液的吸光度，可以找到样品溶液的浓度，并通过标准曲线显示出来。目前，大多数仪器都能自动转换为测试溶液中某一元素的浓度。

三、实验仪器设备与材料

（1）仪器与配制：

1）日立 Z-2000 原子吸收光谱仪组件如图 8-14 所示。

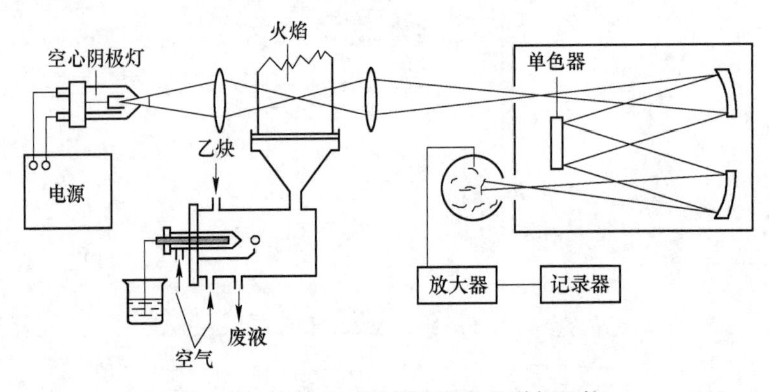

图 8-14　日立 Z-2000 原子吸收光谱仪组件

2）铁、硅元素的空心阴极灯，电热炉，电子天平，自动控温马弗炉，空气压缩机，银坩埚，铂坩埚。

（2）气体：99.9%的分析纯乙炔、分析纯笑气（N_2O）。

（3）试剂：硝酸（分析纯，含量65%~68%）、盐酸（分析纯，含量36%~38%）、氢氧化钠（优级纯GR）、二氧化硅（优级纯）、三氧化二铁（优级纯）、碳酸钠（分析纯）。

四、实验步骤

（一）利用火焰原子吸收法测定矿石中低含量铁

（1）样品预处理。

1）检查样品是否符合要求：已烘干并磨至-0.074mm。

2）准确称取磨至-0.074mm 的烘干试样 0.5000g，放入 150mL 烧杯中，加水湿润，加入 10mL 浓盐酸，加热溶解大部分试样（5~10min）之后，再加入 5mL 浓硝酸，加热至试样完全溶解。如特殊样品加热后不能完全溶解，可再加入一定量的其他氧化剂，直至铁元素全部溶解。取下冷却后，转移到 100mL 容量瓶中，稀释到刻度，摇匀，澄清，准备测量。

（2）各种铁标准溶液的准备。

1）铁标准溶液（储备液），1.000mg/mL：准确称取 1.000g 高纯金属铁粉，用盐酸 30mL（1∶1）（浓盐酸∶蒸馏水=1∶1）溶解后，加浓硝酸 2~3mL 进行氧化，用蒸馏水稀释至 1L，摇匀。

2）铁标准工作溶液，0.1000mg/mL：分别取上述铁标准储备液25mL至250mL的容量瓶中，加10mL盐酸（1∶1）溶液，再用蒸馏水稀释至刻度摇匀。

3）铁标准系列溶液的配置。分别吸取铁标准溶液（含铁100μg/mL）0.0mL、2.0mL、4.0mL、6.0mL、8.0mL、10.0mL，放置于100mL的容量瓶中，各加盐酸2mL，用水稀释至刻度，摇匀后与试样溶液同时测定。

（3）原子吸收光谱仪的开机准备和参数调节。

首先检查气路中是否有漏气，原子吸收光谱仪燃烧头是否安装。然后依次打开主电源、稳压器和仪器的电源开关。几分钟后，当听到仪器轻微的声音时，点击电脑桌面上的软件，将仪器与软件连接，让仪器自检。同时，根据软件提示，首先把空气压缩机（并排除空压机内的水气），然后打开乙炔罐上的主开关，调整二次压力计约为0.05MPa，接着按一下仪器前面板上的检查键，让仪器进行内部气路的漏气检查（时间11min）。

在此期间，可以进行波长扫描等工作。原子吸收仪自检完毕，谱线搜索完毕，检查无漏气后，再次打开排气系统，按下点火开关，使火焰稳定燃烧。首先，将吸管插入蒸馏水中，当吸光度为+0.0001时，即可测定铁标准系列溶液，当仪器显示铁的标准曲线良好且仪器稳定时，开始测量样品溶液的吸光度，仪器将自动显示样品溶液的浓度。

设定和调整仪表参数（如燃气流量、灯电流、燃烧头高度、火焰类型选择）的原则是在满足稳定性时最大限度地提高吸光度。具体参数：波长248.3nm，灯电流8mA，燃烧器高度10mm，燃气流量为4L/min，狭缝宽度0.2nm。

（4）铁标准曲线及样品溶液的测定。

检查助燃气、燃气压力都正常后，打开排气管、电源开关，按住仪器前面板上的黑白按钮，点燃火焰。如果火焰正常，可依次测量标准系列溶液的吸光度，测量后仪器自动绘制标准曲线。如果得到的曲线符合要求，则可以下一步测定样品溶液。根据实测数据计算样品中待测元素的百分比含量。

（二）用笑气-乙炔高温火焰测定铝土矿中的二氧化硅

硅元素属于亲氧元素，普通的空气-乙炔火焰难以使其电离，可采用温度高达2955℃的高温火焰（笑气-乙炔），而且燃烧速度慢，这样可使硅电离产生原子吸收光谱。

（1）测定硅时原子吸收仪器条件的选择。仪器的条件设置将直接影响元素测定的结果。采用单因素实验法，通过实验选择合适的测硅条件：燃烧器高度10mm，波长251.80nm，灯电流14mA，燃气流量7.4L/min。

（2）样品处理。准确称量0.1000~0.2000g铝土矿在干净的银坩埚中，在样品上面覆盖2g左右固体氢氧化钠，把它放到马弗炉中，设置温度为720℃，温度上升至720℃后融化20min，马弗炉关掉电源，取出银坩埚，将银坩埚放入250mL烧杯中用沸水浸出，加盐酸40mL（1∶1）中和后，将坩埚洗净。待溶液冷却后转入250mL塑料容量瓶中，固定体积，摇匀，等待测量。

（3）各种硅标准溶液的准备。

1）二氧化硅标准储备液（0.1mg/mL）：称取1.000g经高温灼烧过的含量为99.99%的基准二氧化硅于铂坩埚中，加无水碳酸钠3g左右混匀，覆盖少许碳酸钠，再于950~1000℃熔融1h，取出冷却，用水浸出，浸出液取出放入1000mL容量瓶中，用蒸馏水定容，并保存在塑料瓶中，备用。

2）二氧化硅标准系列溶液的配制。分别准确移取硅储备液（浓度为1mg/mL）0. 00mL、2. 00mL、4. 00mL、6. 00mL、8. 00mL、10. 00mL 于100mL 容量瓶中，再分别加入盐酸15mL（1∶1），用酚酞作指示剂调至中性后，用蒸馏水定容，摇匀。

（4）硅标准曲线及样品的测定。原子吸收仪的启动、制备和参数调整与前面铁的测定相同。原子吸收分光光度计的参数设置：波长251. 80nm，灯电流14mA，燃烧器高度10mm，燃气流量7. 4L/min，狭缝宽度0. 5nm。

检查助燃气、燃气压力都正常后，打开抽气管道的电源开关，点燃火焰。如果火焰正常，可依次测量该标准系列的吸光度，测量完成后仪器即能自动绘制标准曲线。如果得到的曲线符合要求，则测定样品溶液。根据测量数据，可以计算出样品中 SiO_2 的含量。

五、实验数据处理

（1）将标准系列溶液的吸光度记录在表中并绘制标准曲线，计算相关系数，考察线性关系。

（2）记录样品溶液和空白溶液的稀释比、样品质量、吸光度和浓度，计算被测样品中待测元素的含量。

六、思考题

（1）标准曲线是在任何浓度范围内都是直线吗？

（2）在什么情况下应采用标准加入法代替标准曲线法？

（3）火焰原子吸收光谱法测铜应注意什么问题？

8. 4 激光粒度分析仪在矿石样品粒度分析中的应用

一、实验目的与要求

（1）熟悉 MS 3000 的基本结构与测试原理。

（2）学习仪器 MS 3000 及操作软件的使用方法。

（3）学习湿法粒度测量的样品制备方法。

（4）了解粒度测量的主要影响因素。

二、实验基本原理

MS 3000 是利用颗粒对激光的散射（衍射）现象测量颗粒大小及其分布的，即激光在行进过程中遇到颗粒物（障碍）时，会有一部分光束偏离原来的传播方向，偏离的程度用散射（衍射）角 θ 表示，θ 角与颗粒物的直径成反比，即颗粒直径越小，偏离程度 θ 角越大；颗粒直径越大，偏离程度 θ 角越小。散射光的强度随散射角的增加呈对数衰减，可用 Mie（米氏）散射理论进行描述。米氏散射理论是一个复杂的数学模型，它给出散射光的强度与单位体积粒子数 N、单个粒子体积 V、入射光波长 λ、分散相（颗粒物）和分散介质的折射率、分散价值的吸收率及入射光的强度等参数之间的关系。通过对散射光强度的测量和计算就可得出颗粒粒径的分布情况。其典型的原理如图 8-15 所示。

MS 3000 激光衍射粒度仪的动态测量范围宽，为 0.01～3500μm，采用反傅里叶透镜光路设计，实现全量程单一透镜一次性测量，结果的重现性好，测量精度高；光源为波长 633nm 高稳定氦-氖激光器，同时有波长 466nm 独立固体蓝光光源，仪器稳定性高，无须标定；全量程采用激光衍射法和完全的米氏理论，扫描速度可快达 10000 次/s；湿法分散器带搅拌且速度连续可调，可同时做水相和有机相（需要更换耐有机溶剂的管路）；干法分散器采用全自动封闭式设计，可以有效地防止偏流效应，且噪声低，不污染环境和光路；采用插拔式样品池设计，样品分散系统之间的转换方便、快捷（15s 内），并由主机自动识别及使用；样品池的拆卸和清洗非常方便。可用于以下部门的粒度测定：

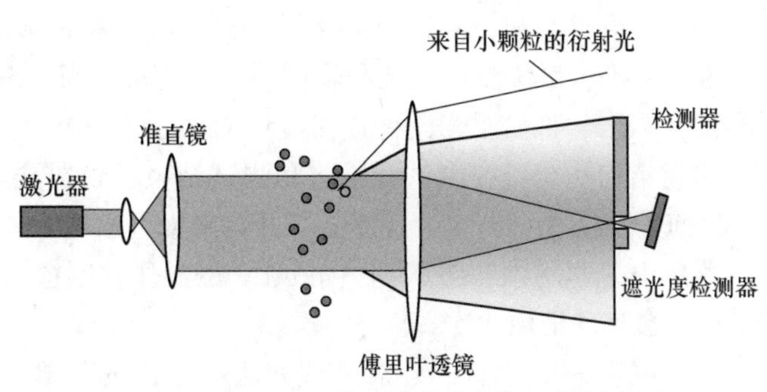

图 8-15　MS 3000 激光粒度分析仪工作原理图

（1）地质：土壤、黏土、矿物、沙粒等。
（2）环境：水体、粉尘、污泥、大气、沉淀物等。
（3）化学化工：催化剂、杀虫剂、涂料、颜料、树脂等。
（4）食品：乳液、啤酒、咖啡、花生酱等。
（5）能源：煤、粉煤灰、燃料等。
（6）金属工业：铝、硅、不锈钢、钴等。
（7）生命科学：细菌、涂片、酵母、血液等。

三、实验仪器设备与材料

（1）仪器：马尔文 MS 3000 激光粒度分析仪（图 8-16）、电子天平等。

图 8-16　马尔文 MS 3000 激光粒度分析仪

（2）试样：萤石粉（-0.15mm）、磁铁矿粉（-0.15mm）、黄铁矿粉（-0.15mm）。
（3）试剂：乙醇（95%）、六聚偏磷酸钠（0.5%）、二次蒸馏水。

四、实验步骤

（一）湿法测量——自动模式

（1）打开位于主机左侧面的仪器开关，蓝灯闪烁，同时湿法分散器的指示灯闪亮。

（2）打开计算机，点击桌面上的 Mastersizer 3000 操作软件，仪器蓝灯由闪烁变为常亮，说明主机、湿法测量系统和软件的连接正常，预热 30min 后进行测试。

（3）点击软件右下角附件连接按钮 CAN，在弹出的菜单里选择 CAN1：Hydro LV。

（4）清洁系统：在测试开始前和测试结束后都需要清洁系统，如果管路连接自动进水（目前是连接在自来水上，需要打开自来水进水口才能自动清洗和测试）可以通过“工具”菜单中的“附件”进入到 Hydro LV 的操作控制窗口，“清洁”模式选择“标准”方式，仪器会自动清洁 3 次。

（5）编辑 SOP 文件，建立测试方法：在首页菜单下的“新建”中选择“SOP”，进入 SOP 设置窗口的附件类型选择窗口后，选择 Hydro LV（湿法系统），按确定键进入 SOP 编辑器，依次设置。

1）“标识”：输入样品名称。

2）“颗粒类型”：选择非球型。

3）“物质”：材料名称（点击右边下拉菜单—浏览数据库—弹出 174 个物质—选择和自己样品接近的物质，污泥用主成分进行选择）；折射率（选择好物质后会自动出现折射率，对于混合物先用默认折射率 1.54 进行测试）；吸收率（选择好物质后会自动出现吸收率，对于混合物，深黑色物质为 1，浅色物质 0.1）；密度（大于 1，若要得到球形颗粒的比表面积则需输入准确的密度值）。

4）“分散剂”：自动测量为水，手动测量可以选用适合自己的分散剂。

5）“说明”：对方法进行简单注解。

6）“测量时间”：背景测量持续时间一般为 10s；样品测量持续时间一般为 10~12s，分散很不均匀的样品测量时间要长一些，如 10~20s。

7）“顺序”：测量次数（默认 5 次，一般选择 3 次）。

8）“遮光度”：遮光度上下限，对于颗粒为几十微米的大颗粒，遮光度范围为 10%~20%；几个微米的小颗粒为 6%~10%；几百纳米的颗粒为 4%~6%；很不均匀的样品为 10%~20%；颗粒很少的样品下限一般要小，如 0.1%。

9）“启用筛选”：选勾上。

10）“附件”：搅拌速度一般为 2000~3000r/min；样品槽注入行为选“自动”（没接水龙头时选“手动”）；超声模式选“无”（颗粒有团聚时要用超声模式，功率为 50%，时间不易超过 5min）。

11）“清洁类型”：一般为标准。设置完成后点击左上角下拉菜单进行保存（建议用姓名保存为自己的方法）。

（6）点击首页菜单“运行 SOP”，选择新建或以前保存的 SOP，在跳出的窗口中点击“开始”，仪器将先初始化，自动对光，进入背景测量。

（7）当软件提示加入样品时，将样品加入样品槽，直到遮光度到达范围后按“开始”键进行测试。

（8）测试完成后，仪器自动进入清洁系统。当清洁完毕，如需继续测试，可以点击“开始”键继续测试。

（9）所有样品测量结束后，需再次清洁样品池以避免长时间不用滋生细菌等污染物。

（10）测试结果会自动添加到记录列表中，建议测试完成后再按“保存”键以确保数据保存成功。如需拷贝数据，可先在记录列表中选中所需数据行，在右侧数据分析中选中所需数据，复制到 Word 中，自带光盘进行存储。

（11）结果编辑：当测试完成后，如果发现样品名称输入错误或者光学参数设置错误等情况，可以通过结果编辑方式进行修正，而无需再次测样。在测试结果的记录列表中选择需要编辑的记录，点右键，选择“编辑结果”，进入设置窗口后，按所需修改的内容进行修改，仪器自动完成计算，并以新文件添加进记录列表中，查看新记录即可看到修改后的数据或分布图。

（12）关机：先退出软件，关闭电脑，最后关闭仪器。

（二）湿法测量——手动模式

对于新样品，建议先采用手动模式进行测量，以考察各个参数的准确值，方法为：

（1）在“首页”菜单中选择“手动测量”，进入测试窗口。在弹出的手动测量设置窗口里按顺序设置样品信息（比如样品名称）、光学参数、测量时间、测量次数等，在附件里设置搅拌速度、超声方式等（具体参数可参照上述 SOP 编辑内容）。也可以按右上角的箭头逐条设置。

（2）当设置完成后，按“确定”键，进入测试窗口，确认搅拌处于工作状态（按搅拌速度后的“开始”键），点击开始，仪器先初始化，再自动对光。

（3）按开始键进入背景测量。

（4）背景测试完成后，仪器会提示加入样品。此时手动加入样品，直到遮光度到达范围后按“开始”键进行测试。在测试过程中仪器会自动显示每步操作的进程。

（5）测试过程中如果需要加超声分散或者改变搅拌速度，可通过右侧的超声控制和搅拌控制来相应调整。

（6）测试过程中如果需要改变样品名称和注解等，也可以通过右侧第二个选项“样品文档”来实时改变。

（7）当测试完成后，页面上会显示多次测试的趋势图和数据统计值。如需继续测试，可以再按开始键重复测试。

（8）测试完成后再次清洁系统，避免污染。清洁可以通过测试序列中的“清洁系统”或者右侧的附件控制部分来清洁。也可以退出测试窗口后通过“附件”控制来清洁。

（9）测试结果会自动添加到记录列表中，选择相应的记录在报告中显示或者打印即可。建议测试完成后再按一下“保存”键确认数据被保存。

（三）干法测量

（1）将干法样品池装入仪器主机，将干法分散器 Aero S 与干法样品池连接。

（2）打开空气压缩机和吸尘器，打开电脑，打开测量软件，点击软件右下角附件连接按钮 CAN，在弹出的菜单里选择 CAN2：Aero S，预热 30min 后进行测试。

（3）清洁系统：在测试开始前和测试结束后都需要清洁系统，通过“工具”菜单中的“附件”进入 Aero S 的操作控制窗口，直接选择“清洁”模式下的不同清洁方式（建议选择“标准”，清洁时间为 20s），仪器会自动通过气流清洁系统。也可以采用手动模式，按气流或者进样选项，调节气流压力和振动速度来清洁系统。

（4）调节干法分散器的料斗间隙，使进样门的高度为 1（在 0~4 之间）。

（5）编辑 SOP 文件，建立测定方法。在“首页”菜单下的“新建”中选择“SOP”，进入 SOP 设置窗口，在弹出的附件类型选择窗口中选择“Aero S”，进入干法 SOP 编辑器。按顺序设置以下参数（可以按右上角的箭头逐条设置）。

1）样品信息：输入样品名称。

2）光学参数，遮光度下限 0.5%，上限 7%，稳定时间 0.5s。

3）启用筛选：不选勾，以免测试过程无法正常进行。

4）附件：分散气流压力 1.2~1.5bar（在 1~4bar 之间选择，取决于样品团聚和结块情况，不能为 0）；进样速度大于 40%；文丘里管类型；料斗间隙大小（与分散器上大小一致）。

5）测量时间：要比液体测量时间长，一般大于 10s，根据样品的流动性来确定。

6）测量次数：默认为 1 次；在样品标识下的添加中可以添加信息栏，用于编辑记录更多的个性化的样品信息。当 SOP 编辑完成后，按左上角的下拉箭头，保存 SOP。

（6）运行 SOP 测试样品：将样品加入 Aero S 的料斗中，料斗间隙根据 SOP 设置调好。选择“首页”下的“运行 SOP”，选择编辑好的 SOP 文件，按“确定”键进入测试控制窗口，测试窗口中会显示运行提示，可以按该提示进行操作。先测试背景，背景测试完成后，系统会自动启动振动，加入样品，进入样品测试过程。在测量样品过程中，有必要观察一下样品的流动情况，在整个测试过程中遮光度最好保持在一定范围内（一般为 0.5%~6%）。进样可以通过振动强度和料斗间隙大小共同调节。

（7）测试完成后，结果会自动显示在记录列表中。系统会进入“清洁系统”环节。清洁完成后，测试页面会恢复到最初的等待样品测试的状态。在此状态下可以继续加样，用该 SOP 进行下一个样品的测试。如果需要更改样品名称，可在右侧样品信息栏内修改样品信息。

（8）如果该过程中出现任何错误，可手动选择回到第一步初始化仪器的状态，或者按右下角的“停止”按钮停止本次操作。

（9）测试完成后关闭测试窗口，可先在记录列表中选中所需数据行，在右侧数据分析中选中所需数据，复制到 Word 中，自带光盘进行存储。测试报告可以打印，如图 8-17 所示。如果对结果有疑问，可以通过结果编辑方式进行修正，而无须再次测样。

（10）用小刷子把分散系统的各个部位刷干净，以便下次测试。

（11）关机：先退出软件，关闭电脑，最后关闭仪器。

五、影响粒度分析的几个因素

（一）超声对颗粒粒径分析的影响

在干净的样品槽中加入 800 mL 超纯水，搅拌下超声 2~5min，除气泡，测量分散剂背景；然后，称取 0.2g 萤石粉（-0.074mm），分次加入样品槽中，控制遮光度在 15%左右，2500r/min 搅拌 5~10min，测定样品的粒径分布；同样的步骤，制备萤石样液，在测量前用 10μm 振幅波超声 2~5min，测定样品的粒径分布。

在测量文件显示窗口，选择两次测定数据，点击分析结果，观察样品粒径的频度分布。

（二）混合剂对矿粉颗粒粒径分析的影响

在样品槽中加入乙醇与水的混合溶剂，超声 2~5min 后，测量溶液背景。

称取 0.2g 矿粉加入 50mL 烧杯中，加入 5mL 乙醇，搅成糊状，剩余酒精分次加入样品槽中，控制遮光度在15%左右，在2500r/min继续搅拌5~10min，待遮光度稳定后，测量样品，并将数据填入表8-2中，比较不同比例混合剂测出的粒度结果。测试分析报告如图8-17所示。

表8-2 搅拌速度对矿粉粒度分析的影响

混合分散剂比例	样品名称	分析结果			
乙醇：水（50：750）	磁铁矿粉	$D_{(10)}$	$D_{(50)}$	$D_{(90)}$	$D_{(4/3)}$
	黄铁矿粉				
乙醇：水（25：775）	磁铁矿粉				
	黄铁矿粉				
乙醇：水（5：795）	磁铁矿粉				
	黄铁矿粉				

Analysis　　　　Malvern Instruments

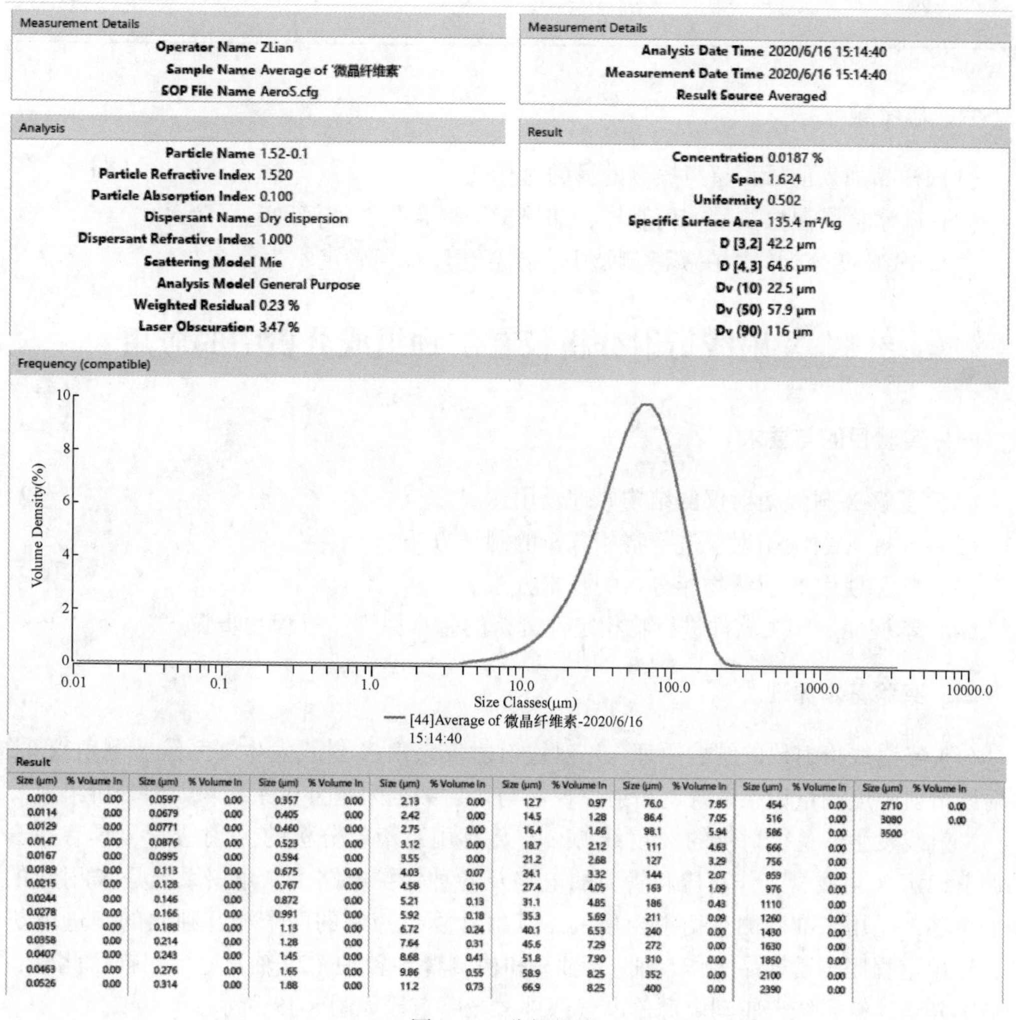

Measurement Details

Operator Name ZLian
Sample Name Average of '微晶纤维素'
SOP File Name AeroS.cfg

Measurement Details

Analysis Date Time 2020/6/16 15:14:40
Measurement Date Time 2020/6/16 15:14:40
Result Source Averaged

Analysis

Particle Name 1.52-0.1
Particle Refractive Index 1.520
Particle Absorption Index 0.100
Dispersant Name Dry dispersion
Dispersant Refractive Index 1.000
Scattering Model Mie
Analysis Model General Purpose
Weighted Residual 0.23 %
Laser Obscuration 3.47 %

Result

Concentration 0.0187 %
Span 1.624
Uniformity 0.502
Specific Surface Area 135.4 m²/kg
D [3,2] 42.2 μm
D [4,3] 64.6 μm
Dv (10) 22.5 μm
Dv (50) 57.9 μm
Dv (90) 116 μm

Frequency (compatible)

Result

Size (μm)	% Volume In	Size (μm)	% Volume In	Size (μm)	% Volume In	Size (μm)	% Volume In	Size (μm)	% Volume In	Size (μm)	% Volume In	Size (μm)	% Volume In	Size (μm)	% Volume In
0.0100	0.00	0.0597	0.00	0.357	0.00	2.13	0.00	12.7	0.97	76.0	7.85	454	0.00	2710	0.00
0.0114	0.00	0.0679	0.00	0.405	0.00	2.42	0.00	14.5	1.28	86.4	7.05	516	0.00	3080	0.00
0.0129	0.00	0.0771	0.00	0.460	0.00	2.75	0.00	16.4	1.66	98.1	5.94	586	0.00	3500	
0.0147	0.00	0.0876	0.00	0.523	0.00	3.12	0.00	18.7	2.12	111	4.63	666	0.00		
0.0167	0.00	0.0995	0.00	0.594	0.00	3.55	0.00	21.2	2.68	127	3.29	756	0.00		
0.0189	0.00	0.113	0.00	0.675	0.00	4.03	0.07	24.1	3.32	144	2.07	859	0.00		
0.0215	0.00	0.128	0.00	0.767	0.00	4.58	0.10	27.4	4.05	163	1.09	976	0.00		
0.0244	0.00	0.146	0.00	0.872	0.00	5.21	0.13	31.1	4.85	186	0.43	1110	0.00		
0.0278	0.00	0.166	0.00	0.991	0.00	5.92	0.18	35.3	5.69	211	0.09	1260	0.00		
0.0315	0.00	0.188	0.00	1.13	0.00	6.72	0.24	40.1	6.53	240	0.00	1430	0.00		
0.0358	0.00	0.214	0.00	1.28	0.00	7.64	0.31	45.6	7.29	272	0.00	1630	0.00		
0.0407	0.00	0.243	0.00	1.45	0.00	8.68	0.41	51.8	7.90	310	0.00	1850	0.00		
0.0463	0.00	0.276	0.00	1.65	0.00	9.86	0.55	58.9	8.25	352	0.00	2100	0.00		
0.0526	0.00	0.314	0.00	1.88	0.00	11.2	0.73	66.9	8.25	400	0.00	2390	0.00		

图8-17 分析报告

(三) 搅拌速度对矿粉颗粒粒径分析的影响

在样品槽中加入超纯水，超声 2~5min 后，测量溶液背景；在样品槽中分次加入磁铁矿粉和黄铁矿粉，控制遮光度在15%左右，超声分散2min，在以下转速下搅拌5~10min，待遮光度稳定后，测量样品，并将数据填入表8-3中，比较不同转速下测定的粒径结果。

表8-3 搅拌速度对矿粉粒度分析的影响

搅拌速度 /r·min^{-1}	样品名称	分析结果			
1600	磁铁矿粉	$D_{(10)}$	$D_{(50)}$	$D_{(90)}$	$D_{(4/3)}$
	黄铁矿粉				
2000	磁铁矿粉				
	黄铁矿粉				
2400	磁铁矿粉				
	黄铁矿粉				
2900	磁铁矿粉				
	黄铁矿粉				

六、思考题

(1) 样品加入前后，超声振荡的目的是什么?

(2) 疏水样品湿法测量如何制样，如果采用混合剂，如何确定用量比?

(3) MS粒度分析仪，在实际测量中，搅拌速度如何确定? 为什么?

8.5 X射线衍射分析仪在矿物组成分析中的应用

一、实验目的与要求

(1) 了解X射线衍射仪的结构原理及用途。

(2) 掌握X射线衍射仪进行物相分析的制样方法。

(3) 熟悉使用X射线物相分析的基本方法。

(4) 掌握使用相关软件进行物相定性分析的基本原则、过程和步骤。

二、实验基本原理

(1) X射线衍射仪的结构原理。X射线衍射仪是由X射线发生器系统、测角仪系统、X射线衍射强度测量记录系统、衍射仪控制与衍射数据采集分析系统4大部分所组成。

X射线发生器是衍射仪的X射线源，它装有用于衍射分析的X射线管，具有一套自动调节稳定X射线管工作高压和管流的电路及各种保护电路。测角仪系统是X射线的仪器的核心，是用来准确测量衍射角度的。其由计算机控制的两个相互独立的步进电机驱动，按预定程序驱动样品工作台轴（θ轴）和检测臂旋转轴（2θ轴）进行扫描。此外，还配备了光学狭缝系统、驱动电源等电气部件。光路布局如图8-18所示。

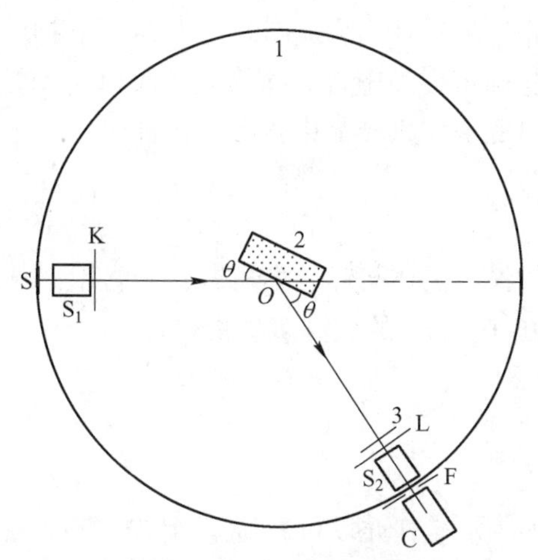

图 8-18 测角仪光路布置简图

1—大转盘（测角仪圆）；2—试样；3—防散射狭缝

K—发散狭缝；L—防散射狭缝；F—接收狭缝；C—辐射探测器；

S—X 射线源；S_1—入射光路梭拉狭缝；S_2—反射光路梭拉狭缝

X 射线衍射强度测量与记录系统由 X 射线探测器、脉冲幅度分析仪、计数率仪和 X-Y 函数记录仪组成。

衍射仪控制和数据采集分析系统是由配备衍射仪操作系统的计算机系统完成。

在衍射仪正常工作之前，应进行一系列的调整，如选择 X 射线管、校正测角仪、选择 X 射线强度记录系统的工作条件等。一般来说，这些确定的仪器条件在今后的日常工作中不会改变。

（2）X 射线物相分析的基本原理。每一种晶体材料都有自己独特的晶体结构和化学组成，因为其特定的原子种类、原子排列、晶格参数和细胞大小。在一定波长的 X 射线照射下，晶体中不同的晶面有各自的衍射，然后对应各自特定的衍射图案。当实验中有两种或两种以上晶体材料时，每种晶体材料的衍射图样保持不变，各衍射图样相互独立，互不干扰。它只是样品中所含晶体材料的衍射图案的机械叠加。不仅如此，衍射图形还可以显示物相中元素的模式、化学结合状态、晶胞大小和晶格参数等。

晶体的不同特性可以用反射晶体平面之间的距离 d 和反射光线的相对强度 I/I_0 来表征。反射晶体之间的距离 d 由衍射图中衍射射线的 2θ 位置决定，即 $d = \lambda/(2\sin\theta)$。面网间距与晶胞的大小和性状有关，相对强度与颗粒的类型与其在细胞中的位置有关。由此可知，可以知道任何晶体物质的衍射数据 d 和 I/I_0 是其晶体结构的必然反映，因此，可以用来鉴别晶体物质的物相，d~I 数据集是最基本的判据。

（3）利用 PDF 衍射卡片进行物相分析。每种物质都有其特有的衍射图案，即衍射图案具有一定的 d 值和相对强度 I/I_0。当未知样品是多相混合物时，每一相都有特定的一组衍射峰，这些衍射峰叠加形成混合物的衍射图案。因此，当样品中含有一定的组分时，衍射图样中的一些 d 值和相对强度 I/I_0 必须与一组 d 值和全部或至少一些相对强度的强峰一致。因此，通过描述每个衍射图案的 d 值和 I/I_0 值，可以识别混合物中的每一相。

将单相材料衍射图样的 d 值和相对强度 I/I_0 制作成 PDF 数据卡。把测量的样品衍射

图样的 d 值和相对强度 I/I_0 与 PDF 卡片逐一比较，如果某一物质的 d 值和 I/I_0 值都能与某一卡片相匹配，则可以初步确定样品中含有该物质（或相），然后将样品中的剩余行与其他卡片进行比较，从而可以逐一识别样品中含有的各种相。

三、实验仪器设备与物料

仪器设备：X 射线衍射仪、玛瑙研钵、牛角匙、玻璃片、薄刀片、刷子等。

实验物料：粒度范围 0~0.1mm 的检测多矿物矿石。

四、实验步骤

（1）样品准备。

1）取样品适量，在玛瑙研钵中研磨和过筛，当物料粒度为-0.074mm 时，即用手触摸或捏搓样品无颗粒感时，则认为晶粒大小已符合要求。

2）采用压片法制作试片。即先将样品架固定在光滑的玻璃板上，然后将样品粉末尽可能均匀地撒入样品架窗口，再将小抹刀的刀口轻轻摊铺均匀堆放，轻轻按压，最后用刀片将多余的凸出粉末切掉，这样样本就形成了一个非常平滑的平面试片。

3）将准备好的样品架放在衍射仪的试验台上，关闭衍射仪的防护门。

（2）样品检测和分析。

1）开启 XRD 电源和冷却水。

2）启动计算机，在 XRD 稳定 2min 左右后，进入 X′ pert Data Collector 系统。

3）设置测量参数，如扫描模式、终止角度、初始角度、步长、扫描速度等。

4）点击 X′ pert Data Collector 软件菜单中的 measure → program 开始对试样进行 XRD 测试和存储数据。

5）使用 X′ pert Automatic Processing Program 对 XRD 所测曲线进行数据分析和处理（2θ、d 值、半峰宽、强度数据等），并将结果储存于文档中。

6）完成操作后，退出 X′ pert Automatic Processing Program 系统，并关闭计算机。

（3）关闭 XRD 电源，同时，应继续让冷却水工作 20min 后才可关闭。关闭所有电源，做好运行记录。

五、实验数据处理

（1）进行误差分析，并把被测物质的分析结果做出结论。

（2）根据实验内容和结论，把存于文档的实验数据进行整理，并提取实验数据绘制衍射图谱。同时，根据检测分析结果对混合物中各物质的衍射峰进行标记，并附注释。

（3）根据实验结果完成实验报告。

六、思考题

（1）X 射线衍射仪的应用范围有哪些？

（2）什么是 X 射线衍射物相分析的核心原理？

8.6 紫外-可见分光光度计在浮选废水金属离子浓度测定中的应用

一、实验目的与要求

(1) 理解紫外-可见分光光度计的工作原理。

(2) 掌握紫外-可见分光光度计的测量方法，熟悉采用紫外-可见分光光度计测试浮选废水中金属离子浓度的操作流程。

二、实验基本原理

紫外-可见分光光度计的结构框图，如图 8-19 所示。

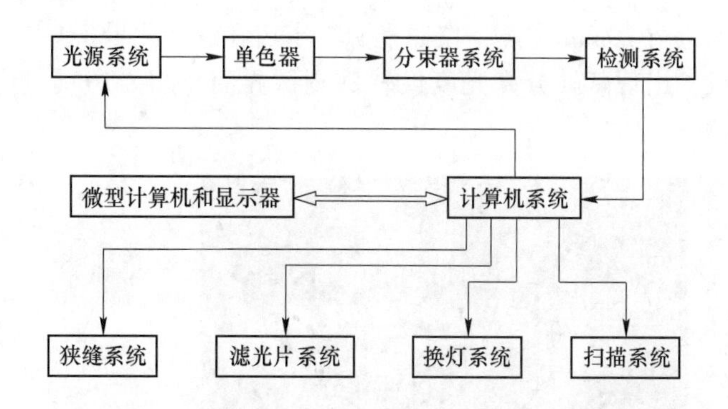

图 8-19 紫外-可见分光光度计的结构示意图

紫外-可见分光光度计的工作原理：首先将从光源发出的光分成两束，分别透过背景皿和样品皿，光信号分别被吸收后，由光电倍增管放大器放大，再由检测器检测其吸光度。样品的吸光度可以通过比较两束光的吸光度差得到。

同时紫外-可见分光光度计的测试还需要考虑吸收层厚度和溶液浓度影响，根据郎伯-比尔定律：$A=\varepsilon bC$（其中 A 为吸光度，ε 为摩尔吸光系数，b 为液池厚度，C 为溶液浓度）；吸光度 A 与溶液浓度成正比，因此可以对溶液进行定量分析。

三、实验设备仪器与材料

(1) 仪器设备：赛默飞 GENESYS™ 180 型紫外-可见分光光度计、石英比色皿、25mL 移液枪、5mL 比色管、容量瓶。

(2) 材料。以用铜试剂分光光度法测人工配置的模拟浮选废水中的 Cu^{2+} 浓度为例。

1) 人工配置的模拟浮选废水中的铜贮备溶液：准确称取二水合氯化铜 0.1342g 于烧杯中，加水溶解，转移入 1000mL 容量瓶中，用去离子水稀释至刻度，摇匀，此溶液 1mL 中含铜 0.05mg。

2) DDTC-Na 标准溶液：二乙基二硫代氨基甲酸钠（铜试剂，简写为 DDTC-Na），实验称取 0.054g DDTC-Na，溶于 1000mL 容量瓶中，定容至容量瓶的刻度线，该标准液浓度为 54mg/L。

四、实验步骤

（1）样品制备。取铜贮备溶液 0.00mL、0.25mL、0.50mL、0.80mL、1.00mL、1.20mL 溶液于 50mL 比色管中，加入 10mL DDTC-Na 标准液，加 1mL 经 100 倍稀释的氨水调整 pH 值至 8~9，并定容至刻度线，Cu^{2+}浓度分别为 0.00mg/L、0.25mg/L、0.50mg/L、0.80mg/L、1.00mg/L、1.20mg/L，5min 后，在 452nm 的波长范围下测定吸光度。

测定水样：在两只 50mL 容量瓶中，一只加水样，另一只不加水样，以下步骤与绘制标准曲线的操作相同。以不加水样的空白为参比，测定吸光度。

（2）开机。

1）开机前打开仪器样品室盖，取出干燥剂，确保样品室内无挡光物后，盖上机盖，接通电源。

2）实验开始前进行 30min 预热，仪器光源稳定后在进行测量。

3）启动计算机，出现紫外分光光度仪软件测试界面（图 8-20），点击图中实时显示按键，进入吸光度测定界面。

图 8-20　紫外分光光度仪软件测试界面

4）设置仪器参数（图 8-21），根据实验要求设定实验所需要的波长。此次实验所需要的波长为 452nm。

5）将盛蒸馏水（或空白溶液或纯溶剂）的比色皿放入比色皿座架（图 8-22）中的第 1 格内，点击空白按键，此时参照样品的吸光度为 0.000nm。用蒸馏水冲洗另一个比色皿，接着用配好的带有铜离子的待测溶液润洗 3 遍。将润洗过加入待测溶液的比色皿放在比色

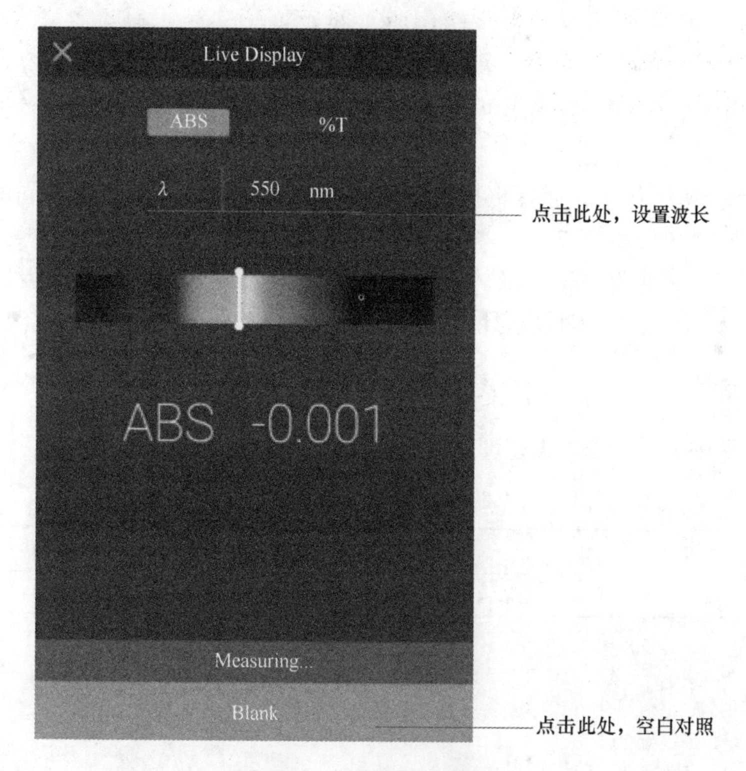

图 8-21　仪器参数设置界面

皿座架的第 2 格内。测试时使比色皿光面一侧正对槽内光路，表头指针恰好指在所需测定比色皿处。

6）测定，轻轻转动比色皿座架，使有色溶液进入光路，此时屏幕所示为该有色溶液的吸光度 A，读数后，打开比色皿暗箱盖。

7）实验完毕，关机，切断电源，将比色皿取出洗净，并将比色皿座架及暗箱用软纸擦净。

图 8-22　比色皿座架

五、实验注意事项

（1）开机前将样品室内的干燥剂取出，仪器在自检过程中禁止打开样品室盖。

（2）比色皿的使用方法。

1）拿比色皿时，手指只能捏住比色皿的毛玻璃面，不要碰比色皿的透光面，以免沾污。

2）清洗比色皿时，一般先用水冲洗，再用蒸馏水洗净。如比色皿被有机物沾污，可用盐酸-乙醇混合洗涤液（1∶2）浸泡片刻，再用水冲洗。不能用碱溶液或氧化性强的洗涤液洗比色皿，以免损坏。也不能用毛刷清洗比色皿，以免损伤它的透光面。每次做完实验时，应立即洗净比色皿。

3）比色皿外壁的水用擦镜纸或细软的吸水纸吸干，以保护透光面。

4）测定有色溶液吸光度时，一定要用有色溶液洗比色皿内壁几次，以免改变有色溶液的浓度。另外，在测定一系列溶液的吸光度时，通常都按由稀到浓的顺序测定，以减小测量误差。

5）在实际分析工作中，通常根据溶液浓度的不同，选用液槽厚度不同的比色皿，使溶液的吸光度控制在 0.2~0.7。

（3）测定时，禁止将试剂或液体物质放在仪器的表面上，如有溶液溢出或其他原因将样品槽弄脏，要尽可能及时清理干净。

六、实验结果

将实验结果按表 8-4 的样式处理，并绘制如图 8-23 所示的标准曲线。

表 8-4 实验结果

Cu^{2+}浓度/mg · L^{-1}	0	0.25	0.50	0.80	1.00	1.20
吸光度	0.002	0.037	0.074	0.116	0.144	0.172

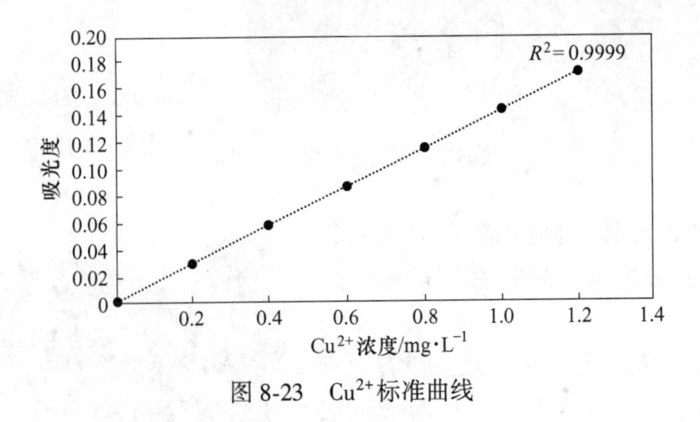

图 8-23 Cu^{2+}标准曲线

七、思考题

（1）测量结果受到哪些因素的影响？

（2）如何提高标准曲线的相关系数？

8.7 傅里叶红外光谱仪在药剂与矿物表面作用测试中的应用

一、实验目的与要求

（1）理解傅里叶红外光谱的工作原理。

（2）掌握傅里叶红外光谱的操作流程。

二、实验基本原理

傅里叶变换红外光谱仪（fourier transform infrared spectrometer，FTIR）主要是由光源、

迈克尔逊干涉仪、探测器和计算机等几部分组成。其工作原理，如图 8-24 所示。

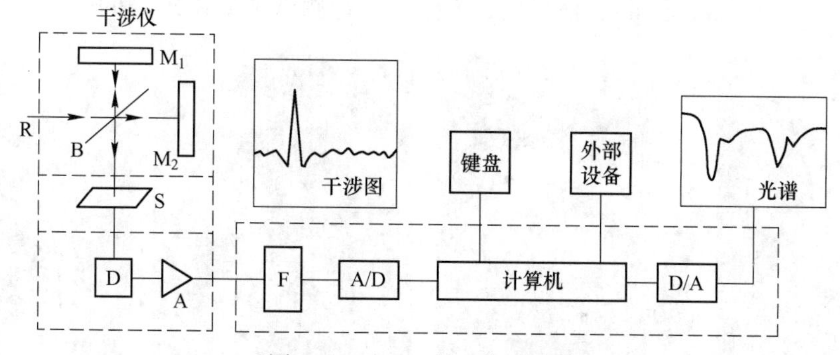

图 8-24 FT-IR 的工作原理图

R—红外光源；M_1—固定镜；M_2—动镜；B—光束分裂器；

S—样品；D—探测器；A—放大器；F—滤光器；A/D—模拟—数字转换器；D/A—数字—模拟转换器

光源发出的红外辐射，通过迈克尔逊干涉仪变成干涉图，通过样品后即得到带有样品信息的干涉图，经放大器将信号放大，输入通用电子计算机处理或直接输入专用计算机的磁芯存储体系中。当干涉图经模拟—数字转换器（A/D）进行计算后，再经数字—模拟转换器（D/A），由波数分析器扫描，便可由 *X-Y* 记录器绘出通常的透过率对应波数关系的红外光谱。

与普通红外光谱分析方法相比，傅里叶交换红外光谱显微分析技术作为显微样品和显微区分析，有以下特点。

（1）灵敏度高。检测限可达 10ng，几纳克样品能获得很好的红外光谱图。

（2）能进行微区分析。目前傅里叶变换红外光谱所配显微镜测量孔径可达 8μm 或更小。在显微镜观察下，可方便地根据需要选择不同部位进行分析。

（3）样品制备简单。只需把待测样品放在显微镜样品台下，就可以进行红外光谱分析。对于体积较大或不透光样品，可在显微镜样品台上选择待分析部位，直接测定反射光谱。

（4）在分析过程中，能保持样品原有形态和晶型。测量后的样品，不需要重新处理，可直接用于其他分析。

三、实验设备仪器与药剂

（1）仪器设备：天津市能谱科技有限公司的 iCAN9 傅里叶变换红外光谱仪、DF-68 型压片机、万分之一精密天平。

（2）材料：溴化钾晶片、溴化钾、待测样品、蒸馏水。

四、实验步骤

涂膜法：由于待测样品为液态，故首先将样品用溴化钾晶片铺展成液膜，然后放在光路中进行测试。

压片法：主要用于固体，尤其是粉末样品的测量，以光谱纯的溴化钾为稀释剂，取待测样品约 2mg，将样品稀释 100 倍（溴化钾加至 200mg），在玛瑙研钵中研磨至无颗粒感

（图 8-25a），倒入模具中（图 8-25b），采用压片机压制成透明的样品窗片（压力约 13MPa，压制约 2min）（图 8-25c 和 d），然后放在光路中进行测试（图 8-26a 和 b）。

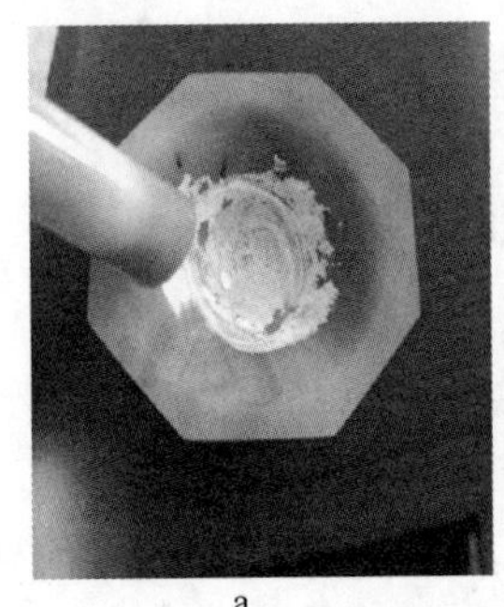
a

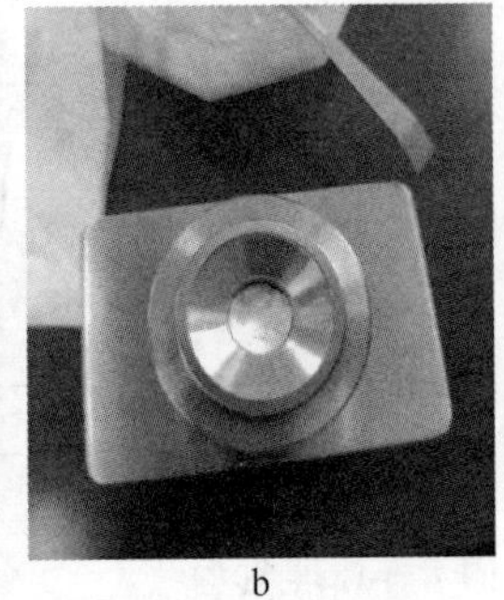
b

c

d

图 8-25　制样过程

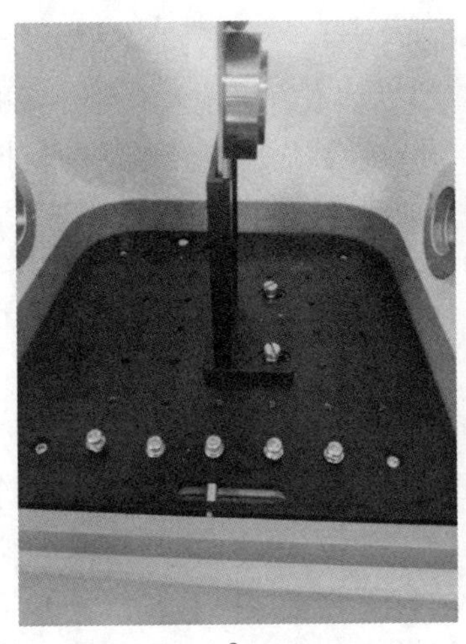
a

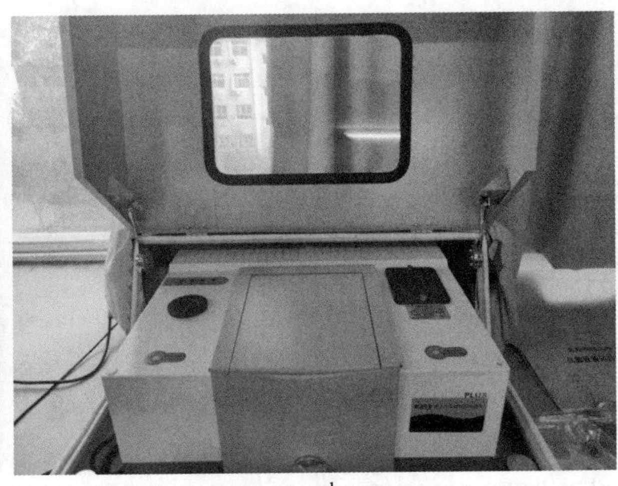
b

图 8-26　样品放置及测量

（一）样品的制备

（1）涂膜制样：用专用的酒精棉清洁、红外灯烘干的镊子。由侧面镊取专用的溴化钾晶片两片，一片为载晶片，一片为盖晶片，小心平放在铺有洁净纸巾的台面上。用酒精棉清洗晶面，然后用红外灯烘干，冷却至室温备用。

用酒精棉清洁、红外灯干燥并冷却过的不锈钢取样勺或玻璃棒，蘸取适量液体样品，轻涂在载晶片的表面中央，小心盖上盖晶片，用样品夹夹好，保证试样均匀分布在晶片中央，有一定的厚度，然后固定好。

（2）压片制样：用酒精棉清洁玛瑙研钵和不锈钢取样勺并用红外灯干燥，然后用不锈钢取样勺分别取 2mg 样品和 198mg 光谱纯溴化钾（样品与溴化钾的比例约为 1∶100），充分研磨成细粉后，装好模膛、底模片和底座，短头置于下，用不锈钢铲将磨好的粉末转移到底模面上并刮平。再用柱塞旋转抹平样品粉末后将顶模片轻轻放入，其上放上柱塞，即可放在油压机上压成锭片。通常使用 13MPa 压力即可。

制样完毕，则可待用（注意锭片测试后应暂时保留以备复验，但放置时间稍长，锭片透明度会逐渐变坏，故应放在干燥器中）。

（二）开机

（1）打开仪器左侧电源开关（图 8-27），预热 30min（预热过程需要打开机盖，如图 8-27 所示，防止机器过热）。

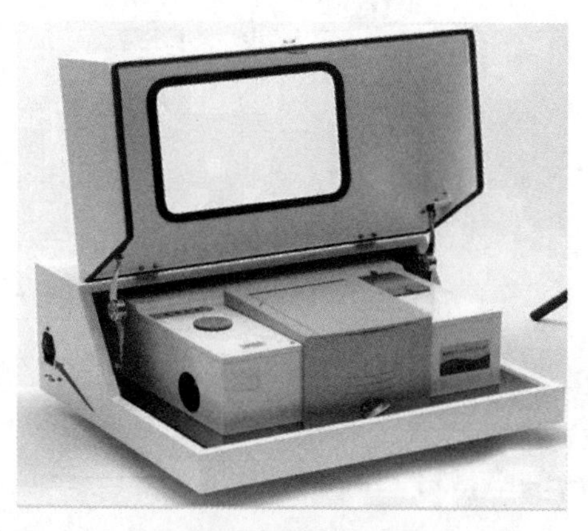

图 8-27　红外测试仪

（2）开启电脑，运行“FTIR Spectrometer”（图 8-28a），默认账户名为“admin”（图 8-28b），检查电脑与仪器主机通讯是否正常。红外测试软件窗口如图 8-29 所示。

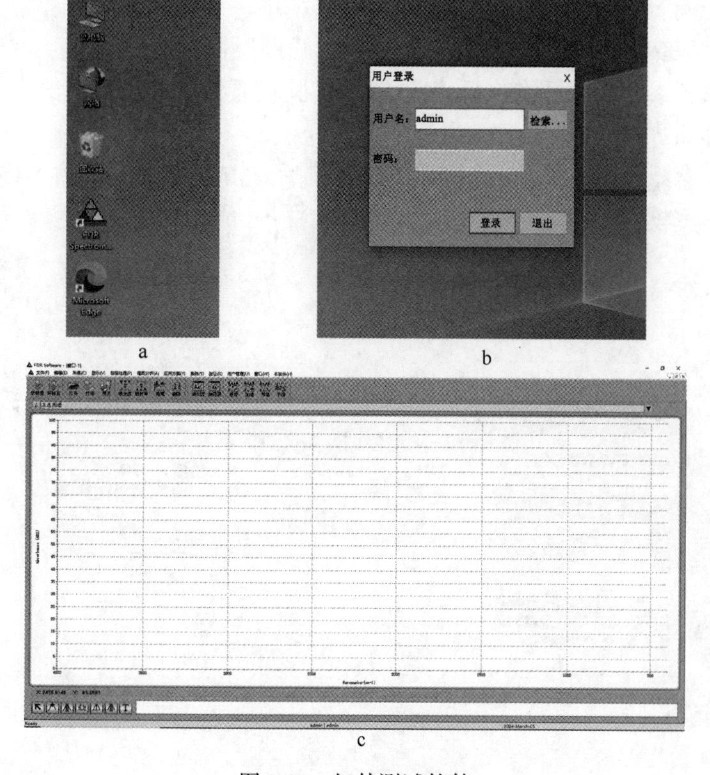

图 8-28　红外测试软件

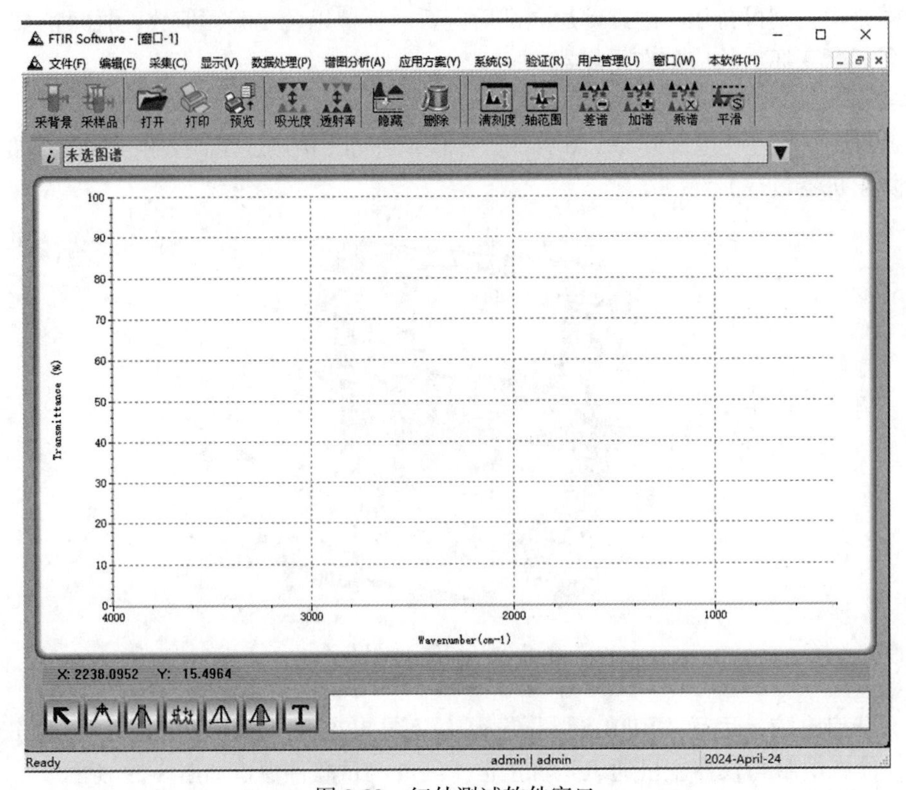

图 8-29　红外测试软件窗口

(3) 点击“采集—采集设置—工作台”和“诊断”观察各项指标是否正常。

(4) 设置仪器参数：“采集—采集设置—实验设置”。透射法测试推荐测试次数 32 次，分辨率为 $2cm^{-1}$。

(5) 先采集背景（图 8-30a ~ d），采集完背景后点击采集样品，输入样品信息，可选择吸光度或透射率模式。

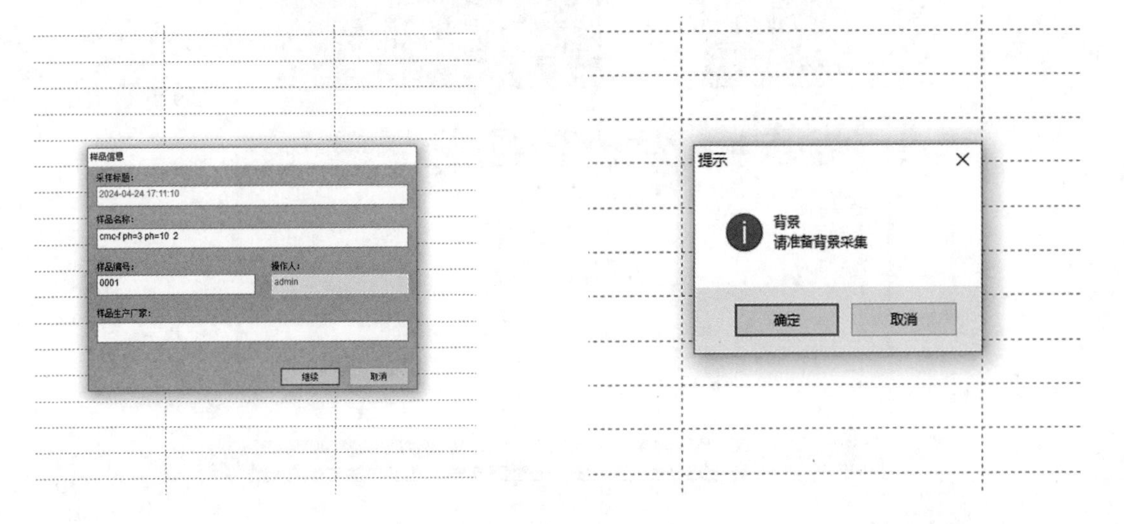

a　　　　　　　　b

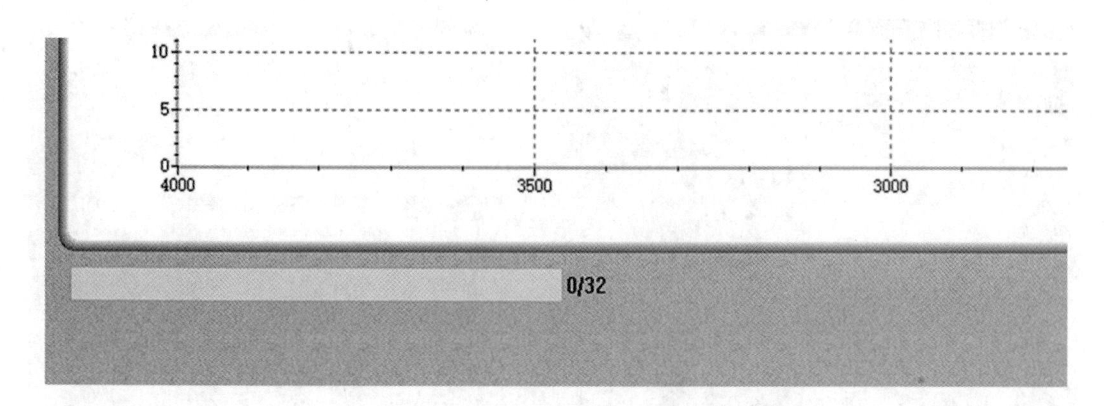

c

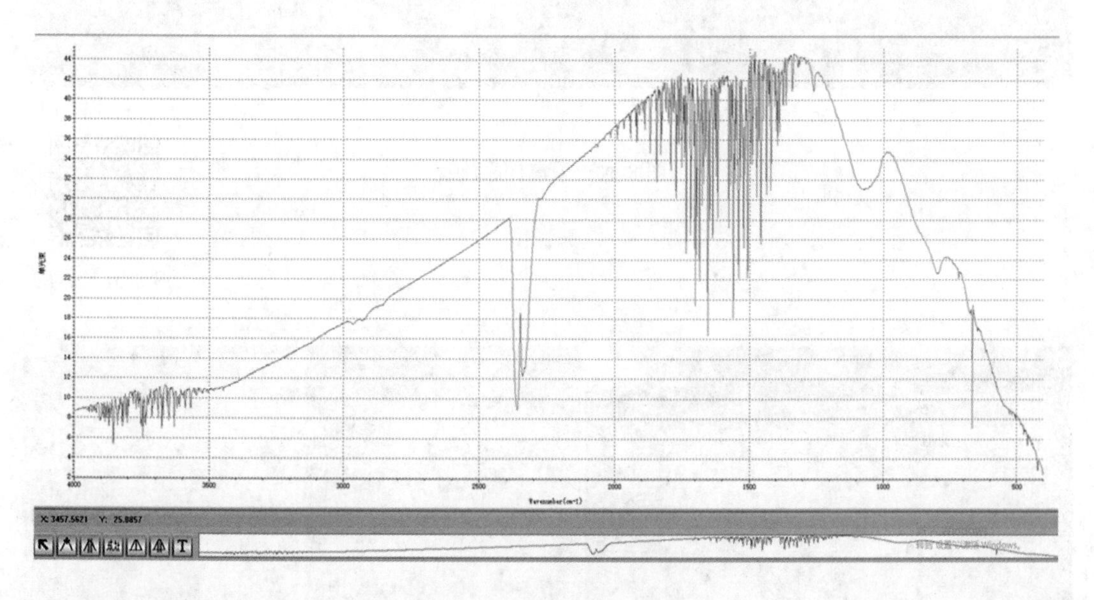

d

图 8-30 采集背景流程

（6）点击采样品后，软件提醒放入样品，把样品放入样品仓，点击测试，编辑采样标题、样品名称、样品编号（图 8-31a 和 b），计算机会自动扣除背景，操作窗显示样品的红外光谱图（红色为当前谱图），添加到当前窗口（图 8-31a）。

（7）点击“文件—保存”对当前数据（红色线）进行保存（文件格式为 .csv）（图 8-32a~c）。

（8）测试完成后，退出“FTIR Spectrometer”软件操作系统。取出样品仓中样品，清洁红外光谱仪与模具。

（9）分别关闭红外光谱仪（关闭电源及仪器保护罩）和计算机，并做好仪器使用记录。

（10）打印出该未知样品的谱图。

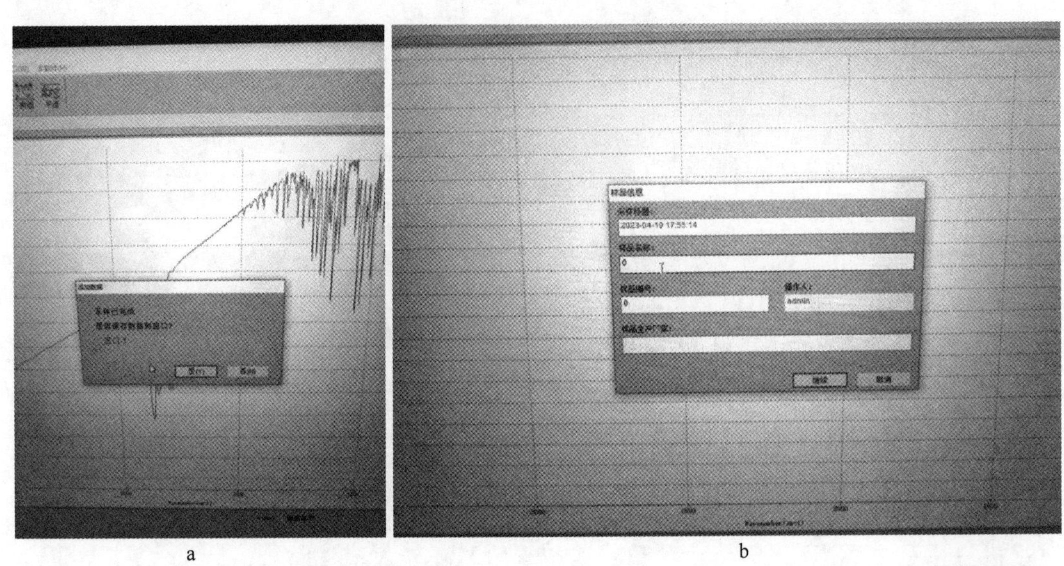

a b

图 8-31 采集样品流程

图 8-31 彩图

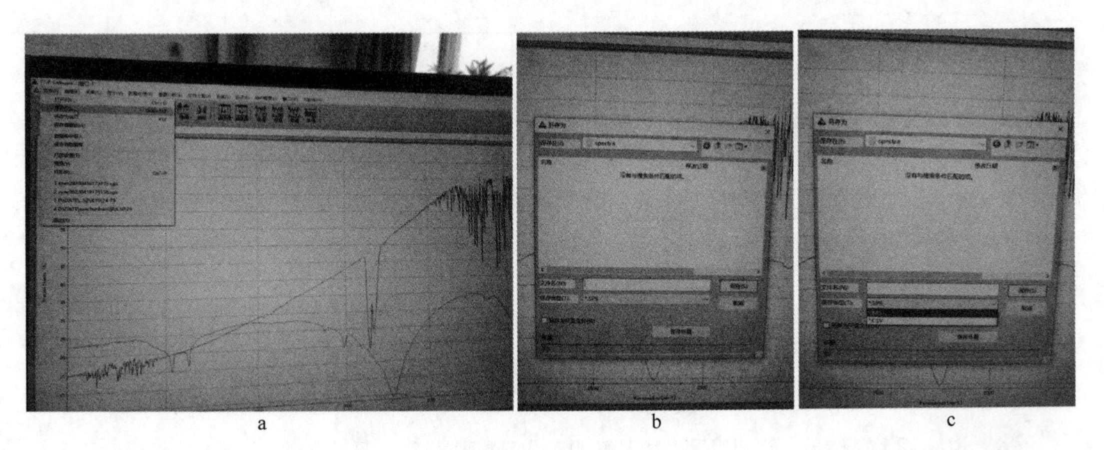

a b c

图 8-32 数据保存

图 8-32 彩图

五、实验结果处理

按照谱图解析的一般步骤，对实验得到的谱图进行解析。

（1）检验谱图是否符合要求。通常对于打印出的测试的谱图，要求基线的透过率 Transmittance%一般约为 90%；谱图上没有明显的平头峰现象；谱线的波数范围为 $400 \sim 4000 cm^{-1}$，且在此范围内的谱峰清晰。满足上述 3 点，可以认为是符合要求的谱图。

（2）样品的纯度、来源和物理性质的考查。样品是取自实验用的单一成分的（是否有分子式）纯净物。观察样品的颜色、透明性、室温下状态和气味。

（3）排除可能的假谱带。

（4）根据分子式计算不饱和度：$U = n_4 + 1 + \frac{1}{2}(4n_6 + 3n_5 + n_3 - n_1)$。

（5）解析分子中所含基团和键的类型。

（6）由结构单元和分子式推测可能的结构。由分子式结合关于基团、物理性质（如气味、状态等）的推测，配合计算机的标准谱图匹配，并通过“The Aldrich Library of FT-IR Spectra”标准谱图的检索（参看参考文献以及相关资料）和核对推测该化合物最可能的结构。

六、思考题

（1）测量结果受到哪些因素的影响？

（2）从谱图中解析分子中所含基团和键的类型的原则是什么？

8.8　接触角测量仪（座滴法）在矿物表面特性表征方面的应用

一、实验目的与要求

（1）了解接触角测定装置的工作原理和基本结构。

（2）学习测定接触角的基本操作。

二、实验基本原理

本次实验采用座滴法来进行接触角的测量，座滴法又称无柄液滴法、躺滴法。是一种根据液面外形求算表面接触角的方法。润湿接触角是指液滴在物体表面扩展并达到平衡的状态后，在三相周边上的某一点引一条气液界面的切线，则该切线与固液界面的夹角就称为润湿接触角，如图 8-33 所示。

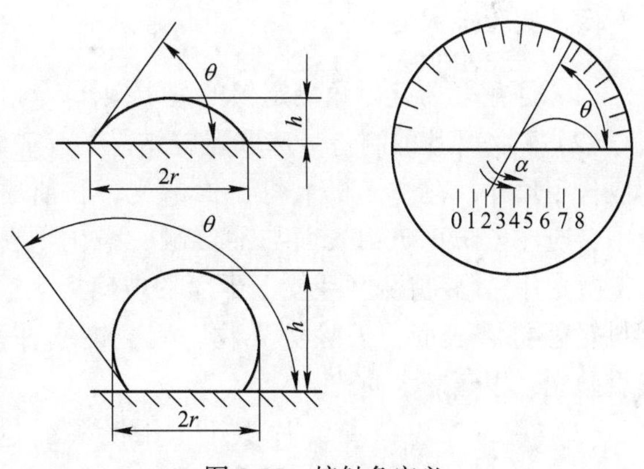

图 8-33　接触角定义

润湿接触角的大小与润湿困难程度有关。在选矿过程中，颗粒表面润湿接触角的大小可以直接反映其可浮性。矿物可浮性为 $1-\cos\theta$，θ 为润湿接触角。可以通过特殊的装置和手段来测量该角度。本实验使用的是 DSA100S 润湿接触角测量仪。采用微型摄像机和计算机多媒体技术，使接触角测量设备操作更简单，人为误差更小，测量精度更高。基本原理是在液滴接触待测矿物表面的瞬间立即拍照，然后测量图像。矿物表面润湿性分类见表 8-5。

表 8-5　矿物表面润湿性分类

类型	表面不饱和键及其性质	表面同水的作用能 E	接触角	界面水结构	代表性矿物
强亲水性	离子键 共价键 金属键	≫1	无	直接水化层	石英、云母、锡石、刚玉、菱铁矿、高岭石、方解石
弱亲水 弱疏水	离子—共价键（部分自身闭合）	1左右	无或很小	直接水化层为主	方铅矿、辉铜矿、闪锌矿
疏水	分子键为主（层面间），离子、共价键为辅（层端、断面）	<1	中等（40°~90°）	次生水化层为主	滑石、石墨、辉钼矿、叶蜡石
强疏水	色散力为主的分子键	≫1	大（90°~110°）	次生水化层	自然硫、石蜡

三、实验仪器设备与材料

（1）接触角测定仪，如图 8-34 所示。

（2）黄铁矿纯矿物、毛玻璃板、磨料、绒布、洗瓶。

（3）烧杯、量筒、镊子、注射器。

（4）表面改性药剂、水玻璃。

图 8-34　接触角测定仪

四、实验步骤

（1）了解学习接触角测定仪的基本操作。

（2）矿物磨片的制备。选取粗粒结晶的纯矿物，切成一定尺寸，在磨光机上将一面磨光，在研磨过程中，应注意防止矿物表面与油接触。净化物料磨片（抛光片）：将待测磨片置于干净的玻璃板上，用磨料轻轻打磨表面，去除污染物，用蒸馏水冲洗；然后抛光，用蒸馏水冲洗。

（3）用绒布将待测磨片擦干，用镜头纸包好待测。

（4）水槽的清洗。先对测定用水槽及矿夹进行洗涤，清除罐壁上的油等杂质。然后再用蒸馏水清洗，槽内装满蒸馏水以供实验使用。然后对矿物表面进行清洗，从盛有矿块试样的蒸馏水烧杯内取出一矿块。在毛玻璃板上加入少量的磨料和蒸馏水，将矿物磨光的一面在玻璃板上研磨，为了去除矿物表面的氧化膜，磨料用蒸发的水洗掉，然后在绒布上研磨。

（5）将待测磨片放置于样品盒上，然后打开 ADVANCE 软件，选择模块创建测量工作界面，输入实验名称，如图 8-35 所示。

图 8-35　ADVANCE 软件操作界面

1）调整针头位置，调整放大缩小和聚焦旋钮。

2）设定滴水参数，通常使用 1 ~ 5μL 进行实验。

3）用微量液滴注射器缓慢地移动到被测矿物表面上方，手动升起样品。当样品表面与水滴刚刚接触时停止移动。如果需要，向下移动样品台少许，使得水滴脱离针头。

4）点击实时画面上方的暂停键即可回放分析，如图 8-36 所示。

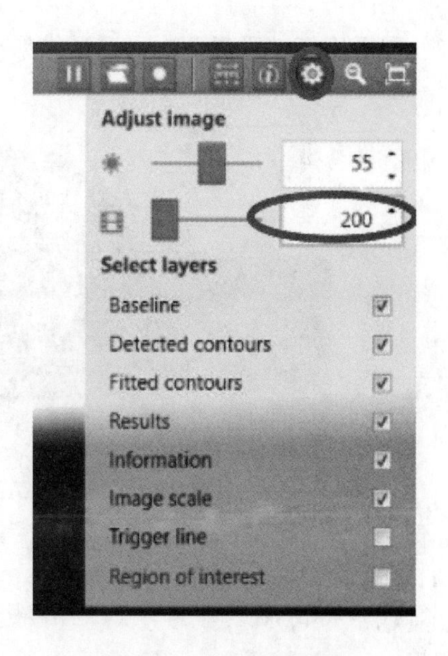

图 8-36　相机调试界面

对于铺展速度很快的样品，可以在小齿轮形状图标中将相机速率调高，如图 8-37 所示。可以获得更清晰的滴落第 1 帧图片。

按下暂停键后，会回放最近 600 张连续的图片，并且左右拖动选择键可以找到水滴刚刚滴落时的照片。找到后可以分析或保存。

进度条中共有三个选择键：两个圆圈在下边，用于选中一段影片。还有一个圆圈在上边，用于选择即将想要分析的那一张照片。鼠标单击选择标志后，标志的原点变成空心白圈，然后就可以左右拖动了。

按下播放控制键可以播放上一帧、连续播放影片、下一帧；按下保存键后可以选择保存画面上的图片，还是保存蓝色区域的这段影片；按下返回键后返回实时画面。

将所需要的画面命名保存，根据仪器的测试原理确定润湿接触角，两次测量误差小于

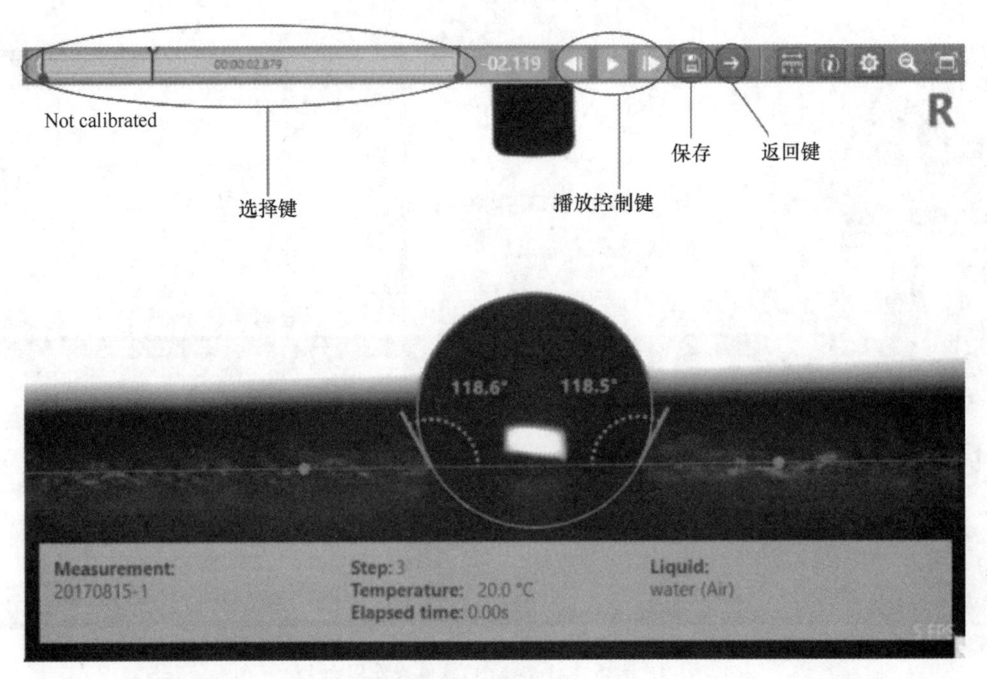

图 8-37　测试界面

3°，取平均值，重复两次。测试结果如图 8-38 所示。

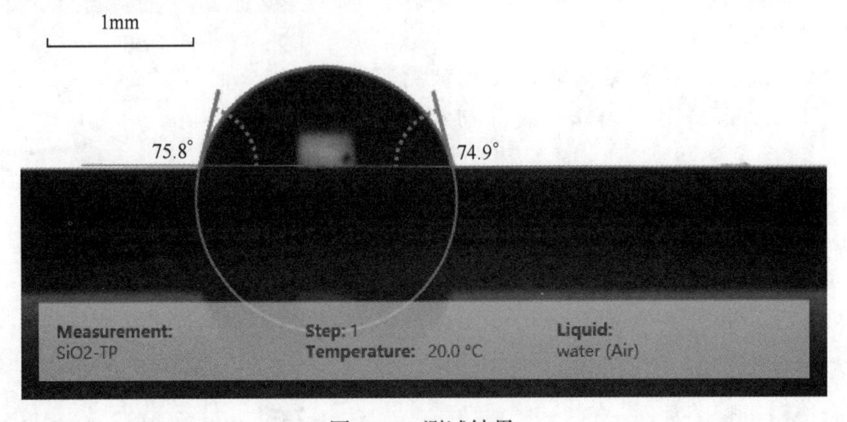

图 8-38　测试结果

（6）将待测磨片置于药剂溶液中，浸泡 3min 后用镜头纸擦干，再次测定润湿接触角。

（7）注意：每次的测量时间越短越好，水滴直径不能太大，最佳条件是保持在 1～2mm，测试过程必须注意保持磨片的洁净度。

（8）整理仪器、清理实验现场，请指导教师检验数据记录并签字。

五、实验数据处理

（1）将实验条件及测试结果记录于表 8-6 中。

表 8-6 接触角测定实验记录表

序号	测试对象	表面改性措施或条件	润湿接触角
1			
2			
3			
4			

（2）分析药剂作用前后接触角的变化及其原因，结合界面化学和表面活性剂知识，分析表面改性剂的作用机理与实际应用。

（3）编写实验报告。

六、思考题

（1）液滴直径太大、测试时间过长等对测量结果有什么影响？

（2）选用的捕收剂和抑制剂作用机理是什么？

8.9 表面张力法在测定表面活性剂临界胶束浓度中的应用

一、实验目的与要求

（1）掌握表面张力仪的基本原理。

（2）学会表面张力仪的操作规范。

（3）了解表面活性剂溶液的表面张力随浓度变化的规律。

二、实验基本原理

液体内部的分子所受的力与液体表面分子受到的力是不同的。在液体内，各分子受到对称的、平衡的力。另外，表面上的分子被液体内分子吸引而没有反向的平衡力，使其受到的是拉入液体内的力。该作用力试图将表面积缩小，使这种不平衡的状态趋向平衡状态。从热力学的角度分析，将体系的表面能降至最小的力就称为“表面张力”，即单位面积上的自由能（J/m^2），也就是形成或扩张单位面积的界面所需的最低能量，其数值和表面张力（N/m）一致。由于习惯，常用表面张力来代表表面自由能，这对液体表面的物理化学性质起着至关重要的作用。一般认为，表面活性剂在溶液中，超过一定浓度时会从单个离子或分子缔合成为胶态的聚集物，即形成胶束。溶液性质发生突变时的浓度，即胶团开始形成时溶液的浓度，称为临界胶束浓度（CMC）。用表面张力与浓度的对数作图，在表面吸附达到饱和时，曲线出现转折点，该点的浓度即为临界胶束浓度。表面活性剂水溶液的表面张力开始时随溶液浓度增加而急剧下降，到达一定浓度（即 CMC）后则变化缓慢或不再变化。因此常用表面张力-浓度对数图确定 CMC。

测定表面张力的方法有几种，本实验采用铂金环法测定表面张力。其测定原理见图 8-39，铂金环浸入液面（或两种不相混合的界面）下2～3mm，然后再慢慢将铂金环向上提，环与液面会形成一个膜。膜对铂金环会有一个向下拉的力，测量整个铂金环上提过程中膜对环的所作用的最大力值，再换算成真正的表面（界面）张力值。表面张力如下式：

$$\gamma = \frac{P}{4\pi R}F \tag{8-4}$$

$$(F - a)^2 = \frac{4b}{\pi^2} \times \frac{1}{R^2} \times \frac{P}{4\pi R\rho} + C \tag{8-5}$$

式中，$a=0.7250$；$b=0.09075\text{m}\cdot\text{s}^2$；$C=0.04534-1.679r/R$；$r$ 为铂金环金属丝半径，m；R 为铂金环的内径，m；ρ 为液体的密度，kg/m^3；P 为作用于铂金环向下的力，N。

三、实验仪器设备与材料

（1）表面张力仪（图 8-40）。

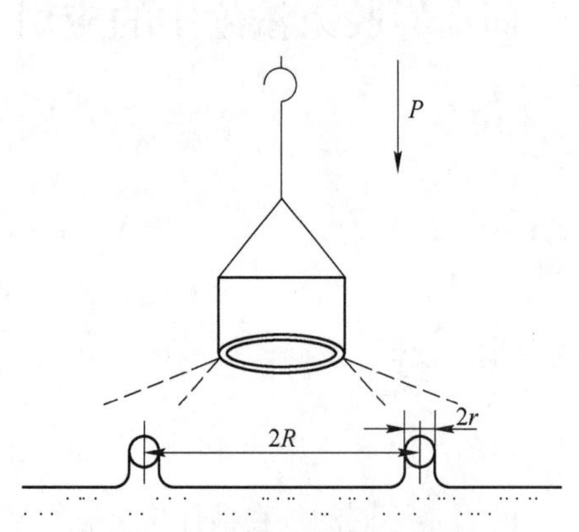

图 8-39　表面张力测定原理

图 8-40　表面张力仪外形结构图

（2）电子天平、容量瓶、酒精、烧杯。

（3）各种表面活性剂。

四、实验步骤

（一）溶液的配制

将各表面活性剂配成不同浓度的溶液。

（二）分别测定不同浓度溶液的表面张力

（1）打开仪器。打开表面张力仪电源，挂上吊钩及铂金环，并按“开/关”键，首先需要预热 30min。

（2）清洗铂金环。

1）取下铂金环上的挂钩，与流水保持一定角度，清洗铂金环。清洗铂金环的原理是让水尽可能地冲洗铂金环表面，而不让水使铂金环变形。

2）用酒精灯将铂金环与水平面成 45°角点燃，直至铂金环变红。时间为 20~30s。

3）当铂金环上黏有有机液体或其他污染物，不能用水清洗时，则需用丙酮清洗或用20%盐酸加热15min进行清洗。然后再用水冲洗，烧红即可。

（3）打开ADVANCE软件，在方法区找到Du Nouy ring SFT模板，点击创建按钮生成一个新的测量（图8-41）。

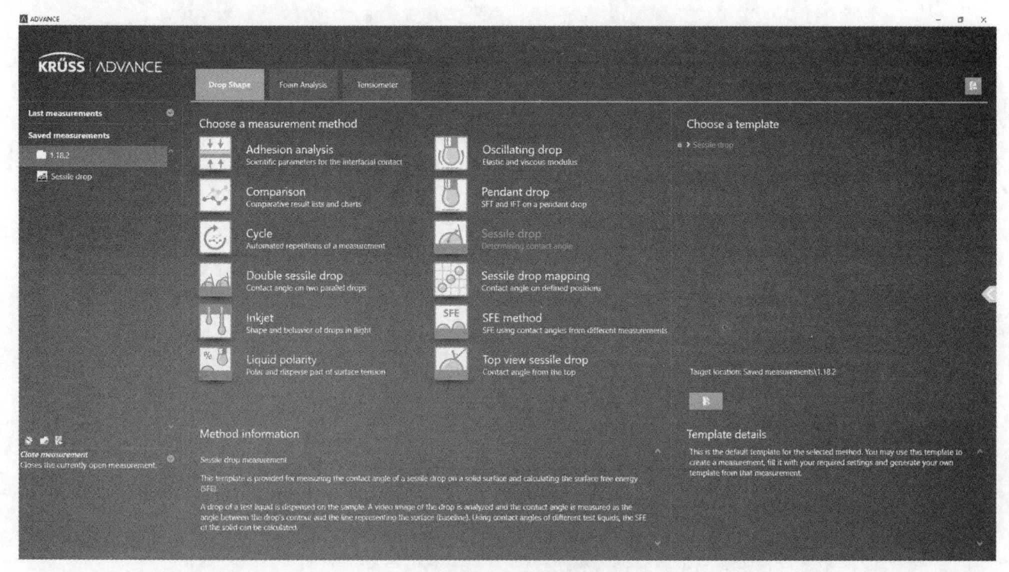

图8-41　创建新测量

（4）如图8-42所示，在Measurement区域写清楚实验信息。必须输入实验名称、实验液体名称及密度（需要准确知道未知液体的密度）。

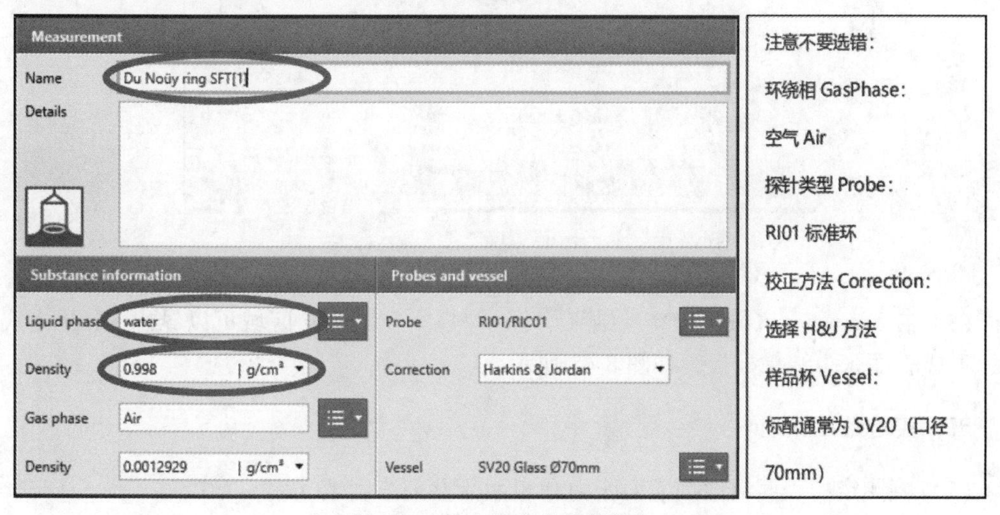

图8-42　输入实验名称等信息

（5）在Automation program步骤列表中更改第(4)步中的Measurement参数表（图8-43）。

（6）将清洁干净的铂金环挂到天平上，样品杯内放入37.4mL以上的液体并放在表面张力仪上，然后将液体移到铂金环附近，关门。最后在Instrument Control区域点击开始测量键后会自动开始测试。

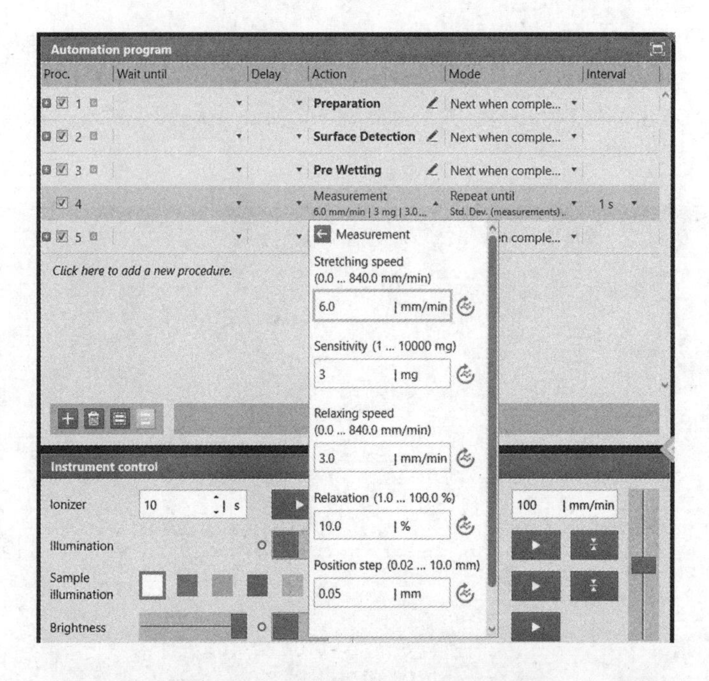

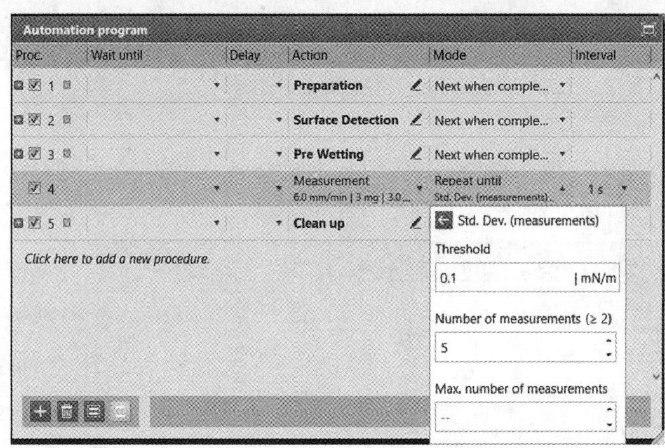

图 8-43　更改 Measurement 参数表

（7）在 Summary 区域可以查看结果（图 8-44），在 Export 区域可以导出 Excel 格式数据，形成表面张力结果报告，如图 8-45 所示。

五、实验数据处理

（1）将测定的表面活性剂表面张力和表面活性剂浓度填入表 8-7 中。

（2）作浓度-表面张力图。

六、思考题

（1）表面张力测定时要注意哪些事项？

（2）简述表面张力与浓度之间的关系。

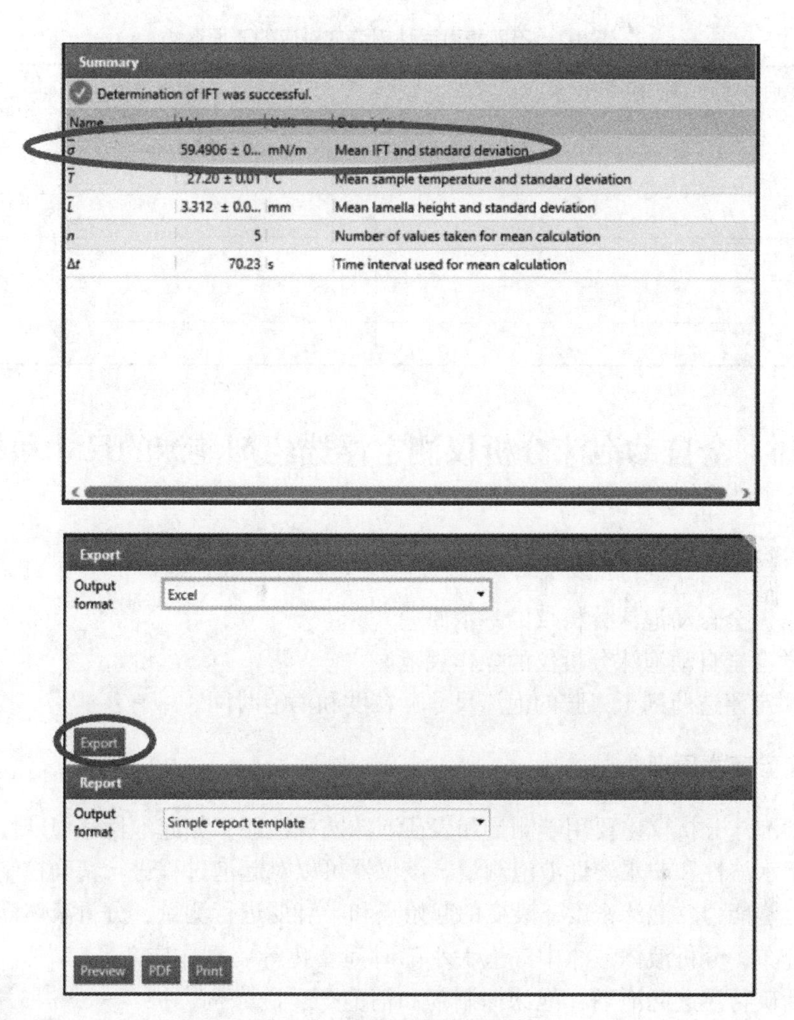

图 8-44　表面张力结果查询

Substance data

Heavy phase:　　water
Light phase:　　Air

Measurement data

Summary

Name	Value	Unit	Description
$\overline{\sigma}$	66.78 ± 0.06	mN/m	Mean IFT and standard deviation
$\overline{T}$	25.96 ± 0.00	°C	Mean sample temperature and standard deviation
n	5		Number of values taken for mean calculation
Δt	4.01	s	Time interval used for mean calculation

Data

Step number	Elapsed time [s]	IFT [mN/m]	Weight [g]	Temperature [°C]
1	6.73	66.77	0.2737	25.95
2	7.73	66.82	0.2739	25.96
3	8.73	66.82	0.2739	25.96
4	9.74	66.82	0.2739	25.96
5	10.74	66.69	0.2734	25.96

图 8-45　表面张力结果报告

表 8-7 不同表面活性剂浓度对应的表面张力

表面活性剂吐温-80 浓度/mol · L^{-1}	表面张力值/mN · m^{-1}

8.10 全自动泡沫分析仪测定浮选药剂泡沫的尺寸和粒度

一、实验目的与要求

(1) 掌握全自动泡沫分析仪的基本原理。
(2) 学会全自动泡沫分析仪的操作规范。
(3) 测定浮选药剂十二胺的泡沫尺寸、粒度和消泡时间。

二、实验基本原理

全自动泡沫分析仪主要用于测量和表征泡沫宏观性能，如起泡性和稳定性。该仪器可同时适用于水溶性和非水溶性液泡测量。该仪器可以对起泡过程进行精确控制，对泡沫最大高度、起泡能力、泡沫密度、衰变的起始点和半衰期进行测量，分析液体泡沫中气泡的尺寸以及分布，分析液体泡沫中气泡大小随时间变化等。具体应用范围包括矿物浮选起泡剂、泡沫抑制剂和消泡剂、洗涤剂、护肤产品及饮料产品的添加剂、泡沫灭火剂等产品的研究与开发。

全自动泡沫分析仪含有光学传感器，能在整个测量容器高度上精确地测量泡沫产生的量和衰变特征，即便是对寿命很短的泡沫也可以进行高速分析。同时，从泡沫中排到液体池中的液体量（排水量）也可以通过这些传感器获得，这样就可以全面理解衰变现象。测量不透明液体时，通过选配红外光源也同样可以获得清晰的图像。

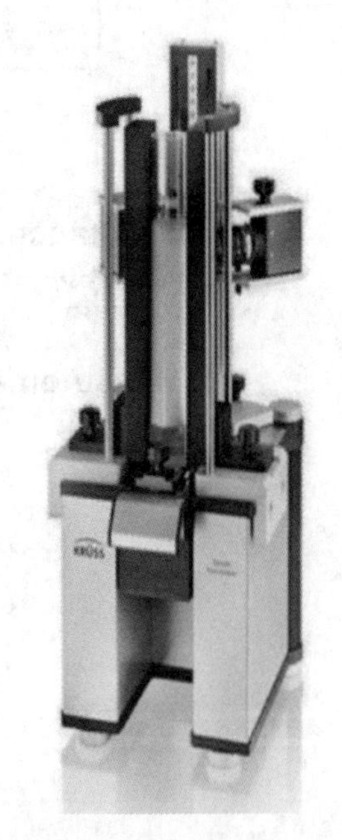

图 8-46 全自动泡沫分析仪

三、实验仪器设备与材料

(1) 全自动泡沫分析仪（图 8-46）。
(2) 十二胺、量筒。

四、实验步骤

(一) 开机

打开仪器后方的电源开关，开机（图 8-47）。

打开电脑，双击桌面 Advance 图标，打开软件∧。

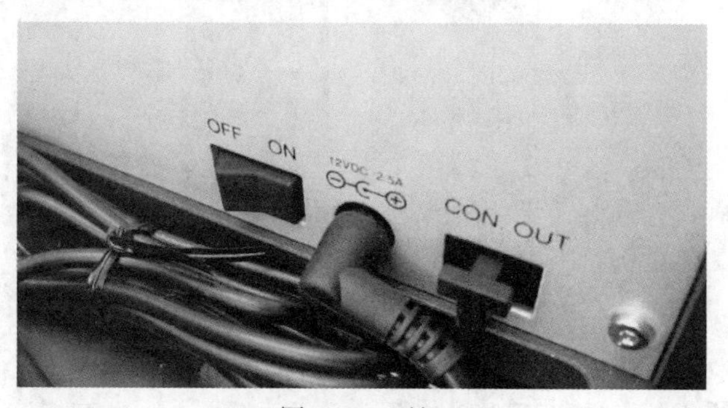

图 8-47　开机

（二）泡沫测量步骤

（1）放置鼓气板（图 8-48）。先在底座支架内放置一个垫片，然后放入鼓气板，最后在鼓气板上再放置另一个垫圈。

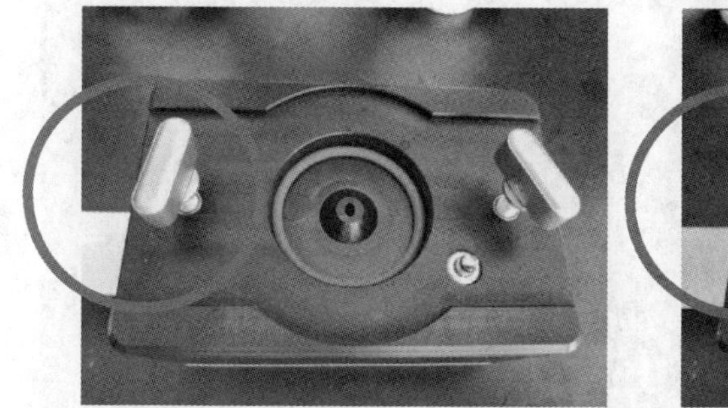

图 8-48　放置鼓气板

（2）放置量筒并固定（图 8-49）。先将量筒缺口对好底座定位销，将左右 2 个固定不锈钢放置在固定螺栓下方夹住量筒，拧紧 2 个用于固定的固定螺栓。在注射器中吸取一定体积的液体，将液体注入量筒。

图 8-49　放置量筒

注意：如想加入 40mL 液体，可以先用注射器吸 50mL 液体，将注射器推至 10mL 刻度线处。这样可以避免过多的气泡进入待测量筒中，如图 8-50 所示。

（3）在 Advance 开始页面中依次选择泡沫测量—模板—新建按钮创建一个文件（图 8-51）。

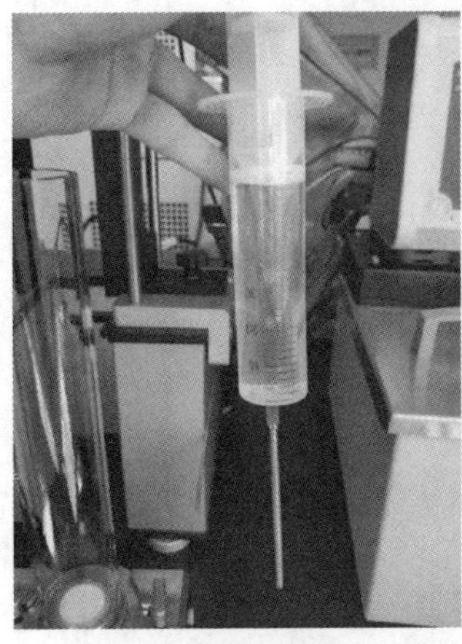
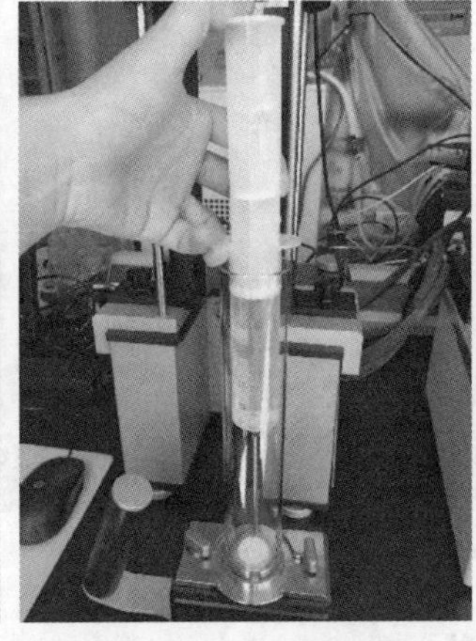
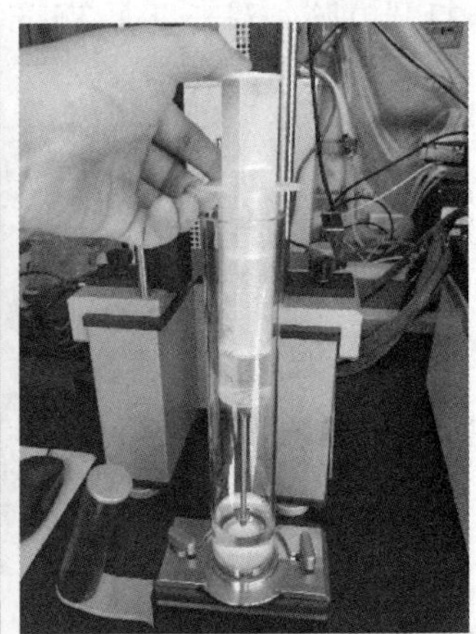

图 8-50 注入待测液体

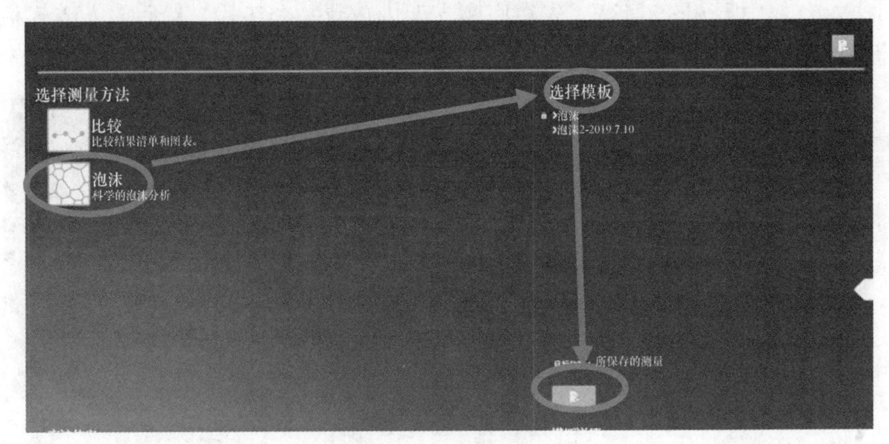

图 8-51 创建文件

（4）如图 8-52 所示，输入实验参数。

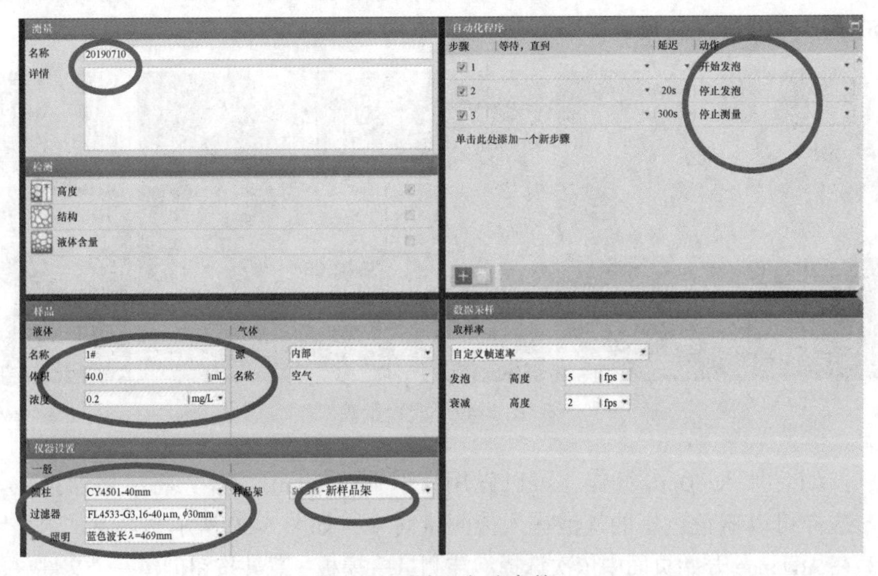

图 8-52 设置实验参数

1）测量窗口中输入实验名称。

2）自动化程序中窗口中编写实验程序。其中，第 2 行的延时为发泡时间；第 3 行的延时为消泡时间。

3）样品窗口中依次编写：液体名称，液体加入体积，液体浓度。

4）气源类型是内部气源（内置空气泵），还是外接钢瓶气（外接气源为选配配件）。如果使用了外接气源，应在实验前将输入压力调节到（0.5MPa±0.05MPa）。

5）仪器设置列表中选择。量筒类型：CY4501 普通型；在过滤器中选择发泡筛板类型：新款不锈钢底座鼓气板为 FL4531 到 FL4534，常用的筛板为 FL4533（气孔尺寸 16~40μm）；高度照明类型：通常选择蓝色，样品架：新款样品架为 SH4511；在实时显示与控制窗口中，设置气流量与高度照明参数，如图 8-53 所示。

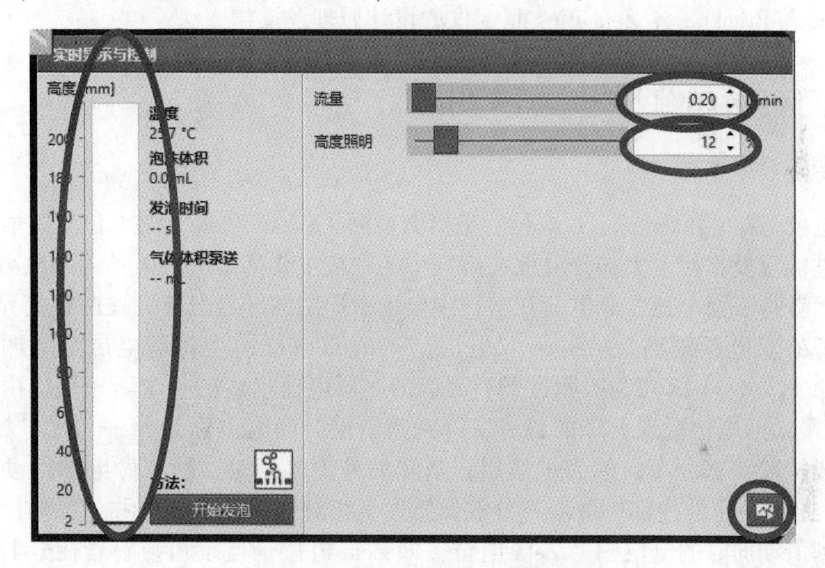

图 8-53　设置气流量和高度照明参数

注意高度照明通常在 10%~14%，默认值 12%。亮度值应当尽量调低，但是实验发泡前，高度实时图像条中不应有灰色背景。如有灰色背景，可能是量筒清洗后，量筒壁上残留的水珠，或亮度设定值过低。

6）点击开始测量按钮开始测试。

7）测试结束后在数据窗口查看数据表和统计结果。

五、实验数据处理

将测定的十二胺气泡的尺寸和粒度填入表 8-8 中。

表 8-8　表面活性剂十二胺气泡测量参数结果

药　剂	测　量　参　数	
	尺　寸	粒　度
十二胺		

六、思考题

(1) 泡沫测定时要注意哪些事项?

(2) 泡沫的尺寸和粒度与什么因素有关?

8.11 Zeta 电位测定仪在矿物胶体分散稳定性表征方面的应用

一、实验目的与要求

(1) 掌握电泳光散射法测定动电位的原理及常见仪器的使用。

(2) 熟悉 Brookhaven Zeta Plus 测定仪的设计原理及操作方法。

(3) 学习 Brookhaven Zeta Plus 操作软件的使用方法及样品制备的技术。

(4) 了解不同 pH 值下 Fe^{3+} 对石英的作用。

二、实验基本原理

Zeta 电位 (Zeta Potential, ζ-电位) 是指剪切面 (Shear Plane) 的电位, 是表征胶体分散系稳定性的重要指标。大部分分散在溶剂中的颗粒主要都是由表面基团的电离或带电粒子的吸附而获得表面电荷, 此电荷在溶剂中会吸引周围的异号电荷, 在两相交界处形成双电层即所说的双电层模型——Stern 双电层。Stern 双电层模型将双电层分为两部分——Stern 层和扩散层。Stern 层为吸附在颗粒表面的一层电荷组成的一个紧密层, 由颗粒表面到 Stern 层平面的电位呈现下降的趋势, 降到紧密层时的电位称为 Stern 电位。Stern 层外异号离子成扩散状态分布, 称为扩散层。当施加外界电场时, 颗粒做电泳运动, 紧密层 (Stern 层) 结合一定的内部扩散层与分散介质发生相对移动时的界面称为滑动面。颗粒表面电位降到滑动面时的电位称为 Zeta 电位, 即 Zeta 电位是连续相与附着在分散粒子上的流体稳定层之间的电势差。

目前主要测量 Zeta 电位的方法有电渗法、电泳法、流动电位法以及超声波法, 其中应用较广的是电泳法。

电泳法的原理是在外加电场的作用下, 分散液中的带电颗粒将向相反电荷的电极移动, 其移动速度与 Zeta 电位的大小成正比, 通过测量颗粒在特定电场中的电泳速度, 可以得到 Zeta 电位。

根据电泳原理和多普勒测速技术设计的电位器通常包括以下几个部分: 衰减器、激光源、样品室、数字信号处理器、检测器、相关器和计算机。它的工作原理: 首先, 通过电子分束器将激光器分为基准光束和入射光束。入射光通过衰减器进入样品室。当运动的颗粒被光束照到时, 就会引起相位或光束频率发生变化, 探测器将接收到的信号传送到数字信号处理器和相关器, 然后传送到计算机。软件计算粒子的电泳迁移率, 然后用亨利公式计算 Zeta 电位。

三、实验仪器设备与材料

(1) 仪器: 美国 Brookhaven Zeta Plus 测定仪 (图 8-54)、超声波振荡器、磁力搅拌、电子天平、秒表等。

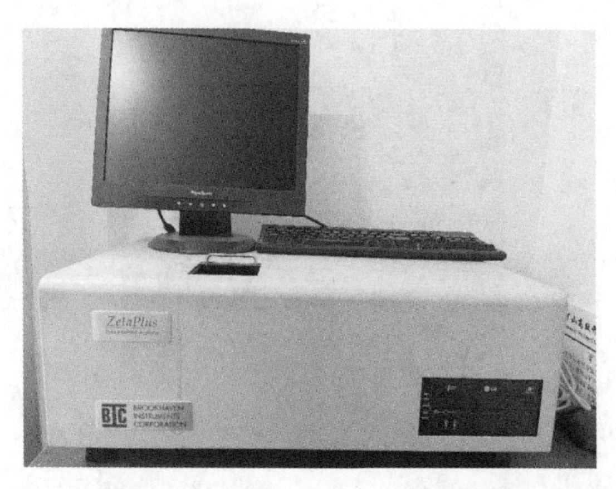

图 8-54　Brookhaven Zeta Plus 测定仪

（2）试样：−0.074 mm 的石英岩矿（高纯度的石英即可）。

（3）试剂：盐酸、氯化铁、氢氧化钠溶液（均为分析纯），去离子水、二次蒸馏水。

四、实验步骤

（一）开机

打开计算机及仪器后面的开关，并打开 Zeta potential Analyzer 程序（软件打开后激光器开始工作），待机器稳定 15~20min 后使用。

（二）样液制备

制样：将石英适当处理（矿物样品研磨至−2μm），称取 50mg 置于烧杯中，加 50mL 蒸馏水，同时加入氯化钾，浓度控制在 $(1\sim10)\times10^{-3}$ mol/L，将烧杯放置在磁力搅拌器上，用 HCl 或 NaOH 调节矿浆 pH 值，在不同 pH 值条件下用移液管抽取上清液放到样品管中，并标号。抽完上清液后下加入药剂（Fe^{3+} 浓度为 7×10^{-4} mol/L 氯化铁溶液），继续搅拌 5~10min，确保矿浆与药剂能够充分作用，继续用移液管抽取上清液放到样品管中并标号。

清洗样品池：取带电极的 U 形样品池，先用注射器取适量乙醇反复冲洗样品池，再用蒸馏水冲洗样品池 2~3 遍，最后用待测样液润洗 2~3 遍。

装样：将待测溶液加入样品杯中（大约 1.6mL），钯电极插入溶液中（样品池壁上如果有液体，需擦干），电极连上插头，将样品杯插入到样品槽中，盖上仪器外壳上盖子，如图 8-55 所示。

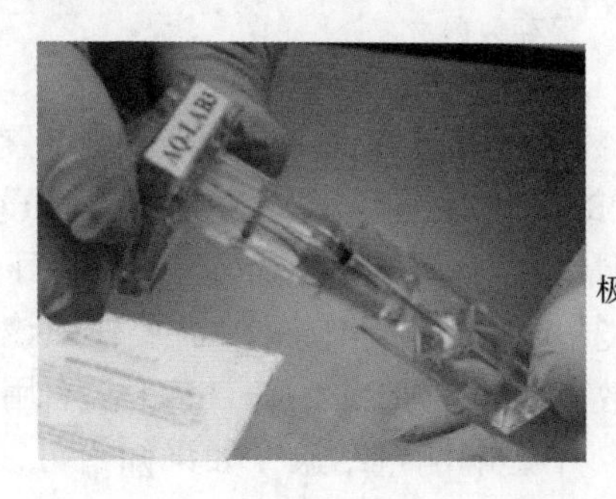

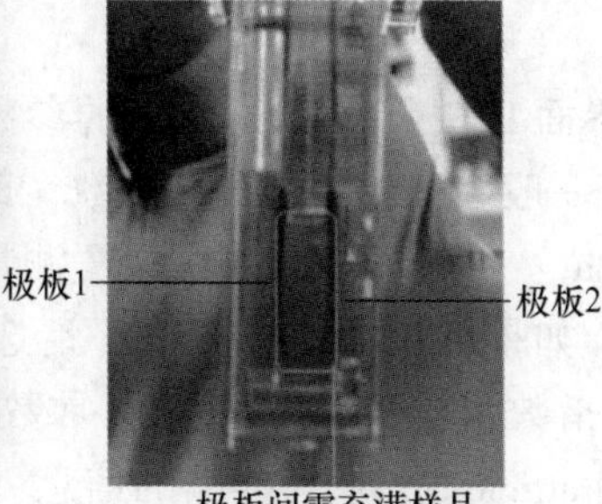

图 8-55　操作示意图

（三）设置测量参数

在 File-Database 中选择所要保存数据的文件夹（图 8-56）。

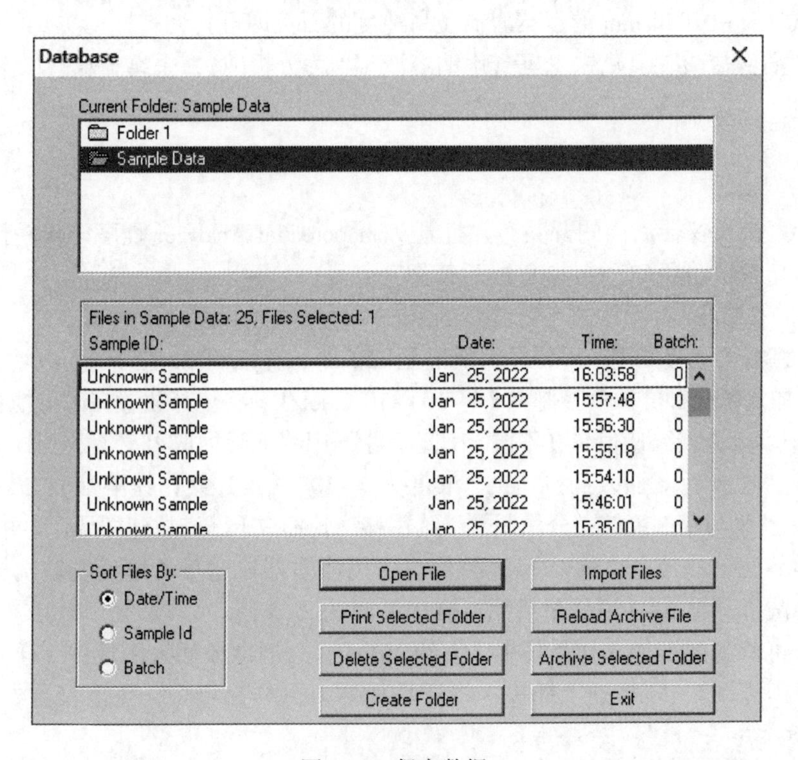

图 8-56　保存数据

点击程序界面 Parameters，对测量的参数进行设置（图 8-57）。参数设置主要是循环次数（Cycles：一般为 3 次）；测量次数（Runs：一般为 3 次）；Temperature：循环间隔（Inter Cycle Delay：一般为 5sec.）；设置测量温度，一般为 25℃；Liquid：下拉列表中列示了一些溶剂，如果下拉列表中没有，请选择 Unspecified，这时需要输入该溶剂的黏度 Viscosity、折光指数 Ref. Index 和介电常数 Dielectric Constant；Batch：不用管；pH 值、Concentration、Particle Size：为样品的信息，不影响测量结果，如果知道可以输入；Auto Save Results：打上勾。（Liquid 选择 KCl）点击 OK。

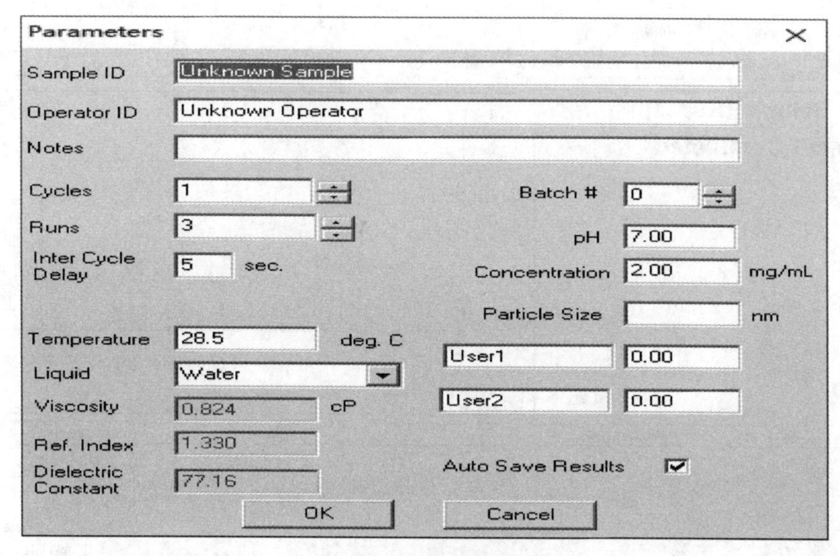

图 8-57 设置参数

（四）点击 Start 开始测量

等 2~3min（目的是使得样品槽温度均匀扩散到样品，如果样品原来温度跟设置的温度差别大，等待时间需适当延长），点击 Start 开始测量（图 8-58）。

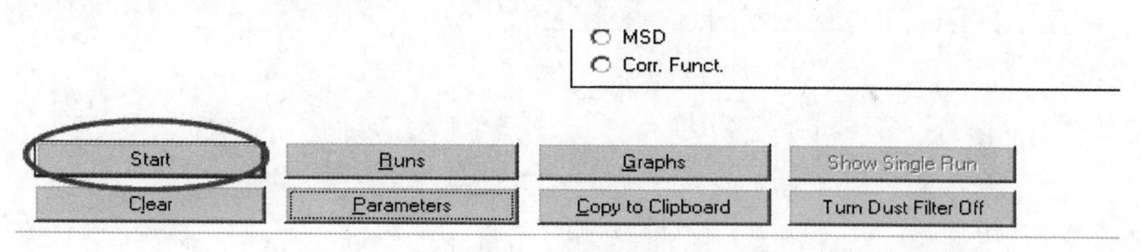

图 8-58 开始测量

（五）显示结果

测量完成后结果会显示于图 8-59 中。

（六）关闭软件

电脑关机，待显示器显示可以关闭电源后按下仪器背后的开关，关闭显示器，拔掉电源，清洗样品池及器皿，清理好台面。

五、实验数据处理

根据电位测试的结果，用软件画出在不同 pH 值条件下，石英的电位变化与加入 Fe^{3+} 后石英的电位变化，据此分析 Fe^{3+} 对石英的作用。大致图像如图8-60 所示。

六、思考题

（1）Fe^{3+} 对石英电位变化可以看出什么，这对矿物浮选有什么影响？

（2）根据加入 Fe^{3+} 后石英表面的电位变化，推测电位 Fe^{3+} 的活化作用与什么有关？

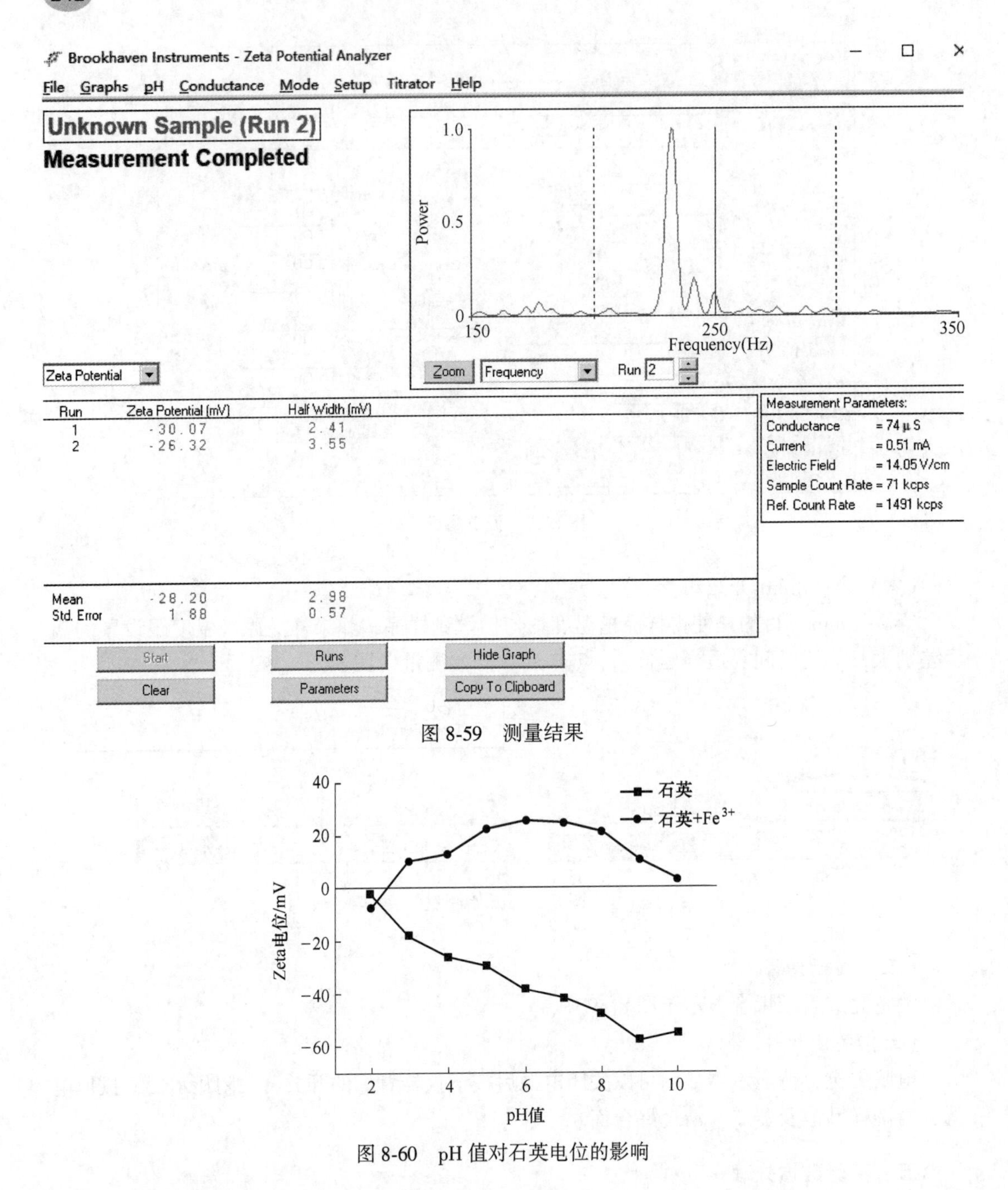

图 8-59 测量结果

图 8-60 pH 值对石英电位的影响

(3) 颗粒固体表面电位与动电位的区别在哪里，测定方法有什么不同？

8.12 电化学工作站在测定浸出药剂循环伏安曲线中的应用

一、实验目的与要求

(1) 学习固体电极的处理方法。

（2）学习电化学工作站循环伏安功能的使用方法。

（3）了解扫描速率和浓度对循环伏安图的影响。

二、实验基本原理

循环伏安法原理：循环伏安法是在一定电位下测量体系的电流，得到伏安特性曲线。根据伏安特性曲线进行定性定量分析。如果施加的电位为等腰三角形的形式加在工作电极上，得到的电流电压曲线包括 2 个分支，如果前半部分电位向阴极方向扫描，产生还原波，那么后半部分电位向阳极方向扫描时，便产生氧化波，该法称为循环伏安法。如果电活性物质可逆性差，则氧化波与还原波的高度就不同，对称性也较差。

铁氰化钾离子和亚铁氰化钾离子电对 $[Fe(CN)_6]^{3-}/[Fe(CN)_6]^{4-}$ 的标准电极电位为

$$[Fe(CN)_6]^{3-} + e^- \rightleftharpoons [Fe(CN)_6]^{4-} \tag{8-6}$$

$$E^{\ominus}(\text{vs. SHE}) = 0.36V \tag{8-7}$$

一定扫描速率下，从起始电位（-0.2V）正向扫描至转折电位（+0.8V）期间，溶液中 $[Fe(CN)_6]^{4-}$ 被氧化生成 $[Fe(CN)_6]^{3-}$，产生氧化电流；当从转折电位（+0.8V）负向扫描至原起始电位（-0.2V）期间，在指示电极表面已生成的 $[Fe(CN)_6]^{3-}$ 又被还原成 $[Fe(CN)_6]^{4-}$，产生还原电流。为使液相传质过程只受扩散控制，应在溶液处于静止的状态下进行电解。

1.00mol/L NaCl 水溶液中，$[Fe(CN)_6]^{3-}$ 的扩散系数为 0.63×10^{-5}cm/s，电子转移速率大，为可逆体系。溶液中的溶解氧具有电活性，干扰测定，应预先通入惰性气体将其除去。

三、实验设备仪器与材料

（1）设备：荷兰万通（Metrohm）Autolab PGSTAT302N；电解池 1 个，铂盘电极（工作电极）、铂丝电极（辅助电极）、饱和甘汞电极（参比电极）各 1 支，移液管，容量瓶等。

（2）药剂：0.100mol/L $K_3[Fe(CN)_6]$ 溶液，1.00mol/L NaCl 溶液，均用分析纯级试剂和超纯水配制。

四、实验步骤

（1）工作电极的预处理。用 Al_2O_3 粉末（粒径 0.05μm）将铂电极表面抛光，然后用蒸馏水清洗。

（2）打开 Nova2。本次测试将要用到 Nova2 软件，大致测试流程如图 8-61 所示。

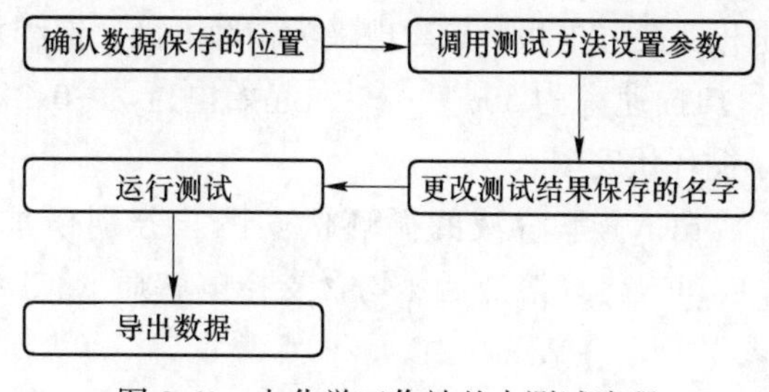

图 8-61 电化学工作站基本测试流程

点击 Open Library，在 Library 界面选择 Default procedures，在右侧找到并双击打开 Cycle Voltammetry Potentiostatic（图 8-62）。

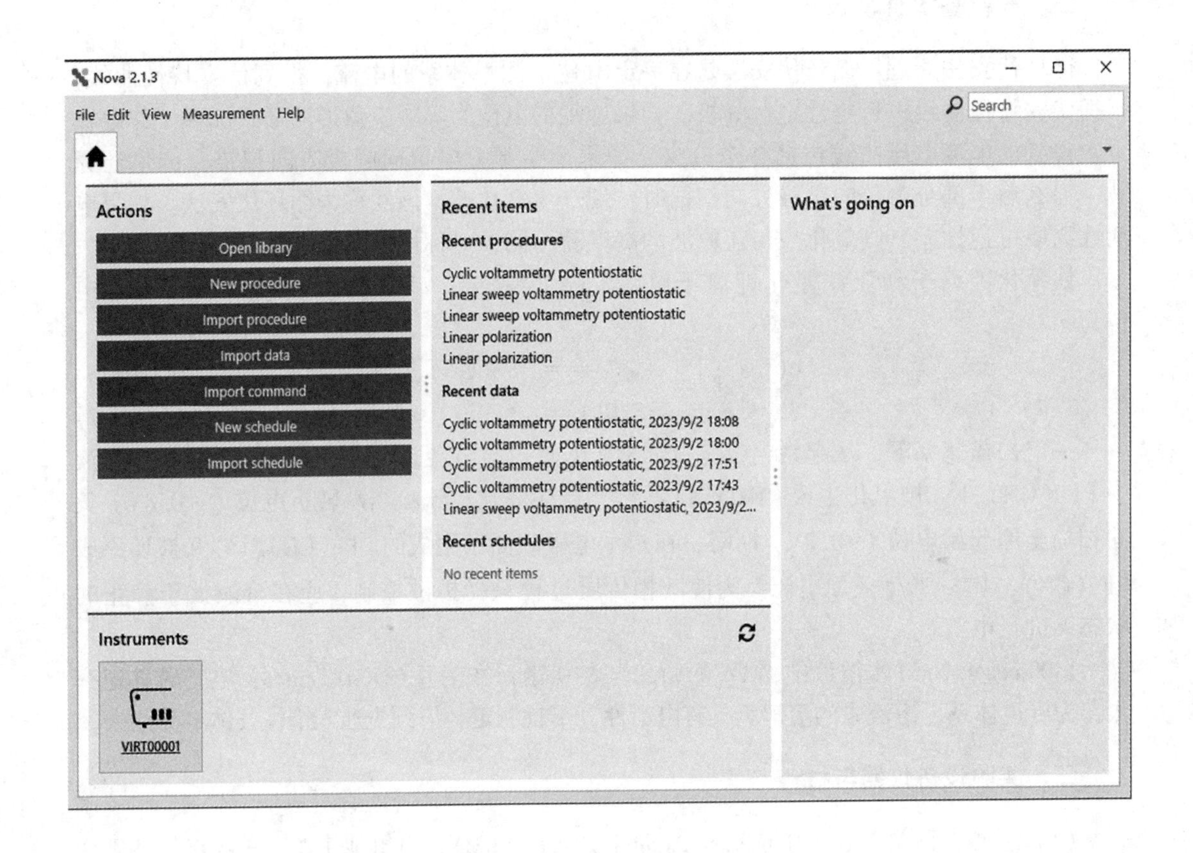

图 8-62　打开 Nova2

（3）测试步骤。单击 CV staircase，在右侧可以查看需要设置的参数（图 8-63）。Stop potential 对应终止电位，必须在 Lower vertex potential 和 Upper vertex potential 之间；Step 表示电位变化间隔，Step 除以 Scan rate 等于 Interval time（采点间隔）；Step 如果是正值，那么从起始电位向上限扫描，即，先正扫；如果是负值，那么先从起始电位向下限扫描，即，先反扫。

（4）支持电解质的循环伏安图。在电解池中加入 30mL 1.0mol/L NaCl 溶液，插入电极（以新处理过的铂盘电极为工作电极，铂丝电极为辅助电极，饱和甘汞电极为参比电极），设定循环伏安扫描参数：扫描速率为 50mV · s^{-1}，起始电位为-0.2V，终止电位为+0.8V。开始循环伏安扫描，记录循环伏安图。

（5）不同浓度 $K_3[Fe(CN)_6]$ 溶液的循环伏安图。分别作加入 0.50mL、1.00mL、1.50mL 和 2.00mL $K_3[Fe(CN)_6]$ 溶液后（均含支持电解质 NaCl 浓度为 1.00mol/L）的循环伏安图，并将主要参数记录在表 8-9 中。

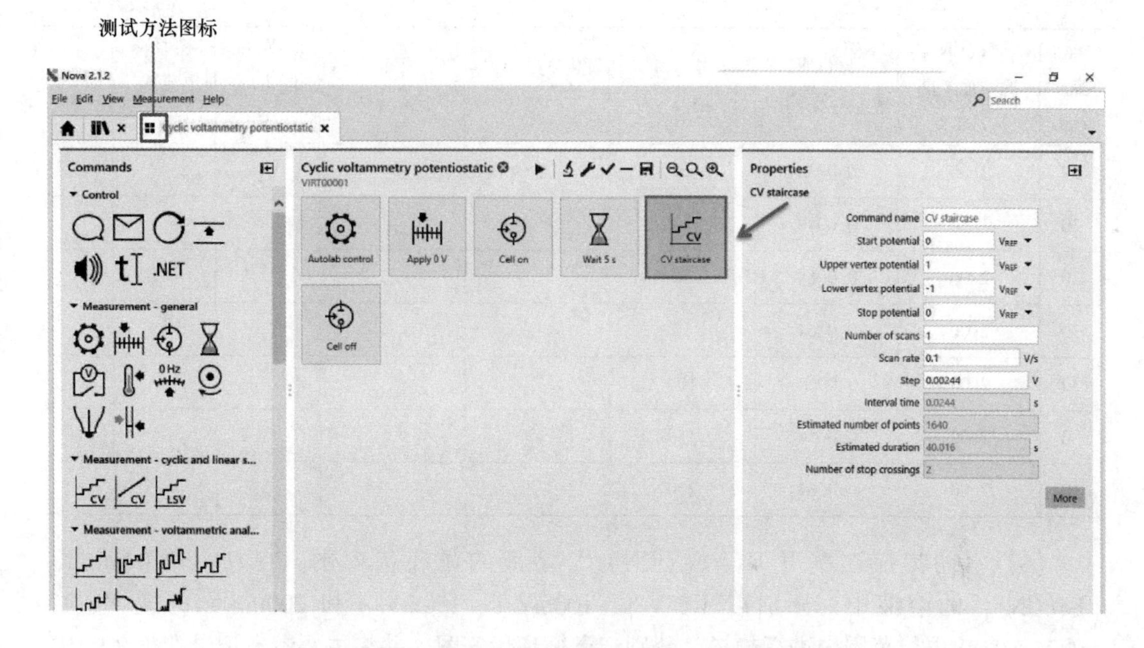

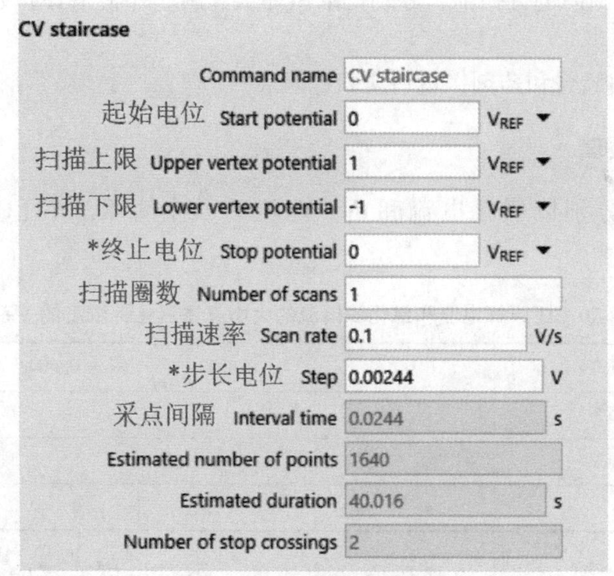

图 8-63 选择测试参数

表 8-9 不同浓度 $K_3[Fe(CN)_6]$ 溶液及不同扫描速率下的循环伏安数据记录

NaCl 溶液 /mL	$K_3[Fe(CN)_6]$ 溶液加入量 /mL	$K_3[Fe(CN)_6]$ 浓度/mol·L^{-1}	扫描速率 v /mV·s^{-1}	氧化峰电压 E_{pa} /V	氧化峰电流 i_{pa} /μA	还原峰电压 E_{pc} /V	还原峰电流 E_{pa} /V	ΔE/V
30	0	0	50					
30	0.50	0.0016	50					

续表 8-9

NaCl溶液/mL	$K_3[Fe(CN)_6]$溶液加入量/mL	$K_3[Fe(CN)_6]$浓度/mol·L^{-1}	扫描速率 v /mV·s^{-1}	氧化峰电压 E_{pa} /V	氧化峰电流 i_{pa} /μA	还原峰电压 E_{pc} /V	还原峰电流 E_{pa} /V	ΔE/V
30	1.00	0.0032	50					
30	1.50	0.0048	50					
30	2.00	0.0064	50					
30	2.00	0.0064	10					
30	2.00	0.0064	100					
30	2.00	0.0064	150					
30	2.00	0.0064	200					

(6) 不同扫描速率下 $K_3[Fe(CN)_6]$ 溶液的循环伏安图。在加入 2.00mL $K_3[Fe(CN)_6]$的溶液中，分别以 10mV/s、100mV/s、150mV/s 和 200mV/s 的速率，在 -0.2~+0.8V电位范围内进行扫描，分别记录循环伏安图。并将主要参数记录在表 8-9 中。

(7) 实验结束。

关机，收拾好实验台和药剂，填写实验记录表。

五、实验数据处理

根据表 8-10，分别以氧化电流和还原电流的大小对 $K_3[Fe(CN)_6]$ 溶液浓度作图。

表 8-10 还原峰电流和氧化峰电流的大小与铁氰化钾浓度的关系

$K_3[Fe(CN)_6]$ 浓度/mol·L^{-1}	0.0016	0.0032	0.0048	0.0064
还原峰电法 i_{pc}/μA				
氧化峰电流 i_{pa}/μA				
i_{pc}/i_{pa}				

由表 8-11 分别以氧化峰电流和还原峰电流的大小对扫描速率的 1/2 次方（$v^{1/2}$）作图。

表 8-11 还原峰电流和氧化峰电流的大小与扫描速率的关系

v/mV·s^{-1}	10	50	100	150	200
$v^{1/2}$					
还原峰电流 i_{pc}/μA					
氧化峰电流 i_{pa}/μA					
i_{pc}/i_{pa}					

六、问题与讨论

(1) $K_4[Fe(CN)_6]$ 和 $K_3[Fe(CN)_6]$ 的循环伏安图是否相同？为什么？

(2) 由实验记录的 ΔE 值和表 8-10 和表 8-11 的 i_{pc}/i_{pa} 值判断该实验的电极过程是否可逆？

(3) 实验中测得的条件电极电位若与文献值有差异，试说明原因。

8.13 耗散型石英晶体微天平在矿物实时原位表征方面中的应用

一、实验目的与要求

(1) 理解耗散型石英晶体微天平测试的测试原理。

(2) 掌握耗散型石英晶体微天平测试的操作方法。

二、实验基本原理

耗散型石英晶体微天平（QCM-D）是专为极小质量和软的物质而量身定制的特殊“天平”，它实质上是一个适用于称量极小质量的物质的天平。耗散型石英晶体微天平（QCM-D）是石英晶体微天平（QCM）的扩展型，QCM 是一种从 20 世纪 60 年代沿用至今的用于测量真空或气相中表面质量变化的技术。QCM 技术可以实时测量芯片表面上吸附或损失的质量，因此非常适合测量诸如电子半导体器件或光学薄膜等薄膜沉积过程中膜的形成速率以及厚度。

不同的 QCM 适用于不同种类的薄膜，在真空或气相中沉积的薄膜通常非常薄且坚硬，这使得它们非常适合用 QCM 来研究并输出参数。在这种情况下，谐振频率的变化与芯片表面质量的变化呈线性相关。在其他介质中，如液体或其他类型的较软的吸附层，如生物分子形成的吸附层。标准的 QCM 由于受限于与膜的性质有关的测试原理并不适用。然而，QCM-D 是一种扩展版本的 QCM，特别适用于表征软吸附层的特性。由于附加了耗散信号的测量，使软的吸附层的质量和厚度变化也可以定量的测得。

软的吸附层通常由生物分子、聚合物、土壤、油脂或其他任何类型的不具有固体性质的材料构成。还有一些“硬”（分子本身是刚性）的分子通过溶剂化或水合作用形成的宏观尺度上具有类似于软膜性质的吸附层。例如纤维素纤维，在干燥状态下表现为刚性的吸附在表面上，但当暴露在水中便会膨胀并形成一个水合软层。

QCM-D 既可以用于表征软膜的质量和厚度，也可以利用这些信息分析表面是否发生相互作用及定量表征。诸如“多少材料吸附到表面？”或者“从表面脱附了多少？”“这个过程有多快？”的问题都可以得到解答。利用 QCM-D 还可以测量薄膜的柔软性。这些信息可以分析吸附在表面上的分子的排列方式。例如，它们是形成较为紧密地排布或者较为疏松地分布在表面上。它们是平躺在表面上还是延伸出来。由于柔软度是作为时间的函数来测量的，所以可以在固定的过程中检测和跟踪分子结构变化，如溶胀过程或交联过程，如图 8-64 所示。

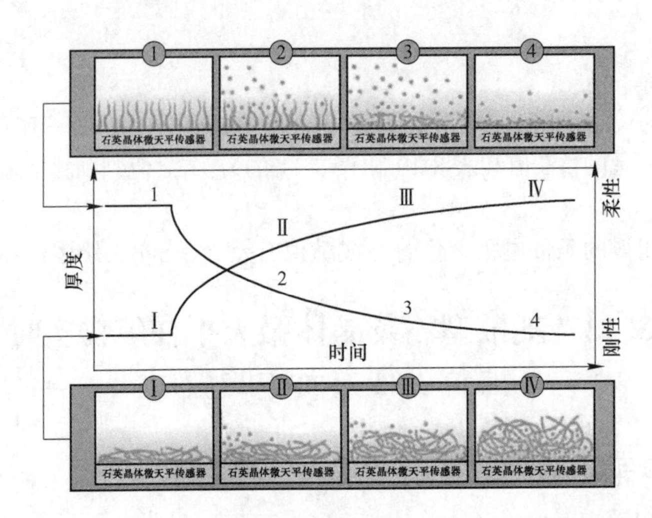

图 8-64 QCM-D 检测到的硬膜与软膜间相互转化过程的示意图

Q-Sense 系统组成如下：

（1）芯片。芯片即传感元件。标准芯片的表面是金，用户可根据需要，对金表面进行各种改性如旋转涂膜、蒸发镀膜或自组装单分子层等。此外，Q-Sense 根据要求可提供各种不同类型的表面，包括大部分金属和 SiO_2。

（2）流动池。每个流动池放置一片芯片，流动池具有温度控制，测试液体通过控温蛇型通道在到达芯片表面前达到设定温度。流动池可以从样品平台上拆卸并进行清洗。

（3）样品平台。实验装置的基座，平台上放置 4 个流动池，根据管道连接方式，可实现多种设置方式如并联或平行。平台内部有一个加热和降温的热电装置，具有温度控制功能。

（4）电子单元。信号在此处产生并收集，然后送入电脑进行处理。电子单元记录芯片的信号变化，并控制样品平台的热电装置。

（5）控制软件 QSoft 401。使用便捷、基于 Windows，同时记录并显示来自 4 个通道的 QCM-D 实验数据。

（6）分析软件 QTools。功能强大，可得到黏度、弹性等测试体系的机械性能，并可进行各种图形和数据处理。

（7）蠕动泵。E4 系统的样品进样器，是一个四样品数显式蠕动泵。

（8）光学流动池。可在 QCM-D 表面同时进行显微镜和光致反应的研究。光学池与常规流动池一样装在样品平台内，然后一起放在显微镜台上。

（9）椭圆偏光仪。可在 QCM-D 芯片表面同时进行偏光测量和 QCM-D 测量。偏光仪光源需另外配置。

（10）湿度流动池。可进行薄膜表面的水气摄取情况研究。流动池内含一片 GORE™ 膜，水气被从流动通道上方引入芯片表面。

（11）开放流动池。开放流动池用于将样品直接用吸液管滴加到芯片表面，可减少样品用量。

（12）电化学流动池。可在 QCM-D 表面（作为工作电极）同时进行电化学实验。需另外配置电化学工作站和软件，以进行完整的电化学工作。该样品池需被放置于样品平台。

注意：电化学流动池只可在低于40℃的温度下工作。

三、实验设备仪器与材料

设备：耗散型石英微天平1台。

材料：黄药，硫化矿。

四、实验步骤

（一）芯片表面制备

Q-Sense芯片是一个标准金芯片（图8-65），它包括：石英片，石英两面沉积的电极，包含一层金表面和用于增强黏合性的铬镀层。

把芯片放入流动池后，在实验中只有活性反应面与样品接触（图8-65）。反电极和电极触点在芯片的背面。

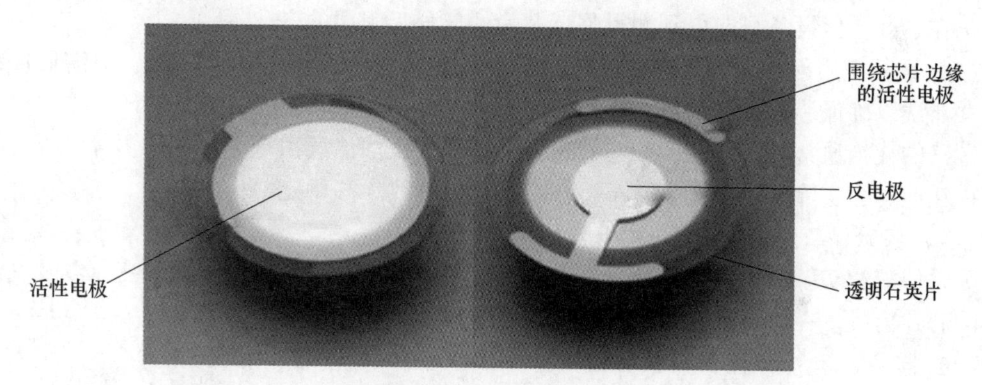

图8-65 Q-Sense标准芯片

（1）芯片处理。

1）将芯片存放于干净的环境中，不使用时，请放回原始包装盒内。

2）避免刮伤芯片中心部位。

3）在吹干芯片前，始终用纯净水或其他适合的纯净液体冲洗芯片。

4）始终使用干净、无尘、无反应性气体（如氮气）吹干芯片，液体务必从芯片上吹走而不是挥发干燥。

5）只使用镊子夹取芯片，手会污染芯片。夹取芯片时注意夹在电极外缘，避免刮伤芯片。镊子必须平钝，且夹取面平整。

（2）芯片表面处理。芯片的表面性质决定了样品与表面的反应。因此，正确的清洗过程和表面制备可保证实验的重复性。

最佳清洗方案与样品系统、样品与芯片表面的相互作用以及芯片本身的性质有关。请参考Q-Sense document Method & Protocols了解芯片表面的推荐清洗方案。

为避免芯片在冲洗和吹干过程中的二次污染，请参阅以下说明：

1）采用纯净水或其他适当纯净液体冲洗芯片（注意：镊子从芯片下方夹取，避免镊子对芯片的二次污染）。

2）用氮气流将液体从芯片表面吹走（注意：芯片边缘的残留液体可用干净的无棉纸拭去）。

(3) 表面改性。只要能在芯片表面上有效吸附为薄膜，就可在芯片上进行涂层。表面可以通过蒸发镀层、旋转成膜或化学处理等自行进行改性。如需进一步了解旋转成膜仪，请咨询当地 Q-Sense 供应商。

Q-Sense 的操作手册中提供了表面进行 NTA/Ni、lipid bilayer-Biotin-Streptavidin 等功能化处理的推荐方案。

(4) 负载。吸附膜的厚度可以从几埃米到几微米，其最大厚度取决于材料的黏弹性质。芯片的沉积主要取决于两个因素：总能量耗散或精度损失。

对于高黏度或固体样品，芯片的能量耗散随吸附层厚度增加而增加。当达到一定厚度（通常是几个微米），能量耗散变得很大，导致芯片无法激发而使实验无法进行。其他弹性较大的材料无法与芯片振荡完全同步。随着吸附层厚度的增加，外层部分膜与芯片的同步变得更差，当厚度达到一定时（通常为几个微米），振荡完全失去同步。在这种情况下，实验仍在继续，但设备只能得到测得临近芯片的部分吸附层的变化。

(5) 重复使用和耗损。芯片在较好的情况下通常可重复使用 10~30 次，但需要仔细处理并清洗以确保芯片或涂层没有损伤。

芯片的耗损通常可以看到，如芯片边缘的裂纹、表面涂层出现划痕和空洞等。当芯片快到损耗期时，实验信号会比较吵杂，甚至抖动，基线无法稳定。

（二）实验样品制备

为了使液相实验的失真最小化，需要小心制备样品。温度或溶剂性质的变化以及气泡会影响芯片信号。在进行重复性实验时必须注意以下事项：

(1) 样品脱气 。液体在实验前必须脱气以避免在实验过程中形成气泡。

(2) 样品温度。为避免气泡的形成，并减少温度造成的假象，液体样品必须与样片池工作温度（±2℃）接近。控制样品池温度略低于外部液体容器也可以减少气泡的产生（因为气体在水中的溶解度随温度升高而降低）。

(3) 溶液性质。QCM-D 技术对薄膜上溶液的变化非常敏感，为防止缓冲溶液性质改变引起的不必要的信号变化，溶液必须仔细制备，有两个经验方法：

1）推荐在实验前才将高浓度的纯样品用适当的缓冲溶液（或溶剂）稀释。

2）在一个实验中使用来自同个标准溶液的溶剂或缓冲溶液。

（三）实验运行

(1) 连接流动池各管道及蠕动泵。

(2) 连接样品平台与电子单元，确保电子单元与电脑正确连接，QSoft 软件已启动。

(3) 在流动池内装上芯片，并放置在样品平台的加热板上。

(4) 激活温度控制，调整温度至期望值，等待 5~10min 至平衡（若设定温度与室温差异很大，可能需要等待更长时间）。

(5) 运行蠕动泵，在流动池中注入缓冲溶液。

(6) 开始数据采集。

(7) 将进样管切换到样品（如果连续使用流动池，可暂停蠕动泵），再次开启泵，在数据采集的同时注入下一个液体。确保在液体切换时不要将气泡引入体系。连续切换液体直至实验结束。

注意：样品液体的温度与样品池中的设定温度之间的差异必须在±2℃内。样品池内的温度比外部样品温度略低，可降低气泡生成的风险。

冲洗速度不要超过 1mL/min，允许液体在流入芯片表面前有足够的时间在流动池中达到温度稳定。

（四）实验结束

为了得到稳定和重现性好的实验，必须对流动池进行充分清洗。建议在每次实验后立即清洗流动池。根据需求，选择最少或深度清洗。通常，不同实验间切换时需要深度清洗。

五、实验数据处理

根据实验结果确定黄药在硫化矿表面的吸附量。

六、思考题

考虑耗散型石英微天平（QCM-D）测试过程中有哪些注意事项。

8.14 热重分析法在测试试剂脱水过程中的应用

一、实验目的与要求

（1）了解热重分析仪的工作原理及使用方法。

（2）用热重分析仪绘制 $CuSO_4 \cdot 5H_2O$ 的热重图。

二、实验基本原理

热重分析法（thermal gravimetric analysis，TGA）是热分析方法中使用最多、最广泛的一种方法。它是在程序控制温度下测量物质质量与温度关系的一种技术。因此只要物质受热时质量发生变化，就可以用热重分析法来研究其变化过程，如脱水、吸湿、分解、化合、吸附、解吸、升华等。热重分析仪是一种利用热质法检测物质质量随温度或时间变化的仪器，目的是研究材料的热稳定性和组分。

本实验采用 $CuSO_4 \cdot 5H_2O$ 为实验样品，$CuSO_4 \cdot 5H_2O$ 是一种蓝色斜方晶系，在不同温度下，可以逐步失水：

$$CuSO_4 \cdot 5H_2O \rightarrow CuSO_4 \cdot 3H_2O \rightarrow CuSO_4 \cdot H_2O \rightarrow CuSO_4(s) \tag{8-8}$$

可以看出，各水分子之间的结合能力不一样。4 个水分子与铜离子以配位键结合，第 5 个水分子以氢键与 2 个配位水分子和 SO_4^{2-} 离子结合，所以 $CuSO_4 \cdot 5H_2O$ 可以写为 $[Cu(H_2O)_4]SO_4 \cdot H_2O$。

三、实验仪器设备与材料

（1）仪器：STA8000 综合热分析仪（图 8-66）。

（2）试剂：$CuSO_4 \cdot 5H_2O$（分析纯）。

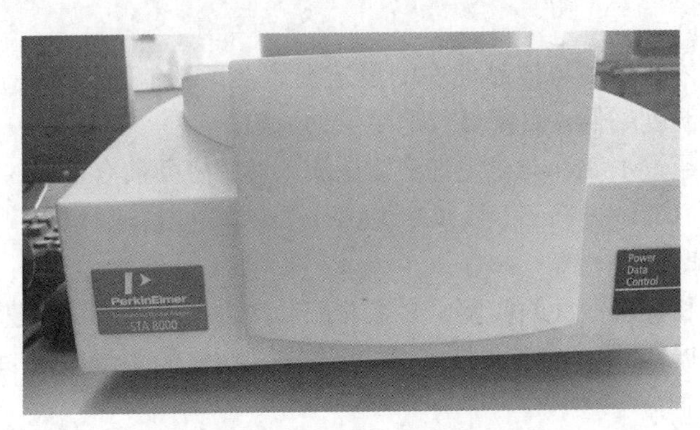

图 8-66 STA8000 综合热分析仪

四、实验步骤

(1) 打开氮气减压阀，通入氮气，0.1MPa。开启仪器电源开关，仪器预热。开启计算机开关，打开“Pyris Manager”并点击“STA 8000”联机按钮，等待大约10s时间Pyris主控程序自动打开，取得与TGA联机。

(2) 检查TGA和计算机、水源、气瓶之间的所有连接。确保每个组件都插入到正确的接头中。

(3) 打开气阀，氮气压力范围在0.1~0.2MPa。

(4) 打开水阀，通冷却水。

(5) 打开TGA电源开关。正确开启电源后，指示仪器处于“Ready”状态，可以开始使用。

(6) 打开计算机。打开主程序Pyris，确认TGA连接正常。输入实验参数，如样品名称、起始温度、结束温度、升温速率等。将空坩埚用镊子轻轻置于天平上，盖好炉盖，点击“Zero Weight”(清零)；然后打开炉盖，用镊子取出坩埚，将样品放入坩埚内，将坩埚用镊子轻轻放置在天平上，盖好炉盖，点击“Sample Weight”(读取样品质量，也就是称重)。

“读取样品质量”(Sample Weight)。该按钮在实验开始后变为无效状态，用户通过点击该按钮可以读取样品盘中的样品质量同时将该数值自动导入方法编辑窗口中的质量输入窗口。

“读取零点”(Zero Weight)。该按钮在实验开始后变为无效状态，用户通过点击该选项将样品盘的质量设为零质量点。

(7) 开始实验。点击“Start”，开始实验，系统自动运行实验直到完成。

(8) 停止实验。如果由于某种原因，需要终止实验，可以随时点击“Stop”停止实验。待降至室温后可以开始其他实验。实验数据会自动保存到相关文件。

(9) 实验完成后，取出坩埚并清理残余物，然后依次关闭主程序、气源、冷却水、仪器电源、计算机。

(10) 坩埚的清理：如果残余样品黏附在坩埚上，可以采用酒精喷灯灼烧坩埚。

注意事项：(1) 不进行高于1000℃的实验。(2) 被测量的试样若在升温过程中能产生大量气体，或能引起爆炸，或具有腐蚀性的都不能使用该仪器。(3) 经培训和管理人员同意后，方可使用该仪器并认真填写仪器使用记录，并签字。(4) 由于仪器中的电压很高，未经培训的人员绝对不要尝试检查或修理任何电路。(5) 1 个样品做完之后，要等仪器降温至室温，再做下一个样品。

五、实验数据处理

根据热重曲线，分析 $CuSO_4 \cdot 5H_2O$ 失水温度，并与文献值比较。

六、思考题

(1) 什么是热重分析？从热重分析中可以得到哪些信息？

(2) 如何解释 $CuSO_4 \cdot 5H_2O$ 的热重曲线？讨论实验值与理论值误差的原因。

8.15 电感耦合等离子体光谱仪测定废水中的镉、铬含量

一、实验目的与要求

(1) 学会和熟悉电感耦合等离子体光谱仪（ICP-OES）法测定废水中镉、铬含量的方法。

(2) 加深对发射光谱原理的理解。

(3) 了解电感耦合等离子体发射光谱仪的结构和使用方法。

二、实验基本原理

原子发射光谱法是根据被测元素在激发态的原子回到基态时发射的特征谱线对被测元素进行分析的方法。各种元素由于其原子结构的不同而具有不同的光谱。因此，每个元素在原子激发后，只能辐射出特定波长的谱线，这代表了元素的特性，这是发射光谱定性分析的基础。本实验采用电感耦合等离子发射光谱测定石灰石中各元素以及其含量。

（一）定性原理

原子发射光谱法的量子力学基本原理如下：

(1) 原子或离子可处于不连续的能量状态，该状态可以用光谱项来描述。

(2) 当处于基态的气态原子或离子吸收了一定的外界能量时，它的核外电子就从一种能量状态（基态）跃迁到另一能量状态（激发态），假设高能级的能量为 E_2，低能级的能量为 E_1，发射光谱的波长为 λ（或频率 ν），则电子能级跃迁释放出的能量 ΔE 与发射光谱的波长关系为

$$\Delta E = E_2 - E_1 = h\nu = hc/\lambda \tag{8-9}$$

(3) 处于激发态的原子或离子非常不稳定，经 8～10s 便跃迁返回到基态，并将激发所吸收的能量以一定的电磁波辐射出来。

(4) 将这些电磁波按一定波长顺序排列即为原子光谱（线状光谱）。

(5) 由于原子或离子的能级很多，不同元素的结构是不同的，因此，特定元素的原子或离子可以产生一系列不同波长的特征光谱，定性分析可以通过识别被测元素的特征谱线

是否存在来进行判断。

（二）半定量原理

半定量是估计样品中某些元素的浓度。通常半定量的方法是标定多元素的曲线，并存储标准曲线。然后，当需要进行半定量分析时，直接用原始曲线对样品进行检验。由于仪器的漂移或样品基体的差异，结果可能会产生误差，但半定量分析是可以接受的。

（三）ICP 定量分析原理

ICP 定量分析的依据是 Lomakin-Scherbe 公式：

$$I = aC^b \tag{8-10}$$

式中，I 为谱线强度；C 为待测元素的浓度；a 为常数；b 为分析线的自吸收系数，一般情况下 $b \leqslant 1$，b 与光源特性、待测元素含量、元素性质及谱线性质等因素有关，在 ICP 光源中，多数情况下 $b \approx 1$。

（四）ICP 形成原理

当高频发生器接通电源后，高频电流 I 通过感应线圈产生交变磁场。

开始时，管内为 Ar 气，不导电，需要用高压电火花触发，使气体电离后，在高频交流电场的作用下，带电粒子高速运动，碰撞，形成“雪崩”式放电，产生等离子体气流。在垂直于磁场方向将产生感应电流（涡电流），其电阻很小，电流很大（数百安），产生高温。又将气体加热、电离，在管口形成稳定的等离子体焰炬。ICP 形成原理如图 8-67 所示。

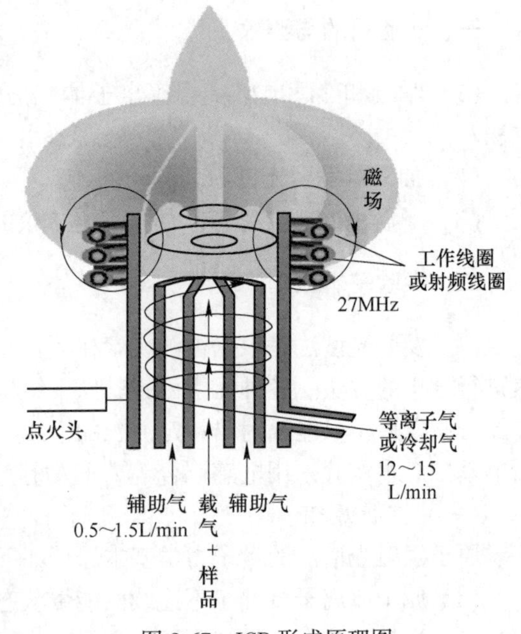

图 8-67　ICP 形成原理图

ICP 焰明显地分为 3 个区域：

（1）焰心区，该区是不透明的，是高频电流形成的涡流区，等离子体的能量主要通过该区域与高频感应线圈耦合获得，该区温度高达 10000K。

（2）内焰区处于焰心区右侧，一般在感应圈右边 10～20mm，呈半透明状态，温度为 6000～8000K，该区是分析物原子化、激发、电离与辐射的主要区域。

（3）尾焰区在内焰区右方，无色透明，温度较低，在 6000K 以下，只能激发低能级的谱线。

（五）ICP 工作原理

石英制成的等离子体发生管内有 3 个同轴氩气流通道。冷却气（Ar）通过外部及中间的通道，环绕等离子体，起稳定等离子体炬及冷却石英管壁的作用，工作气体（Ar）则由中部的石英管道引入。开始工作时启动高压放电装置让工作气体发生电离，被电离的气体经过环绕石英管顶部的高频感应圈时，线圈产生的巨大热能和交变磁场，使电离气体的电子、离子和处于基态的氖原子发生反复猛烈的碰撞，各种粒子的高速运动，导致气体完全电离形成一个类似线圈状的等离子体炬区面，此处温度高达6000～10000℃。样品经处理制成溶液后，由超雾化装置变成气溶胶，经轴心的石英管从喷嘴喷入等离子体炬内。样品气溶胶进入等离子体焰时，绝大部分立即分解成激发态的原子、离子状态。当这些激发态的粒子回收到稳定的基态时要放出一定的能量（表现为一定波长的光谱），测定每种元素特有的谱线和强度，和标准溶液相比，就可以知道样品中所含元素的种类和含量。ICP工作过程如图8-68所示。

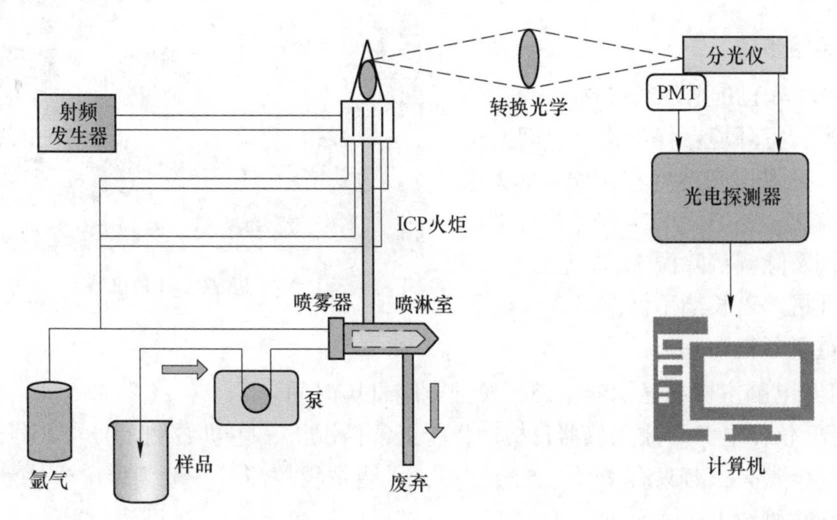

图8-68　ICP工作过程

ICP具有以下特点：

（1）温度高，惰性气氛，原子化条件好，有利于难熔化合物的分解和元素激发，有很高的灵敏度和稳定性。

（2）“趋肤效应”，涡电流在外表面处密度大，使表面温度高，轴心温度低，中心通道进样对等离子的稳定性影响小。能有效消除自吸现象，线性范围宽（4～5个数量级）。

（3）ICP中电子密度大，碱金属电离造成的影响小。

（4）Ar气体产生的背景干扰小。

（5）无电极放电，无电极污染。

（6）ICP焰炬外形像火焰，但不是化学燃烧火焰，气体放电。

（7）对非金属测定的灵敏度低，仪器昂贵，操作费用高，这是ICP的缺点。

三、实验设备仪器与材料

（1）试剂：

1）1.0g/L镉标准贮备液准确称取0.5000g金属镉于100mL烧杯中，用5mL 6mol/L的盐酸溶液溶解，然后全部转移到500mL容量瓶中，用10g/L盐酸稀释至刻度，摇匀备用。可以稀释100倍为镉标准使用溶液。

2）1.0g/L铬标准贮备液准确称取3.7349g预先干燥过的K_2CrO_4于100mL烧杯中，

用 20mL 水溶解，全部转移到 1000mL 容量瓶中，用水稀释至刻度，摇匀备用。可以稀释 100 倍为铬标准使用溶液。

3）K_2CrO_4（GR），金属镉（GR），浓 HCl(AR)，配制用水均为二次蒸馏水。

（2）仪器：iCAP 7400 电感耦合等离子发射光谱仪，由美国赛默飞世尔科技（Thermo Fisher Scientific）生产。ICP 仪器如图 8-69 所示。

图 8-69 ICP 仪器

四、实验步骤

（一）启动 ICP 光谱测试仪

（1）实验室环境：仔细检查房间的湿度与温度，确保房间湿度在 40%～60%以下、温度在 22～25℃之间为宜（若有必要需打开空调及除湿机除湿 1h 以上）。

（2）开机。若长期不做测试，仪器需要关机后重新开机。

1）打开电脑主机和显示器电源，校准电脑日历时间。

2）打开仪器电源。注意仪器自检动作（正常情况下，主机右侧 1 号与 8 号红色指示灯闪烁，其余常亮；若只有 4 号与 5 号灯亮，表明主板故障，一般为保险丝烧断），等待仪器与电脑联机约 1min。

3）双击控制软件图标，启动仪器控制软件，检查联机通信情况。

4）仪器光室开始预热，等待光室恒温至 38℃。至少恒温 2h 以上，仪器处于准备状态。

（3）点火前准备。

1）确认氩气储量和压力符合要求（储量≥2 瓶，纯度≥99.995%）。打开氩气瓶气阀并调节分压阀使分压在 0.6～0.7MPa（此压力为减压阀距离仪器 3m 以内的值，如超过该距离需要根据管道的压力降适当增加压力），在软件点燃等离子体的界面中将驱气方式改为大量，并等待光室至少驱气 60min 以上（分析元素的波长越短，需要驱气时间越长）。

2）在仪器充分预热（光室恒温 38℃ 2h 以上），光室充分驱气以后，打开水循环机制冷。

3）等待 Camera 温度低于-45℃后，开启排风系统。

4）检查并确认进样系统（矩管、雾化室、雾化器、泵管等）是否与待测溶液相适应并且已经正确安装；上好蠕动泵夹，把进样管插入去离子水中；确认废液收集桶有足够的空间用于收集废液。

（4）等离子体点火，联机成功之后，点击点火图标，进入等离子体状态对话框，确认其中的连锁指示灯变绿。点击等离子体开启按钮，等待等离子体点燃。此时仔细观察进样管状况，确保泵夹夹紧。

点着火后等待等离子体稳定 15～30min。

注意：点火气流设置建议使用默认设置。点火气体吹扫时间为 30s。如果点火失败，需进行熄火操作之后，再根据软件提示检查气路问题。点火成功之后，可以点击进样准备，进样时避免吸入空气，以免造成熄火。此时，将进样管放于空白液之中。

（5）开始测试。

1）新建或选择分析方法，确定要分析的元素，选择适当的谱线（谱线选择的原则是与待测元素的含量范围相适应，并避免共存基体或元素的干扰）。

2）确定分析条件：分析线波长 Cd 226.502nm、Cr 267.716nm；入射功率 1kW；氩冷却气流量 12~14L/min；氩辅助气流量 0.5~0.8L/min；氩载气流量 1.0L/min；试液提升量 1.5mL/min；光谱观察高度感应线圈以上 10~15min；积分时间 15s。

3）以新的文件名保存方法或修改原有的方法。

4）先吸喷一个所选的标准或待测样品，优化分析谱线位置和自动背景校正位置。

5）标准化（运行标准溶液），并检查标准曲线的线性。

6）分析待测样品。

7）产生分析报告，并保存和打印。

（二）熄火与关机

（1）分析完毕后，用蒸馏水冲洗进样系统 5~10min。

（2）进入等离子体控制窗口，点击关闭等离子体。

（3）取出进样管，开启蠕动泵排空管路内的液体，松开泵夹。

（4）关闭排风。

（5）等待大约 2min（让 RF 关闭并充分冷却）之后再关闭冷却水循环机，此时 CID 温度开始上升。

（6）待 CID 温度升至 18℃ 以上时，再保持通氩气 30min，然后可以选择是否关闭氩气气源。

（7）检测后的样品及时拿走，避免样品中的酸蒸汽影响仪器零部件。

若是长期关机需要：（1）退出仪器控制程序；（2）先关闭仪器的主机，然后再关闭电脑主机与显示器；（3）再关闭稳压电源和交流电源启动器；（4）最后关闭氩气。

五、实验结果

（1）绘制标准曲线。

（2）报告测定结果。

六、思考题

（1）电感耦合等离子发射光谱法具有哪些特点？

（2）试述电感耦合等离子发射光谱法的测试步骤？

8.16 工艺矿物学自动分析仪在测试矿石工艺矿物学参数方面的应用

一、实验目的与要求

（1）了解工艺矿物学自动分析仪的基本原理及仪器装置。

（2）掌握工艺矿物学自动分析仪对矿物样品进行测量的方法。

（3）掌握工艺矿物学自动分析仪对测量结果进行数据处理和图表输出。

二、实验基本原理

工艺矿物学自动分析仪（BPMA）是依托于矿冶科技集团有限公司（原北京矿冶研究总院）的矿冶过程自动控制国家重点实验室结合多年选矿、冶金和工艺矿物学研究成果研发的一套工艺矿物学参数自动测试系统，它由一台扫描电镜、一台双探头能谱仪及BPMA课题组自主研发的自动测试软件构成。通过控制扫描电镜及能谱自动获取目标样品背散射电子图像、矿物能谱并识别矿物，统计计算样品各种工艺矿物学参数。

该系统测试速度快、提供测试结果迅速、效率高、信息丰富、精确性可重复性好。特别适用于选矿厂流程波动原因查找，选矿流程缺陷诊断，为选矿流程优化提供方向；具有强大的在矿石中自动查找低含量稀有稀散及贵金属矿物并测试的能力；对光学显微镜统计分析存在困难的铅锌氧化矿物、锂铍矿物、萤石及磷灰石等矿物的测试更具明显优势。系统提供常见矿物库（200多种最常见的矿物）、通用矿物库（近600种普遍矿物）、全矿物库（2000多种矿物，几乎涵盖自然界内的全部矿物），用户自由选择。BPMA系统如图8-70所示。

图8-70　工艺矿物学参数自动测量系统（BPMA）

分析测试过程首先利用扫描电镜对样品进行图像扫描，扫描后可得到背散射图，去除背散射图背景后得到背散射图的矿物颗粒列，接着采用工艺矿物学自动分析仪中的X射线能谱仪自动采集指定位置的能谱数据，获得矿物相的X射线能谱图，BPMA软件会进行矿物匹配，自动识别矿物，每一矿物相都有相应的特定代表色。根据含矿物物质成分信息的矿物样品图可以得出，相同颜色的矿物相是代表同一种矿物。矿物样品图可用数据转换工具转换成样品测量数据，最后由BPMA数据软件对样品测量数据进行计算显示、输出样品测量的结果图表。BPMA自动分析仪经过上述分析过程最终可获得样品的矿物组成、化学成分、粒级分布和不同矿物嵌布关系以及矿物解离度等信息。BPMA的测试分析过程如图8-71所示。

三、实验仪器设备与材料

(1) 仪器：工艺矿物学自动分析系统（BPMA）、磨片机、制样模具。

(2) 试剂：环氧树脂胶、固化剂、凡士林等。

(3) 试样：斑岩型铜钼多金属矿。

四、实验步骤

(一) 样品制备

在样品铜质模具的内表面涂上一层凡士林润滑剂，然后将矿物样品与环氧树脂黏合剂、固化剂混合，等待24h样品均匀固化。样品固化后从模具中取出砂光片，用自动研磨

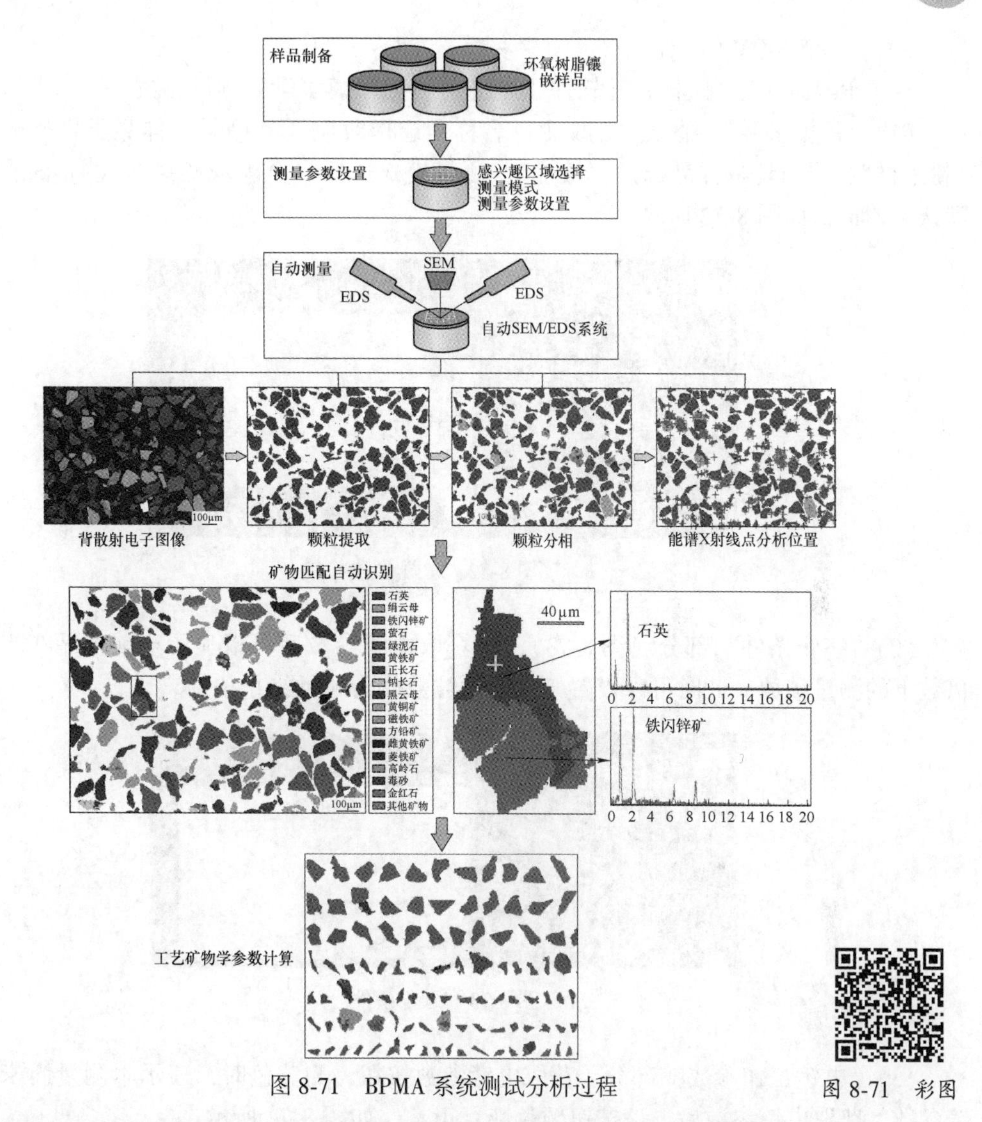

图 8-71 BPMA 系统测试分析过程

图 8-71 彩图

机配专用磨料经粗、细、精三次打磨、一次抛光后进行喷碳或喷金处理，使样品表面具有一定的导电性。

（二）样品台安装及扫描电镜调节

首先将待测量的砂光片样品放置样品台 1～9 号对应位置，打开扫描电镜样品仓门，将安装有待测样品的样品台整体安置到扫描电镜样品台座，确保样品台与样品台座连接到位、样品台放置水平，关闭扫描电子显微镜样品仓门，开启真空泵抽真空。当真空度达到 2×10^{-4}Pa 后，给灯丝加高压，依次调节灯丝加热程度、Gun Shift、Gun Tilt、放大倍数、WD 等参数，进行电子束对中合轴、消像散等操作，优化扫描电镜工作状态。在金标样下调节亮度对比度进行图像标准化。

（三）打开能谱

开启能谱仪电制冷控制开关，等待 3～4min 四位指示灯全亮，打开能谱仪主机开关；双击 NSS 图标打开能谱软件，新建并保存数据存储路径，设置能谱测量参数（EDS 模块—Time Constant—Rate9）。

(四) 打开 BPMA 软件，设置测量参数

双击 BPMA V2.0 图标打开软件，点击“测量”模块设置测量参数。

(1)“常规参数”部分，更改测量名称，选择对应样品槽号，样品类别砂光片选择“粉末样”，岩石切片样品选择“块样”，测量模式选择“全颗粒测量”，测量时在线匹配默认不勾选，如图 8-72 所示。

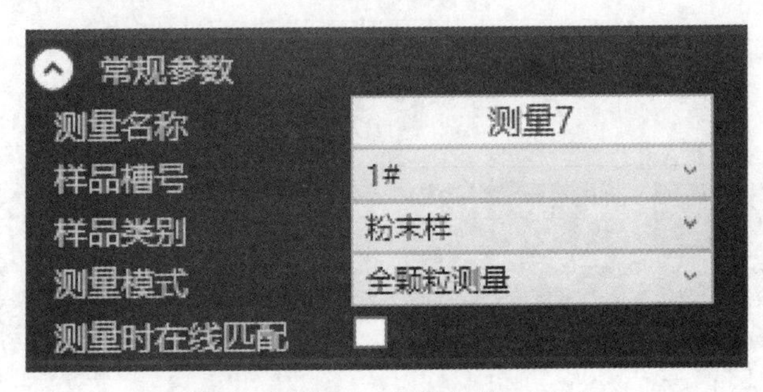

图 8-72　常规参数

(2)“终止条件”部分（图 8-73），在获取电镜参数后可以显示当前样品在当前放大倍数下的测量帧数，此时可以设置帧数或颗粒数作为测量终止条件。

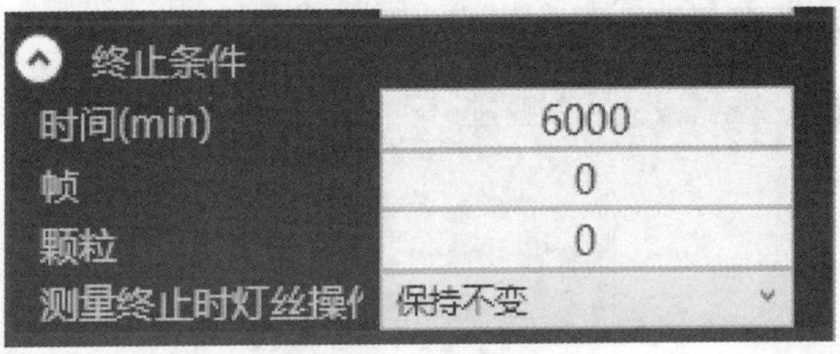

终止条件	
时间(min)	6000
帧	0
颗粒	0
测量终止时灯丝操作	保持不变

图 8-73　终止条件

(3)“电镜工作参数”部分，获取电镜参数按钮，为黄色时，表示本测量尚未获取电镜参数。获取电镜参数后，该按钮颜色恢复正常，如图 8-74 所示。

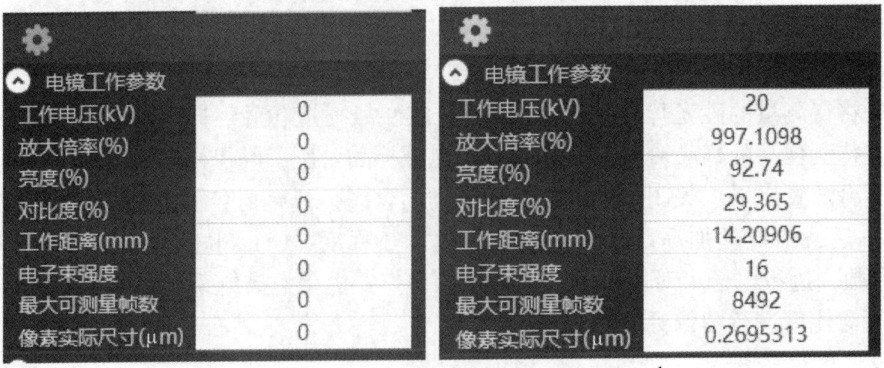

电镜工作参数	
工作电压(kV)	0
放大倍率(%)	0
亮度(%)	0
对比度(%)	0
工作距离(mm)	0
电子束强度	0
最大可测量帧数	0
像素实际尺寸(μm)	0

a

电镜工作参数	
工作电压(kV)	20
放大倍率(%)	997.1098
亮度(%)	92.74
对比度(%)	29.365
工作距离(mm)	14.20906
电子束强度	16
最大可测量帧数	8492
像素实际尺寸(μm)	0.2695313

b

图 8-74　电镜工作参数

a—未获取电镜参数；b—已经获取电镜参数

(4)“能谱”部分（图 8-75），默认 60ms。

图 8-75 能谱参数

(5)“处理参数”部分（图 8-76），在获取图像的状态下，结合图像阈值预设功能，设置合适的背底阈值与最小颗粒面积，其余参数均可默认。默认仅显示常用的参数，点击“更多参数...”按钮，显示详细参数。点击“隐藏参数”按钮，恢复默认状态。

a

处理参数	
自动背底阈值	□
背底阈值	30
最小颗粒面积	50
亮相灰度	100
亮相最小打点相面	4
亮相最小打点相直	1.128379
亮相最小打点相直	0.3041334
暗相最小打点相面	4
更多参数...	

b

处理参数	
自动背底阈值	□
背底阈值	30
最小颗粒面积	50
亮相灰度	100
亮相最小打点相面	4
亮相最小打点相直	1.128379
亮相最小打点相直	0.3041334
暗相最小打点相面	4
暗相最小打点相直	1.128379
暗相最小打点相直	0.3041334
凹点臂长	20
凹点中线长度	8
凹点群间距	5
点粘连长度	20
点粘连收缩长度	1.2
线粘连判断范围	20
线粘连暗沟深度	40
颗粒内洞保留标记	☑
过渡区去除百分比	0.3
智能因子	2
峰高百分比	0.1
亮点相亮度	90
亮点阈值	20
分相精度	3
隐藏参数	

图 8-76 处理参数
a—处理参数默认状态；b—处理参数展开状态

（五）获取图像、去背底、提取颗粒及分相处理

软件上述功能按钮如图 8-77 所示，点击“...”按钮，显示/隐藏不常用功能按钮。移至标样：样品台移动至当前样品台标样位置中心点。移至样品：样品台移动至当前选中测量的样品槽位置中心点。获取电镜参数：获取当前电镜参数。获取图像：从当前电镜获取一帧背散射电子图像。

a

b

图 8-77　功能按钮
a—功能按钮默认状态；b—功能按钮展开状态

（1）去背底。背散射电子图 8-78a；去背底图 8-78b。

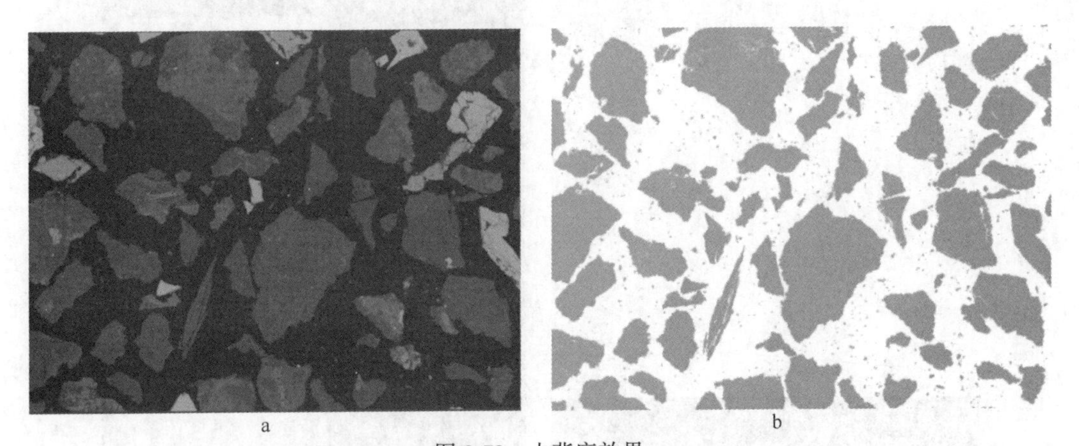

图 8-78　去背底效果
a—背散射电子图；b—去背底图

（2）提取颗粒。背散射电子图 8-79a；颗粒图 8-79b。

图 8-79　提取颗粒效果
a—背散射电子图；b—颗粒图

（3）分相。背散射电子图 8-80a；分相图 8-80b。

图 8-80 分相效果

a—背散射电子图；b—分相图

(4) 阈值预设。显示灰度直方图并可以设置指定灰度段的颜色，便于观察，如图 8-81 所示。

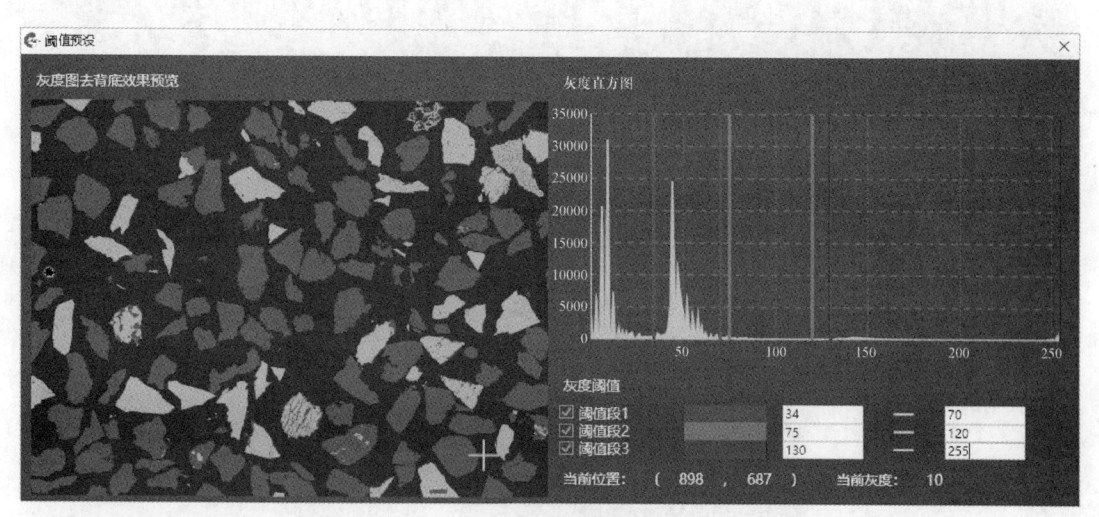

图 8-81 阈值预设

(六) 自动测量

测量参数设置完成后，点击“开始”按钮，进行自动测量，直至测量过程全部结束。

(七) 矿物初始匹配与处理

BPMA_2 处理模块（图 8-82），是对测量文件进行匹配、对匹配结果进行人工修正的处理过程。模块以将测量时采集的谱线对应为矿物并保存匹配结果文件为目标。匹配结果文件是参数计算模块的唯一输入信息。点击“处理”模块进行矿物初始匹配及合并等操作。

(1)“待处理文件”部分，点击“打开文件”，载入待处理的测量文件，如图 8-83 所示。

(2)“匹配”部分，选择匹配库并配置匹配参数。打开库：从本地选择库文件作为匹

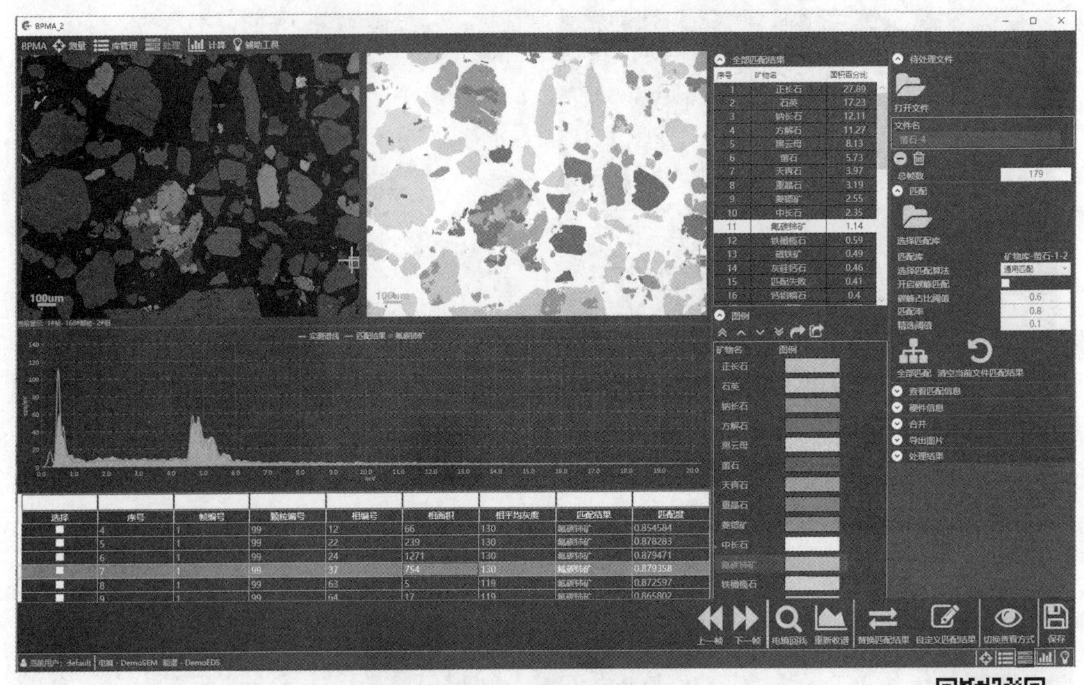

图 8-82 处理模块界面

图 8-82 彩图

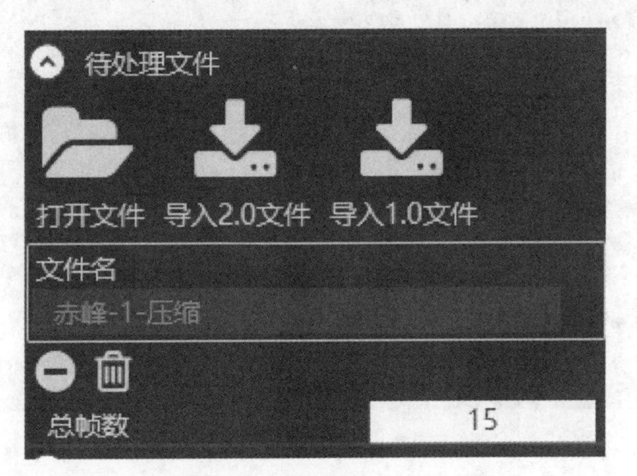

图 8-83 载入待处理文件

配库，建议选择匹配库的名称为“BPMA 库 586”，设计匹配率 0.7，点击“全部匹配”，直至初始匹配完成，如图 8-84 和图 8-85 所示。

图 8-84 打开本地已有矿物库

(3)“合并”部分，测量文件完成全部匹配后，合并功能可用（可见），用于用户对匹配结果进行批量修改。点击“矿物合并”，按矿物初始匹配的含量及矿物类别进行矿物合并，合并完成后点击确定，如图 8-86 和图 8-87 所示。

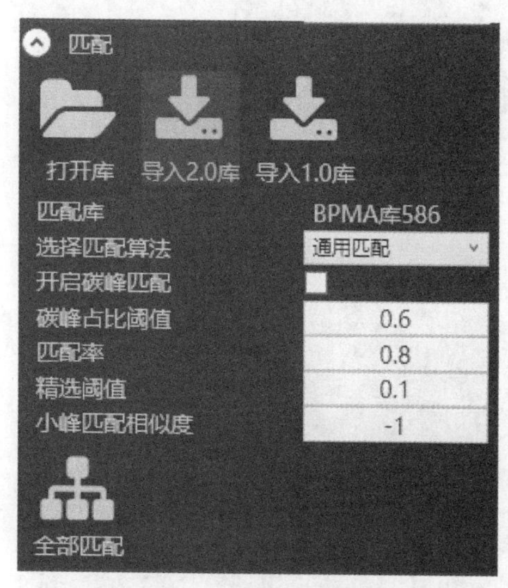

图 8-85 矿物匹配操作界面

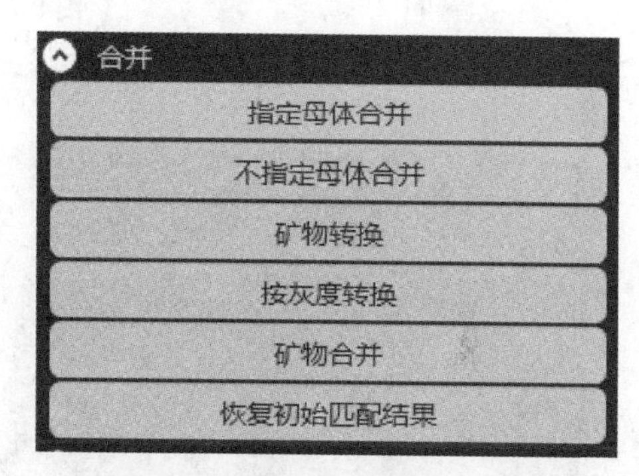

图 8-86 合并

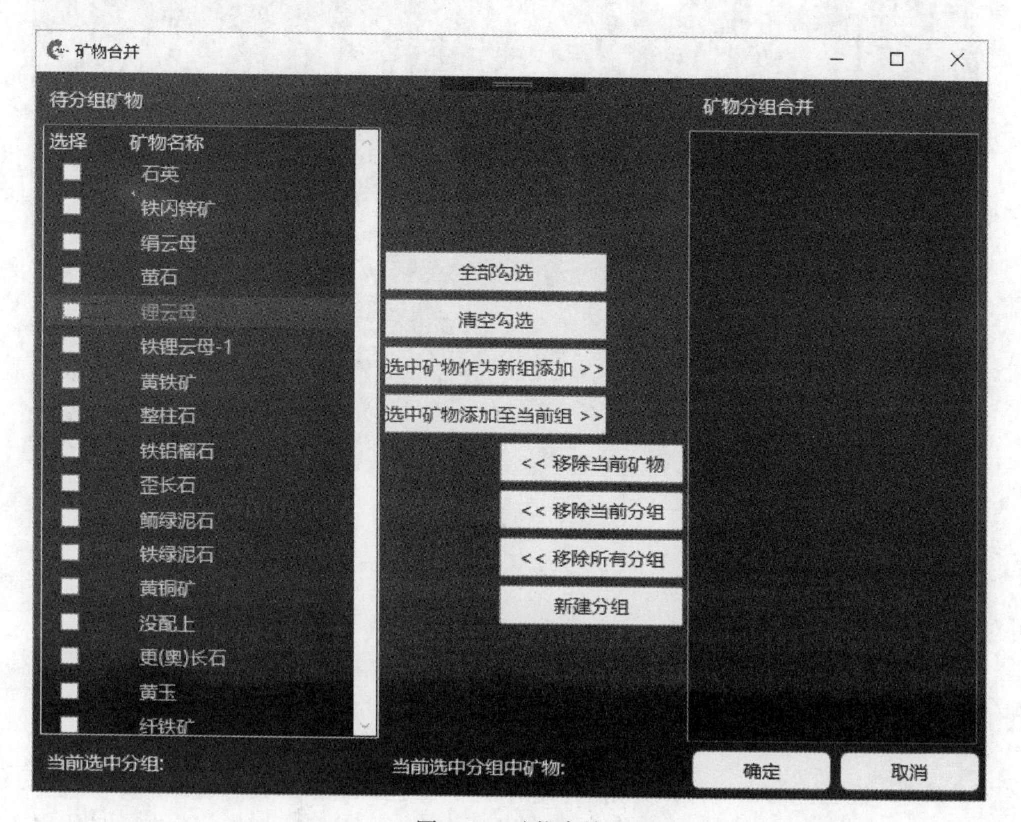

图 8-87 矿物合并

（4）“导出图片”部分，用于测量文件的图片导出。可以导出：灰度图、带标尺的灰度图、分相图/矿物图、带标尺的分相图/矿物图、图例，如图 8-88～图 8-90 所示。

图 8-88　导出图片

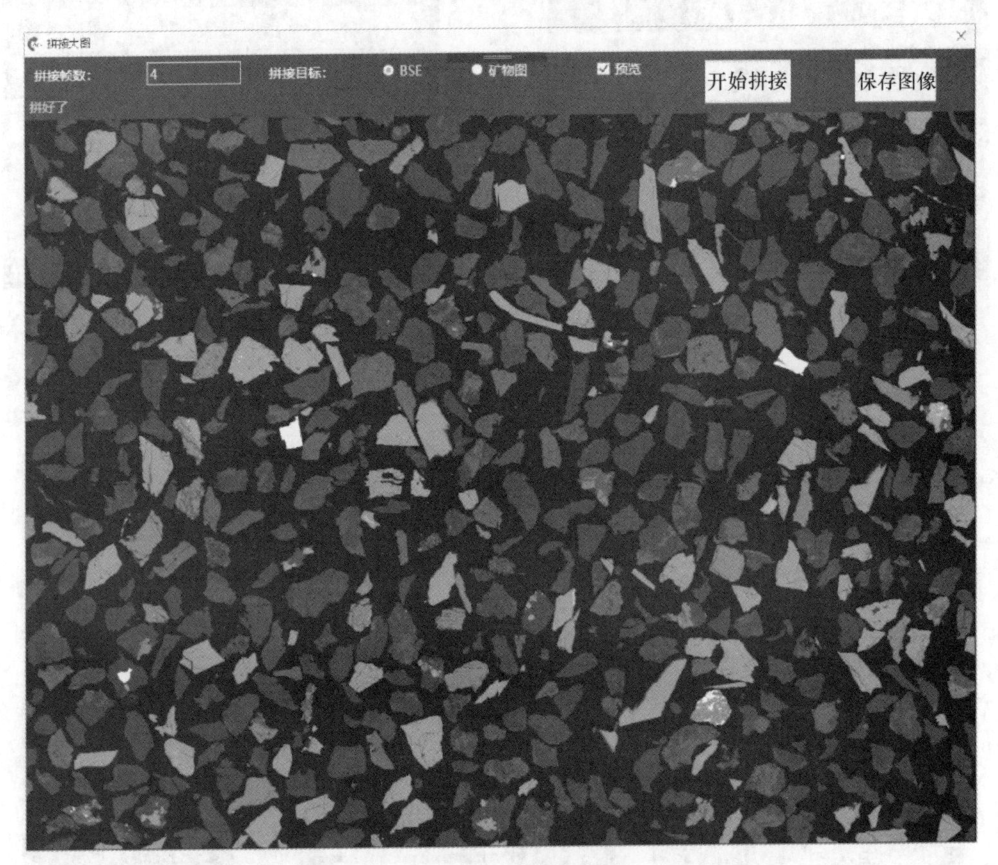

图 8-89　拼接大图——BSE

（5）“图例”部分（图 8-91），单击矿物颜色色块，可对每种矿物的颜色进行变换。可对图例进行导出操作。

（6）保存矿物处理结果。矿物合并和图片导出后，单击“保存”，将当前的匹配结果保存为匹配结果文件，用于后续参数计算，如图 8-92 所示。

（八）计算

计算模块以匹配结果文件作为输入信息，进行工艺矿物学参数的统计计算。包含：矿物量、矿物解离度、矿物连生程度、矿石颗粒粒度分布、矿物颗粒粒度分布、矿物嵌布程度、元素赋存状态、矿物品位回收率、矿物参考表、元素质量百分比等，如图 8-93 所示。

拼接大图
拼接帧数:
4
拼接目标:
BSE
矿物图
预览
开始拼接
保存图像
拼好了

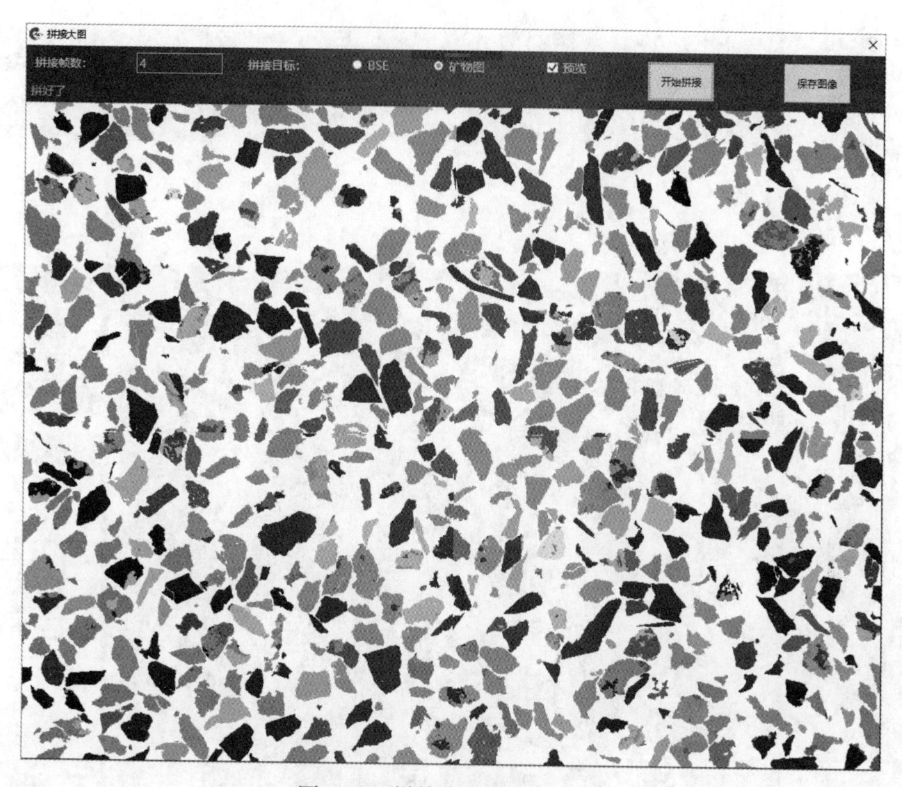

图 8-90　拼接大图——矿物图

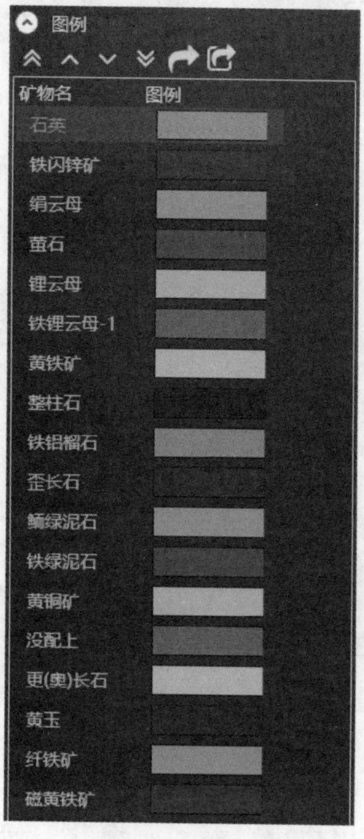

图例
矿物名
图例
石英
铁闪锌矿
绢云母
萤石
锂云母
铁锂云母-1
黄铁矿
整柱石
铁铝榴石
歪长石
鲕绿泥石
铁绿泥石
黄铜矿
没配上
更(奥)长石
黄玉
纤铁矿
磁黄铁矿

图 8-91　图例

图 8-92 功能按钮

序号	矿物组名称	分子式	比重	重量百分比	面积百分比	实测面积	颗粒数	矿物相数
1	α-碳硅石	α-SiC	3.1	0.0087	0.0095	823.848	7	7
2	α-锂辉石	α-LiAl[Si2O6]	3.13	0.0599	0.0643	5608.01	2	2
3	中长石	Ab70-50An30-50	2.76	0.0739	0.0899	7840.26	15	20
4	交沸石	Ba[Al2Si6O16].6H2O	2.46	0.0002	0.0002	18.2671	2	2
5	倍长石	Ab30-10An70-90	2.76	0.0001	0.0001	9.13357	1	1
6	包头矿	Ba4(Ti,Nb)8[O16!Cl!Si4O12]	4.42	0.0056	0.0043	372.65	14	14
7	十字石	Al4Fe2+[O!OH!SiO4]2	3.71	0.0118	0.0107	933.451	1	1
8	叶碲矿	Pb5Au(Te,Sb)4S5-8	7.49	0.0018	0.0008	69.4151	5	5
9	坏谱	未知	2.63	0.0187	0.0239	2086.11	211	689
10	块黑铅矿	PbO2	9.32	0.0121	0.0044	379.957	1	1
11	层硅铈钛矿	Na(Ca,Ce)2(Ti,Ce)[F!O!Si2O7]	3.4	0.0002	0.0002	14.6137	1	1
12	异性石	(Na,Ca,Fe)6Zr[(OH,Cl)!(Si3O9)2]	2.86	0.0299	0.0351	3057.92	2	2
13	整柱石	KCa2AlBe[Si12O30].H2O	2.54	3.0651	4.0554	353489	226	287
14	斑铜矿	Cu2S.(Fe,Cu)S，Cu5FeS4	5.1	0.0001	0	3.65343	1	1
15	斜黝帘石	Ca2Al3[O!OH!SiO4!Si2O7]	3.43	0.0704	0.0689	6009.89	2	2
16	斧石	Ca2(Fe,Mn)AlAl[OH!BO3!Si4O12]	3.31	0.0097	0.0098	854.902	6	8
17	方解石	CaCO3	2.7	0.0583	0.0725	6322.26	2	4
18	方铁矿	FeO	5.95	0.0597	0.0337	2939.18	10	12
19	方铅矿	PbS	7.5	0.5068	0.2271	19794.3	15	18
20	方霜晶石	NaCa[AlF6]·H2O	2.98	0.0463	0.0522	4548.52	1	1
21	方黄铜矿	CuFe2S3	4.1	0.1281	0.105	9150.01	10	12
22	星叶石	(K2,Na2,Ca)(Fe,Mn)4(Ti,Zr)[OH!Si2O7]2	3.4	0.0037	0.0037	321.502	7	7
23	普通辉石	(Ca,Mg,Fe2+,Fe3+,Al,Ti)2[(Si,Al)2O6]	3.4	0.0241	0.0239	2080.63	3	3
24	更(奥)长石	Ab90-70An30-10	2.68	0.7547	0.9464	82490.8	39	50
25	杆沸石	NaCa2[Al2(Al,Si)Si2O10]2.6H2O	2.25	0.015	0.0225	1958.24	11	19
26	板晶石	Na2Be2[Si6O14(OH)2]	2.55	0.011	0.0145	1264.09	1	1
27	柱星叶石	Na2FeTi[Si4O12]	3.18	0.0034	0.0036	312.368	4	4
28	柱晶石	(Mg,Fe,Al)4(Al,B)6[(O,OH)5-6(SiO4)4]	3.36	0.0794	0.0794	6919.59	3	3

图 8-93 计算模块界面

（1）“待处理文件”部分（图 8-94），点击“打开文件”，从本地选取匹配结果文件，加入列表。

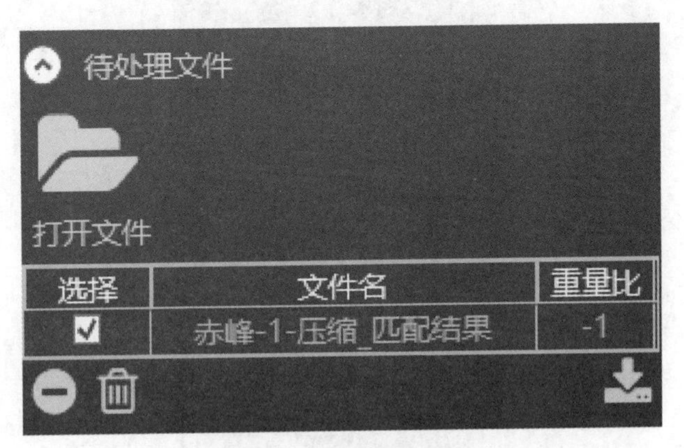

图 8-94 待处理文件

（2）“参数计算”部分，可以依次点击“矿物量”“解离度”“连生程度”“矿物嵌布程度”“颗粒粒度分布”“矿物颗粒分布”等按钮，获得计算好的数据，如图 8-95 所示。

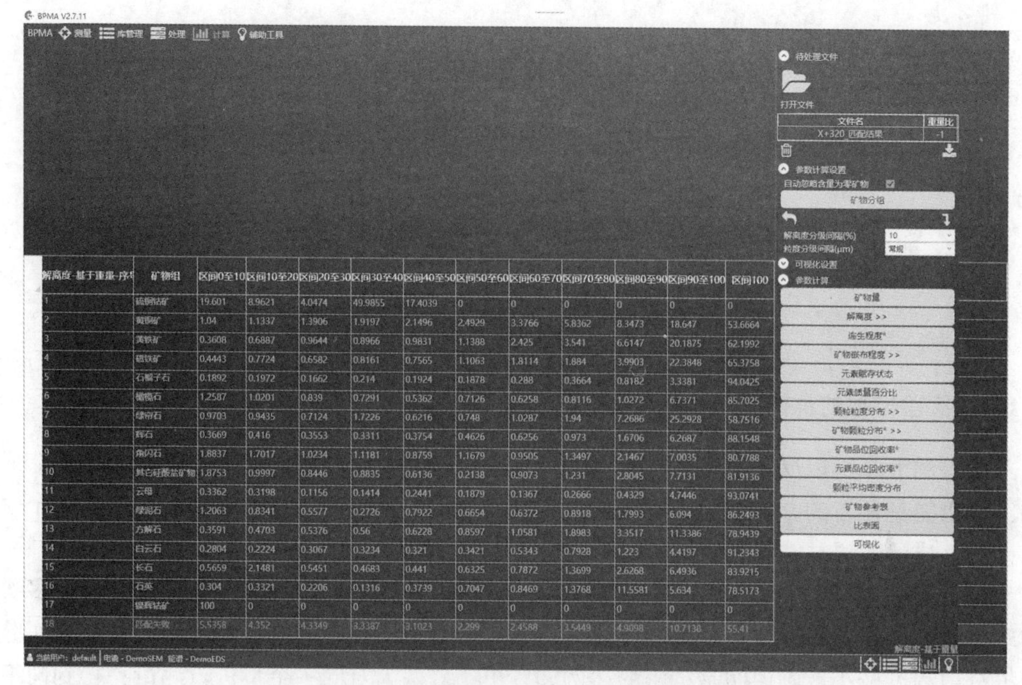

解离度-基于重量-序⁴	矿物组	区间0至10	区间10至20	区间20至30	区间30至40	区间40至50	区间50至60	区间60至70	区间70至80	区间80至90	区间90至100	区间100
1	硫铜钴矿	19.601	8.9621	4.0474	49.9855	17.4039	0	0	0	0	0	0
2	黄铜矿	1.04	1.1337	1.3906	1.9197	2.1496	2.4929	3.3766	5.8362	8.3473	18.647	53.6664
3	黄铁矿	0.3608	0.6887	0.9644	0.8966	0.9831	1.1388	2.425	3.541	6.6147	20.1875	62.1992
4	磁铁矿	0.4443	0.7724	0.6582	0.8161	0.7565	1.1063	1.8114	1.884	3.9903	22.3848	65.3758
5	石榴子石	0.1892	0.1972	0.1662	0.214	0.1924	0.1878	0.288	0.3664	0.8182	3.3381	94.0425
6	橄榄石	1.2587	1.0201	0.839	0.7291	0.5362	0.7126	0.6258	0.8116	1.0272	6.7371	85.7025
7	绿帘石	0.9703	0.9435	0.7124	1.7226	0.6216	0.748	1.0287	1.94	7.2686	25.2928	58.7516
8	辉石	0.3669	0.416	0.3553	0.3311	0.3754	0.4626	0.6256	0.973	1.6706	6.2687	88.1548
9	角闪石	1.8837	1.7017	1.0234	1.1181	0.8759	1.1679	0.9505	1.3497	2.1467	7.0035	80.7788
10	其它硅酸盐矿物	1.8753	0.9997	0.8446	0.8835	0.6136	0.2138	0.9073	1.231	2.8045	7.7131	81.9136
11	云母	0.3362	0.3198	0.1156	0.1414	0.2441	0.1879	0.1367	0.2666	0.4329	4.7446	93.0741
12	绿泥石	1.2063	0.8341	0.5577	0.2726	0.7922	0.6654	0.6372	0.8918	1.7993	6.094	86.2493
13	方解石	0.3591	0.4703	0.5376	0.56	0.6228	0.8597	1.0581	1.8983	3.3517	11.3386	78.9439
14	白云石	0.2804	0.2224	0.3067	0.3234	0.321	0.3421	0.5343	0.7928	1.223	4.4197	91.2343
15	长石	0.5659	2.1481	0.5451	0.4683	0.441	0.6325	0.7872	1.3699	2.6268	6.4936	83.9215
16	石英	0.304	0.3321	0.2206	0.1316	0.3739	0.7047	0.8469	1.3768	11.5581	5.634	78.5173
17	镍辉钴矿	100	0	0	0	0	0	0	0	0	0	0
18	匹配失败	5.5358	4.352	4.3349	3.3387	3.1023	2.299	2.4588	3.5449	4.9098	10.7138	55.41

图 8-95 计算结果——解离度分级间隔 = 10%

五、实验数据处理

根据实验数据分析矿石中的主要化学成分及矿石中组成矿物性质。

六、思考题

(1) 工艺矿物学自动分析仪（BPMA）测试对样品的要求是什么?

(2) 工艺矿物学自动分析仪（BPMA）测试结果对矿石的分选具有哪些指导意义?

9 实验结果处理与报告编写

9.1 实验结果的处理

9.1.1 实验结果的精确度

误差的大小可以反映实验结果的好坏，误差可能是由于随机误差或系统误差单独造成的，还可能是两者的叠加。为了说明这一问题，引出了精密度、正确度和准确度这三个表示误差性质的术语。

（1）精密度。精密度反映了随机误差大小的程度，是指在一定的实验条件下，多次实验值的彼此符合程度。精密度的概念与重复实验时单次实验值的变动性有关，如果实验数据分散程度较小，则说明是精密的。例如，甲、乙两人对同一个量进行测量，得到两组实验值：

甲：11.45，11.46，11.45，11.44

乙：11.39，11.45，11.48，11.50

很显然，甲组数据的彼此符合程度好于乙组，故甲组数据的精密度较高。

实验数据的精密度是建立在数据用途基础之上的，对某种用途可能认为是很精密的数据，但对另一用途可能显得不精密。

由于精密度表示了随机误差的大小，因此对于无系统误差的实验，可以通过增加实验次数而达到提高数据精密度的目的。如果实验过程足够精密，则只需少量几次实验就能满足要求。

（2）正确度。正确度反映系统误差的大小，是指在一定的实验条件下，所有系统误差的综合。

由于随机误差和系统误差是两种不同性质的误差，因此对于某一组实验数据而言，精密度高并不意味着正确度也高；反之，精密度不好，但当实验次数相当多时，有时也会得到好的正确度。精密度和正确度的区别和联系，可通过图 9-1 得到说明。

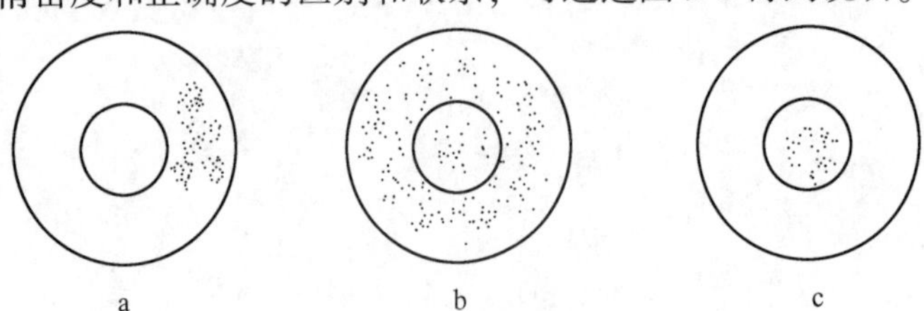

图 9-1　精密度和正确度的关系

a—精密度好，正确度不好；b—精密度不好，正确度好；c—精密度好，正确度好

（3）准确度。准确度反映了系统误差和随机误差的综合，表示了实验结果与真值的一致程度。如图 9-2 所示，假设 A、B、C 3 个实验都无系统误差，实验数据服从正态分布，而且对应着同一个真值，则可以看出 A、B、C 的精密度依次降低；由于无系统误差，3 组数的极限平均值（实验次数无穷多时的算术平均值）均接近真值，即它们的正确度是相当的；如果将精密度和正确度综合起来，则 3 组数据的准确度从高到低依次为 A、B、C。

又由图 9-3，假设 A′、B′、C′ 3 个实验都有系统误差，实验数据服从正态分布，而且对应着同一个真值，则可以看出 A′、B′、C′的精密度依次降低，由于都有系统误差，3 组数的极限平均值与真值不符，所以它们是不准确的。但是，如果考虑到精密度因素则图 9-3 中的 A′的大部分实验值可能比图 9-3 中B 和 C 的实验值要准确。

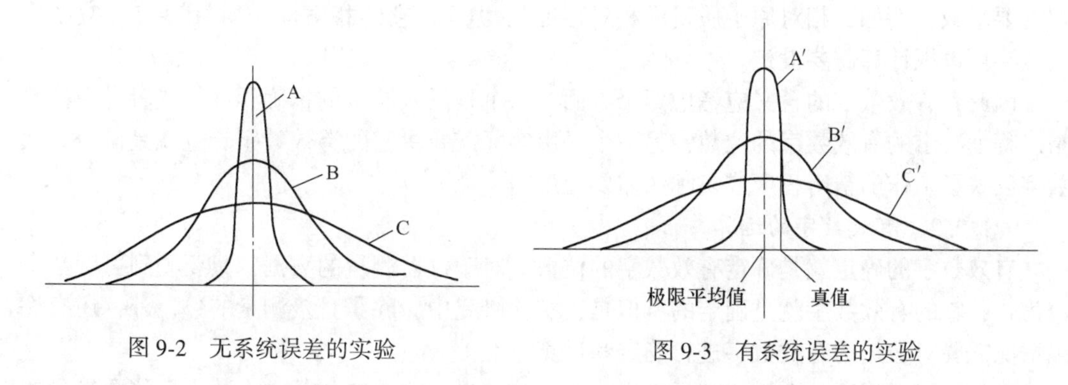

图 9-2 无系统误差的实验

图 9-3 有系统误差的实验

9.1.2 实验有效数字的测定

9.1.2.1 有效数字的概念

能够代表一定物理量的数字，称为有效数字。实验数据总是以一定位数的数字来表示，这些数字都是有效数字，其末位数往往是估计出来的，具有一定的误差。例如，用分析天平测得某样品的质量是 1.5687，共有 5 位有效数字，其中 1.568 是所加砝码标值直接读得的，它们都是准确的，但最后一位数字“7”是估计出来的，是可疑的或欠准确的。

有效数字的位数可反映实验的精度或表示所用实验仪表的精度，所以不能随便多写或少写。不正确地多写一位数字，则该数据不真实，也不可靠；少写一位数字，则损失了实验精度，实质上是对测量该数据所用高精密度仪表的耗费，也是一种时间浪费。

例如，某选矿厂根据每天处理的矿石的计量结果，得到全年的矿石处理量为 520.3417 万吨。这时，作为报表或研究用数据时，该选矿厂的实际年处理量可能有 4 个选择：520.3417 万吨、520.342 万吨、520.34 万吨、520.3 万吨。很显然，这些数据都是可靠的。我们到底选择哪一个数据更合适呢？简单一看，似乎小数点后的位数越多，结果就越精确，越真实，但这种做法未必就合适。因为，对于一个年设计处理量为 500 万吨的选矿厂来说，实际总的矿石处理量增加或减少 0.34 万吨对选矿厂的效益、成本和工时都没有太多的实质影响，况且，对于这样大规模的选矿厂，它的计量可能是比较粗糙的，因此，选择 520 万吨或 520.3 万吨作为实际统计结果就足够了，而选择 520.34 万吨、520.342 万吨或者 520.3417 万吨则没有必要。在这种情况下，有效数字的内涵更加体现为有意义的数字。

数据中小数点的位置不影响有效数字的位数。例如，50mm、0. 050m、$5.0\times10^{-4}\mu m$，这 3 个数据的准确度是相同的，它们的有效数字位数都为 2，所以常用科学记数法表示较大或较小的数据，而不影响有效数字的位数。

数字 0 是否是有效数字，取决于它在数据中的位置。一般第一个非 0 数前的数字都不是有效数字，而第一个非 0 数后的数字都是有效数字。例如：0. 0105 仅有 3 位有效数字，其中前两个“0”只起定位作用，因为将该数据放大 100 倍（如将以米为单位的数据变成以厘米为单位的数据），就变成了 1. 05。数据 29mm 和 29. 00mm 并不等价，前者有效数字是 2 位，后者是 4 位有效数字，它们是用不同精度的仪器测得的。所以在实验数据的记录过程中，不能随便省略末尾的 0。需要指出的是，有些为指定的标准值，末尾的 0 可以根据需要增减，例如，相对原子质量的相对标准是“C”，它的相对原子质量为 12，它的有效数字可以视计算需要设定。

因此，有效数字的含义应考虑两个方面：一个是反映测量的精确程度，或者说由测量精确程度决定的有效数字的位数；另一个是由实际需要决定的有效数字。也就是说，有效数字反映了工作的精密程度或实际的需要程度。

9. 1. 2. 2　有效数字的运算

有效数字的确定就是确定有效数字的位数。对于仪器测量的数据，只要测到可疑数字位为止，它的有效数字就是确定的。但是，实验研究中，除了直接测量的数据外，还有许多情况需要对数据的有效数字进行确定和运算。

(1) 加、减运算。在加、减运算中，加、减结果的位数应与其中小数点后位数最少的相同，也可以理解为结果的精度只能取决于精度最差的测量结果，而不是精度最好的测量结果。例如，11. 96+10. 2+0. 003 的结果是 22. 2，而不是 22. 163 或 22. 16。具体计算方法是先不考虑小数点的位数，直接计算结果，再将结果处理成小数点的位数与原始数据中小数点后位数最少的相同。

(2) 乘、除运算。在乘、除运算中，乘积和商的有效位数，应以各乘、除数中有效数字位数最少的为准。例如，$12.6\times9.81\times0.050$ 中 0. 050 的有效数字位数最少，所以有 $12.6\times9.81\times0.050=6.2$。

(3) 乘方、开方运算。乘方、开方后的结果的有效数字位数应与其底数的相同。例如，$\sqrt{2.4}=1.5$，$3.6^2=13$。

(4) 对数运算。对数的有效数字位数与其真数的相同。例如，$\lg0.0004=-4.4$；$\ln6.84=1.92$。而 pH 值、pK_a 等数据的有效数字取决于小数部分的位数，整数部分只是 10 的方次。例如，pH=6. 12，$pK_a=4.74$ 都只有 2 位有效数字，其真数值的有效数字位数应与此一致，分别为 $[H^+]=7.6\times10^{-7}$mol/L，$[pK_a]=1.8\times10^{-5}$。由此可见，pH 值、pK_a 的值写成小数点后 1 位并不合适。

(5) 在 4 个以上数的平均值计算中，平均值的有效数字可增加 1 位，可理解为平均值结果使精度增加。

(6) 所有取自手册上的数据，其有效数字位数按实际需要选取，但原始数据如有限制，则应服从原始数据。

(7) 一些常用数据的有效数字的位数可以认为是无限制的，例如，圆周率、重力加速

度 g、$\sqrt{2}$ 、1/3 等，可以根据需要确定有效数字位数。

（8）一般在工程计算中，取 2~3 位有效数字就足够精确了，只有在少数情况下，需要取到 4 位有效数字。

从有效数字的运算可以看出，每一个中间数据对实验结果精度的影响程度是不一样的，其中精度低的数据影响相对较大。所以在实验过程中，应尽可能采用精度一致的仪器或仪表，只采用一两个高精度的仪器或仪表无助于整个实验结果精度的提高。

9.1.2.3　有效数字的修约规则

数值修约就是去掉数据中多余的位，也叫“化整”或“舍入”。在有效数字的运算过程中，当有效数字的位数确定后，需要舍去多余的数字。其中最常用的修约规则是“四舍五入”，但这种方法的缺点是容易使所得数据结果偏大，而且无法消除，为了提高精度，这种方法常用在精度要求不高的场合。可以采用“四舍六入尾留双”或称为“四舍六入五凑偶”的修约规则。“四舍六入尾留双”规则规定，4 和 4 以下的数字舍去，6 和 6 以上的数字进位；若是 5 这个数字，则要看它前面的 1 个数，如果是奇数就入，是偶数就舍，这样数据的末位都为偶数。值得注意的是，如果有多位数字要舍去，不能从最后 1 位数字开始连续进位进行取舍，而是直接用准备舍去数位中的最左边的数字进行修约。如，将 3.13456 修约为保留小数点后 3 位，则直接从小数点后第四位入手进行“舍入”处理，因小数点后第四位为 5，而它前面的数字 4 是偶数，根据“四舍六大五凑偶”的修约规则，修约结果是 3.134。相反，如果从最后 1 位开始，则需修约两次，第 1 次修约为 3.1346，第 2 次修约为 3.135，最后的修约结果就变成了 3.135，这种做法是错误的。又如，将数据 26.7548 修约为保留小数点后两位，则修约结果是 26.75，而不是 26.76。

9.1.3　实验结果的计算

9.1.3.1　误差的分类

实验误差根据其性质和来源不同可分为 3 类：系统误差、随机误差和过失误差。

系统误差是由仪器误差、方法误差和环境误差构成的，即仪器性能欠佳、使用不当、操作不规范以及环境条件的变化引起的误差。系统误差是实验中潜在的弊端，若已知其来源，应设法消除。若无法在实验中消除，则应事先测出其数值的大小和规律，以便在数据处理时加以修正。

随机误差是实验中普遍存在的误差，这种误差从统计学的角度看，它具有有界性、对称性和抵偿性，即误差仅在一定范围内波动，不会发散，当实验次数足够大时，正负误差将相互抵消，数据的算术均值将趋于真值。因此，不易也不必去刻意地消除它。

过失误差是由于实验者的主观失误造成的显著误差。这种误差通常造成实验结果的扭曲。在原因清楚的情况下，应及时消除。若原因不明，应根据统计学的准则进行判别和取舍。

9.1.3.2　误差的表达

A　数据的真值

实验测量值的误差是相对于数据的真值而言的。严格地讲，真值应是某量的客观实际值。然而，在通常情况下，绝对的真值是未知的，只能用相对的真值来近似。常采用的 3 种相对真值为标准真值、统计真值和引用真值。

标准真值，就是用高精度仪表的测量值作为低精度仪表测量值的真值。要求高精度仪表的测量精度必须是低精度仪表的5倍以上。

统计真值，就是用多次重复实验测量值的平均值作为真值。重复实验次数越多，统计真值越趋近实际真值，由于趋近速度是先快后慢，故重复实验的次数取3~5次即可。

引用真值，就是引用文献或手册上那些已被前人的实验证实、并得到公认的数据作为真值。

B 绝对误差与相对误差

绝对误差与相对误差在数据处理中被用来表示物理量的某次测定值与其真值之间的误差。绝对误差的表达式为

$$d_i = |x_i - X| \tag{9-1}$$

相对误差的表达式为

$$r_i = \frac{|d_i|}{X} \times 100\% = \frac{|x_i - X|}{X} \times 100\% \tag{9-2}$$

式中，x_i 为第 i 次测定值；X 为真值；d_i 为绝对误差；r_i 为相对误差。

C 算术均差和标准误差

算术均差和标准误差在数据处理中被用来表示一组测量值的平均误差。

其中，算术均差的表达式为

$$\delta = \frac{\sum_{i=1}^{n} |x_i - \bar{x}|}{n} = \frac{\sum_{i=1}^{n} |d_i|}{n} \tag{9-3}$$

式中，n 为测量次数；x_i 为第 i 次测定值；$\bar{x}$ 为 n 次测得值的算数平均值。

$$\bar{x} = \frac{\sum_{i=1}^{n} x_i}{n} \tag{9-4}$$

标准误差 δ（又称均方根误差）的表达式为（在有限次数 n 的实验中）

$$\sigma = \sqrt{\frac{\sum (x_i - \bar{x})^2}{n-1}} \tag{9-5}$$

9.1.3.3 仪器仪表的精度与测量误差

仪器仪表的衡量精度常采用精度等级来表示，如0.1级、0.2级、0.5级、1.0级、1.5级、2.5级、5.0级电流表、电压表等。而所谓的仪表等级实际上是仪表测量值的最大相对误差（百分数）的1种实用表示方法，称为引用误差。引用误差的定义为

$$引用误差 = \frac{仪表指示值的最大相对误差}{仪表满量程} \tag{9-6}$$

以1%表示某仪表的引用误差，则该仪表的精度等级为1.0级。精度等级的数值越大，说明引用误差越大，测量的精度等级越低。这种关系在选用仪表时应注意。从引用误差的表达式可见，它实际上是仪表测量值为满刻度值时相对误差的特定表示方法。

在仪表的实际使用中，由于被测值的大小不同，在仪表上的示值不一样，这时应如何来估算不同测量值的相对误差呢？

假设仪表的精度等级为 P 级，表明引用误差为 $P\%$，若满量程值为 M，测量点的指示值为 x，则测量值的相对误差 E_r的计算式为

$$E_r = \frac{M \cdot P\%}{x} \tag{9-7}$$

可见，仪表测量值的相对误差不仅与仪表的精度等级 P 有关，而且与仪表量程 M 和测量值 x 的比值 M/x 有关。因此，在选用仪表时应注意如下两点：

1）当待测值一定，选用仪表时，不能盲目追求仪表的精度等级，应兼顾精度等级和仪表量程进行合理选择。量程选择的一般原则是：尽可能使测量值落在仪表满刻度值的2/3处即 $M/x=3/2$ 为宜。

2）选择仪表的一般步骤是：首先根据待测值的大小，依 $M/x=3/2$ 的原则确定仪表的量程 M，然后，根据实验允许的测量值相对误差 $r\%$，确定仪表的最低精度等级 P，即

$$P\% = \frac{x \cdot r\%}{M} = \frac{2}{3} \times E_r \tag{9-8}$$

最后，根据上面确定的 M 和 $P\%$，从可供选择的仪表中，选配精度合适的仪表。

9.1.4 实验结果的表示方法

实验数据处理是实验研究工作中的一个重要环节。由实验获得的大量数据必须经过正确分析、处理和关联，才能清楚地看出各变量间的定量关系，从中获得有价值的信息与规律。实验数据处理是一项技巧性很强的工作，处理方法得当，会使实验结果清晰而准确，否则，将得出模糊不清甚至错误的结论。实验数据处理常用的方法有3种：列表法、图示法和回归公式法。

9.1.4.1 实验结果的列表法

列表法是将实验的原始数据、运算数据和最终结果直接列举在各类数据表中以展示实验成果的一种数据处理方法。根据记录内容的不同，数据表主要分为两种：原始数据记录表和实验结果表。其中原始数据记录表是在实验前预先制定的，记录的内容是未经任何运算处理的原始数据。实验结果表记录了经过运算和整理得出的主要实验结果，该表的制定应简明扼要，直接反映主要实验指标与操作参数之间的关系。

9.1.4.2 实验数据的图示法

图示法是以曲线的形式简单明了地表达实验结果的常用方法。由于图示法能直观地显示变量间存在的极值点、转折点、周期性及变化趋势，尤其是在数学模型不明确或解析计算有困难的情况下，图示求解是数据处理的有效手段。

图示法的关键是坐标的合理选择，包括坐标类型与坐标刻度的确定。坐标选择不当，往往会扭曲和掩盖曲线的本来面目，导致得出错误的结论。

坐标类型选择的一般原则是尽可能使函数的图形线性化。如线性函数：$y=a+bx$，选用直角坐标。指数函数：$y=a^{bx}$，选用半对数坐标。幂函数：$y=x^b$，选用对数坐标。若变量的数值在实验范围内发生了数量级的变化，则该变量应选用对数坐标来描绘。

确定坐标分度标值可参照如下原则：

(1) 坐标的分度应与实验数据的精度相匹配。即坐标读数的有效数字应与实验数据的有效数字的位数相同。换言之，就是坐标的最小分度值的确定应以实验数据中最小的一位

可靠数字为依据。

（2）坐标比例的确定应尽可能使曲线主要部分切线与 x 轴和 y 轴的夹角为45°。

（3）坐标分度值的起点不必从零开始，一般取数据最小值的整数为坐标起点，以稍大于数据最大值的某一整数为坐标终点，使所绘的图线位置居中。

9.1.4.3　实验结果的模型化

实验结果的模型化就是采用数学手段，将离散的实验数据回归成某一特定的函数形式，用以表达变量之间的相互关系，这种数据处理方法又称为回归分析法。

在矿物分选与提取实验中，涉及的变量较多，这些变量处于同一系统中，既相互联系又相互制约，但是，由于受到各种无法控制的实验因素（如随机误差）的影响，它们之间的关系不能像物理定律那样用确切的数学关系式来表达，只能从统计学的角度来寻求其规律。变量间的这种关系称为相关关系。

回归分析是研究变量间相关关系的一种数学方法，是数理统计学的一个重要分支。用回归分析法处理实验数据的步骤是：第一，选择和确定回归方程的形式（即数学模型）；第二，用实验数据确定回归方程中的模型参数；第三，检验回归方程的等效性。

9.1.4.4　实验结果的统计检验

无论是采用离散数据的列表法，还是采用模型化的回归法表达实验结果，都必须对结果进行科学的统计检验，以考察和评价实验结果的可靠程度，从中获得有价值的实验信息。统计检验的目的是评价实验指标 y 与变量 x 之间，或模型计算值与实验值 y 之间是否存在相关性以及相关的密切程度如何。检验的步骤是：

（1）首先建立一个能够表征实验指标 y 与变量 x 间相关程度的数量指标，称为统计量。

（2）假设了与 x 不相关的概率为 a，根据假设的 a 从专门的统计检验表中查出统计量的临界值。

（3）将查出的临界统计量与实验数据算出的统计量进行比较，便可判别 y 与 x 相关的显著性。判别标准见表9-1。通常称 α 为置信度或者显著性水平。

表9-1　显著性水平的判别标准

显著性水平	检验判据	相关性
$\alpha=0.01$	计算统计量大于临界统计量	高度显著
$\alpha=0.05$	计算统计量大于临界统计量	显著

常用的统计检验方法有方差分析法和相关系数法。

（1）方差分析法。方差法不仅可用于检验回归方程的线性相关性，而且可用于对离散的实验数据进行统计检验，判别各因子对实验结果的影响程度，分清因子的主次，优选工艺条件。

方差分析构筑的检验统计量为 F 因子，用于模型检验时，其计算式为

$$F=\frac{\Sigma(\hat{y}_i-\bar{y})^2/fU}{\Sigma(\hat{y}_i-\bar{y})^2/fQ}=\frac{u/fU}{Q/fQ} \tag{9-9}$$

式中，fU 为回归平方和自由度，$fU=N$；fQ 为残差平方和的自由度，$fQ=n-N-1$；n 为实

验点数；N 为自变量个数；u 为回归平方和，表示变量水平变化引起的偏差；Q 为残差平方和，表示实验误差引起的偏差。

检验时，首先依式 (9-9) 算出统计量 F，然后，由指定的显著性水平 α 和自由度 fU 和 fQ 从有关手册中查得临界统计量 F_α，依表 9-1 进行相关显著性检验。

(2) 相关系数法。在实验结果的模型化表达方法中，通常利用线性回归将实验结果表示成线性函数。为了检验回归直线与离散的实验数据点之间的符合程度，或者说考察实验指标 y 与自变量 x 之间线性相关的密切程度，提出了相关系数 r 这个检验统计量。相关系数的表达式为

$$r = \frac{\Sigma(x_i - \bar{x})(y_i - \bar{y})}{\sqrt{\Sigma(x_i - \bar{x})^2 \Sigma(y_i - \bar{y})^2}} \tag{9-10}$$

当 $r=1$ 时，y 与 x 完全正相关，实验点均落在回归直线 $y=a+bx$ 上。当 $r=-1$ 时，y 与 x 完全负相关，实验点均落在回归直线 $y=a-bx$ 上。当 $r=0$ 时，则表示 y 与 x 无线性关系。一般情况下，$0<|r|<1$。这时要判断 x 与 y 之间线性相关程度，就必须进行显著性检验。检验时，一般取 α 为 0.01 或 0.05，由 α 和 fQ 得到 r_α 后，将计算得到的 $|r|$ 值与 r_α 进行比较，判别 x 与 y 线性相关的显著性。

9.1.5 实验结果的评价

矿物分选与提取实验结果的评价通常用选别过程（以及筛分、分级等其他分离过程）效率来评价，这个效率有回收率、品位、产率、金属量、富集比和选矿比等指标。这些指标都不能同时从数量和质量两个方面反映选矿过程的效率。例如，回收率和金属量是数量指标，品位和富集比是质量指标，产率和选矿比若不与其他指标联用则根本不能说明问题。因而在实际工作中通常是成对地联用其中 2 个指标，即 1 个数量指标和 1 个质量指标。

为了比较不同的选矿方案（方法、流程、条件）。只要选矿品位相近，一般都是用品位和回收率这一对指标作判据；若原矿品位相差很远，就要考虑用富集比代替精矿品位作质量指标；选煤工业上还常用产率作数量指标，其前提是各种原煤“含煤量”均相差不大，对精煤质量要求也大体相同，因而产率高就意味着损失少。至于其他判据，如金属量主要用于现场生产核算，矿物分选与提取实验有时用来代替回收率作为数量指标；选矿比则是辅助指标，矿物分选与提取实验中不常使用。

用一对指标作判据，常会出现不易分辨的情况。例如，两个实验，一个品位较高而回收率较低，另一个品位较低而回收率较高，就不易判断究竟是哪一个实验的结果好。因而长期以来，有不少人致力于寻找一个综合指标来代替用一对指标作判据的方法，为此提出了效率公式。但在选矿工艺上碰到的各种具体情况，对分离效率数量方面和质量方面的要求侧重程度往往不同，实际上无法找到一个公式能“灵活地”反映这种不同要求。因此尽管不少作者在推荐自己提出的公式时，可以利用一些看来似乎有理的数据证明该公式的合理性和通用性，其他作者却可提出另一些数据证明该公式的缺陷，说明实际上无法找到一个通用的综合指标，来完全代替现有的用一对指标作判据的方法，而只能是在不同情况下选择不同的判据，并在利用综合指标作为主要判据的时候，同时利用各个单独的质量指标和数量指标作辅助判据。

我们用分离效率这个名词，是为了把筛分效率、分级效率、选矿效率等分离过程的效率统一在一起进行讨论。

筛分和分级，是按矿粒粒度进行分离的过程；选矿则是按矿物进行分离的过程。分离效率，应反映分离的完全程度。

最常见的指标为回收率和品位（对筛分和分级过程，则为某指定粒级的含量）。这一对指标的优点是，物理意义清晰，直接回答了生产上最关心的两个问题，即资源的利用程度和产品质量。缺点是不易进行综合比较，特点是不适用于比较不同性质原矿的选矿效率。例如，两个厂矿，若一个原矿品位很高，而另一个原矿品位很低，即使它们的金属回收率和精矿品位完全相同，也不能认为这两个厂矿的选矿效率是相等的。因而回收率和品位这两个指标即使作为单纯的数量指标和质量指标，也必须要给以某种修正，才能作为比较通用的相对判据。

（1）质效率。最基本的质效率指标是 β。对筛分、分级过程而言，β 一般是指细粒级产品中小于分级粒度的细粒级的含量。显然，对于筛分过程，若筛网完好无缺，筛下产品中原则上不应含有粗粒级，因而一般可认为 β 总能等于 100%。换句话说，对于筛分过程，质效率一般是不必考虑的。而对于分级过程，溢流中不可能不混入粗粒，β 也就不会等于 100%，因而在评价分级过程的效率时，不仅要从数量上考虑，而且必须同时从质量上考虑。在实践中筛分和分级同属分粒过程，所用的效率公式却不同，其原因就在这里。

对于矿物分选与提取过程，习惯上 β 是指精矿中有用元素（如铜、铅、铁、锡等）或化合物（如 CaF_2等）的含量。但矿物分选与提取按本身的定义（按矿物分离），应该是指精矿中有用矿物的含量。若从习惯看，仍用 β 表示精矿中有用元素或化合物的含量，则应该根据对效率指标的第一项基本要求进行一些修正。例如，一个黄铜矿石，理论上可达到的最高精矿品位是纯黄铜矿中铜的含量，即 $\beta_{max}=34.5\%$，实际精矿铜含量达到 25%，已比较满意，而辉铜矿矿石，理论最高品位应是辉铜矿纯矿物的含铜量，即 $\beta=79.8\%$，若实际精矿含铜量也只有 25%选矿效率就太低，表明在此情况下 β 作为度量分离过程质效率的判据是不理想的，因而有建议用实际精矿品位同理论最高品位的比值 $\frac{\beta}{\beta_{max}}\times100\%$ 作为质效率指标。显然，这个比值就是精矿中有用矿物的含量。

再考虑对效率指标的第二项基本要求。若原矿品位为 α，则即使是一个简单的分样过程，毫无分选作用，精矿品位 α 也不会等于 0，而是等于 α，但这显然不能看作是选矿的效率，因而有人建议以 $\beta-\alpha$ 代替 β 度量分离过程的质效率。这样，对于分样过程，$\beta=\alpha$，$\beta-\alpha=0$。就是说若以 $\beta-\alpha$ 作质效率指标，就能达到使分样过程的效率指标值为 0，从而满足前述第二项基本要求。

若兼顾第一和第二项基本要求，则效率公式应写成

$$\frac{\beta-\alpha}{\beta_{max}-\alpha}\times100\% \tag{9-11}$$

（2）量效率。最常用的量效率指标就是回收率，其计算公式如下：

$$\varepsilon=\frac{\beta(\alpha-\theta)}{\alpha(\beta-\theta)}\times100\% \tag{9-12}$$

式中，对于矿物加工过程，α、β、θ 分别为原矿、精矿、尾矿的品位。

（3）综合效率。几十年来，不断地有人提出不同的分级效率公式，也不断有人对已提出的众多公式进行分类和评述，此处仅介绍几个最常用的公式，即以汉考克公式作为代表的第一类综合效率公式，以弗莱敏-斯蒂芬森公式和道格拉斯公式作为代表的第二类综合效率公式。

1）第一类综合效率公式。推导此类效率公式的基本指导思想是综合考虑不同成分在不同产品中的分布率，例如不仅应考虑有用成分在精矿中的回收率，而且应考虑无用成分在精矿中的混杂率，设法从“有效回收率”中扣除“无效回收率”的影响，即可使所得综合算式反映过程的量效率，又反映过程的质效率：

$$E = \varepsilon - \gamma \tag{9-13}$$

这是我国锡矿工业中曾经采用过的一个选矿效率公式。其基本思想是，在用回收率指标评价选矿效率时，应从中扣除分样过程带来的那部分回收率，因为即使是毫无分选作用的缩分过程，其回收率也不会等于0，而是等于 γ，显然不能将这部分回收率视为选矿的效果。汉考克-卢伊肯公式用 $\varepsilon-\gamma$ 代替 ε，仅仅是满足了对分离效率指标的第2项基本要求，若再考虑第1项要求，则应该写成下列形式：

$$E_{汉} = \frac{\varepsilon - \gamma}{\varepsilon_{max} - \gamma_{opt}} \tag{9-14}$$

式中，ε_{max} 为理论最高回收率，$\varepsilon_{max} = 100\%$；$\gamma_{opt}$ 为理论最佳精矿产率。

因而 $E_{汉}$ 可看作是实际分离效果与理论最好分离效果的比值，是一个可用于比较不同性质原矿分离效果的相对指标。

2）第二类综合效率公式。第二类综合效率计算公式，是将质效率与量效率的乘积作为综合效率，常见的有：

弗莱敏-斯蒂芬森公式：

$$E = \varepsilon \times \frac{\beta - \alpha}{\beta_{max} - \alpha} \times 100\% \tag{9-15}$$

或写成

$$E = \frac{100\beta(\alpha - \theta)(\beta - \alpha)}{\alpha(\beta - \theta)(\beta_{max} - \alpha)} \times 100\% \tag{9-16}$$

道格拉斯公式：

$$E = \frac{\varepsilon - \gamma}{100 - \gamma} \times \frac{\beta - \alpha}{\beta_{max} - \alpha} \times 100\% \tag{9-17}$$

或写成

$$E = \frac{(\alpha - \theta)(\beta - \alpha)}{\alpha(\beta - \theta)\left(1 - \dfrac{\alpha}{\beta_{max}}\right)} \times \frac{\beta - \alpha}{\beta_{max} - \alpha} \times 100\% \tag{9-18}$$

对于单一有用矿物的矿石，$\beta_{max} = \beta_m$，此处 β_{max} 为理论最高精矿品位，β_m 为纯矿物品位。

（4）选择性指数。分离1、2两种成分时，希望精矿中成分1的回收率尽可能高，成分2的回收率尽可能低，故可用相对回收率 $\varepsilon_{精相} = \dfrac{\varepsilon_{1精}}{\varepsilon_{2精}}$ 作判据。同样，对尾矿亦可得出类

似之指标 $\varepsilon_{尾相}=\dfrac{\varepsilon_{2尾}}{\varepsilon_{1尾}}$。

高登（A. M. Gaudin）就用这个相对回收率的集合平均值作为分离判据，并习惯上称为选择性指数，通常用字母 SI 代表：

$$SI=\sqrt{\varepsilon_{精相}\ \varepsilon_{尾相}}=\sqrt{\frac{\varepsilon_{1精}\ \varepsilon_{2尾}}{\varepsilon_{2精}\ \varepsilon_{1尾}}} \tag{9-19}$$

此式在两种金属分离（铜铅分离、铅锌分离、钨锡分离）时应用较广。由此还派生出了一系列其他效率公式，思路都是用多个组分或产品指标（回收率、浮选速率、浮选概率等）的几何平均值作综合效率判据。

9.2　实验报告的编写

实验报告是将实验目的、方法、过程、结果等记录下来，经过整理写成的书面汇报。实验报告的种类因科学实验的对象而异，随着科学事业的日益发展，实验的种类、项目等日见繁多，但其格式大同小异，比较固定。实验报告必须在科学实验的基础上进行，它主要的用途在于帮助实验者不断地积累研究资料，总结研究成果。

实验报告的书写是一项重要的基本技能训练。它不仅是对每次实验的总结，而且可以初步培养和训练学生的逻辑归纳能力、综合分析能力和文字表达能力，是科技论文写作的基础。因此，参加实验的每位学生，均应及时认真地书写实验报告。要求内容实事求是，分析全面具体，文字简练通顺，抄写清楚整洁。

9.2.1　实验报告内容与格式

（1）实验名称。用最简练的语言反映实验的内容，让阅读报告的人一目了然。

（2）所属课程名称。

（3）学生姓名、学号及合作者。

（4）实验日期（年、月、日）和地点。

（5）实验目的。实验目的需明确，应阐述该实验在科研或生产中的意义与作用。在理论上，验证定理、公式、算法，使实验者获得深刻和系统的理解；在实践上，使实验者掌握使用实验设备的技能技巧和程序的调试方法。一般应说明是验证型实验还是设计型实验，是创新型实验还是综合型实验。

（6）实验原理。实验原理是实验方法的理论依据或实验设计的指导思想。实验原理包括两个部分：一是实验中涉及的反应，这是能进行实验的基础，如果没有反应，实验就无法进行，也没有实验的必要；二是仪器对该反应的接受与指示的原理，这是实验的保证，仪器不能接受和指示出反应的信号，实验也无法进行，就得更换仪器的类型或型号。

（7）实验环境和器材。实验用的软硬件环境（包括实验所需的主要仪器、设备、试剂、试样等），这是实验的基本条件。

（8）实验步骤。只需撰写主要的操作步骤，不要照抄实验指导书，要简明扼要。还应该画出实验流程图（实验装置的结构示意图），再配以相应的文字说明，这样既可以节省许多文字说明，又能使实验报告简明扼要，清楚明白。

(9) 实验结果。主要是对实验现象的描述（包括测试环境有无变化，仪器运转是否正常，试样在处理或测试中有无改变等）和实验数据的处理等。原始资料应附在该次实验主要操作者的实验报告上，同组的合作者要复制原始资料。

对于实验结果的表述，一般有3种方法：

1）文字叙述。根据实验目的将原始资料系统化、条理化，用准确的专业术语客观地描述实验现象和结果，要有时间顺序以及各项指标在时间上的关系。

2）图表。用表格或坐标图的方式使实验结果突出、清晰，便于相互比较，尤其适合于分组较多，且各组观察指标一致的实验，使组间异同一目了然。每一图表都应有表序和计量单位，应说明一定的中心问题。

3）曲线图。应用记录仪器描绘出的曲线图，图中指标的变化趋势形象生动、直观明了。在实验报告中，可任选其中一种或几种方法并用，以获得最佳效果。

(10) 讨论。根据相关的理论知识对所得到的实验结果进行解释和分析。如果所得到的实验结果和预期的结果一致，那么它可以验证什么理论，实验结果有什么意义，说明了什么问题，这些是实验报告应该讨论的。但不能用已知的理论或生活经验硬套在实验结果上，更不能由于所得到的实验结果与预期的结果或理论不符而随意取舍甚至修改实验结果，这时应该分析其异常的可能原因。如果该次实验失败了，应找出失败的原因及以后实验应注意的事项。不要简单地复述课本上的理论而缺乏自己主动思考的内容。另外，还可以写一些该次实验的心得以及提出一些问题或建议等。

(11) 结论。结论不是具体实验结果的再次罗列，也不是对今后研究的展望，而是针对该实验所能验证的概念、原则或理论的简要总结，是从实验结果中归纳出的一般性、概括性的判断，要简练、准确、严谨、客观。

(12) 鸣谢（可略）。在实验中受到他人的帮助，在报告中以简单语言感谢。

(13) 参考资料。详细列举实验中所用到的参考资料。

9.2.2 专题实验报告内容与格式

实验报告是实验的总结，应说明的主要问题为：

(1) 实验任务。

(2) 实验对象：试样。

(3) 实验的技术方案：选矿方法、流程、条件等。

(4) 实验结果：推荐的选矿方案和技术经济指标。

为了说明实验条件同生产条件的接近程度和结果的可靠性，一般还要对所使用的实验设备、药品、实验方法和实验技术等作扼要的说明。连续性选矿实验和半工业实验，特别是采用了新设备的，必须对所用设备的规格、性能以及与工业设备的模拟关系做出准确说明，以便能顺利地实现向工业生产转化。

实验的中间过程，在报告的正文中只摘要阐述。阐述的目的是为了使阅读者了解实验工作的详细程度和可靠程度，确定最终方案的依据以及在需要时可据此做进一步的工作。详细材料可作为附件或原始资料存档。

一般来说，可将实验报告分为下面几个部分：

(1) 封面：报告名称、实验单位、编写日期等。

(2) 前言或绪言：对实验任务、试样以及所推荐的实验方案和最终指标作简单介绍，使读者一开始即了解实验工作的基本情况。

(3) 矿床特性和采样情况的简要说明。

(4) 矿石性质。

(5) 选矿实验方法和结果。

(6) 结论：主要介绍所推荐的选矿方案和指标，并给予必要的论证和说明。

(7) 附录或附件，必要时可附参考文献。

供选矿厂设计用的实验报告，一般要求包括下列具体内容：

(1) 矿石性质。包括矿石的物质组成以及矿石及其组成矿物的理化性质，这是选择选矿方案的依据，不仅实验阶段需要，设计阶段也需要了解。因为设计人员在确定建设方案时，并非完全依据实验工作的结论，在许多问题上还需参考现场生产经验独立做出判断，此时必须有矿石性质资料作为依据，才能进行对比分析。

(2) 推荐的选矿方案。包括选矿方法、流程和设备类型（不包括设备规格）等。要具体到指明选别段数、各段磨矿细度、分级范围、作业次数等。这是对选矿实验的主要要求，直接决定选厂的建设方案和具体组成，必须慎重考虑。若有两个以上可供选方案，各项指标接近，实验人员无法做出最终决断时，也应该尽可能阐述清楚自己的观点，并提出足够的对比数据，以便设计人员能据此进行对比分析。

(3) 最终选矿指标以及与流程计算有关的原始数据。这是实验部门应向设计部门提供的主要数据，但有关流程中间产品的指标往往要通过半工业或工业实验才能获得，实验室实验只能提供主要产品的指标。

(4) 与计算设备生产能力有关的数据。如可磨度、浮选时间、沉降速度、设备负荷等，但除相对数字（如可磨度）以外，大多数要在半工业或工业实验中确定。

(5) 与计算水、电、材料消耗等有关的数据。如矿浆浓度、补加水量、浮选药剂用量、焙烧燃料消耗等，也要通过半工业和工业实验才能获得较可靠的数据，实验室数据只能供参考。

(6) 选矿工艺条件。实验室实验所提供的选矿工艺条件，大多数只能给工业生产提供一个范围，说明其影响规律，具体数字往往要到开工调整生产阶段，才能确定，在生产中也还要根据矿石性质的变化不断调整。因而除了某些与选择设备、材料类型有关的资料，如磁场强度、重介质选矿加重剂类型、浮选药剂品种等必须准确提出以外，其他属于工艺操作方面的因素，在实验室实验阶段主要是查明其影响规律，以便今后在生产中进行调整时有所依据，而不必过分追求其具体数字。

(7) 产品性能。包括精矿、中矿、尾矿的物质成分和粒度、密度等物理性质方面的资料，作为考虑下一步加工方法和尾矿堆存等的依据。

9.3 某铜矿浮选可选性试验报告实例

前面介绍了浮选工艺因素考察中的一些方法，本章节以青海某铜矿可选性研究为实例，阐述了针对某一种类型的矿石进行浮选试验研究时应如何具体开展。实例给出的不是完整的报告，只是报告的主要部分，目的是为同学编写研究报告提供主要部分的参考，请注意结果表示、图和表的格式、结果分析等方法，同时注意仅仅是参考，编写具体报告时需要根据具体情况确定，不能完全照抄。

9.3.1 矿石性质简介

原矿的化学多元素分析结果表明，矿石中有利用价值的元素为Cu和S，原矿铜品位为0.80%，硫品位为12.72%，而其他金属Zn、Pb、Ag含量较少，没有回收价值；脉石矿物为石英、方解石、钙铁榴石和硅镁石等。

原矿的显微鉴定结果表明，原矿中矿物组成是比较复杂的，特别是有用矿物的结构形态及其粒度组合特征尤其如此。

原矿的物相分析结果表明，原矿中铜元素的赋存状态，主要为黄铜矿，硫元素的赋存状态主要为黄铁矿。

原矿XRD分析结果表明，原矿中主要有用矿物为硫化矿，为选矿工艺回收的主要对象。主要脉石矿物：石英、方解石、钙铁榴石和硅镁石。

9.3.2 确定原则流程

浮选铜硫矿石常用的原则流程一般有两种，如图9-4所示。

（1）优先浮选流程（图9-4a）。先浮出铜精矿，浮选铜的尾矿内含有的黄铁矿再通过活化而浮出得硫精矿。优先浮选铜时，需要在提高碱度的矿浆中（pH>11）以抑制黄铁矿，这是一种高碱工艺。

（2）混合浮选流程（图9-4b）。在磨矿粒度较粗，矿浆碱度较低（pH=7~9）的条件下，先浮选出铜-硫混合精矿，然后加入石灰等抑制剂进行混合精矿在高碱度矿浆中（pH>12）抑制黄铁矿、浮出铜精矿。

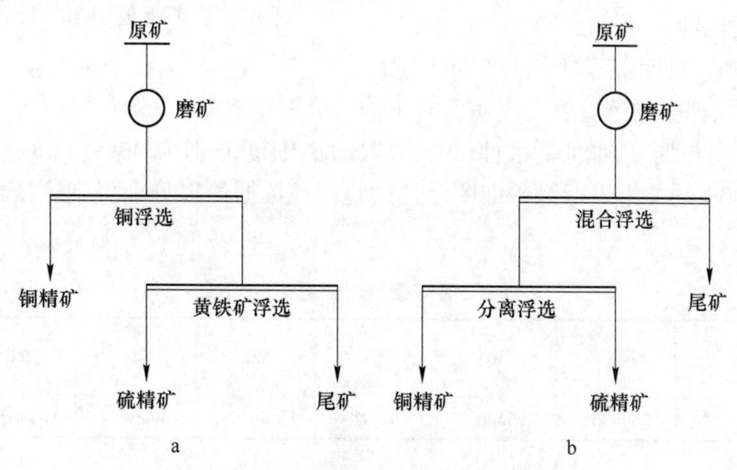

图9-4 铜硫矿石浮选原则流程

a—优先浮选；b—混合浮选

一般情况下，混合浮选方案回收率远远高于优先浮选方案。原因主要有两个方面：

一是优先浮选铜时，为了抑制黄铁矿，需要在高碱度矿浆中进行，高碱度的矿浆不仅抑制了黄铁矿，也对黄铜矿产生了抑制，因此其回收率低于混合浮选方案。

二是在优先浮选流程时添加的高碱对后面活化黄铁矿带来很大不便；为此，这是今后亟待研究的问题。

为保证试验的回收率，本试验采用第二种方案进行试验，即混合浮选-分离流程。并尽量解决铜硫分离过碱的问题。

9.3.3 磨矿细度与磨矿时间关系曲线

磨矿是选矿过程的一个很重要的作业，磨矿产品的质量直接影响选别指标。如果矿物颗粒过粗，有用矿物与其他矿物达不到单体解离，粗颗粒很难上浮；如果矿物颗粒磨得过细，不仅无谓地消耗能量，更会使物料过粉碎，恶化浮选作业环境，在很大程度上将直接影响细粒级矿物的综合回收。为了确定磨矿时间和磨矿细度的关系，首先需要绘制原矿磨矿细度曲线。

试验方法：称取 6 份平行试样，每份 350g，在 XMB-70 型三辊四筒棒磨机里进行磨矿，磨矿浓度为 50%。分别取磨矿时间为 0min、2min、3min、5min、6.5min 和 8min。磨好的矿浆进行 0.074mm 湿筛，筛上筛下产物分别烘干称重，由此计算出不同磨矿时间的矿浆中 -0.074mm 的含量。以磨矿时间为横坐标，磨矿细度为纵坐标绘制磨矿细度曲线。磨矿细度与磨矿时间关系曲线如图 9-5 所示。

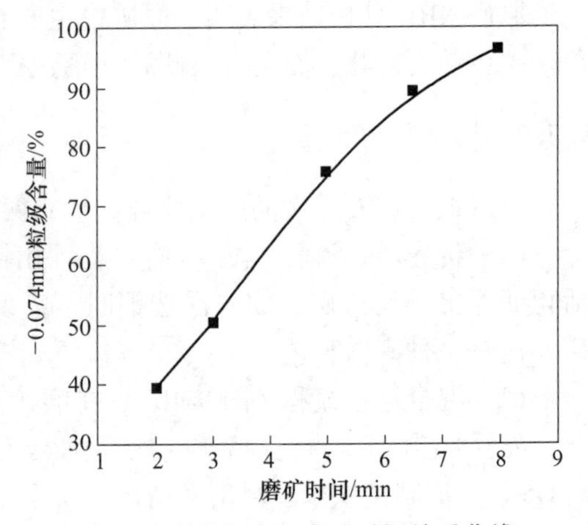

图 9-5 磨矿细度与磨矿时间关系曲线

由图 9-5 可以看出，随着磨矿时间的增加，磨矿细度也随之增加，当-0.074mm 含量超过 73.58%，即磨矿时间超过 5min 后，再增加磨矿时间都会导致过磨，表明此时可能造成泥化现象。

从磨矿细度与磨矿时间关系曲线上选取磨矿细度分别为 45%、50%、55%、60%、70%、80%、90%的 7 组进行磨矿细度浮选试验；经数据处理分别得到这 7 组的磨矿时间见表 9-2。

表 9-2 磨矿细度对应磨矿时间表

磨矿细度-0.074mm 含量/%	45	50	55	60	70	80	90
磨矿时间	2min36s	3min	3min28s	3min48s	4min42s	5min36s	6min48s

9.3.4 磨矿细度试验

试验条件：取矿样 350g，在实验室用 XFD 型 1.0L 单槽浮选机中进行浮选，固定混合粗选调整剂（活化剂）选取 Na_2S 为 100g/t（pH=8），捕收剂选取丁基黄药 60g/t+丁铵黑药 20g/t，起泡剂为 11 号油为 23g/t，浮选时间 6min，取 7 份试样，每份 350g，在 1.0L 浮选槽中进行浮选。变动磨矿细度：45%、50%、55%、60%、70%、80%、90%；试验流程图及试验结果如图 9-6 和图 9-7 所示。

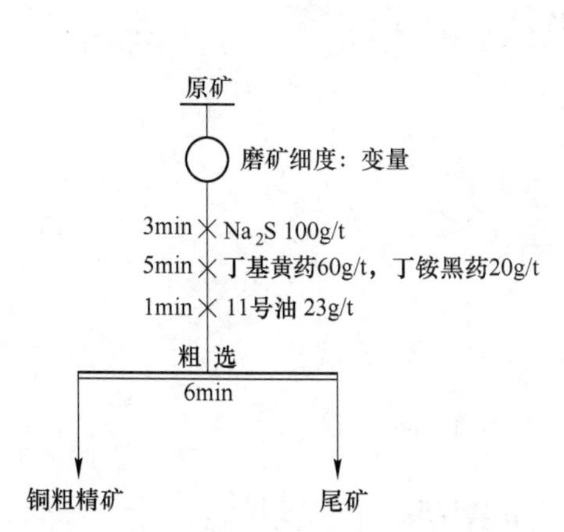

图 9-6 混合浮选磨矿细度试验流程图

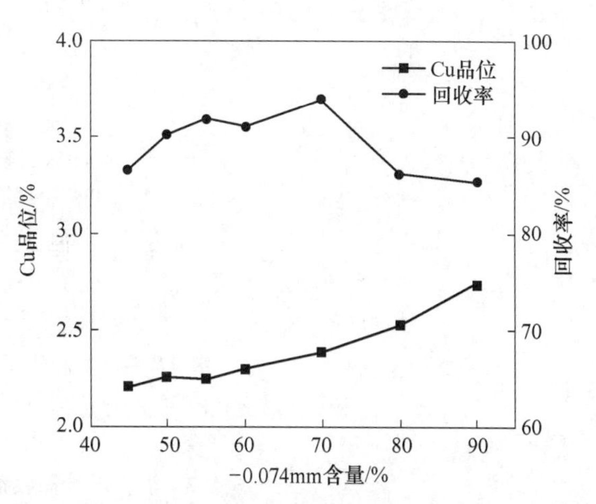

图 9-7 混合浮选铜品位、回收率与磨矿细度关系曲线

由图 9-7 得出以下结论，当-0.074mm 含量小于 70%时，铜品位和回收率随磨矿细度的增加而增加，当-0.074mm 含量达到 70%时，铜回收率出现最大值 93.92%，再继续增加磨矿细度，铜回收率逐渐降低，说明磨矿细度达到 -0.074mm 含量 70%时，铜矿物已较好解离。但是黄铁矿的最佳磨矿细度一般比较细，这是由于黄铁矿嵌布粒度比黄铜矿细。由于铜是以主要金属回收，而硫作为次要金属回收；且磨矿会增加选厂能耗，本着少磨早抛尾、节能降耗的原则，综合考虑，混合粗选磨矿细度初步确定为-0.074mm 含量占 70%为佳。

9.3.5 捕收剂种类及用量试验

捕收剂的主要作用是使目的矿物颗粒表面疏水，使其容易附着在气泡表面，从而增加其可浮性。因此，凡能选择性地作用于颗粒表面并使之疏水的物质，均可作为捕收剂。硫代化合物类捕收剂一般作为硫化矿捕收剂，常用的有黄药类和黑药类。

9.3.5.1 捕收剂种类试验

查阅相关文献得知混合粗选硫化矿捕收剂宜采用组合用药。固定混合粗选磨矿细度-0.074mm含量 70%、调整剂 Na_2S 为 100g/t、11 号油 23g/t，变动混合粗选捕收剂组合种类；通过查阅相关文献和结合实际工业应用，本试验考察的捕收剂种类有丁基黄药、丁基黄药+丁铵黑药（3∶1）、乙基黄药、乙基黄药+丁铵黑药（3∶1）、异丙基黄药、异丙基黄药+丁铵黑药（3∶1）等 6 种药剂组合形式进行捕收剂种类的试验，用量为 80g/t，混合捕收剂的比例为 3∶1。试验流程如图 9-8 所示，试验结果见表 9-3。

由表 9-3 的结果可以得出：

（1）当使用黑药时回收率明显比不加黑药时提高了；使用混合捕收剂时，黄药类捕收剂捕收性好，黑药类捕收剂选择性好。两者有功能互补。

（2）使用异丙基黄药加丁铵黑药时回收率为 95.63%，品位 2.26%，与丁基黄药+丁铵黑药回收率 93.92%，品位 2.34%相比；回收率略高，品位相近，异构体的黄药捕收性能比正构体好；因此选择异丙基黄药+丁铵黑药的捕收剂种类组合。

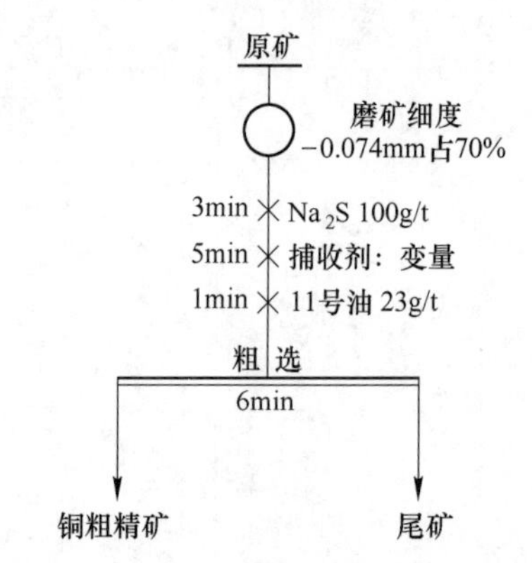

图 9-8 混合浮选捕收剂种类试验流程图

表 9-3 混合浮选捕收剂种类试验结果

捕收剂种类	产品名称	产率/%	铜品位/%	铜回收率/%
丁基黄药	粗精	21.99	2.96	81.45
	尾矿	78.01	0.19	18.55
	给矿	100.00	0.80	100.00
丁基黄药+丁铵黑药（3∶1）	粗精	32.51	2.34	93.92
	尾矿	67.49	0.07	6.08
	给矿	100.00	0.81	100.00
乙基黄药	粗精	24.01	2.83	84.94
	尾矿	75.99	0.16	15.07
	给矿	100.00	0.80	100.00
乙基黄药+丁铵黑药（3∶1）	粗精	32.34	2.22	89.74
	尾矿	67.66	0.12	10.25
	给矿	100.00	0.80	100.00
异丙基黄药	粗精	24.79	2.73	84.6
	尾矿	75.21	0.16	15.39
	给矿	100.00	0.80	100.00
异丙基黄药+丁铵黑药（3∶1）	粗精	33.85	2.26	95.63
	尾矿	66.15	0.05	4.38
	给矿	100.00	0.80	100.00

9.3.5.2 捕收剂配比试验

确定混合粗选捕收剂为异丙基黄药和丁铵黑药的组合后，再固定混合粗选实验条件：矿样 350g、磨矿细度-0.074mm 含量 70%、调整剂 Na_2S 为 100g/t、起泡剂 11 号油 23g/t、浮选时间 6min。

考察异丙基黄药和丁铵黑药的混合捕收剂配比，考察水平为异丙基黄药与丁铵黑药的比例为 2∶1、3∶1、4∶1、5∶1 等 4 种药剂配比形式进行捕收剂配比的试验，用量为 80g/t。试验流程如图 9-8 所示，试验结果见表 9-4。

表 9-4　混合浮选捕收剂组合配比试验结果

捕收剂配比	产品名称	产率/%	铜品位/%	铜回收率/%
2∶1	粗精	34.35	2.16	91.60
	尾矿	65.65	0.098	8.40
	给矿	100.00	0.81	100.00
3∶1	粗精	33.85	2.26	95.63
	尾矿	66.15	0.05	4.38
	给矿	100.00	0.80	100.00
4∶1	粗精	32.42	2.34	93.66
	尾矿	67.58	0.076	6.34
	给矿	100.00	0.81	100.00
5∶1	粗精	29.40	2.42	87.84
	尾矿	70.60	0.14	12.16
	给矿	100.00	0.81	100.00

由表 9-4 可以得出：配比从 2∶1 到 5∶1，铜粗精矿的品位逐渐升高，回收率先升高后降低；在 3∶1 的时候，一次粗选后铜粗精矿品位达到 2.26%，回收率达到了 95.63%，与4∶1相比品位相差不大，但比其回收率略高，因此选择回收率较高的捕收剂配比方案，即异丙基黄药和丁铵黑药的用量配比为 3∶1。

9.3.5.3　捕收剂用量试验

确定混合粗选捕收剂为异丙基黄药与丁铵黑药的组合和 3∶1 的最佳配比后，再固定混合粗选实验条件：矿样 350g、磨矿细度 -0.074mm 含量 70%、调整剂 Na_2S 为 100g/t、11 号油 23g/t；捕收剂异丙基黄药+丁铵黑药，比例为 3∶1，考察其用量水平分别为 40g/t、60g/t、80g/t、100g/t、120g/t 等 5 种药剂用量形式进行捕收剂用量的试验。试验流程及试验结果如图 9-8 和图 9-9 所示。

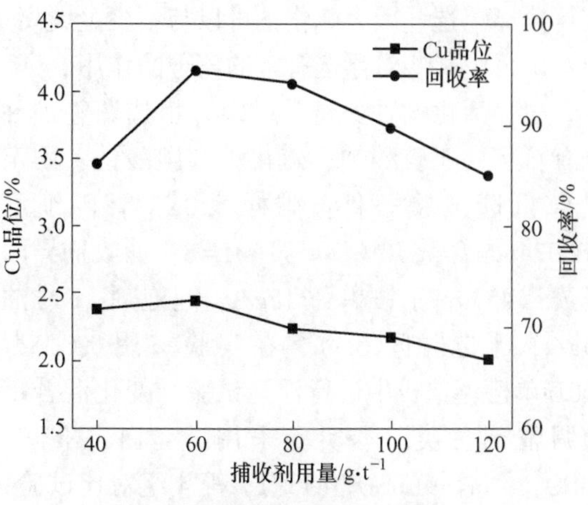

图 9-9　混合浮选铜品位、回收率与组合用药用量关系曲线

试验结果表明，随着捕收剂异丙基黄药+丁铵黑药（3∶1）用量的逐渐增加，粗精矿的铜品位逐渐降低，回收率先增大后逐渐减小。当用量为 60g/t 时，粗精矿中铜品位为 2.45%，回收率较高为 95.43%，当用量继续增加，回收率开始减小，且品位也大幅度降低。综合考虑，选择粗选阶段采用捕收剂异丙基黄药+丁铵黑药（3∶1）用量为 60g/t。即异丙基黄药 45g/t，丁铵黑药 15g/t。

9.3.6　调整剂种类及用量试验

硫化钠作为一种重要的浮选药剂，其用途广泛。传统浮选理论认为，硫化钠可作为硫化矿的抑制剂。无论硫化矿作为抑制剂还是活化剂，其用量都要准确掌握。在当作有色金属氧化矿的活化剂时，用量不够，则使矿物得不到充分硫化；用量过大，则会引起抑制作用。因此选择适量的硫化钠用量尤为重要。

Na_2S 在硫化矿的浮选工艺技术中是经常使用的一种浮选药剂。Na_2S 主要有三个方面：

首先，Na_2S 是大多数硫化矿的抑制剂。当用量大时，它可以抑制绝大多数的硫化矿。它抑制硫化矿的递减顺序大致为：方铅矿、闪锌矿、黄铜矿、斑铜矿、铜蓝、黄铁矿、辉铜矿。由于辉钼矿的天然可浮性很好，所以硫化钠不能抑制它。利用这一点，当浮选辉钼矿时，可以用 Na_2S 来抑制其他的硫化矿。

其次，Na_2S 是有色金属氧化矿的硫化剂。有色金属氧化矿不能直接被黄药捕收。但如果用黄药浮选前先加入硫化钠与有色金属氧化矿作用，则可以在矿物的表面产生一层硫化矿的薄膜，黄药就可以对其捕收了。硫化钠的这种作用称为硫化作用，所以它可以作为有色金属氧化矿的硫化剂。白铅矿与硫化钠作用后，表面颜色由白变深。孔雀石与硫化钠作用后，表面颜色由绿变暗黑，说明硫化后，这两种矿物表面生成了与矿物不同的硫化物薄膜。

最后，Na_2S 是硫化矿混合精矿的脱药剂。硫化钠用量大时，能解吸矿物表面的黄药类捕收剂。所以，硫化钠可以作为混合精矿分离前的脱药剂。如铅锌混合精矿或铜铅混合精矿分选前，可以将矿浆浓缩，加入大量硫化钠脱药，然后洗涤，重新加入新鲜水调浆后进行分离浮选。因为硫化钠可以与不少金属离子生成难溶的硫化物沉淀，所以硫化钠还有消除矿浆中某些对浮选有害的离子的作用。

（1）活化剂种类试验。混合粗选调整剂种类有石灰、亚硫酸钠、硫化钠和碳酸钠。固定混合粗选试验条件：矿样 350g、磨矿细度 −0.074mm含量 70%、矿浆 pH＝8、捕收剂异丙基黄药 45g/t+丁铵黑药 15g/t，起泡剂 11 号油 23g/t，浮选时间 6min，在实验室用 XFD 型 1.0L 单槽浮选机中进行浮选试验。变化混合粗选调整剂种类。本实验采用：空白、Na_2S、$CuSO_4$、Na_2S+$CuSO_4$（1∶1）等 4 组对比试验，试验流程如图 9-10 所示，试验结果见表 9-5。

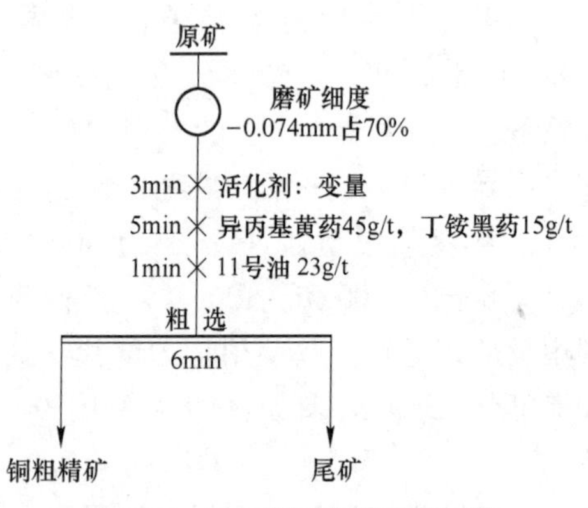

图 9-10　活化剂试验粗选流程图

在确定捕收剂的情况下进行活化剂种类试验，分别对空白、Na_2S、$CuSO_4$、Na_2S+$CuSO_4$（1∶1）等 4 组对比试验，由表 9-5 的结果比较后得出以下结论：在使用活化剂 Na_2S 的情况下，其回收率达到最大 87.78%，说明 Na_2S 对此矿物有一定活化效果，因此选定活化剂的种类为 Na_2S。分析原因为加入 Na_2S 可活化硫化矿物，达到提高有用矿物回收率的目的，特别是对其中较难浮的氧化铜矿的硫化作用可提高铜的回收率，经活化后明显增加矿物可浮性。

表 9-5 混合粗选调整剂种类试验结果

捕收剂种类	产品名称	产率/%	铜品位/%	铜回收率/%
空白	粗精	26.38	2.63	86.72
	尾矿	73.62	0.14	13.28
	给矿	100.00	0.80	100.00
Na_2S	粗精	29.26	2.37	87.78
	尾矿	70.74	0.13	12.22
	给矿	100.00	0.79	100.00
$CuSO_4$	粗精	25.25	2.59	82.78
	尾矿	74.75	0.18	17.22
	给矿	100.00	0.79	100.00
$Na_2S+CuSO_4$ (1∶1)	粗精	26.32	2.49	81.92
	尾矿	73.68	0.20	18.08
	给矿	100.00	0.80	100.00

（2）活化剂用量试验。混合粗选调整剂选定为硫化钠后，固定混合粗选试验条件：矿样 350g，磨矿细度 -0.074mm含量 70%，在实验室用 XFD 型 1.0L 单槽浮选机中进行浮选，捕收剂异丙基黄药 45g/t+丁铵黑药 15g/t，起泡剂 11 号油 23g/t，浮选时间 6min，矿浆 pH=8。变动混合粗选调整剂用量，本实验采用 60g/t、80g/t、100g/t、120g/t、140g/t 等 5 组对比实验，实验流程及实验结果如图 9-10 和图 9-11 所示。

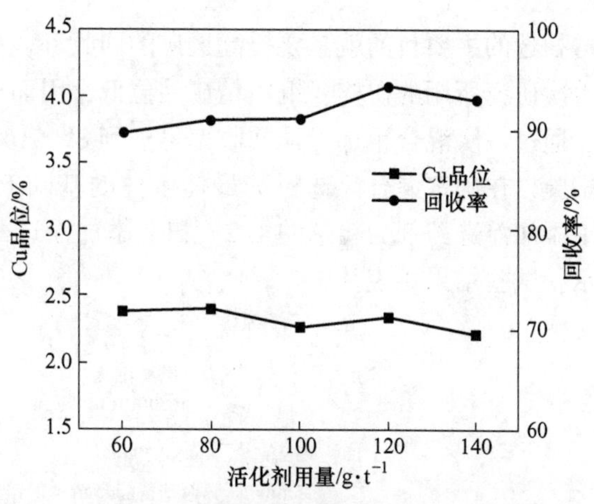

图 9-11 混合浮选铜品位、回收率与调整剂用量关系曲线

在确定调整剂种类的情况下进行活化剂用量的实验，由图 9-11 的结果比较后得出以下结论：随着 Na_2S 用量的增加，硫化矿物被活化，铜回收率逐渐提高，品位逐渐降低；但当用量过大时，会导致铜精矿的回收率开始下降；在使用 Na_2S 的用量为 120g/t 时，其回收率达到了 94.86%，比其他几组都要高，而且其品位也不低，因此确定活化剂 Na_2S 的用量为 120g/t。

9.3.7 浮选时间试验

混合粗选浮选药剂确定后，固定混合粗选试验条件：磨矿细度-0.074mm 含量 70%、矿浆 pH=8、活化剂 Na_2S 120g/t，捕收剂异丙基黄药 45g/t，丁铵黑药 15g/t，11 号油 23g/t；为确定粗选时间，本实验采用 1min、2min、3min、4min、5min、6min 分开取样，即每 1min 都取样进行化验；试验结果见表 9-6。

由表 9-6 的结果，比较后得出以下结论：粗选浮选第 5min 和第 6min 均有均等的回收率，且 6min 内回收率可达到 86.41%，已取得较好回收率。故粗选时间应定为 6min。

表 9-6 混合浮选时间试验结果

粗选时间	产率/%	铜品位/%	铜回收率/%
1min 精矿	8.12	3.6	35.84
2min 精矿	5.81	2.92	20.81
3min 精矿	6.13	2.37	17.81
4min 精矿	2.97	1.77	6.44
5min 精矿	1.51	1.58	2.92
6min 精矿	1.51	1.4	2.6
尾矿	73.94	0.15	13.59
给矿	100	0.82	100

9.3.8 浮选扫选试验

扫选的主要目的就是要提高选矿的回收率，尽量减少金属在尾矿中的流失。特别是对于本次研究所用的矿样，铜粗精矿品位低，因而更应该增加扫选的研究。

通过一次混合粗选，铜回收率可达到 89.51%，为了进一步提高铜回收率，应设置扫选试验，在确定混合浮选粗选最佳条件的基础上，对粗选尾矿增加 1~2 次的扫选试验，扫Ⅰ添加浮选药剂为粗选的 1/2，扫Ⅱ添加浮选药剂为粗选的 1/3，试验流程图如图 9-12 所示，试验结果见表 9-7。

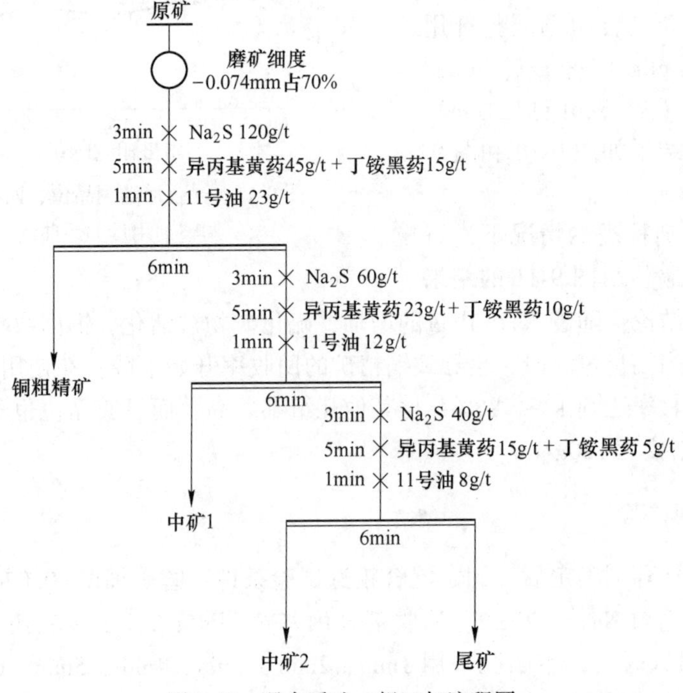

图 9-12 混合浮选一粗二扫流程图

由表9-7可知，混合浮选粗选后，增加第一次扫选，可以使粗精矿铜回收率增加6.96%，使尾矿品位降到0.1%以下；增加第二次扫选，可以使粗精矿铜回收率再增加1.04%，使尾矿品位降到0.04%；扫选能提高铜回收率，减少有用矿物损失。

表9-7 混合浮选扫选试验结果

粗选时间	产率/%	铜品位/%	铜回收率/%
铜粗精矿 C	29.76	2.5	89.51
扫Ⅰ中矿 1	13.15	0.44	6.96
扫Ⅱ中矿 2	5.38	0.16	1.04
尾矿 T	51.71	0.04	2.49
给矿 F	100	0.83	100

通过一次粗选两次扫选，铜回收率达到97.51%，尾矿品位降至0.04%，中矿2的铜品位也偏低，因此不需要增加扫选次数来继续进行回收。再增加扫选段数，回收率无太大变化，且回收率指标已较好，说明针对该矿石，两次扫选已经能满足铜回收的要求，因此确定混合浮选扫选段数为两段。

9.3.9 铜硫分离浮选条件试验

黄铜矿和黄铁矿为典型的硫化矿物，通常将它们的分离作业简称为铜硫分离。试验中使用石灰（CaO）为黄铁矿抑制剂，使用Z-200为黄铜矿的捕收剂。为寻求合适的铜硫分离石灰用量，考察了石灰用量、石灰作用时间对铜硫分离浮选的影响。具体用量及作用时间的影响结果这里不再详述，最终确定了石灰的最佳用量为10kg/t，作用时间为8min。

在确定了抑制剂石灰最佳用量及作用时间后，接着进行捕收剂Z-200用量和浮选时间试验，最终确定了Z-200最佳用量为25g/t、最佳浮选时间为7min。

9.3.10 开路试验

在条件试验的基础上，进行全流程开路试验，采用混合浮选一粗二扫中矿合并进入铜硫分离，铜硫分离采用一粗二扫三精的流程。

试验条件：矿样1050g，磨矿细度-0.074mm含量为70%；混合浮选粗选、扫选采用实验室XFD型3L的单槽浮选机，铜硫分离粗选、扫选采用实验室XFD型1.5L的单槽浮选机，铜硫分离精选采用实验室XFD型0.5L的单槽浮选机，具体药剂制度与开路试验流程如图9-13所示，试验结果见表9-8。

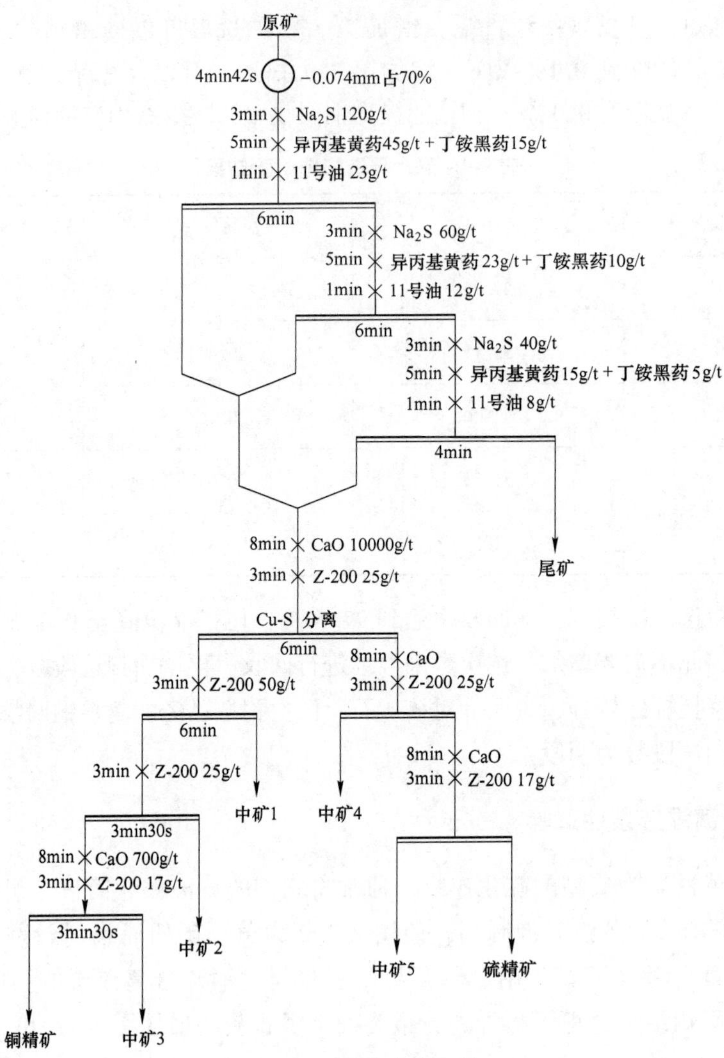

图 9-13 开路试验流程

表 9-8 开路试验结果

产品名称	产率/%	铜品位/%	铜回收率/%
C 铜精矿	3. 21	20. 83	79. 91
M_1 中矿	9. 27	0. 30	3. 32
M_2 中矿	5. 56	0. 39	2. 59
M_3 中矿	1. 61	2. 27	4. 37
M_4 中矿	1. 75	0. 87	1. 82
M_5 中矿	1. 32	0. 57	0. 90
T_1 尾矿	56. 52	0. 05	3. 37
T_2 硫精矿	20. 76	0. 15	3. 72
F 给矿	100. 00	0. 84	100. 00

结果表明，在试验所确定的最佳工艺条件下，按照图 9-13 所示的工艺流程图，开路试验取得了品位 20.83%和回收率 79.91%的较好指标。

9.3.11 闭路试验

实验室经过开路流程试验后取得较好指标，中矿依次顺序返回，进而进行闭路流程试验，试验结果见表 9-9。

表 9-9 闭路试验结果

产品名称	产率/%	品位/%		回收率/%	
		Cu	S	Cu	S
铜精矿	4.13	18.16	4.96	86.21	1.61
硫精矿	34.66	0.26	30.12	10.55	82.07
尾矿	56.32	0.05	3.69	3.24	16.32
给矿	100.00	0.84	12.72	100.00	100.00

结果表明，在开路流程试验所确定的最佳工艺条件下，按照图 9-14 所示的闭路工艺

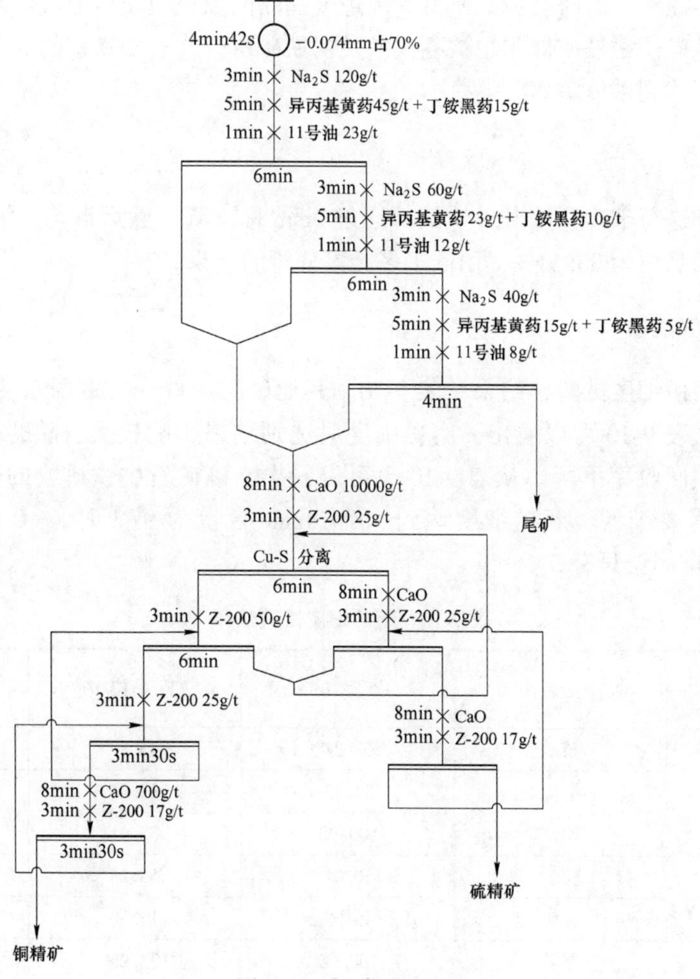

图 9-14 闭路试验流程

流程图，闭路流程试验取得了铜精矿品位为18.16%、回收率为86.21%，硫精矿品位为30.12%、回收率为82.07%的较好指标。说明中矿返回到各浮选作业后得到了很好的分选，铜精矿回收率得到很大提高，且闭路试验的药剂用量有所减少。

9.4 某单一磁铁矿磁选可选性试验报告实例

9.4.1 矿石性质简介

原矿的化学分析表明，矿石中主要有用元素铁的品位为36.65%，SiO_2的含量为44.54%，是主要杂质。铁以磁性铁形式存在的比例为79.13%，可用弱磁选回收这部分铁，以其他形式存在的铁占到20.87%。矿石中金属矿物主要为磁铁矿及赤铁矿，有少量的菱铁矿、褐铁矿及黄铁矿，其他金属矿物还有黄铜矿、闪锌矿等。脉石矿物主要为石英，有少量的方解石、绿泥石、白云母、黑云母等。磁铁矿是矿石中主要的金属矿物之一，也是矿石中主要的回收对象。

磁铁矿主要以自形晶、半自形晶嵌布于脉石中，常以集合体形式嵌生在一起，有利于磁铁矿的回收。磁铁矿有时被赤铁矿沿其周边或晶间间隙充填交代形成半假象赤铁矿，偶尔形成假象赤铁矿。磁铁矿偶尔也被菱铁矿及褐铁矿所交代。磁铁矿的嵌布粒度较细，所以需要细磨才能达到单体解离。

9.4.2 试样制备

对所送试样进行破碎、筛分，使其都通过2mm标准筛。然后混匀、缩分后备用。取原矿样化验全铁品位为33.51%，稍低于多元素分析的结果。

9.4.3 磨矿细度试验

首先进行磨矿细度试验，结果见表9-10。其他试验条件为：磁场强度1400Gs，流程为一次选别。从表9-10可以看出，磨矿细度对选别结果影响较大，随磨矿细度的增加，精矿品位增加，回收率下降。从表9-10也可以看出，该矿石中铁矿物的嵌布粒度较细，提高精矿品位需要细磨，磨矿细度达到-0.074mm含量为97%时（-0.043mm含量为76%），所得精矿品位只有57.89%。

表9-10 磨矿细度试验结果

磨矿细度 -0.074mm含量/%	产品名称	产率/%	TFe品位/%	铁回收率/%
0.00	精矿	62.81	45.82	86.14
	尾矿	37.19	12.45	13.86
	原矿	100.00	33.41	100.00
80.00	精矿	50.01	53.15	79.99
	尾矿	49.99	13.30	20.01
	原矿	100.00	33.23	100.00

续表 9-10

磨矿细度 -0.074mm 含量/%	产品名称	产率/%	TFe 品位/%	铁回收率/%
90.00	精矿	49.22	54.45	80.46
	尾矿	50.78	12.82	19.54
	原矿	100.00	33.31	100.00
97.00 (-0.043mm 含量 76%)	精矿	46.05	57.89	79.96
	尾矿	53.95	12.38	20.04
	原矿	100.00	33.34	100.00

9.4.4 磁场强度试验

保持磨矿细度为-0.074mm 含量为 97%，进行磁场强度试验，结果见表 9-11。可以看出，在试验范围内降低磁场强度对于提高精矿品位的作用不明显。

表 9-11 磁场强度试验结果

磁场强度/Gs	产品名称	产率/%	TFe 品位/%	铁回收率/%
1200.00	精矿	48.48	56.00	80.78
	尾矿	51.52	12.54	19.22
	原矿	100.00	33.61	100.00
1000.00	精矿	47.55	55.67	78.69
	尾矿	52.45	13.67	21.31
	原矿	100.00	33.64	100.00
800.00	精矿	47.30	55.48	78.71
	尾矿	52.70	13.47	21.29
	原矿	100.00	33.34	100.00

9.4.5 精选试验

精选试验的流程和条件如图 9-15 所示，试验结果见表 9-12。可以看出，精选可以提高精矿品位，但仍较低，需要进一步寻找提高精矿品位的方法。

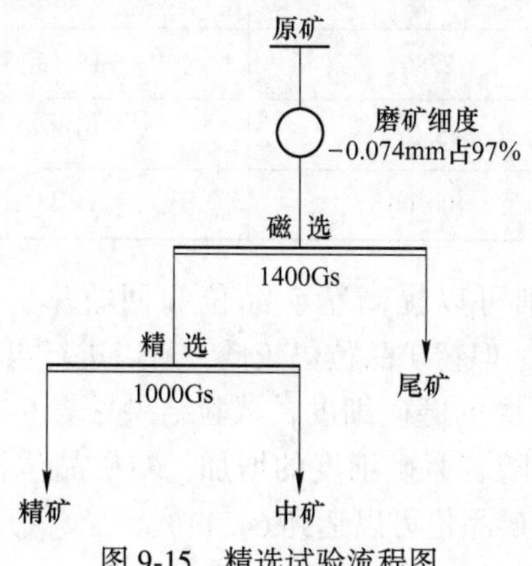

图 9-15 精选试验流程图

表 9-12　精选试验结果

产品名称	产率/%	TFe 品位/%	铁回收率/%
精矿	46.86	57.46	77.31
中矿	1.61	15.56	0.72
尾矿	51.53	14.83	21.97
原矿	100.00	34.57	100.00

9.4.6　阶段磨矿阶段选别试验

阶段磨矿阶段选别的工艺流程如图 9-16 所示，试验结果见表 9-13。

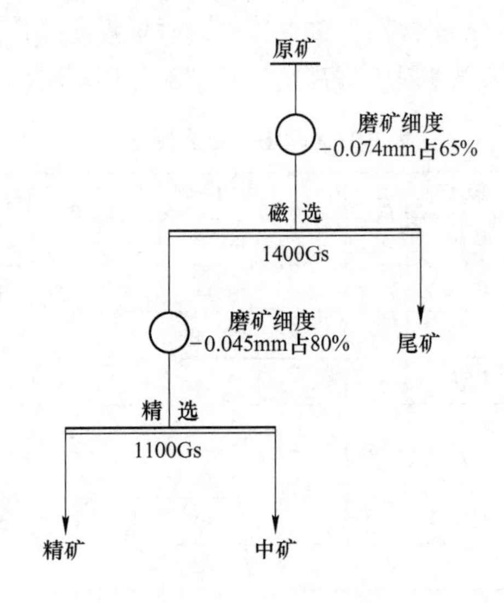

图 9-16　阶段磨矿阶段选别试验流程

表 9-13　阶段磨矿阶段选别试验结果

产品名称	产率/%	TFe 品位/%	铁回收率/%
精矿	45.87	59.52	81.62
中矿	8.86	15.93	4.22
尾矿	45.27	10.46	14.16
原矿	100.00	33.45	100.00

可见阶段磨矿阶段选别可以提高精矿品位和回收率，铁精矿的品位可以提高到 59.52%，回收率为 81.62%，但精矿品位仍较低，所以进行再磨磨矿细度试验。试验流程与图 9-16 相同，只是改变再磨的磨矿细度，试验结果见表 9-14。可以看出，再磨细度是影响精矿品位的主要因素，随着磨矿细度的增加，精矿品位提高，当再磨磨矿细度达到 -0.043mm含量 100%时，精矿品位可以达到 64.11%。

表 9-14　再磨磨矿细度试验结果

再磨磨矿细度 -0.043mm 含量/%	产品名称	产率/%	TFe 品位/%	铁回收率/%
80	精矿	42.12	60.64	76.91
	中矿	13.19	14.48	5.75
	尾矿	44.69	12.89	17.34
	原矿	100.00	33.21	100.00
90	精矿	41.48	61.52	76.11
	中矿	14.24	15.00	6.37
	尾矿	44.28	13.27	17.52
	原矿	100.00	33.53	100.00
100	精矿	40.25	64.11	76.73
	中矿	15.64	15.46	7.19
	尾矿	44.11	12.26	16.08
	原矿	100.00	33.63	100.00

附　　录

附录1　常见矿物化学成分和主要物理性质

矿物名称	化学成分		密度/kg·m^{-3}	莫氏硬度	比磁化系数/$m^3 \cdot kg^{-1}$	
	分子式	主元素或氧化物/%			CGSM 制	SI 制
铁	Fe	100 Fe	7.87	4.5		
磁铁矿	Fe_3O_4	72.4 Fe	4.9~5.2	5.5~6.5	$(50\sim80)\times10^{-6}$	0.6~1
赤铁矿	Fe_2O_3	70 Fe	4.8~5.3	5.5~6.5	$48(60, 101, 172)\times10^{-6}$	0.6(0.75, 1.27, 2.16)
褐铁矿	$Fe_2O_3 \cdot 3H_2O$	57.1 Fe	3.4~4.4	1~5.5	$(25\sim32)\times10^{-6}$	0.31~0.4
菱镁矿	$FeCO_3$	48.2 Fe	3.8~3.9	3.5~4.5	$56(80\sim120)\times10^{-6}$	0.7(1~1.5)
镜铁矿	Fe_2O_3	70 Fe	4.8~5.3	5.5~6.5	292×10^{-6}	3.7
针铁矿	$Fe_2O_3 \cdot H_2O$	63 Fe				
假象赤铁矿	γ-Fe_2O_3	70 Fe			520×10^{-6}	6.5
黄铁矿	FeS_2	53.4S，46.4 Fe	4.95~5.1	6~6.5	$0(7.5)\times10^{-6}$	0(0.0942)
磁黄铁矿	Fe_5S_6~ $Fe_{16}S_{17}$	40S，60 Fe	4.85~4.65	3.5~4.5	$(11.53\sim26.71)\times10^{-6}$	0.144~0.334
锰	Mn	100 Mn	7.44	6		
软锰矿	MnO_2	63.2 Mn	4.7~4.8	1~2.5	27×10^{-6}	0.34
硬锰矿	$mMnO_2 \cdot MnO \cdot nH_2O$	49~62 Mn	3.7~4.7	5~6	$24(19)\times10^{-6}$	0.3(1.69)
水锰矿	$Mn_2O_3 \cdot H_2O$	62.5 Mn	4.2~4.4	3.5~4	28×10^{-6}	0.35
菱锰矿	$MnCO_3$	47.8 Mn	3.3~3.6	3.5~4.5	$104(135)\times10^{-6}$	1.31(1.69)
褐锰矿	$Mn_2O_3 \cdot MnSiO_3$	63.6 Mn	4.75~4.82	6~6.5	120×10^{-6}	1.5

续表

矿物名称	化学成分		密度/kg·m^{-3}	莫氏硬度	比磁化系数 /m^3·kg^{-1}	
	分子式	主元素或氧化物/%			CGSM 制	SI 制
黑锰矿	Mn_3O_4	72 Mn	4.7~4.9	5~5.5		
铬	Cr	100 Cr	7.14	9		
铬铁矿	$FeO \cdot Cr_2O_3$	68 Cr_2O_3	4.3~4.6	5.5~7.5	(50~70) $\times10^{-6}$	0.63~0.81
铬酸铅矿	$PbCrO_4$	31.1 Cr_2O_3	5.9~6.1	2.5~3		
钛	Ti	100 Ti	4.5	4		
金红石	TiO_2	60 Ti	4.1~5.2	4~6.5	14×10^{-6}	0.18
钛铁矿	$FeTiO_3$	31.6 Ti	4.5~5.5	5~6	27(113, 399) $\times10^{-6}$	0.34(1.42, 5.0)
铝	Al	100 Al	2.7	2.9		
刚玉	Al_2O_3	52.9Al	3.95~4.1	9		
铝土矿	$Al_2O_3 \cdot 2H_2O$	73.9Al_2O_3	2.4~2.6	1~3		
一水硬铝石	$Al_2O_3 \cdot H_2O$	85Al_2O_3	3.3~3.5	6.5~7		
一水软铝石	$Al_2O_3 \cdot H_2O$	85Al_2O_3	3.0~3.1			
三水铝石	$Al_2O_3 \cdot 3H_2O$	65.4Al_2O_3	2.3~2.4	2.5~3.5		
尖晶石	$MgO \cdot Al_2O_3$	71.8Al_2O_3	3.5~4.5	7.5~8		
红柱石	$Al_2O_3 \cdot SiO_2$	63.2Al_2O_3	3.6	4~7		
自然铜	Cu	100Cu	8.8~8.9	2.5~3		
黄铜矿	$CuFeS_2$	34.5Cu	4.1~4.3	3.5~4	(0.03~0.172) $\times10^{-6}$	
辉铜矿	Cu_2S	79.8Cu	5.5~5.8	2.5~3	0(8.5) $\times10^{-6}$	0(0.107)
斑铜矿	$CugFeS_4$	63.3Cu	4.9~5.4	3	5(14) $\times10^{-6}$	0.0628 (0.1759)
铜蓝	CuS	66.4Cu	4.6~6	1.5~2		
赤铜矿	Cu_2O	88.8Cu	5.8~6.2	3.5~4		
黑铜矿	CuO	79.85Cu	5.82~6.25	3~4		
孔雀石	$CuCO_3 \cdot Cu(OH)_2$	57.5Cu	3.7~4.1	3.5~4	15×10^{-6}	0.19
硅孔雀石	$CuSiO_3 \cdot 2H_2O$	36.2Cu	2~2.2	2~4		
氯铜矿	$CuCl_2 \cdot 3Cu(OH)_2$	59.5Cu	3.75~3.77	3~3.5		
胆矾	$CuSO_4 \cdot 5H_2O$	31.8Cu	2.1~2.3	2.5		
水胆矾	$CuSO_4 \cdot 3Cu(OH)_2$	56.2Cu	3.8~3.9	3.5~4		
铅	Pb	100Pb	11.3	1.5		

续表

矿物名称	化学成分		密度/kg·m^{-3}	莫氏硬度	比磁化系数 /m^3·kg^{-1}	
	分子式	主元素或氧化物/%			CGSM 制	SI 制
方铅矿	PbS	86.6Pb	7.4~7.6	2.5~2.75		
白铅矿	$PbCO_3$	77.5Pb	6.4~6.6	3~3.5		
铅矾	$PbSO_4$	68.3Pb	6.1~6.4	2.7~3		
水白铅矿	$2PbCO_3 \cdot Pb(OH)_2$	80.5Pb	6.14	1~2		
青铅矿	$PbCuSO_4(OH)_2$	5.1Pb	5.3~5.5	2.5		
锌	Zn	100Zn	7.1	2.5		
闪锌矿	ZnS	67Zn	3.9~4.1	3.5~4		
菱锌矿	$ZnCO_3$	52Zn	4.1~4.5	5		
红锌矿	ZnO	80.3Zn	5.4~5.7	4~4.5		
异极矿	$H_2Zn_2SiO_5$	54Zn	3.3~3.6	4.5~5		
水锌矿	$ZnCO_3 \cdot 2Zn(OH)_2$	59.5Z	3.5~3.8	2~2.5		
硅锌矿	Zn_2SiO_4	58.5Zn	3.9~4.1	5.5		
钨	W	100W	19.3	7.5		
钨锰铁矿	$(Fe、Mn)O_4$	76.5WO_3	7.3	5~5.5		
钨酸钙矿	$CaWO_4$	80.6WO_3	5.9~6.2	4.5~5		
钨铁矿	$FeWO_4$	76.3WO_3	7.5	5		
钨锰矿	$MnWO_4$	76.6WO_3	4~4.5			
钨华	WO_3	79.3WO_3	2.09~2.06	1~2		
钨铜矿	$CuWO_4$	59.04W	3~3.5	4.5~5		
钨酸铅矿	$PbWO_4$	51 WO_3	7.87~8.13	2.7~3		
砷	As	100As	5.73			
毒砂	$FeAsS$	46As	5.9~6.2	5.5~6		
雌黄	As_2S_3	61As	3.4~3.5		$(1.5\sim2)\times10^{-6}$	
雄黄	AsS	70.1As	3.4~3.6	1.5~2		
斜方砷铁矿	$FeAs_2$	72.82As	7~7.4	5~5.5		
砷华	As_2O	75.8As	3.7	1.5		
铝硅矿物						
电气石	$(Na、Ca)(Mg、Fe、Li)Al(Mn)Al_6(Si_6O_{18})(BO_3)_3(O、OH、F)_4$		3~3.2	7~7.5	345×10^{-6}	4.34
斧石	$HCa_2(Fe、Mn)Al(SiO_4)_5$			3.3	$(6.5\sim7)\times10^{-6}$	

续表

矿物名称	化学成分		密度/kg·m^{-3}	莫氏硬度	比磁化系数 /m^3·kg^{-1}	
	分子式	主元素或氧化物/%			CGSM制	SI制
绿帘石	Ca_2(Al、Fe) $Al_2(Si_{13}O_{12})$ (OH)		3.25~3.45	6~7		
符山石	Ca_6[Al(OH、F)]$Al_2(SiO_4)_5$		3.3~3.5	6.5		
石榴石	$(Ca、Mg、Fe、Mn)_3$ (Al、Fe、Mn、Cr、Ti$)_2(SiO_4)_3$		3.4~4.3	6.5~7	63(160)×10^{-6}	0.79(22.0)
辉石	(Ca、Mg、Fe_2、Fe_3、Ti、Al$)_2$ (Si、Al$)_2O_6$		3.2~3.6	5~6	65×10^{-6}	0.82
角闪石	Ca,(Mg、Fe), Al(Si_7AlO_{22}) $(OH)_2$		2.9~3.4	5~6	30(230) ×10^{-6}	0.38(2.89)
黑云母	(H、K$)_2$(Mg、F) $Al_3(SiO_4)_3$		2.7~3.1	2~2.5	40(52) ×10^{-6}	0.5(0.65)
白云母	$H_2KAl_2(SiO_4)_3$		2.76~3.1	2~2.5		
绿泥石	H_4MgSiO_9+ $H_4Mg_4Al_2SiO_9$		2.65~2.97	2~3	(30~90) ×10^{-6}	0.38~1.13
高岭土	$H_4Al_2Si_2O_9$	39.5Al_2O_3	2.2~2.6	2~2.5		
叶蜡石	$H_2Al_2(SiO_3)_4$	28.3Al_2O_3	2.8~2.9	1~2		
十字石	$HFeAl_5Si_2O_{18}$		3.65~3.75	7~7.5		
霞石	$Na_6K_2Al_8Si_9O_{34}$		2.55~2.65	5~6		
白榴石	$KAl(SiO_3)_2$	21.5K_2O, 23.5Al_2O_3	2.5	5.5~6		
透闪石	$CaMg_3(SiO_3)_4$		2.9~3.4	5~7		
橄榄石	(Mg、Fe$)_2SiO_4$		3.3	6.5~7		
磷钙石	$Ca_3(PO_4)_2$	32.1P_2O	3.2	5		
方沸石	$NaAlSi_2O_6·2H_2O$	23.2Al_2O_3	2.2~2.3	5~5.5		
钙长石	$CaAl_2Si_2O_8$	36.7Al_2O_3	2.7~2.8	6~6.1		
绿柱石	3BeO·Al_2O_3·SiO_2	14BeO, 38.5Al_2O_3	2.6~2.8	7.5~8		

续表

矿物名称	化学成分		密度/kg·m^{-3}	莫氏硬度	比磁化系数 /m^3·kg^{-1}	
	分子式	主元素或氧化物/%			CGSM 制	SI 制
锂辉石	$LiAl(SiO_3)$	8.4Li_2	3.1~3.2			
明矾石	$K_2O\cdot3Al_2O_3$ $4SiO_2\cdot6H_2O$	37Al_2O_3, 11.4K_2O	2.6~2.8	3.5~4		
石英	SiO_2	46.7Si	2.65	7	0.2(10) ×10^{-6}	0.0025~ 0.1257
硅灰石	$CaSiO_3$	48.3CaO, 51.7SiO_2	2.8~2.9	4~5		
直闪石	(Mg、Fe)SiO_3		3~3.2	5		
锡石	SnO_2	78.6Sn	6.8~7.1	6~7	(2~8) ×10^{-6}	0.0251~ 0.1005
辉钼矿	MoS_2	60Mo	4.7~5	1~1.5		
钼华	MoO_3	66.7Mo		4.5	(1~2) ×10^{-6}	
蛇纹石	$H_4Mg_3Si_2O_9$	43Mg	2.5~2.8	4	(500~1000) ×10^{-6}	6.28~12.57
辉铋矿	Bi_2S_3	81.2Bi	6.4~6.5	2~2.5		
滑石	$H_2Mg_3(SiO_3)_4$	19.2Mg, 29.6Si	2.5~2.8	1-1.5	28×10^{-6}	0.35
磷灰石	$Ca_5(PO_4)_3$ (F、Cl、OH)	56.4P_2O_3	3.2	5	4×10^{-6}	0.050
辰砂	HgS	86.2Hg	8~8.2	2~2.5		
重晶石	$BaSO_4$	65.7BaO	4.3~4.7	2.5~3.5		
芒硝	$NaSO_4\cdot10H_2O$		1.5	1.52		
硼砂	$Na_2B_4O_7\cdot10H_2O$	36.6B_2O_3	1.7	2~2.5		
锆石	$ZrSiO_4$	67.2ZrO_2	4.4~4.8	7~8		
萤石	CaF_2	48.9F, 51.1Ca	3~3.25	4	4.8×10^{-6}	0.0603
方解石	$CaCO_3$	56Ca	2.7	3	0.3×10^{-6}	0.0038

续表

矿物名称	化学成分		密度/$kg \cdot m^{-3}$	莫氏硬度	比磁化系数 /$m^3 \cdot kg^{-1}$	
	分子式	主元素或氧化物/%			CGSM 制	SI 制
白云石	$(Ca, Mg)CO_3$	30.4CaO，21.7MgO	2.8~2.9	3.5~4	2.7×10^{-6}	0.34
石膏	$CaSO_4 \cdot 2H_2O$	32.5CaO，46.6SO_3	2.2~2.4	1.5~2	4.3×10^{-6}	0.054
硬石膏	$CaSO_4$		2.7~3	3~3.5		

附录2　常见筛制

泰勒标准筛		日本T15	美国标准筛	国际标准筛	前苏联筛	英NMM筛系标准筛		德国标准筛DIN-1171		上海标准筛	
网目孔/in	孔径/mm	孔径/mm	孔径/mm	孔径/mm	孔径/mm	网目孔/in	孔径/mm	网目孔/in	孔径/mm	网目孔/in	孔径/mm
		9.52									
2.5	7.925	7.93	8	8							
3	6.68	6.73	6.73	6.3							
3.5	5.691	5.66	5.66								
4	4.699	4.76	4.76	5						4	5
5	3.962	4	4	4						5	4
6	3.327	3.36	3.36	3.35						6	3.52
7	2.794	2.83	2.83	2.8		5	2.54				
8	2.262	2.38	2.38	2.3	8					8	2.616
9	1.981	2	2	2	2					10	1.98
					1.7						
10	1.651	1.68	1.68	1.6	1.6	8	1.57	4	1.5	12	1.66
12	1.397	1.41	1.41	1.4	1.4			5	1.2	14	1.43
					1.25	10	1.27			16	1.27
14	1.168	1.19	1.19	1.18	1.18			6	1.02		
16	0.991	1	1	1	1	12	1.06			20	0.995
20	0.833	0.84	0.84	0.8	0.8	16	0.79			24	0.823
24	0.701	0.71	0.71	0.71	0.71			8	0.75		
					0.63	20	0.64	10	0.6	28	0.674
28	0.589	0.59	0.59	0.6	0.6			11	0.54	32	0.56
32	0.495	0.5	0.5	0.5	0.5			12	0.49	34	0.533
					0.425					42	0.452

续表

泰勒标准筛		日本 T15	美国标准筛	国际标准筛	前苏联筛	英 NMM 筛系标准筛		德国标准筛 DIN- 1171		上海标准筛	
网目 孔/in	孔径 /mm	孔径 /mm	孔径 /mm	孔径 /mm	孔径 /mm	网目 孔/in	孔径 /mm	网目 孔/in	孔径 /mm	网目 孔/in	孔径 /mm
35	0.417	0.42	0.42	0.4	0.4	30	0.42	14	0.43		
42	0.351	0.35	0.35	0.355	0.355	40	0.32	16	0.385	48	0.376
					0.315						
48	0.295	0.297	0.297	0.30	0.3			20	0.3	60	0.25
60	0.246	0.25	0.25	0.25	0.25	50	0.25	24	0.25	70	0.251
					0.212						
65	0.208	0.21	0.21	0.2	0.2	60	0.21	30	0.2	80	0.2
80	0.175	0.177	0.177	0.18	0.18	70	0.18				
					0.16	80	0.16				
100	0.147	0.149	0.149	0.15	0.15	90	0.14	40	0.15	110	0.139
115	0.124	0.125	0.125	0.125	0.125	100	0.13	50	0.12	120	0.13
					0.106					160	0.097
150	0.104	0.105	0.105	0.1	0.1	120	0.11	60	0.1	180	0.09
170	0.088	0.088	0.088	0.09	0.09			70	0.088		
					0.08	150	0.08			200	0.077
200	0.074	0.074	0.074	0.075	0.075			80	0.075		
230	0.062	0.062	0.062	0.063	0.063	200	0.06	100	0.06	230	0.065
270	0.053	0.053	0.052	0.05	0.05					280	0.056
325	0.043	0.044	0.044	0.04	0.04					320	0.05
400	0.038										

附录 3　常用矿物的零电点(PZC)

氧化物矿物		离子型矿物	
矿物	零电点(pH 值)	矿物	零电点(pM)
石英	1.8，2.2	重晶石($BaSO_4$)	pBa 3.9~7.0
赤铁矿	8.0，6，7.8，4	萤石(CaF_2)	pCa 2.6~7.7
磁铁矿	6.5	白钨矿($CaWO_4$)	pCa 4.0~4.8
针铁矿	7.4，6.7	角银矿(AgCl)	pAg 4.1~4.6
钛铁矿	8.5	碘银矿(AgI)	pAg 5.1~6.2
铬铁矿	7.2，5.6	辉银矿(Ag_2S)	pAg 10.2
锡石	6.6，4.5		
金红石	6.0，6.2		
刚玉	7.4，6.7		
锆石	5.8		

注：不同的数据是不同的研究者用不同的样品、不同制备及测试方法所得的结果。

附录4　磨矿细度的换算

磨矿粒度/mm	0.5	0.4	0.3	0.2	0.15	0.1	0.074
目数/目	32	35	48	65	100	150	200
-200目含量/%	35	35~45	45~55	55~65	70~80	80~90	95

附录5　常用选矿药剂分类

工艺类型		化学成分或结构特点		实例	主要用途
捕收剂	阴离子捕收剂	键合原子为二价硫原子化合物	烃基二硫代碳酸盐 $R-O-C(=S)-SH(Na,K)$	乙基黄药、异丙基黄药、丁基黄药等	硫化矿及有色金属氧化矿的捕收剂
			烃基二硫代磷酸盐 $(R-O)_2P(=S)-SH(Na,K,NH_4)$	甲酚黄药、铵黄药等	硫化矿及有色金属氧化矿的捕收剂
			二烃基二硫代氨基甲酸盐 $R_2N-C(=S)-SH(Na,K)$	硫氮9号	硫化矿及有色金属氧化矿的捕收剂
			硫代二苯脲 $C_6H_5-NH-C(=S)-NH-C_6H_5$	白药、硫脲、N，N′-丙尿酮、二苯硫腙	硫化矿及有色金属氧化矿的捕收剂
			其他带SH基的化合物	硫基苯骈噻唑	硫化矿及有色金属氧化矿的捕收剂
		键合原子为氧原子化合物	羧酸（皂） $R-C(=O)-OH(Na,K)$	油酸、油酸钠、米糠油脂酸、氧化石蜡皂、塔尔油、环烷酸	非硫化矿捕收剂
			黄酸9（盐） $R-S(=O)_2-OH(Na,K)$	磺化石油、烷基苯基磺酸盐	非硫化矿捕收剂兼起泡剂
			烷基硫酸酯（盐） $R-O-S(=O)_2-OH(Na,K)$	16烷基硫酸酯（钠）	非硫化矿捕收剂
			烷基磷酸酯（盐） $R-O-P(=O)(OH(Na,K))_2$	C_{12-16}烷基磷酸酯（钠）	非硫化矿捕收剂
			胂酸	甲苯胂酸，苄基胂酸	非硫化矿捕收剂

续表

工艺类型		化学成分或结构特点		实例	主要用途
捕收剂	阴离子捕收剂	键合原子为氧原子化合物	$R-As(=O)(OH)_2$		
			其他	烷基异羟肟酸钠	非硫化矿捕收剂
	阳离子捕收剂	胺类	脂肪胺 $R-NH_2$	月桂胺、18胺、C_{10-20}	非硫化矿捕收剂
			季铵酸（四代铵盐）$\left[N(R)(R')(R'')(R''')\right]^+Cl^-(Br^-)$	三甲基十六烷基溴化铵	非硫化矿捕收剂
		吡啶盐类	$R-C_6H_4-NHCl$	盐酸烷基吡啶	非硫化矿捕收剂
	非离子型捕收剂	酯类	黄氰酯，R为烷基 $RO-C(=S)-S(CH_2)_nCN$	丁基黄原酸氰乙酯、乙基黄原酸氰乙酯	硫化矿的捕收剂
			硫氮氰酯 $R_2NCSS(CH_2)_nCN$	43硫氮氰酯	硫化矿的捕收剂兼起泡剂
			烃基硫代氨基甲酸酯 $R'-NH-C(=S)-O-R$	烷基氨基硫逐甲酸酯	硫化矿的捕收剂
		多硫化合物	二黄原酸 $RO-C(=S)-S-S-C(=S)-OR$	复黄药	硫化矿的捕收剂
	油类捕收剂	非极性的烃基油	主要成分烃类 RH	石油产品：煤油、柴油等 焦油产品：中油、重油等	非极性矿物：煤、石墨、硫、辉钼矿等的捕收剂，也可用作极性矿物的辅助捕收剂
起泡剂		羟基化合物	脂脂醇 ROH，R为脂肪烃	甲基戊醇、混合脂肪醇等	起泡剂

续表

工艺类型	化学成分或结构特点			实例	主要用途
起泡剂		脂环醇		2号油、松节油	起泡剂、对滑石、硫黄、石墨、辉钼矿、辉铋矿、煤等有一定的捕收作用
		酚 (苯环—OH)		甲酚、杂酚油	起泡剂
	醚类	脂肪醚 $R'(OH)_n$		4号油	起泡剂
		醚醇 $R'(OH)_nOH$		三聚丙乙二醇丁醚	起泡剂
		环醚		樟油、桉树油	起泡剂
	吡啶类	吡啶 C_5H_5N、喹啉 C_9H_7N		重吡啶	起泡剂
调整剂	无机物	硫酸、氢氟酸、亚硫酸、二氧化硫、碳酸、二氧化碳		pH值调整剂、活化剂、抑制剂	起泡剂
		碱		氢氧化钠(钾、铵)、石灰	起泡剂
		盐	阴离子调整剂	碳酸钠	pH值调整剂
				氰化钠(甲)及其氰化物、亚硫酸盐、硫代硫酸盐、重铬酸钠(钾)、氟化钠	硫化矿物的抑制剂
				水玻璃、六偏磷酸钠、偏磷酸钠、硅氟酸钠、磷酸三钠、磷酸钾、焦磷酸钠	非硫化矿的抑制剂
				硫化钠	抑制剂、活化剂

续表

工艺类型	化学成分或结构特点			实例	主要用途
调整剂	无机物	盐	阳离子调整剂	硫酸钠、硝酸铅、氯化钙	硫化矿物的活化剂
				硫酸锌、硫酸亚铁、硫酸铁	硫化矿物的抑制剂
				氯化钙、氯化钡、三氯化铁、硝酸铝	非硫化矿物的调整剂、抑制剂
		其他		五硫化二磷	抑制剂
				活性炭	脱药剂
	有机物	淀粉类——多羟基化合物		淀粉、糊精	非硫化矿物的调整剂，石英、滑石、绢云母等矿物的抑制剂
		丹宁类——多羟芳酸		栲胶、丹宁、合成丹宁	非硫化矿物的调整剂，方解石、白云石等矿物的抑制剂
		木质素类——松柏醇、芥子醇、p-香豆醇 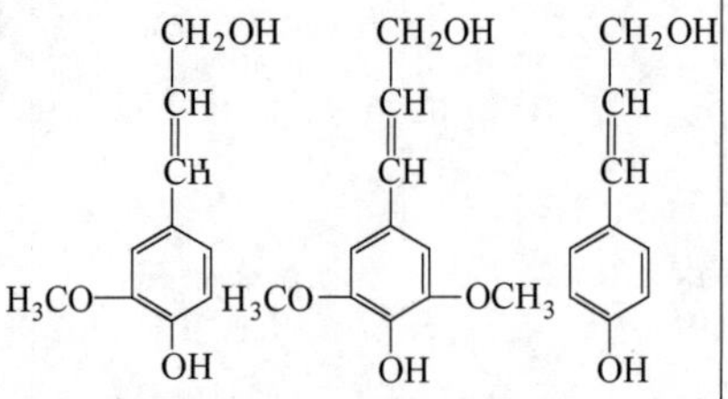		木质素磺酸、氯化木素	非硫化矿物的调整剂，硅酸盐矿物、稀土矿物、铁矿物的抑制剂
		纤维素类		1号纤维素、3号纤维素	钙、镁碳酸盐矿物的抑制剂
		腐殖酸类		腐殖酸钠，腐殖酸铵等盐类	钙、镁、铁等矿物抑制剂
		聚丙烯酰胺类		3号絮凝剂	抑制剂

续表

工艺类型	化学成分或结构特点	实例	主要用途
絮凝剂	无机电解质	碳酸钠，明矾	促进细泥沉降
	有机物	3号絮凝剂及其磺化物、F691（石青粉）、F703（白胶粉）	促进细泥沉降
		1号纤维素、3号纤维素	促进细泥沉降
		腐殖酸钠、腐殖酸铵等	选择性絮凝剂
		淀粉、糊精	赤铁矿浮选的选择性絮凝剂

注：极性基末端与金属结合的原子叫键合原子。

附录6　矿物加工常用符号表

符号	名称	单位	符号	名称	单位
A	吸水量	—	Q_F	风量	$m^3 \cdot s^{-1}$
a	活度	—	q_0	球磨机起始负荷	—
a_p	选别作业数	—	q	滤液量	mL
B	磁感应强度	T	R	比阻	m^3/kg
b	厚度	m	R_H	霍尔常数	—
C	浓度	mol/L	R_p	液固比	—
D	切变速率	m/s	R_B	固液比	—
d	直径	cm	r	半径	mm
d_{80}	筛下产品中80%物料通过的粒度尺寸	%	d_{80}	测量值相对误差	—
E	效率	%	S	横切面面积	m^2
E_r	相对误差	%	S_v	容积密度	—
F	比磁力	N	S	面积	m^2
F_p	平衡力	N	S_s	比表面积	cm^2/g
F_B	洛伦兹力	N	SI	选择性指数	—
F_E	电场力	N	T	温度	℃

续表

符号	名称	单位	符号	名称	单位
f_H (L/B)	元件的形状系数	—	t	时间	s
G_{bp}	球磨机每运转一转新产生的实验筛孔以下粒级物料的质量	%	u	电泳淌度	cm^2/(V·s)
g	重力加速度	m/s^2	U	电势	mV
H	磁场梯度	A/m	v_0	表观速度	m/s
h	高度	m	v_a	干涉沉降速度	cm/s
I	电流强度	A	V	体积	mL
K	常数	—	V_H	霍尔电势	V
K_H	元件灵敏度	—	W	物料水分	%
L	长度	m	$W_{分}$	最大分子水	%
M	仪表量程	—	$W_{毛}$	最大毛细水	%
m	质量	g	W_c	破碎功指数	kW·h/t
n	转速	r/min	W_{ib}	邦德球磨功指数	kW·h/t
N_p	原始指标数	—	W_{SL}	润湿功	J
N_p	选别产物数	—	W_{SG}	黏着功	J
P	压强	Pa	X	比磁化系数	m^3/kg
Q	电量	C	Z	元素的原子序数	—
α	原矿中小于筛孔尺寸的粒级含量	%	ζ	矿物表面动电位	mV
β	品位	%	λ	电导率	S/m
ε	回收率	%	τ	切应力	N
γ	产率	%	γ_{LG}	水-气界面自由能	J/m^2
δ	固体密度	g/cm^3	θ	角度	(°)
ρ	液体密度	g/cm^3	Ψ	转速率	r/min
μ_0	真空磁导率	H/m	Φ	充填率	%
Γ	吸附浓度	mol/cm^2	J. P. U	透气性指数	—
μ	液体黏度	Pa·s	σ	液体表面张力	N/m
φ	电极电位	V	κ	黏滞系数	—
φ_B	体积分数	%			

参考文献

[1] 王宇斌，汪潇，陈畅．选矿试验研究方法［M］．北京：冶金工业出版社，2018.
[2] 刘新星．矿物加工实验技术［M］．长沙：中南大学出版社，2017.
[3] 章晓林．选矿试验研究方法［M］．北京：化学工业出版社，2017.
[4] 王吉中，杨炳飞．矿物加工工程专业实验教程［M］．北京：地质出版社，2015.
[5] 赵礼兵，贾清梅，王伟之，等．选矿学实验教程［M］．北京：冶金工业出版社，2012.
[6] 胡海祥．矿物加工实验理论与方法［M］．北京：冶金工业出版社，2012.
[7] 赵世永，杨兵乾．矿物加工实践教程［M］．西安：西北工业大学出版社，2012.
[8] 于福家，印万忠，刘杰，等．矿物加工实验方法［M］．北京：冶金工业出版社，2010.
[9] 顾帼华，龚文琪．矿物加工研究方法［M］．长沙：中南大学出版社，2019.
[10] 邱俊，吕宪俊．矿物加工工程专业实验教程［M］．徐州：中国矿业大学出版社，2017.
[11] 李振，刘莉君．矿物加工实验技术与方法［M］．徐州：中国矿业大学出版社，2017.
[12] 李延锋．矿物加工实验［M］．2 版．徐州：中国矿业大学出版社，2016.
[13] 许时．矿石可选性研究［M］．2 版．北京：冶金工业出版社，1989.
[14] 龚明光．泡沫浮选［M］．北京：冶金工业出版社，2007.
[15] 龚明光．浮选技术问答［M］．北京：冶金工业出版社，2012.
[16] 孙传尧．选矿工程师手册（第 2 册）［M］．北京：冶金工业出版社，2015.
[17] 温子龙．西宁某铜矿选矿试验及铜硫低碱度浮选分离研究［D］．北京：北京科技大学，2012.